Handbuch der Feuerungstechnik und des Dampfkesselbetriebes

mit einem Anhange über allgemeine Wärmetechnik

von

Dr.-Ing. Georg Herberg

Stuttgart
Vorstandsmitglied der Ingenieurgesellschaft für Wärmewirtschaft A.-G.

Dritte, verbesserte Auflage

Mit 62 Textabbildungen, 91 Zahlentafeln
sowie 48 Rechnungsbeispielen

Berlin
Verlag von Julius Springer
1922

ISBN-13:978-3-642-89834-1   e-ISBN-13:978-3-642-91691-5
DOI: 10.1007/ 978-3-642-91691-5

Aus dem Vorwort zur ersten und zweiten Auflage.

Verfasser, der lange Jahre auf dem Gebiete des Kesselhausbetriebes und der Feuerungstechnik praktisch und theoretisch 'tätig ist und vielfach die Lücken der bisherigen Literatur empfunden hat, beabsichtigt, mit diesem Handbuche eine zugleich einfache und doch möglichst vollständige Darstellung dieses Fachgebietes und seiner wissenschaftlichen Arbeitsweise zu geben. Es soll allen denen ein Dienst erwiesen werden, welche dieses Fachgebiet studieren und die beruflich in die Lage kommen, Berechnungen von Dampfanlagen anstellen zu müssen, solche anzulegen und zu bauen oder den Betrieb von Kesselhausanlagen zu überwachen. Der wissenschaftliche Teil führt alle die Feuerungstechnik betreffenden Rechnungen aus unter Berücksichtigung der neuesten Versuchsergebnisse, die sich in den verschiedensten Zeitschriften zerstreut finden, und eigener Versuche.

Dabei sind aber nicht nur die einfachen Formeln sowie überschlägige und genaue Rechnungsweisen nebst Fehlergrenzen gegeben, wobei es dann jedem einzelnen überlassen bliebe, deren Anwendung zu suchen und sich durch ein Gemenge von Zahlen und Formeln hindurchzufinden, sondern es wird besondere Sorgfalt verwendet auf eine klare und übersichtliche Darstellung der Zusammenhänge der verschiedenen Größen und Vorgänge. Denn die gegebenen Formeln und Verhältniszahlen usw. gewinnen erst das rechte Leben, wenn man sie angewendet sieht. Deshalb sind außer Zahlentafeln sehr viele zeichnerische Darstellungen eingefügt, die teils die Rechnung ersetzen, teils klarere Übersichten bieten als einfache Zahlenreihen, weil man auf einen Blick bei Änderung einer Größe die Wirkung auf eine andere Größe übersieht, und weil sich solche Schaubilder leicht dem Gedächtnisse einprägen. Soweit es nützlich und angängig erschien, wurden die gegebenen Beziehungen sofort an Hand von Beispielen, die alle aus wirklichen Betriebsverhältnissen und eigenen Messungen entnommen sind, ausgewertet.

Besonderer Wert ist auf eine genügende Beachtung der wirtschaftlichen Verhältnisse gelegt. Das Kesselhaus wird als wirtschaftliche Einheit betrachtet, aber nur als Einzelglied des ganzen Werkes. Diese Betrachtungsweise zieht sich durch das ganze Buch hindurch als Ergänzung der rein technischen Seite. Denn der Ingenieur darf nicht allein Konstrukteur sein, sondern seine Arbeiten soll ein echter kaufmännischer Geist durchwehen, der den wirtschaftlichen Wert der Stoffe und des Geldes richtig abschätzt gegenüber den rein technischen Möglichkeiten. Gerade die Feuerungstechnik, welche den kostbaren, in seiner Menge begrenzten Brennstoff, die Kohle, verwendet, ist verpflichtet, mit diesem Schatze so sparsam wie möglich umzugehen, bis die fortschreitende Technik neue Kraftquellen erschlossen hat.

Die erste Auflage des Handbuches fand ihren Hauptabsatz gerade zur Zeit des großen Weltkrieges, was auch als Zeichen des im deutschen Wesen tief begründeten Erkenntnisdranges und Sinnes für Gründlichkeit und Wissenschaft anzusehen ist, der selbst in den härtesten Zeiten noch nach Befriedigung ringt und uns hoffen läßt, daß wir auch diese schwere Prüfung des Krieges und der Nachkriegszeit, die noch erhöhte Forderungen an unsere geistige Energie stellt, standhaft überstehen. Bei der Bearbeitung der zweiten Auflage, mit der mich der Verlag noch während des Krieges beauftragt hatte, habe ich mich nach meiner Rückkehr aus dem Felde bemüht, der technischen Entwicklung und den neuen Forschungen gerecht zu werden. Der Stoff erfuhr dabei eine teilweise Umstellung und Erweiterung an vielen Stellen.

Der wirtschaftliche Gesichtspunkt, der ja das ganze Buch durchzieht, wurde noch schärfer herausgearbeitet. Die Neuordnung der Beziehungen des sozialen Organismus möge dabei alle brauchbaren Kräfte zur Mitarbeit freimachen. Aber auch für die technischen Berufsstände sollte endlich die Zeit gekommen sein, viel mehr als bisher ihre wirtschaftliche Schulung, „die Erziehung zum Wirkungsgrade", und das im Berufe erworbene technische und soziale Denken und Wissen zum Besten des deutschen Volkes in öffentlicher Mitarbeit zu verwerten. Diese Dreiheit, Wirtschaft, geistige Kultur und rechtlich-staatliches Leben, muß den Grund bilden, auf dem das neue Reich aufzubauen ist.

Halle a. d. S., im Januar 1913.

Stuttgart, im August 1919.

Dr.-Ing. Georg Herberg.

Inhaltsverzeichnis.

Vorwort zur dritten Auflage.

Nach kaum $1\,^1/_2$ Jahren schon machte sich das Bedürfnis nach der neuen Auflage geltend. Diese erfuhr in einzelnen Teilen notwendige Ergänzungen und Änderungen. Die Preisangaben wurden nach Möglichkeit durch solche aus dem Herbst 1921 ersetzt. Umgearbeitet wurden der Abschnitt 16 über Dampfüberhitzer, wesentlich erweitert Abschnitt 18 über abgasbeheizte Kessel, 31g durch Einfügung der „Verbesserung der Versuchsergebnisse auf Druck und Wasserstand", sowie Abschnitt 35. Neu aufgenommen wurden Abschnitt 5e, 5f, 12e, die Einführung zu Abschnitt V, Abschnitt 16d, 16e, 18c, 18d, ebenso Abb. 30, 31.

Grundsätzliche Erörterungen über wirtschaftliche Fragen im großen Rahmen und über die Stellung der Technik im gesamten sozialen Organismus bringt der neu eingeführte Abschnitt „Zur Einführung".

Von der Beschreibung baulicher Einzelheiten der Kessel, Feuerungen, Apparate usw., die sich reichlich in der Fachliteratur und den Werbeschriften der Firmen finden, wurde auch diesmal möglichst abgesehen, im Interesse des Bestrebens, das Kesselhaus als wirtschaftliche Einheit zur Darstellung zu bringen.

Ich hoffe, daß das bisher von den Fachgenossen so günstig aufgenommene Buch in der neuen Fassung noch mehr Freunde gewinnt.

Zum Schlusse sei noch der Firma J. A. Topf & Söhne in Erfurt für die vielfachen Anregungen und die überlassenen Abbildungen 1, 2, 5, 29, 30, 37—40; der Firma Jaques-Piedboeuf, Düsseldorf, für Abbildungen 26—29, 35, 36; der Firma Fränkel & Viebahn, Leipzig, für Abbildungen 3 und 4; der Firma Moritz Jahr, Gera, für Abbildung 31; den Deutschen Economiser-Werken, Düsseldorf, für Abbildungen 37 und 38; der Deutschen Evaporator-A.-G. für Abbildungen 12 und 13 und der Düsseldorf-Ratinger Röhrenkesselfabrik für Abbildung 30 der gebührende Dank gesagt.

Auch diesmal danke ich dem Verlage und allen denen, die durch eingehende Besprechungen und Äußerung von Wünschen und Vorschlägen an der Neufassung der dritten Auflage mitgeholfen haben.

Stuttgart, im Dezember 1921.

Dr.-Ing. **Georg Herberg.**

Inhaltsverzeichnis. VII

Zur Einführung.

Neue Aufgaben, die weit über den Rahmen der bloßen Technik als solche hinausragen, sind in den Gesichtskreis des Ingenieurs getreten, und er muß sich mit ihnen auseinandersetzen. Der Verfasser sieht sich gedrängt, hierzu Stellung zu nehmen.

Es muß klar erkannt werden, daß die Technik letzten Endes nicht Selbstzweck ist (man kann eine technische Einrichtung ja nicht um ihrer selbst willen bauen, sondern um damit zu arbeiten), sondern daß sie in dem gesamten Volksorganismus ein dienendes Glied darstellt, dessen Aufgabe es ist, die körperlichen und darauf fußend in letzter Linie die seelischen und geistigen Bedürfnisse der Menschheit zu befriedigen. Die Frage lautet also für die Technik:

„Wie stellt sich die Technik richtig mit ihrem Schaffen in den sozialen Organismus hinein?"

Die technische Arbeit ist eben nur eine Seite, eine Ausdrucksform des vielgestaltigen Menschenwesens, und zwar die, welche hauptsächlich auf intellektuellen Kräften, nämlich dem mathematisch-mechanischen Denken beruht, und welche ganz mit Zentral- und Potentialkräften arbeitet; denn die Mathematik und Mechanik sind gänzlich aus dem Menscheninnern herausgesponnen und vom Menschen ohne Vorbild in der Natur geschaffen; sie haben beide völlig nur für die technischen und mechanischen leblosen Werke Geltung. Die Technik greift in vielgestaltigster Weise in den gesamten sozialen Organismus ein, ja sie gibt heute dem ganzen Zeitalter sein Gepräge. So viel Gutes die Technik auf der einen Seite schuf, ebensoviel Schaden stiftete sie auf der anderen in der Art, wie sie das menschlich Seelische beiseite drückte. Da die Wirtschaft, deren eines Glied die Technik ist, nur mit Waren zu tun hat, nämlich mit der Erzeugung, der Verteilung und dem Verbrauch der Waren — etwas anderes kommt in der Wirtschaft nicht vor —, so hat sie die Neigung, alles, was in ihren Bereich tritt, den in ihr tätigen Menschen ebenfalls, zur Ware zu machen; das ist auch mit dem Arbeiter sehr weitgehend geschehen; beim Beamten beginnt dieser Prozeß bereits auch zu wirken. Das Seelenleben der Menschen verödet umsomehr, je stärker die Industrie ihren Einfluß geltend macht. Die soziale Frage mit allen Erschütterungen drängte herauf, erst dumpf, dann immer klarer im Bewußtsein der Menschen, die sich in ihren besten innerlichen Gütern der Seele bedrängt sahen.

Damit ist aber in die gesamte Technik und Wirtschaft ein ganz neues
Moment hereingezogen, das nicht mehr ausgeschaltet werden kann und
mit dem man rechnen muß. In die Masse des Volkes kommt ein Bewußtsein vom Wert der Persönlichkeit herein; der einzelne will selbst
aktiv teilnehmen am Wirtschaftsprozesse und nicht mehr bloßes Objekt
der Wirtschaft sein. Der Mensch als solcher muß also wieder
der Mittelpunkt und das Ziel der gesamten menschlichen
Arbeit werden, wenn den Zeitforderungen, die Menschheits-
forderungen sind, Rechnung getragen werden soll. Heute
aber hat die Technik die Stellung nicht, die ihr zukommt, sondern
sie ist in den Dienst der industriellen Unternehmungen gespannt, welche
mit ihrer Hilfe ihren eigenen Zielen nachgehen, nämlich dem Ansammeln
von Kapital, und die sich selbst und ihr Bestehen als Selbstzweck betrachten. Das Verhältnis hat sich also gerade umgekehrt und das
Kapital ist, statt die Mittel zur Umsetzung der technischen Möglichkeiten für den Menschheitsfortschritt zu liefern, zum Selbstzwecke
geworden. Der Gesichtspunkt, welche Bedürfnisse im sozialen Organismus sind wirklich vorhanden und wie können sie mit dem geringsten
Aufwande gedeckt werden, ist nicht mehr allein maßgebend, sondern
wurde immer mehr zurückgedrängt zugunsten des Strebens nach größter
Produktion und größtem Gewinn, wozu eine künstliche Bedürfnis-
steigerung hervorgerufen wurde. Wirtschaft nach dem wirklichen Bedarfe und nicht planloses Drauflosproduzieren jedes Unternehmens muß
das Ziel der kommenden Wirtschaftsführung werden, hervorgehend aus
Assoziationen der Produzenten und Konsumenten, während heute
eigentlich allein die Maßgebenden in der Wirtschaft die Produzenten
sind. Das muß klar erkannt werden, wenn die dringendste Frage
Mitteleuropas und hiervon ausgehend der ganzen zivilisierten Welt,
nämlich die soziale Frage, ihrer Lösung entgegengehen soll.

Den Ingenieur in die Bedeutung der sozialen Arbeit einzuführen,
ist gerade die Wärmewirtschaft so recht geeignet, denn sie, welche
den gemeinsamen Schatz der Menschheit, die Kohle, verwertet, mit
ihrer Hilfe Kraft erzeugt und die Wärmevorgänge leitet, ist nicht
allein eine technische Frage, sondern in erhöhtem Maße eine soziale.

Wärmewirtschaft kann nur wirklich richtig fortschreiten und ge-
deihen, wenn sie unter diesem Gesichtspunkt geführt wird. Soweit sie
sich im Rahmen des einzelnen Unternehmens auswirkt und sich hier
unmittelbar in ihren Maßnahmen sichtlich bezahlt macht, tritt der
soziale Gesichtspunkt noch nicht so stark in den Vordergrund, obgleich
die allgemeine Kohlennot bereits hereinspielt. Aber wo zwei oder mehrere
Beteiligte dabei sind, verschiebt sich die Sachlage sofort. Ein Beispiel:
An irgendeinem Platze liege etwa eine Maschinenfabrik, die in erster
Linie Kraft nötig hat und für die Abfallwärme des Auspuffdampfes,

wie es meistenteils der Fall ist, nicht genügend eigene Verwertung besitzt, oder ein keramisches Unternehmen, das stets Wärmeüberschuß aufweist; dicht daneben oder nicht weit davon arbeitet ein anderer Betrieb, der besonders Verbraucher niedergespannter Wärme ist, z. B. eine Brauerei, Färberei, Zuckerfabrik od. dgl. Das erste Unternehmen läßt den Dampf in die Luft puffen oder im besten Falle vernichtet es die Wärme höchst unvorteilhaft im Kühlturm oder Kondensator, um einen geringen Kraftgewinn zu erzielen; das zweite Werk aber muß die Wärme von neuem erzeugen und nochmals Kohlen aufwenden. Vorausschauendes soziales Verständnis wird hier den Weg weisen müssen, wie durch Vereinbarung das eine Werk mit seiner überschüssigen Wärme dem benachbarten aushelfen kann, ohne daß erst die allgemeine Notlage dazu zwingen muß. Jeder Teil müßte allerdings geringe Konzessionen an den anderen machen. Eigentlich sollte das gar nichts so ungewohnt Neues sein; denn die Elektrizitätswirtschaft ist ja mit ihrer Stromlieferung von einer Zentralstelle aus bereits vorangegangen, indes liegen hier die Wärmewirtschaftsverhältnisse noch viel ungünstiger. Riesige Wärmemengen, etwa das 4—5fache dessen, was zur Krafterzeugung ausgenutzt wird, gehen fast unbenutzt verloren. Wenn z. B. ein Elektrizitätswerk 100 000 t Kohlen im Jahre verbraucht, so setzt es etwa 15%, entsprechend 15 000 t, in Kraft um; der Wärmewert der nach Abzug der Verluste in der Kesselanlage restlichen etwa 60 000 t Kohle wird in der Kondensation oder im Kühlturm unter Gewinnung einer geringen Mehrkraft vernichtet; Elektrizitätswerke, ebenso Kraftzentralen von Industriewerken sind nämlich vorzügliche Einrichtungen als Krafterzeuger, die denkbar schlechtesten als Wärmeverwerter. Hier müssen ganz neue Gesichtspunkte maßgebend werden. Kraftwirtschaft in der gesamten Industrie allein, ohne Rücksicht auf Wärmewirtschaft, ist nicht mehr denkbar. Es müssen Dampfkraftwerke so gebaut und angeordnet werden, daß die Abfallwärme gleichzeitig nutzbringend verwertet werden kann; hierin ist ein Hinweis auf grundlegend neue Gesichtspunkte für eine zukünftige Anlage von Industriewerken, Verteilung von Industriegelände und ein assoziatives Zusammenarbeiten gegeben. Die Anlage eines Industriebezirkes muß in Rücksicht auf gegenseitigen restlosen Austausch von Wärme und Kraft geplant werden. Also Gruppierung von Wärmeverbrauchern um Krafterzeugungszentren wie Elektrizitätswerke oder solche Unternehmen, die Wärme im Überschuß abgeben können. Ein Bau von Elektrizitätswerken, weit draußen auf freiem Felde vor den Städten oder gar ganz abgelegen auf den Braunkohlengruben selbst, weitab von sonstigen Siedlungen und Industrie, ist als grundsätzlich falsch zu beurteilen. Auch die innere Ausgestaltung der einzelnen industriellen

Werke sollte nach Möglichkeit durch Angliederung passender Fabrikationszweige so geschehen, daß sich Kraft- und Wärmeverbrauch die Wage halten.

Die gekennzeichnete technische Entwicklung, wobei ein Industriezweig auf den anderen keine Rücksicht nimmt, ist neben dem Mangel an sozialem Verständnis ganz wesentlich mit hervorgerufen durch die Spezialisierung aller Berufszweige, die sogar bis in die einzelnen technischen Wissensgebiete hineinreicht. so daß dieselben die nötige Fühlung untereinander verloren haben. Man beachte den Entwicklungsprozeß der Arbeitsteilung. Vor Heraufkommen des industriellen Zeitalters haben die Menschen, indem sie das Werk, das sie verrichteten, von Beginn der Herstellung bis zur Verwendung überschauen konnten, mit ihrem seelischen Interesse an ihrer Arbeit gehangen. Heute ist der Mensch meist nicht mehr in dem Maße mit seiner Arbeit verbunden; der Arbeiter schon lange nicht mehr, insofern er als Spezialist fortgesetzt Teilarbeit leistet; beim Beamten beginnt der Loslösungsprozeß sich ebenfalls heranzubilden, da auch hier die spezialisierte Arbeitsteilung, welche die Arbeit immer einseitiger gestaltet, mehr und mehr um sich greift (Offertbureau, Berechnungsbureau, Kontrollbureau, Schraubenbureau usf.). Die Spezialisierung drang bis in die Hochschulen und veranlaßte die Trennung der einzelnen Fachwissenschaften, die bloß noch lose nebeneinander stehen; der junge Student oder Ingenieur spezialisiert sich bereits, ehe er überhaupt den Umfang seines Berufes erkannt hat, und nur wenige sind befähigt, über den engen Rahmen ihres Sondergebietes in Nachbargebiete hinauszusehen und die wirtschaftlichen und technischen größeren Zusammenhänge zugleich mit den Volkserfordernissen zu erkennen oder gar einen tieferen Einblick in andere Berufe zu gewinnen. Wir haben heute wohl Spezialisten für den Feuerungs-, Kessel-, Überhitzer- oder Economiserbau für Dampfmaschinen sowie für Maschinen und Einrichtungen, welche die erzeugte Wärme verbrauchen; aber nur wenige überschauen den ganzen Prozeß, in dem diese Einrichtungen darinnen stehen und wirken, in dem Maße, daß sie imstande sind, ein wirklich wirtschaftliches Zusammenarbeiten aller dieser vielen Wärme- und Kraft-Erzeuger und -Verbraucher herzustellen. Wie gar selten sind wissenschaftlich und praktisch gut ausgebildete Wärmeingenieure und noch seltener solche, die außerdem noch über die ausreichende Allgemeinbildung verfügen, um den gesamten volkswirtschaftlichen Zusammenhang ihrer Arbeit mit dem sozialen Organismus zu erfassen.

Um welche großen Werte es sich bei zweckmäßiger Wärmewirtschaft handelt, mag nachstehende Aufstellung[1]) verdeutlichen. Schätzungs-

---

[1]) Nach Dr.-Ing. Reutlinger, Jahrb. d. Brennkrafttechn. Gesellschaft 1920.

weise bleiben uns heute jährlich zur Verfügung etwa 140 000 000 t Brennstoffe, umgerechnet auf Steinkohlen, gegenüber 220 Mill. t im Jahre 1913. Könnte man die technischen Möglichkeiten ausbeuten, so ließen sich folgende Ersparnisse erzielen:

1. Ersparnis durch Verbesserungen und Betriebsüberwachung aller Feuerungsstätten . . . . etwa bis   10 Mill. t
2. Verbesserung der Hausbrandöfen . . . . etwa   5 ,,   t
3. Abdampfverwertung bei gleichzeitiger Ausnützung der Überschußenergie . . . . etwa 5—10 ,,   t
4. Verwertung der Abhitze, die sehr reichlich vorhanden, deren Ausnützung aber nicht immer lohnend ist wegen ungünstiger Verhältnisse, einschließlich Abgasverwertung der Verbrennungsmaschinen . . . . etwa 2— 3 ,,   t
5. Ausbau der Wasserkräfte . . . . 4— 5 ,,   t

Summa 26—33 Mill. t,

worin noch kleinere Ersparnisse an anderen Wärmequellen eingerechnet sein sollen; d. h. es ergeben sich also, bezogen auf die heute verfügbaren Kohlenmengen, etwa 19—23% Ersparnisse.

Dazu kommt noch ein heute völlig außer acht gelassener Posten, der erst durch eine **neu zu schaffende Industriewissenschaft** erfaßt und richtig bewertet werden kann. Ihre Aufgabe wäre es, festzustellen: Wo steckt unproduktive Arbeit und wie muß der gesamte Wirtschaftsverkehr untereinander und die Abwicklung der geschäftlichen Vorgänge gestaltet werden, daß an jedem Platze, also nicht bloß innerhalb der einzelnen Fabrikbetriebe, unproduktive Arbeit und unnützer Materialaufwand vermieden wird. Die Beantwortung dieser Frage ist nicht immer leicht, da man heute noch geneigt ist, jede menschliche Tätigkeit für wertvoll zu halten, wenn sie nur dem sie Ausübenden seinen Lebensunterhalt gewährt und nicht gegen die Gesetze verstößt. Der Maßstab nach dem wirklichen, inneren, wirtschaftlichen und geistigen Wertgehalte der Arbeit wird dabei gar nicht angelegt.

Hier sei nur kurz auf eine Reihe unproduktiver Arbeiten hingewiesen, die aus Gründen des Eigeninteresses und aus dem Konkurrenzkampfe von einzelnen industriellen Unternehmungen oder Gruppen von solchen gegeneinander entspringen, von Behörden und Ämtern gegen andere, ja von einzelnen Bundesstaaten gegen andere (im Eisenbahnbetriebe) usf. Ein Übermaß von Reklame und aller damit in Verbindung stehenden Bemühungen, um einen Auftrag an sich heranzuziehen, wie Ausarbeiten von Angeboten, Projekten und Kostenanschlägen, vielfache Reisen der verschiedensten Bewerber zur Gewinnung des gleichen Auftrages, gehören hierher. Ein großer Teil der gesamten technischen und kaufmännischen Tätigkeit und von Organisationsmaßnahmen wird damit umfaßt. Hierher rechnen auch das Ausstatten der Waren mit unnötig

kostbaren Verpackungen, Herstellen minderwertiger, nicht haltbarer
Waren, bei denen ein unverhältnismäßig hoher Aufwand an mensch-
licher Arbeit verbraucht wird, Hemmungen im Wirtschaftsleben durch
bureaukratische Maßnahmen, Formulare, Bescheinigungen, Zollschranken
aller Art, Kämpfe zwischen Eisenbahnen und Kanälen, falsche Verteilung von Kohlen, indem minderwertige Heizstoffe weit verfrachtet
werden u. a. m. Die Zahl der Beispiele läßt sich beliebig vermehren.
Welche riesenhafte Belastung der Produktions- und Verkehrsmittel,
wie der Post, Eisenbahn, Telephone, Geschäfte, welcher Verbrauch von
Papier und sonstiger Materialien drückt sich darin aus! Dazu kommen,
das mag hier nur angedeutet sein, ähnliche Auswirkungen auf geisti-
gem Gebiete, wie Überhandnehmen von Schundliteratur und bloßer
Unterhaltungslektüre, unökonomisches Verarbeiten des Lernstoffes auf
Schulen und Unterrichtsanstalten, Belasten der Lernenden mit Ge-
dächtniskram, Zeitverschwenden mit Prüfungs- und Doktorarbeiten
rein für Examenzwecke u. dgl. Auch das rechtlich politische Gebiet ist voll von solchen Hemmungen. Erinnert sei an das Überhandnehmen von Ämtern, Kammern und Behörden, die Umständlichkeit
der Gerichtsverfahren, das Anwachsen von Gesetzen, Verordnungen
und deren fortgesetzte Abänderung und vieles andere.

Wirtschaftlich machen sich alle solche unproduktiven Arbeiten im
Kohlenverbrauch bemerkbar. Wer einen Einblick in diese Verhältnisse sucht, wird finden, daß der hierdurch bedingte Mehraufwand an
Kohlen mit 15—20% sehr niedrig angesetzt ist. Addiert man diese
Zahl zu den vorhin durch entsprechende technische Einrichtungen erreichbaren Ersparnissen hinzu, so kommt man auf die durch ihre Höhe
überraschende Zahl einer selbst unter heutigen Umständen noch möglichen Kohlenersparnis von 35—45%, d. h. wir könnten mit
etwa 55—60% der noch heute uns verfügbaren Kohlenmengen auskommen. Der Einwand, daß durch Arbeiten obiger Art viele Menschen
ihr Auskommen und ihren Lebensunterhalt finden, ist eingehender Erkenntnis gegenüber nicht stichhaltig. Unproduktive Arbeit nämlich schafft
kein Brot, keine volkswirtschaftlichen Werte, sondern bietet nur dem
Menschen Beschäftigung und belastet die gesamte Wirtschaftsführung.

Und was bedeutet dies alles in letzter Linie?

Durch technische und wirtschaftliche Ersparnis obiger Art ergäbe
sich nämlich aus rein sachlichen Gründen heraus, ohne die Notwendigkeit irgendwelcher gesetzlichen Bestimmungen, die Möglichkeit, die
Arbeitszeit der Menschen herabzusetzen, ohne daß die Wirtschaft und
notwendige Gütererzeugung irgendwie Mangel litte. Denn im Grunde
genommen führt alle unproduktive Arbeit nur zur Verlängerung der
Arbeitszeit, ohne daß indes Mehrwerte geschaffen würden. Gerade
der Mangel an sozialem Denken hat ja die erwähnten mißlichen Ver-

hältnisse herbeigeführt. Es ist eben heute vielfach nicht mehr möglich, trotzdem die technischen Wege überall gangbar sind, die unter 1—4 aufgeführten Ersparnisquellen auch wirklich alle auszuwerten; selbst der Wille dazu scheitert eben oftmals an wirtschaftlichen Schwierigkeiten. Wir Ingenieure haben uns den Weg dazu selbst verbaut und sind heute zu Riesenverschwendungen an Kohle und Wärme durch eigene Schuld auf lange Zeit hinaus gezwungen.

Man sieht, wie die Wege zur Lösung der sozialen Frage durchaus von verschiedensten Seiten her beschritten werden können, sogar aus ganz realen wirtschaftlichen Notwendigkeiten heraus erzwungen werden. Dabei steht im Vordergrunde als Grundlage der gesamten Wirtschaft eine neue sachgemäße Preisgestaltung und geänderte Wirtschaftsauffassung.

Notwendig aber zur Bewältigung aller dieser Probleme ist ein gewisses Umlernen und Ablegen alter Gewohnheiten, hervorgehend aus einem freien Geistesleben und Ablösung desselben aus bisher gewohnten, aber als solchen nicht genügend erkannten Abhängigkeiten, sowie ein Wirtschaftsleben[1]), das, unabhängig von staatlichen und politischen Einflüssen auf sich selbst gestellt, sich frei entwickeln kann. Lebenskräftige Ansätze dazu sind überall vorhanden. Und wir Ingenieure sind vor allem mitberufen an der Lösung der Probleme.

---

[1]) Näheres siehe Dr. R. Steiner, „Die Kernpunkte der sozialen Frage in den Lebensnotwendigkeiten der Gegenwart und Zukunft". Der kommende Tag A.-G. Verlag, Stuttgart.

I. Die Kesselhausanlagen.

1. Die Einrichtung von Kesselhäusern.

a) Grundsätze für die Einrichtung.

Bei der Anlage von neuen Kesselhäusern und bei der Umänderung bestehender Anlagen wird man eine Reihe von Grundsätzen zur Anwendung bringen, die davon ausgehen, daß das Kesselhaus ein einheitliches Gefüge ist, dessen Einzelteile keinen Selbstzweck besitzen, sondern nur einem gewissen Endziele zu dienen haben, nämlich der Erzeugung von billigem Dampf. Diese Erkenntnis ist noch nicht alt, sondern erst ein Gewinn dieses Jahrhunderts.

Als die Kosten der Brennstoffe und Heizerlöhne gegenüber den anderen Kosten und Sorgen der rasch sich entwickelnden Industrie noch nicht so sehr ins Gewicht fielen, da konnte man noch das Kesselhaus als notwendiges Übel betrachten, als eine nicht zu umgehende Beigabe. Aus dieser Zeit stammen alle die verbauten und verschmutzten Anlagen, die oft noch dazu luft- und lichtlos sind, wo der Staub fingerdick liegt und das Interesse der Bedienungsmannschaften an den Einrichtungen erstickt, ein höchst unangenehmer Aufenthalt für alle, die darin zu tun haben.

Heute jedoch hat man, wie überall in der Industrie, auch im Dampfbetriebe rechnen gelernt, ein Zeichen, daß auch dieser einen gewissen Abschluß in seiner Entwicklung erlangt hat. Das Rechnen ist um so nötiger, weil ja auch die körperlich arbeitenden Volkskreise berechtigterweise eine angemessene Lebensführung anstreben und die heraufdrängende soziale Frage, die eine Lösung fordert, eine Umbildung aller Preise hervorruft. Die Ausgaben fallen um so mehr ins Gewicht, als der Krieg und die allgemein notwendige Umstellung der gesamten Wirtschaftsführung tiefeinschneidende Veränderungen gebracht hat, die auf erhöhte Sparsamkeit drängen.

Das Streben nach Ersparnis in der Anschaffung und Wirtschaftlichkeit im Betriebe ist in folgenden Leitsätzen niedergelegt:

1. Der ganze Fabrikbetrieb ist nach den Grundsätzen einer rationellen Wärmewirtschaft zu gestalten, hinsichtlich Kraft -und Wärmeerzeugung

sowie Verwertung der Abwärme für Heizen, Kochen, Wasservorwärmung und Gewinnung von Überschußkraft in der Oberstufe aus dem Dampfe, ehe derselbe zu Heiz- und Kochzwecken benutzt wird.

2. Der Brennstoff ist so zu wählen, daß der Wärmepreis, das sind die Kosten für 100 000 WE, frei Verbrauchsstelle ein möglichst niedriger wird (vgl. S. 68).

3. Die Anlagekosten sind in Rücksicht auf die Größe der Gesamtanlage und ihre tägliche Betriebsdauer so zu bemessen, daß nicht durch zu hohe Zins- und Abschreibungslasten die Wirtschaftlichkeit des Betriebes in Frage gestellt wird.

4. Der Kostenaufwand für die Bedienung des gesamten Dampfkesselbetriebes einschließlich Förderanlagen, Reinigung des Kessels und der Kesselzüge, Entfernung der Flugasche und Bedienung sämtlicher Nebenapparate soll durch zweckmäßige und selbsttätige Einrichtung auf ein Mindestmaß beschränkt werden.

5. Der mittlere Wirkungsgrad der Anlage ist durch sachgemäße Einrichtung, laufende sorgfältige Instandhaltung und durch entsprechende Betriebsüberwachung so hoch wie möglich zu halten.

6. Die Anlage muß in jedem Falle unbedingte Betriebssicherheit gewähren und alle zweckmäßigen und notwendigen Einrichtungen enthalten.

7. Es muß ein gewisser Betrag, der nicht zu knapp bemessen werden soll, auf Ersatz und Betriebsverbesserungen verwendet werden, um den gesamten Betrieb auf dem jeweiligen höchsten Stande der fortgeschrittenen Technik zu halten.

Erst eine Anlage, welche nach diesen 7 Grundsätzen eingerichtet und betrieben wird, kann einen Aufbau ergeben, welcher der Bedeutung der Kesselhausanlage im Gesamtbetriebe der Fabrik angemessen ist.

Forderung 1 umfaßt die Grundfrage der gesamten Fabrikanlage. Diese muß unbedingt von vornherein in Rücksicht auf Erzeugung und Verteilung der Kraft, Erzeugung und Verwertung der Wärme eingerichtet sein. Ganz wesentlich für die gesamte Wirtschaftlichkeit ist die Entscheidung, ob eine Kondensations-, Auspuff- oder Gegendruckmaschine aufzustellen ist, je nachdem der Betrieb hauptsächlich ein Kraftverbraucher, z. B. eine Maschinenfabrik, Holzwarenfabrik oder dgl. ist, oder ein Wärmeverbraucher wie eine Färberei, Zuckerfabrik, oder ein günstiges Zusammenwirken beider darstellt, wie etwa eine Brauerei, welche völlige Verwertung für die eigene überschüssige Wärme hat. Unter Umständen sind für den Überschuß an Kraft oder Wärme von vornherein Abnehmer zu suchen, etwa durch Zusammenarbeiten mit benachbarten Betrieben, die sich entsprechend ergänzen können, oder durch Hinzufügen besonderer Abteilungen, wenn dies die sonstige Fabrikation gestattet. Diese Fragen können für die Lage des Betriebes zu anderen

Industrien maßgebend sein (vgl. Einführung zu Abschn. 5). Hier tritt bereits die Bedeutung der Wirtschaftsführung des Einzelunternehmens im Zusammenhange mit der Gesamtwirtschaft des Volkes hervor. Ein grundsätzlicher Fehler auf diesem Gebiete ist später meist nur unter sehr hohen Kosten wieder rückgängig zu machen und den Schaden hat, neben der Fabrik selbst, die Allgemeinheit durch erhöhten Verbrauch an Kohlen.

Forderung 2 berührt die Kernfrage des Dampfbetriebes, die Brennstoffwahl. Unter mehreren zur Eignung erkannten, sonst gleichwertigen Brennstoffen hat man sich für den zu entscheiden, welcher eine bestimmte Wärmemenge zum billigsten Preise liefert, damit von vornherein der Betrieb auf eine wirtschaftliche Grundlage gestellt wird. In gewissen Gegenden z. B. hätte man die Wahl zwischen Steinkohlen und Braunkohlen bzw. Braunkohlenbriketts zu treffen; auch der Verwertung von minderwertigen Brennstoffabfällen, wie Koksgrus, Abfallkohle u. dgl. ist Aufmerksamkeit zu schenken. Man hat neben dem Wärmepreis auch noch darauf zu achten, daß man beim Versagen der Lieferung infolge irgendwelcher Zufälligkeiten nicht allein auf eine Lieferungsquelle angewiesen ist. Die Wahl der Kohlensorte ist entscheidend für die Anlage des Kesselhauses, da fast alle Einrichtungen desselben sich danach zu richten haben. Die Feuerungseinrichtung ist deshalb so zu treffen, daß eine möglichst reichhaltige Auswahl von Kohlen nach Stückgröße und Beschaffenheit sich darauf verfeuern läßt, daß man sich also eines augenblicklich günstigen Angebotes wegen nicht etwa bloß an Grus- oder Nußkohle u. dgl. bindet. Unter Umständen kann bei mehreren Kesseln der eine oder andere mit einer Spezialfeuerung für Braunkohle oder für Steinkohle eingerichtet werden.

Punkt 3 verlangt, daß man die Anlage nicht kostspieliger gestalten soll, als wie es dem jeweiligen Zwecke entspricht, natürlich unter Wahrung einer angemessenen Ausstattung. Je länger die tägliche Betriebsdauer und je höher die auf die Kesseleinheit bezogene Dampfleistung ist, desto größer darf auch der Bauaufwand sein.

Forderungen 4—6 sprechen aus, daß sich die Bedienung und der Betrieb der Kesselanlage so billig wie möglich gestalten soll, ohne indes die Betriebssicherheit zu vernachlässigen. Dies läßt sich in erster Linie durch selbsttätige Einrichtungen erzielen, welche die menschliche Arbeit nach Möglichkeit ersetzen. Dazu gehört auch ein richtiges Verhältnis zwischen Kesselbelastung und Wirkungsgrad der Anlage; dieses wird am besten durch einen oder mehrere unter den üblichen Betriebsverhältnissen, also nicht unter besonders dazu hergestellten vorteilhaften Umständen vorgenommene Heizversuche ermittelt, um für die Betriebsführung gewissermaßen ein Vorbild zu schaffen, dem sie sich im Dauerbetriebe zu nähern hat. Dabei ist auch besonderes Augenmerk darauf zu richten, daß der Betrieb mit einer möglichst geringen Anzahl Kessel geführt wird. Unter den meisten Umständen wird man auf eine höhere Anstrengung des Kessels, also stärkere Ausnutzung des aufgewendeten Betriebskapitals sehen müssen. Da der Kessel dann einen geringeren Wirkungsgrad aufweist, so muß man den Verlust durch Einbau eines reichlicher bemessenen Rauchgasvorwärmers ausgleichen. Man wird dabei besser fahren, als wenn man einen hohen Wirkungsgrad durch geringe Kesselbelastung, also niedrige Ausnutzung des Baukapitals zu erzielen strebt. Bei sehr teuren Brennstoffen wird man stets besonders scharf auf hohen Wirkungsgrad der Anlage sehen müssen, weil in diesem Falle der Kohlenaufwand im Verhältnis zu den anderen Unkosten sehr groß ist (vgl. Abb. 62). Im allgemeinen hat man für kleine Anlagen mehr auf geringere Anlagekosten zu achten, für größere Anlagen mehr auf billigen Betrieb (vgl. Zahlentafel 29).

Forderung 7. Die Höhe der für Ersatz und Verbesserung zurückgelegten Gelder, die sich in der Abschreibung (vgl. Abschn. 34) ausdrückt, darf ja nicht zu niedrig angesetzt werden. Ein nach wirtschaftlichen Grundsätzen arbeitender Betrieb wird verhältnismäßig hoch abschreiben, einmal, um eine Rücklage zu haben, dann, um ungehindert durch hohe Bewertung des Besitzes, rasch technischen Neuerungen folgen zu können. Man tut deshalb gut, die Abschreibungen höher anzusetzen, als einem voraussichtlichen Lebensalter der betreffenden Einrichtung entsprechen würde. Auch sollte die Abschreibung nicht, wie vielfach üblich, stets in gleichbleibenden Hundertteilen vom jeweiligen Aufnahmebestande erfolgen, sondern der Anschaffungspreis soll die Grundlage bilden. Mehr als 12—15 Jahre Lebensdauer sollte man bei keinem Kessel ansetzen, besonders nicht bei den empfindlicheren Röhrenkesseln. Feuerungen, insonderheit mechanische Röhrenvorwärmer, Überhitzer u. dgl. sollte man in kürzerer Zeit erledigen. Tun sie länger ihren Dienst, dann um so besser. Dabei möge der Grundsatz gelten, daß Instandsetzungsarbeiten und Verbesserungen, soweit sie nicht eine ausgesprochene Wertsteigerung der betreffenden Einrichtung hervorrufen, möglichst im gleichen Jahre abgeschrieben, also unter Betriebsunkosten verrechnet werden.

An zweckmäßigen Einrichtungen, die wirtschaftliche Vorteile oder Betriebserleichterungen versprechen, und die sich in kurzer Zeit bezahlt machen, soll man nicht sparen, ebensowenig an Ersatz abgebrauchter und veralteter Anlageteile, weil dieselben gewöhnlich hohe laufende Betriebsausgaben durch teure Arbeitsweise und Ausbesserungen verursachen. Gar nicht zu rechnen der Ausfall an Erzeugnissen durch Betriebsstörungen.

Bei Gebäuden, die zu technischen Zwecken dienen, ist eine oft noch übliche, von Wohngebäuden übernommene Abschreibung von 2% verfehlt, weil zu niedrig; $3^1/_2$—4% sind zu fordern. Umbauten, Änderungen, Erweiterungen, Abbruch einzelner Teile infolge Einbaues neuer Apparate (z. B. Höherlegen des Daches beim Einbau von Überhitzern oder stehenden Kesseln und Vorwärmern, Ausbrechen von Wänden bei Einführung selbsttätiger Bekohlungsanlagen u. dgl.) verändern oft in wenigen Jahren ein Kesselhaus so, daß gewissermaßen vom alten nichts mehr vorhanden ist. Unvermutete Änderungen treten immer wieder ein, dafür sorgt der rasche Fortschritt der Technik. In allen diesen Fragen wird der Ingenieur oftmals seinen Einfluß beim Kaufmann geltend machen müssen.

Schon bei diesen einleitenden Besprechungen ist die Notwendigkeit einer umfassenden technischen, wirtschaftlichen und sozialen Bildung des mit diesen Aufgaben betrauten Ingenieurs ersichtlich; auch zeigt sich der hohe Wert von sorgfältigen Aufstellungen der Kesselhausunkosten. Es sei daher bereits hier auf den Abschnitt 34 hingewiesen.

b) Wichtige Einzelheiten für Kesselhäuser.

Man soll den Kesseldruck bei Neuanschaffung von Kesseln ohne Rücksichtnahme auf bereits vorhandene Kessel so hoch als angängig wählen; bei kleinen Anlagen nicht unter 12 at, bei größeren möglichst nicht unter 15 at; der Mehrpreis für 2—3 at ist gegenüber dem Anschaffungspreise der Kessel nur unwesentlich; dagegen bietet ein hoher Druck jede Möglichkeit, den Fortschritten der Technik zu folgen, zumal ja auch mit hohem Betriebsdrucke wesentliche Vorteile verbunden sind. Die Dampfleitungen können für höhere Drücke, also auch für größere Dampfgeschwindigkeiten, kleineren Durchmesser erhalten, sie werden billiger; ebenso wie die teuren Absperrventile und Rohrumhüllungen. Vor allem bleibt stets die Möglichkeit gewahrt, die Kondensation abzuschalten, und den Zwischen- oder Auspuffdampf für Heizzwecke zu verwenden.

Für einen guten Wärmeschutz aller wärmeführenden Teile der Anlage ist Sorge zu tragen; es sind also alle Rohrleitungen, einschließlich Flanschen, Ventilen und Sammelstutzen zu umhüllen, ebenso Vorwärmer und wenn möglich Heißwasserbehälter; desgleichen muß bei Ausführung des Kesselmauerwerks auf geringste Wärmeverluste nach außen Bedacht genommen werden. Aneinander gebaute Kessel müssen gut isolierte Zwischenwände erhalten, damit bei Reinigung des einen stillgelegten Kessels die nötigen Arbeiten ohne zu große Hitzebelästigung durch den im Betrieb befindlichen Nebenkessel sorgsam durchgeführt werden können. Werden alle diese Vorkehrungen gegen unnötige Wärmeausstrahlung getroffen, so kann auch besondere Entlüftung durch Ventilatoren in Fortfall kommen, zumal wenn noch dafür gesorgt wird, daß Staubbelästigung und Verschlechterung der Luft durch Schwelgase nicht entstehen kann, durch Verlegen der Ascheabfuhr unter Flur. Denn Ventilatoren verbrauchen Kraft, verursachen Zug, verstärken dadurch die Wärmeverluste und schaffen überflüssig viel kalte Luft hinein, die wieder erwärmt werden muß.

Zugänglichkeit aller Teile ist ein Haupterfordernis für Wartung und Auswechseln. Deshalb sollen große Wasserrohrkessel höchstens zu zweit in einem Blocke vereinigt werden; und zwischen den einzelnen Blöcken muß ein reichlich breiter Gang, nicht unter 1,4 m, frei bleiben.

Vor den Feuerungen soll mindestens ein Raum von 2,5—3,0 m verfügbar sein für die Bedienung der Feuerungen mit Schaufel, Schüreisen und Krücke sowie für die Ascheentfernung und das Hinlegen von Kohle bei Handfeuerungen. Auch muß das Ausfahren von mechanischen Feuerungen und bei Lokomobilen das Herausziehen von Röhren sich noch leicht ermöglichen lassen. Ähnliches gilt für den Raum hinter den Kesseln. Auch hier sind allerlei Arbeiten vorzunehmen. Flugasche muß aus Flammrohren und Zügen herausgeholt werden, die Rohrverschlüsse von Wasserrohrkesseln sind nachzusehen und bei Reinigung zu entfernen, die Verbrennungsvorgänge müssen durch Schaulöcher beobachtet werden und es müssen sich auch längere Thermometer einführen lassen.

Bei großen Anlagen sollen die Speiseleitungen und Hauptdampfleitungen als Ringleitungen eingerichtet werden, um ein Absperren, Ausbessern sowie Auswechseln einzelner Teile während des Betriebes zu ermöglichen. Für richtige Aufhängung, für Festpunkte und Dehnungslager, für Ausgleichbögen, Windkessel und Entwässerungen an geeigneter Stelle ist Sorge zu tragen, ebenso für Wasserführung besonders beim Einmünden von Leitungen, derart, daß keine Wasserschläge auftreten können.

Alle Rohrleitungen sind unter größter Rücksichtnahme auf Bedienen, Instandhalten durch Verpackung, Auswechseln einzelner Ventile u.dgl. auf kürzestem Wege, aber nicht zu dicht an die Wand, zu verlegen. Jedes Ineinanderschachteln von Leitungen verhindert die Zugänglichkeit und Übersichtlichkeit, die in Fällen der Gefahr besonders wertvoll ist. Hauptspeise- und Dampfabsperrventile sollen deshalb bei höherliegenden Rohrleitungen von unten bequem durch Ketten- oder Zahnstangenantrieb zu bedienen sein, ohne daß erst eine Leiter herangeholt werden muß. Man sollte auch bedenken, daß nachträglich oft noch Änderungen an Leitungen und Hinzulegen neuer erforderlich sind; dazu muß der Platz reichen. Ein Anstreichen der Rohrleitungen in den vom Verein deutscher Ingenieure aufgestellten Farbenarten[1]) empfiehlt sich sehr wegen der raschen Übersicht.

Durchaus erforderlich ist es auch, daß für genaue Zeichnungen der Kesselanlage gesorgt wird, in denen alle Rohrleitungen, Ventile,

---

[1]) Z. d. V. D. I., 1911, S. 2019.

Anschlußstücke einschließlich Angabe der Rohrdurchmesser, Hauptlängenmaße usw. enthalten sind. Auch ein farbiges Anlegen der verschiedenen Leitungen, entsprechend der Farbenbezeichnung der Leitungen der Anlage ist zweckentsprechend. Die Zeichnungen sind für jede Besprechung und geplante Betriebserweiterung von unschätzbarem Werte.

Bei der Bestimmung der Höhenlage, welche die Kessel erhalten sollen, muß Rücksicht auf den Grundwasserstand genommen werden; alle Teile der Anlage müssen unbedingt trocken bleiben, damit nicht unter dem Einflusse der im Mauerwerk hochziehenden Nässe Verwitterungen des Mauerwerkes und Rosten der Eisenteile eintritt. Auch ein Naßwerden der Zugkanäle ist schädlich, weil durch den steten Wärmeaufwand zum Verdunsten der Feuchtigkeit eine starke Herabkühlung der durchziehenden Gase stattfindet. Im Grundwasser angelegte Kanäle lassen sich erfahrungsgemäß infolge der stets wechselnden Temperaturverhältnisse nicht auf die Dauer dicht halten.

Es sei noch erwähnt, daß es zweckmäßig ist, zum Heraus- und Hereinschaffen großer Stücke und der Kessel selbst, in den Kesselhauswänden an geeigneter Stelle große Bögen etwa über Tür oder Fenster einzumauern, so daß man zum Gewinnen einer hinreichenden Öffnung nur das darunter befindliche Mauerwerk herauszubrechen braucht, wenn man nicht vorzieht, gleich ein großes Tor anzubringen.

Aus allen vorhergehenden Ausführungen erhellt, daß eine Kesselhausanlage, die nur für den augenblicklichen Bedarf zugeschnitten ist, ohne Erweiterungsmöglichkeit und Rücksicht auf später sich herausstellende Bedürfnisse und Anpassung an den Fortschritt, von vornherein als verfehlt zu betrachten ist, ebenso das Einbauen von Kesselhäusern in enge Räume zwischen bestehende Gebäude. Alle Einzelteile der Einrichtung sind deshalb unter diesem Gesichtspunkte anzuordnen.

c) Kohlenförderung und Lagerung.

Auf Grund dieser Forderungen hat sich etwa nachstehend beschriebene Anordnung neuzeitlicher Kesselhäuser entwickelt, wie solche in vielen Abbildungen in den einschlägigen Zeitschriften zu finden sind, natürlich mit Anpassung an die gegebenen Verhältnisse (Abb. 1 und 2).

Sowohl das Hereinschaffen der Kohle in das Kesselhaus, das Fördern der Kohle auf den Rost, als auch die Abfuhr der Asche und Schlacke wird tunlichst selbsttätig bewerkstelligt. Das Gebäude wird luftig, hell und den Forderungen einer bequemen Reinigung entsprechend angelegt.

Um einen großen Kohlenvorrat bequem zur Hand zu haben, auch als Rückhalt für Streiks oder Feiertage, und dabei doch an Grundfläche zur Lagerung möglichst zu sparen, baut man über den Kesseln größere Siloanlagen zur Kohlenaufnahme. Die Beladung des Silos geschieht viel-

fach von dem Kohlenlagerplatz aus, wohin die Kohle angefahren wird,
durch Fördermittel, welche geeignet sind, die Kohle nicht nur auf die

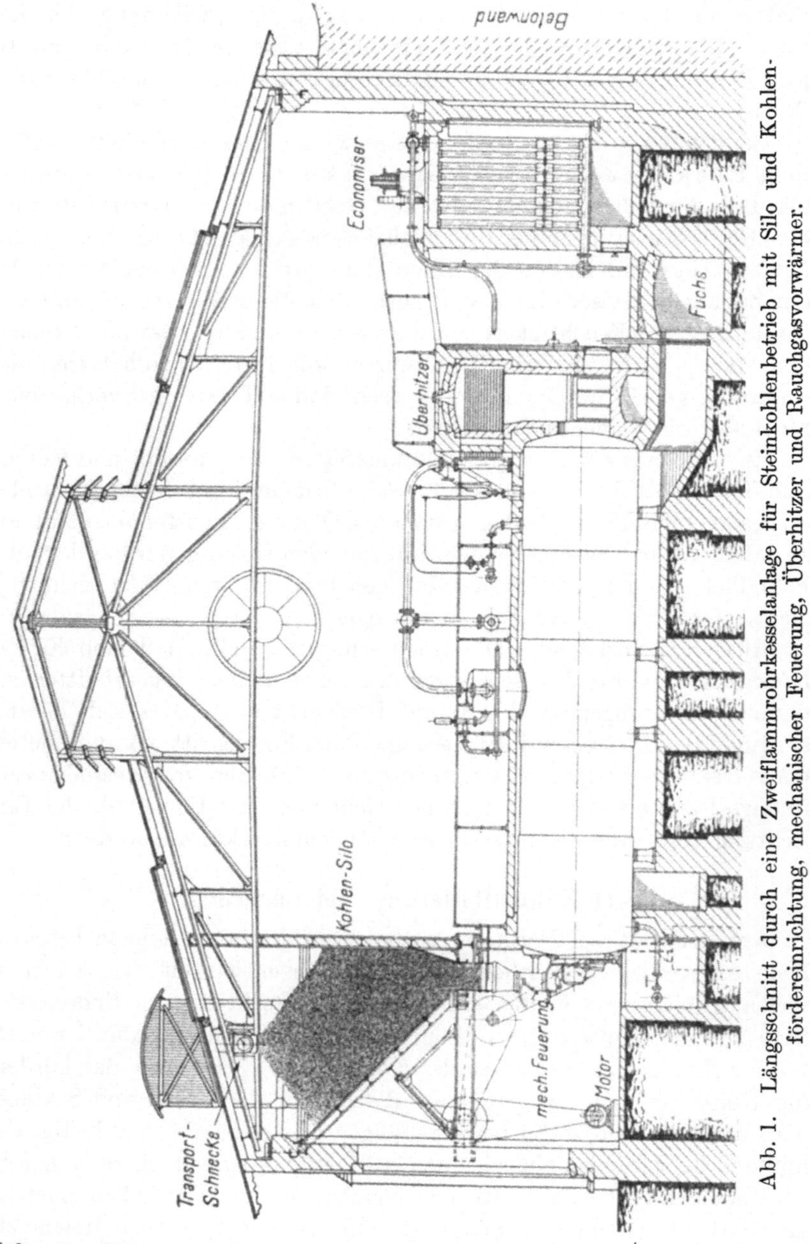

Abb. 1. Längsschnitt durch eine Zweiflammrohrkesselanlage für Steinkohlenbetrieb mit Silo und Kohlenfördereinrichtung, mechanischer Feuerung, Überhitzer und Rauchgasvorwärmer.

Höhe des Silos zu heben, sondern auch in den langen Vorratsbehälter
gleichmäßig zu verteilen. Das soll möglichst auf dem kürzesten Wege

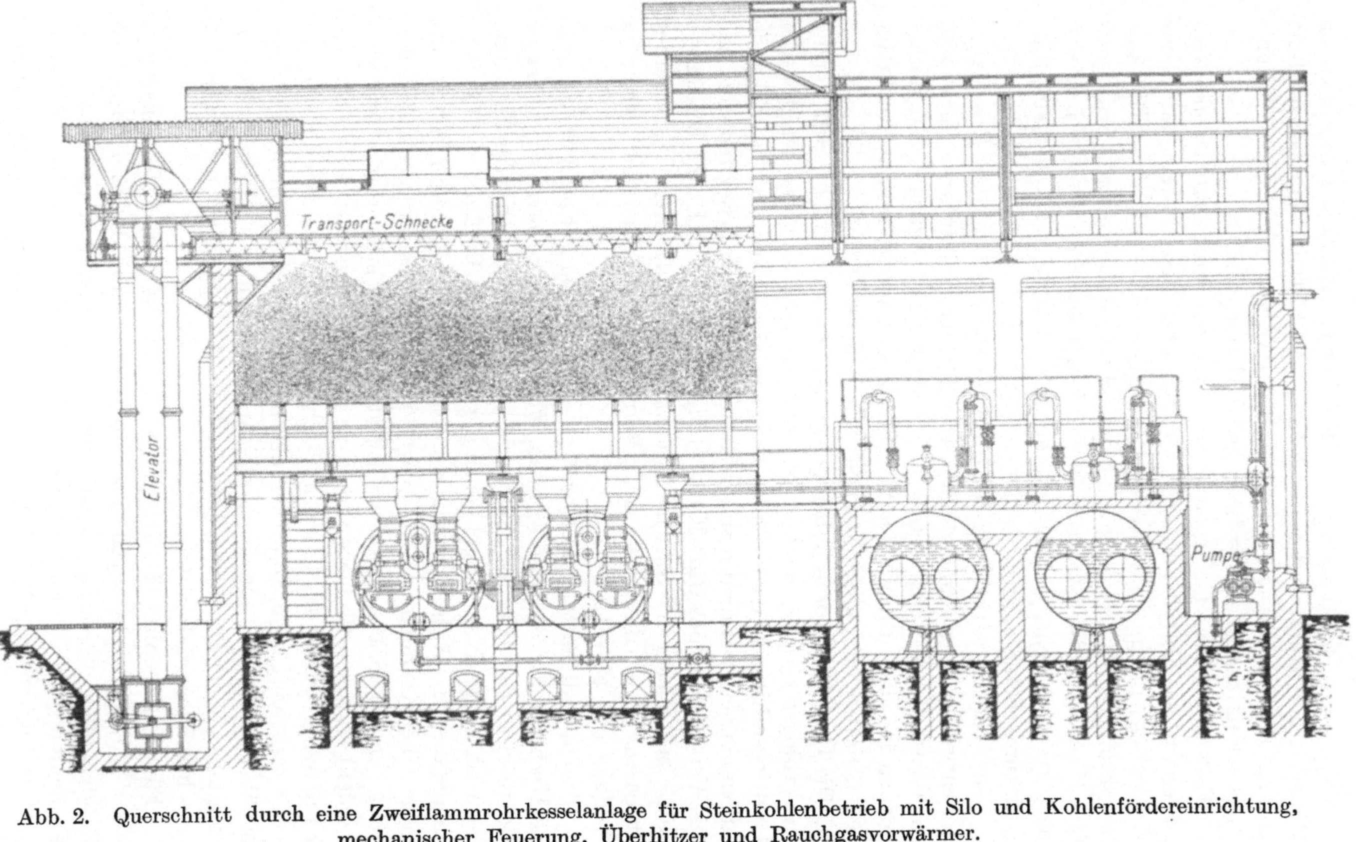

Abb. 2. Querschnitt durch eine Zweiflammrohrkesselanlage für Steinkohlenbetrieb mit Silo und Kohlenfördereinrichtung, mechanischer Feuerung, Überhitzer und Rauchgasvorwärmer.

erfolgen, um an Kraft zu sparen, und unter möglichstem Vermeiden von Umladen und Herabwerfen der Kohle, weil hiermit eine Grusbildung und als Folge davon ein Herabsetzen des Wertes der Kohle sowie eine Erschwernis des Feuerungsbetriebes verbunden ist.

Falls reichlicher Lagerplatz vorhanden ist, baut man zwecks Verringerung der Kesselhauskosten vielfach über den Kesseln nur kleine Kohlentaschen ein, die für einige Stunden Vorrat enthalten. Die Aufbewahrung der Kohlen geschieht dann auf dem Kohlenplatze. Bedingung für diese Bauweise ist aber das Vorhandensein eines stets betriebsbereiten und sicheren Kohlenfördermittels, damit die Kohlenzufuhr nicht unterbunden wird.

Viel benutzt wird für Kohlenhochförderung der Elevator, der entweder aus einem endlosen, über 2 Scheiben geführten Gurte oder einer ebensolchen Kette besteht, an der Becher befestigt sind. Die Becher müssen für nasse Braunkohle verhältnismäßig größer sein als für Steinkohle, weil erstere stets Neigung hat, sich anzusetzen.

Die Gurt-Elevatoren haben gegen den Ketten-Elevator den Vorzug eines ruhigen Ganges, eines geringeren Kraftbedarfes und einer größeren Leistungsfähigkeit, da sie mit etwa 1 m Geschwindigkeit je Sekunde laufen können, während man für Ketten etwa 0,7 m je Sekunde ansetzt. Die Verwendung des Gurt-Elevators ist begrenzt durch eine bestimmte Höhe, bei welcher der Gurt nicht mehr genügend durchzieht, und ferner durch Anschlagen des Gurtes an die Wandflächen bei einer mehr geneigten Stellung des Elevators.

Andere Hilfsmittel sind Aufzüge, Greifer, schräge Ketten oder Seilbahnen auf Bergwerksgruben, Elektrohängebahnen, schräge Förderbänder oder Becherwerke in verschiedenster Ausführungsform, die zugleich zum Hochheben der Kohle und Verteilen auf die Siloanlage dienen. Während Bänder nur gerade Wege zu durchlaufen vermögen (bei Krümmungen des Weges oder Umbiegen im rechten Winkel muß von einem Bande auf ein zweites, anders stehendes abgeworfen werden), können Becherwerke je nach ihrer Bauweise jede beliebige Krümmung durchlaufen, was für sehr viele Zwecke vorteilharter ist; sie bewerkstelligen die Förderung also ohne Umladen in schonender Weise bis über die Bunker oder Kohlentrichter. Allerdings sind die Anlagekosten meist höher als von Elevator und Band. Jede Anlage verlangt indes eine besondere Behandlung.

Für wagerechte Führungen werden als einfachste Hilfsmittel Förderbänder oder zugedeckte Schnecken (Abb. 1, 2 und 5 benutzt). Bänder, auch in schräger Lage, finden da überall am vorteilhaftesten Anwendung, wo das Fördergut gleichmäßig ohne Rücksicht auf Staubentwicklung unter größtmöglicher Schonung in einem Lagerraum (Silo, Bunker) verteilt werden soll. Das Band verdient außerdem bei grob-

stückigen, auch bei nassen und schmierigen Kohlen gegenüber der
Schnecke den Vorzug.

Zum gleichmäßigen Abnehmen des Fördergutes vom Bande dient
ein selbsttätiger Abwurfwagen, der entweder von Hand verstellt

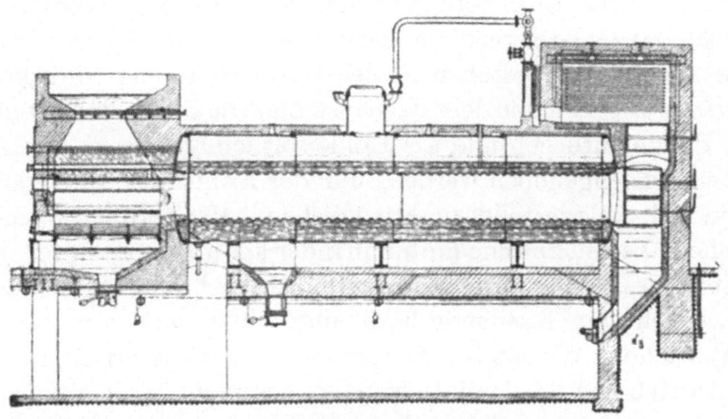

Abb. 3. Muldenrostfeuerung für Braunkohle, Längsschnitt.

werden kann, oder der ununterbrochen auf dem Bande hin und her läuft
mit Hilfe einer seitlich angeordneten Kette; der Wagen steuert sich von
selbst, am Ende seiner Bahn angekommen, um. Die Bauweise dieser

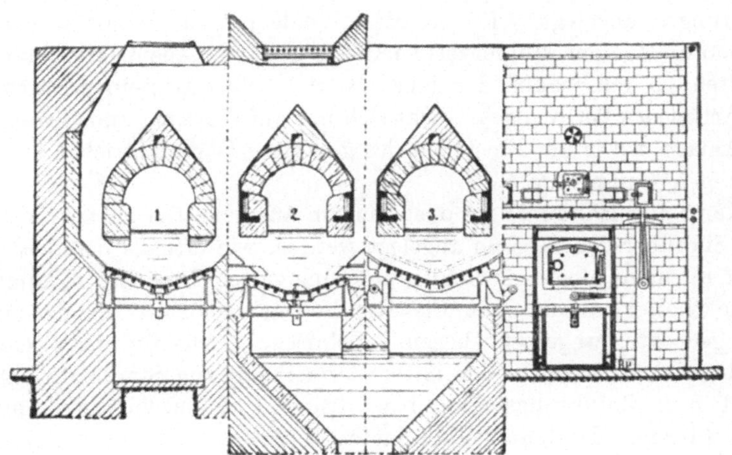

Abb. 4. Muldenrostfeuerung für Braunkohle, Querschnitt.

Abwurfwagen ist gewöhnlich so, daß das Band über Rollen hochgenommen und durch Rollen einseitig aufgehoben wird, so daß die Kohle seitlich abfallen muß; bei anderen Ausführungen wirft das hochgehobene
Band in einen Trichter, der die Kohle über das Band seitlich herabführt.

Diese gleichmäßige Verteilung der Kohle über das ganze Silo ist sehr zweckmäßig, weil Ungleichheiten in der Kohlenbeschaffenheit durch Anlieferung verschiedener Stückgröße und Sorten, verschieden nasser Kohle usw. für die Beschickung der einzelnen Kessel ausgeglichen werden.

Feststehende Abstreicher, die viel verwendet werden, bieten einen nicht ganz gleichwertigen, aber wesentlich billigeren Ersatz.

Diese Abstreicher bestehen in der Hauptsache aus winkelförmigen oder schrägen Blechen, die dem Kohlenstrome die Spitze darbieten, leicht auf dem Bande aufliegen und die Kohle seitlich abführen. Die Abstreicher können hochgehoben werden, um der Kohle den Durchgang nach einer anderen Abladestelle zu ermöglichen. Man ordnet zweckmäßig zwei solcher Abstreichbleche hintereinander an, um zu verhüten, daß der beim Zittern des Bandes unter dem ersten Bleche hindurchgehende Staub und Grus nach dem Bandende läuft, dort abfällt und sich anhäuft, so daß hauptsächlich die letzten Feuerungen viel Grus erhalten.

Der Antrieb der Fördereinrichtungen geschieht am besten auf elektrischem Wege, wegen seiner Einfachheit und steten Betriebsbereitschaft.

Aus den Silos, die meist aus Eisenbeton gebaut werden und schräge Wände haben, rutscht die Kohle nach Öffnen von Ablaßschiebern den Trichtern der einzelnen Feuerungen durch Schlote zu. Vgl. Abb. 1, 2 u. 31. In Verbindung mit solchen Siloanlagen werden fast stets mechanische Feuerungen angelegt, oder bei Braunkohlenbetrieb Schüttfeuerungen (Abb. 5 u. 31) oder Muldenroste (Abb. 3 u. 4), die ebenfalls selbsttätig arbeiten, so daß sodann der ganze Betrieb selbsttätig eingerichtet ist. Die Arbeit des Personals erstreckt sich nur auf Wartung und Bedienung der Anlage, sowie auf Einstellen des gesamten Dampfbetriebes auf den jeweiligen Dampfbedarf.

Kann aus Raummangel oder um an Anlagekosten zu sparen usw. kein Silo über den Kesseln angelegt werden, wie oftmals bei alten Anlagen, die man jedoch mit Kohlenförderung versehen möchte, so kann die Kohle bequem durch einen Elevator hochgebracht werden, der sie in eine gedeckte, wagerecht liegende Schnecke (nicht für nasse Kohle) schüttet, von der die Kohle unter Vermeidung von Staubentwicklung sofort in die Zuführungsschlote bzw. -trichter der einzelnen Feuerungen gebracht wird. In diesem Falle bieten Schlote und Zuführungstrichter immerhin einen gewissen Kohlenvorrat auf einige Zeit. Der Elevator und die Schnecke müssen allerdings einen großen Teil des Tages laufen, um dadurch die Feuerungen voll Kohle zu halten. In Verbindung mit der Schnecke kann man auch eine selbsttätige Bekohlung derart anbringen, daß die Schnecke nach Vollfüllen aller Trichter von allein sich abstellt.

Da es für die Überwachung des Betriebes wichtig ist, die verbrauchte Kohlenmenge festzustellen, so werden oft für Steinkohle

zwischen Elevator und Band oder Schnecke, oder bevor die Kohle in das
Becherwerk schüttet, selbsttätige Wagen eingeschaltet, oder die angeför-

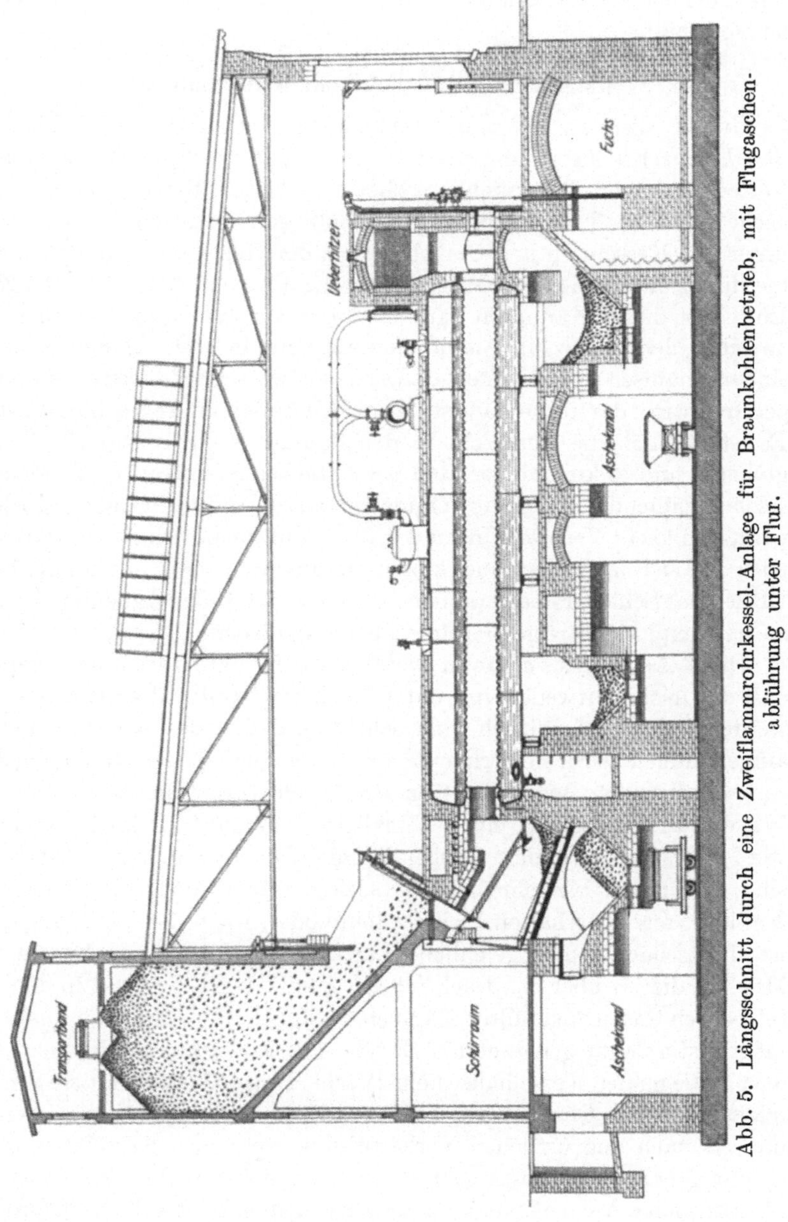

Abb. 5. Längsschnitt durch eine Zweiflammrohrkessel-Anlage für Braunkohlenbetrieb, mit Flugaschen-abführung unter Flur.

derte Kohle wird durch Gleiswagen gewogen, ehe sie in den Bunker gelangt, usw.; bei einfacheren Verhältnissen genügt eine selbsttätige Zähl-

vorrichtung für die hereingebrachten Wagen, manchmal auch ein Aufschreiben der Kohlenwagen durch den bedienenden Arbeiter. Auf jeden
Fall aber ist es zweckmäßig, sich ein Bild über den jeweiligen Bedarf
zu verschaffen.

d) Aschen- und Schlackenentfernung.

Großer Wert ist auf eine zweckmäßige Ausbildung der Schlacken-
und Flugaschenentfernung aus den Kesselzügen zu legen, besonders bei
Verfeuerung von Braunkohle, wobei sich beträchtliche Mengen Flugasche (6—8%) bilden. Man legt deshalb geräumige Sammelkammern
unter den Kesseln an den Umkehrstellen der Heizgase an, in denen sich
die durch die Züge mitgerissene Flugasche ablagert. (Abb. 5 u. 31.) Zum
Entleeren dieser Kammern baut man zweckmäßig Doppelschieber ein,
zwischen denen sich ein Aufnahmeraum befindet. Die beiden Schieber
sind mechanisch so verbunden, daß sich der eine schließt, wenn der andere
geöffnet wird, damit die Züge stets von der Außenluft abgeschlossen sind.
Es ist nämlich die Flugasche in den Sammelkammern zum Teil noch
glühend, und es kommt vor, daß bei einfachen Schiebern große Mengen
solcher glühender Asche auf einmal herausrollen, wenn nachgestochert
wird, und leicht Verbrennungen der Bedienungsmannschaft verursachen,
oder daß sich in den Sammelräumen brennbare Gase befinden, die beim
Öffnen des Schiebers begierig nach dem Sauerstoff der Außenluft lecken,
so daß explosionsartige Flammen herausschießen.

Diese Aschenkammern werden am besten so weit unterkellert,
daß die Asche entweder von unten in untergestellte Wagen abgezogen
werden kann oder seitlich vom schrägen Boden der Aschenkammern
aufgenommen wird. Überhaupt wird zweckmäßig jede Reinigungstür
so hoch über den Boden der Kanalsohle gelegt, daß die Asche sofort in
Wagen fällt und somit ein nochmaliges Umschaufeln unterbleibt. Es
werden deshalb besondere Gänge, die mit Wagen auf Schienen befahrbar
sind, unter den Kesseln angelegt. Diese Gänge, die man mindestens
2 m hoch macht, erhalten Lichtschächte oder, wenn dies nicht angängig
ist, Luftschächte oder reichliche Luftabführung durch Schlote in den
Mauern, die bis über das Dach führen, damit der Aufenthalt in den mit
schlechten Gasen angefüllten Räumen erträglich wird, und zwei Ausgänge
möglichst an entgegengesetzten Enden. Die Kellerräume sollen mit dem
darüberliegenden Kesselhause keine Verbindung haben, damit die Schwefelgase und der Qualm nicht hochsteigen können. Die Wagen werden
nun, je nach den örtlichen Verhältnissen, wenn das Kesselhaus nicht
erhöht gebaut ist, mittels schräg aufsteigender Kanäle oder durch besondere kleine Aschenkrane oder Aufzüge an die Erdoberfläche befördert;
auch Elevatoren, Becherwerke, elektrisch angetriebene Hängebahnen
und Schüttelrinnen finden für diesen Zweck immer mehr Eingang. Sogar

Flugaschenförderungen, die mittels Saugluft eine Entleerung der Züge und Sammelstellen in kurzen Betriebspausen bzw. während des Betriebes gestatten, werden heute eigens zu diesem Zwecke gebaut, desgleichen Ascheejektoren mittels Druckwassers. Alle Bestrebungen laufen darauf hinaus, die lästige Staubentwicklung zu vermeiden, ebenso unnötiges Umschaufeln der überaus leicht aufgewirbelten Flugasche. Die abgefahrene Flugasche wird am besten vergraben oder wenigstens mit Wasser begossen, da sie dann eine härtere Kruste bildet und nicht mehr so leicht aufstäubt.

In gleicher Weise bemüht man sich, den Staub aus den Kesselhäusern soviel wie möglich fernzuhalten. Ganz läßt er sich bei Braunkohlenbetrieb nicht vermeiden, weil aus den Schüttfeuerungen oftmals Flammen herausschlagen, die lose Asche herausschleudern. Die Siloanlagen werden möglichst völlig vom übrigen Kesselhause abgeschlossen; Schnecken und Elevatoren erhalten staubdichte Einkapselung. Fenster mit Entlüftungsklappen müssen reichlich im Kesselhause angebracht werden, wenn möglich auch im Dache und unter den schrägen Siloräumen so hoch, daß der Dunst dort aus dem Heizerstande abziehen kann. Denn nichts tötet so leicht das Interesse der Bedienungsmannschaft an Instandhaltung der Einrichtungen wie stets wiederkehrender Staub, der alle Gegenstände in dicken Schichten belegt. Durch hellen Anstrich der Wände und Auskleiden der unteren Wandteile sowie Kesselvorderseiten mit glasierten Steinen, die also bequem abwaschbar sind, wird der Ordnungs- und Sauberkeitssinn der Heizer wesentlich gefördert.

Braunkohle bildet viel feinen Staub beim Brennen, der bei manchen Anlagen, insonderheit dann, wenn die Kanäle nicht ganz sachgemäß angeordnet sind oder sich bis auf einen geringsten Querschnitt, der vom verfügbaren Zuge abhängt, mit Flugasche vollgelegt haben, und wenn geeignete größere Aschensäcke zur Ablagerung fehlen, bei einigermaßen starkem Zuge mit durch den Schornstein gerissen wird und die ganze Umgebung des Schornsteins mit einem Flugaschenregen bedeckt. Klagen der Nachbarschaft und Rechtsstreite sind oft die Folgen dieser Belästigung.

Um diese Übelstände zu vermeiden, werden auch besondere Flugaschenfänger vor dem Schornstein eingebaut, welche die abziehenden Gase zwingen, Funken, Asche, Ruß und Staubteilchen abzusondern und an bestimmten Sammelstellen abzusetzen. Wesentliche Bedingung für solche Apparate, die von den Gasen durchströmt werden müssen, ist die, daß die ausgeübte Zugschwächung nur ganz unbedeutend ist. Die Fänger erhalten gewöhnlich in einem erweiterten Kanale senkrechte oder schräge Fang- und Gleitschaufeln von U-förmigem oder winkligem Querschnitt, die in Reihen hintereinander angeordnet sind, so daß die eine Reihe vor den Lücken der anderen steht. In diesen Schaufeln verfängt sich die

Asche, während die Gase in dünne Strahlen zerteilt zwischen den Schaufeln hindurchtreten. Ein Teil der Flugasche schlägt sich in den Ecken nieder und gleitet in einen zugfreien Raum herab. Querschnittserweiterungen erleichtern durch Verminderung der Gasgeschwindigkeit die Staubausscheidung. Wenn auch der ganz feine Staub nicht in diesen Fängern zur Abscheidung gelangt, so helfen sie doch immerhin, ganz beträchtliche Mengen Flugasche festzuhalten, so daß durch ihren Einbau jeder lästige Flugaschenauswurf aus dem Schornstein vermieden wird. Die Fänger werden vorteilhaft so gestellt, daß die Asche auch während des Betriebes sofort in daruntergeschobene Wagen entleert werden kann mittels Doppelschieber oder selbsttätiger Abfüllschieber mit Klappe und Gewicht, die bei luftdichtem Abschluß dauernd die Asche herausrieseln lassen. In manchen Fällen wird auch durch tief herabgeführte Entleerungsrohre eine dauernde selbsttätige Entleerung der Flugaschenfänger bewerkstelligt.

In die Gaskanäle eingebaute Rauchgasvorwärmer oder Dampfüberhitzer wirken, wenn zweckmäßig angelegt, allein schon als Flugaschenabscheider und haben noch den Vorteil, daß die Abkühlung der Gase wieder dem Kessel durch Anwärmung des Speisewassers oder Dampfes zugute kommt. Flugaschenfänger und Rauchgasvorwärmer zusammen erweisen sich nur in den seltensten Fällen als erforderlich.

e) Behördliche Vorschriften und Arbeiterschutz.

Neben den Forderungen der Wirtschaftlichkeit eines Betriebes sind die Ansprüche auf Schutz gegen Gefahren der Gesundheit und gegen Verletzung der im Kesselhause beschäftigten Personen zu erfüllen. Es muß bedacht werden, daß der Kesselbetrieb schon an sich natürliche Gefahren durch Feuer, heißen Dampf und Gase mit sich bringt, und daß daher Wartung und Auswechslung aller Teile so bequem und gefahrlos als möglich zu gestalten ist. Es hat daher der Staat ein besonderes Gesetz erlassen, welches durch § 24 und 120a der Gewerbeordnung begründet ist. Enthalten sind diese Gesetze in den „Vorschriften[1]) betr. die Anlegung, Untersuchung und den Betrieb von Land- und Schiffsdampfkesseln", welche auch Anweisungen für die Unterlagen zur Genehmigung, sowie die Material- und Berechnungsvorschriften umfassen. Die einzelnen Bundesstaaten haben Sondervorschriften herausgegeben.

Jeder Kesselbesitzer wird daher die Erteilung von Aufträgen zur Errichtung von Neuanlagen bzw. zur Änderung bestehender Betriebe an die Voraussetzung der behördlichen Genehmigung knüpfen und der liefernden Firma die Beschaffung aller für das Genehmigungsverfahren und die Bauausführung erforderlichen Unterlagen auferlegen. Jedenfalls ist

---

[1]) Verlag von O. Hammerschmidt, Hagen i. Westf.

zur Vermeidung unnötiger Schwierigkeiten, besonders bei bestehenden, älteren, ineinander gebauten Anlagen, wo auf Höfe und anliegende Gebäude Rücksicht zu nehmen ist, vor einer festen Bestellung oder Inangriffnahme der Bauarbeiten zu warnen, ehe nicht die behördlichen Sicherheitsvorschriften erfüllt sind.

Verfehlt ist es in jedem Falle, und wie oft wird gerade hiergegen gesündigt, wenn in ihren Einzelheiten gut durchdachte und geplante Einrichtungen „aus Ersparnisgründen" in enge, dunkle, verwinkelte Gebäude eingepfercht werden, anstatt mit der Inneneinrichtung auch das Kesselhaus zeitgemäß gründlich zu verbessern oder frei und geräumig neu aufzuführen. Diese falsche Sparsamkeit rächt sich gewöhnlich sehr rasch durch Verschmutzung und Vernachlässigung der teuren Einrichtung, da gute Kesselwärter für solche minderwertige Anlagen nicht zu gewinnen sind. Unwirtschaftlichkeit und Betriebsunsicherheit, sowie die Unmöglichkeit, weitere technische Fortschritte aus Raummangel sich zunutze zu machen, sind die Folge davon.

Das Gesetz verlangt, daß Dampfkessel in besonderen Kesselhäusern aufgestellt werden, um bei einer etwa eintretenden Kesselexplosion den Schaden möglichst auf den Herd des Unglücks zu beschränken. Aus diesem Grunde sollen die Kesselhäuser ein leichtes Dach erhalten, und der Raum über dem Kessel muß völlig freibleiben; Wasserbehälter, Laufgänge, Fahrbahnen, Trockeneinrichtungen, Kohlenbehälter, Staubsammler usw. dürfen nicht über den Kesseln angebracht werden; Wellenstränge dürfen nicht durch das Kesselhaus nach anderen Fabrikräumen hindurchgeführt werden. Im Kesselhaus selbst ist das Anlegen von Wellensträngen nur zum Zwecke des Antriebes selbsttätiger Feuerungen, Pumpen, Kohlenförderanlagen u. dgl. gestattet.

Feste Bauteile, über einem Teil des Kesselhauses, welche der Rostbeschickung mit Kohle dienen, also auch Kohlensilos, sind nicht als feste Balkendecken anzusehen; sie sind daher auch zulässig, dürfen sich aber nicht über den Kesseln selbst befinden, auch nicht auf dem Kesselmauerwerk aufgestützt sein. Tragsäulen, auch solche für das Dach, müssen vielmehr bis auf den Boden reichen und zwischen ihnen und dem Kesselmauerwerk muß ringsherum ein Abstand von 8 cm eingehalten werden, wie auch zwischen Kesselmauerwerk und Kesselhauswand.

Der Fußboden des Kesselhauses vor der Feuerung sollte möglichst mit dem Hofe in gleicher Höhe, niemals jedoch tiefer liegen, so daß die Heizer bei Gefahr schnellstens ins Freie gelangen können. Aus dem gleichen Grunde müssen sämtliche Kesselhaustüren nach außen aufschlagen. Als Verschlüsse dürfen nur Drücker, nicht aber Schubriegel oder zu hebende Fallriegel Anwendung finden. Jedes Kesselhaus muß mindestens einen Ausgang sofort ins Freie haben, größere Anlagen deren zwei. Ein besonders trauriges Kapitel bilden gewöhnlich die unterirdischen

Gänge und Aschenkanäle, besonders bei Braunkohlenfeuerungen. Sie haben meistens keine Luftzufuhr, kein Licht, sind eng und oft so niedrig, daß man nicht aufrecht stehen kann und besitzen nur einen Eingang; unter solchen Verhältnissen sollen Menschen ihre Pflicht tun, bei heißer, staubiger, ungesunder Arbeit, noch Gefahren durch Gasexplosionen ausgesetzt. Zwei Ausgänge ins Freie, an entgegengesetzten Stellen, reichliche Breite, Höhe nicht unter 2 m, Licht- und Luftzuführung sind unbedingte Erfordernisse (vgl. S. 14). Daß der Fußboden eben, trittsicher und feuersicher zu sein hat, ebenso wie alle Treppen und Übergänge, bedarf nur eines Hinweises.

Alle engen Gänge, in denen man ohne anzustreifen nicht gehen kann, sind zu vermeiden, ebenso alle unzulänglichen dunklen Ecken, die erfahrungsgemäß zur Ablagerung von Schmutz und Gerümpel aller Art benutzt zu werden pflegen. Sind enge Stellen vorhanden, wie z. B. der gesetzlich vorgeschriebene Abstand zwischen Kesselmauer und Wand, so werden sie am besten aus demselben Grunde ganz überdeckt. Stufen im Kesselhause, besonders da, wo man sie nicht vermutet, in finsteren Gängen usw., sind gefährlich; besser läßt man den Fußboden ansteigen.

Der Raum um den Kessel herum soll freigehalten werden von allem, was nicht zur unmittelbaren Bedienung der Kessel gehört, außer Brennstoff, Schürgerät und Kohlenkarre oder dgl. soll sich nichts im Bereich des Heizers befinden. Werkbänke, Eisenvorräte, allerlei Gegenstände, die zum Trocknen aufgestellt oder aufgehängt sind u. dgl. mehr, hindern die Übersicht im Kesselhaus und lenken die Aufmerksamkeit des Heizers von seiner eigentlichen Arbeit ab, sind also nicht zu dulden.

Nach der Oberfläche des Kessels und allen hochgelegenen Bühnen sollen feuersichere, gut gangbare Treppen mit festen Handstangen, nicht nur Leitern, führen. Das Herauf- und Herunterschaffen schwerer Teile, z. B. von Ventilen u. dgl., fordert häufig genug einen trittsicheren Aufgang, der ohne Anhalten mit den Händen begehbar sein muß. Alle hochbelegenen Kesselteile, Bühnen usw. sind mit einfachem, aber festem Geländer zu versehen, das nur aus einer Stange bestehen soll, damit im Gefahrsfalle ein Fluchtweg unter dem Geländer hindurch noch möglich ist.

Die Rohrleitungen über den Kesseln dürfen auf keinen Fall den freien Durchgang verhindern, was besonders bei Gefahr oder einer Vernebelung des Kesselhauses durch plötzlich ausströmenden Dampf bei Platzen einer Dichtung, Rohrbruch oder dergleichen Unfällen sehr verhängnisvoll werden kann und rasches Eingreifen erschwert. Entweder müssen die Leitungen so hoch liegen, daß unter ihnen ein freier Durchgang von mindestens 1,80 m bleibt, oder, falls sie dicht über dem Kessel verlaufen, muß für bequemere Übergänge gesorgt werden. Herausstehende Teile auf der Kesseldecke, wie Bolzen und Schienen, an die man anstoßen kann, sind zu vermeiden. Ablaßhähne der Kessel dürfen nicht in tiefen, unzugänglichen Löchern liegen, in die man zum Bedienen hineinkriechen muß; das bedeutet eine schwere Gefahr bei Stutzenbruch oder plötzlichem Herausfliegen einer Packung. Liegen diese Hähne nicht frei, so muß man sie von außen durch Steckschlüssel zugänglich machen oder durch Ventile mit Hebeln ersetzen. Kesselablaßleitungen sollen nicht in eine gemeinsame Abflußleitung zusammenführen. Bei Verstopfung derselben kann heißes Kesselwasser in einen gerade in Reinigung befindlichen Kessel dringen und die Leute verbrühen.

Sehr wünschenswert ist es auch, daß gute Waschgelegenheit in einem Nebenraume zur Verfügung steht, und ein Aufenthaltsraum für die Bedienung.

Zum Schluß sei noch darauf hingewiesen. daß der Zugang zum Kesselhause für alle Personen, die nicht dienstlich daselbst zu tun haben, streng verboten sein soll, daß daher das Bilden beliebter Frühstücksecken während der kalten Jahreszeit entfallen muß.

f) Schönheitsrücksichten.

Bei dieser Besprechung der Anlagen soll auch der Beobachtung von Schönheitsrücksichten bei Bau und Anlage der Kesselhäuser, wie der Fabrikanlagen überhaupt, das Wort geredet werden. Industriebauten und Geschmacksroheit brauchen nicht unbedingt zusammenzugehören, wie es heute noch leider meist der Fall ist. Einige gute neuere Anlagen jedoch, sowie die Aufmerksamkeit, welche künstlerisch gebildete Kreise bereits dieser Frage zu schenken beginnen, deuten darauf hin, daß sich ein erfreulicher Wandel in der bisherigen Gleichgültigkeit und Urteilslosigkeit des Ingenieurs Geschmacksfragen und den Bestrebungen des Heimatschutzes gegenüber bemerkbar macht. Der Ingenieur soll nicht nur stolz auf die genaue Arbeit seiner Werke und Einrichtungen sein, sondern auch stolz auf ihr Aussehen.

Deutsche Industrie möge, wie so vielfach, auch hierin vorangehen und zeigen, daß sich selbst mit ganz geringen Mitteln viel erreichen läßt; denn nicht der äußere Aufwand macht die Schönheit eines Werkes aus, sondern der Geist, der in einheitlichem Aufbau sowie sinnvoller Gestaltung und Anordnung der einzelnen Bauteile zutage tritt.

II. Allgemeine Wärmetechnik.

2. Allgemeiner gas- und wärmetechnischer Teil[1]).
Über die Wärme und ihre Wirkung.

Sobald Wärme zu einem Körper hinzutritt, gehen mit ihm wesentliche Änderungen vor sich.

Der feste Körper ist ein in sich abgeschlossenes Gebilde mit einer Eigenform; in ihm sind Kräfte tätig, die seine Form erhalten oder neu bilden (z. B. Kristalle). Hier äußert sich die formbildende Kraft in der Einhaltung bestimmter Winkel, ausgezeichneter Richtungen. Gerade die Kugelform tritt aber nicht auf. Wird Wärme an einen festen Körper herangebracht, so erhöht sich seine Temperatur, er vergrößert sein Volumen, und wird bei bestimmter Temperatur flüssig; dann hört die Temperatursteigerung auf, bis die Auflösung der Form vollendet und er flüssig geworden ist. Anders verhält sich

Der flüssige Körper. Er hat keine eigene Gestalt, keine ausgezeichnete Richtung mehr und nimmt jede beliebige Form an, die von außen an ihn herangebracht wird; sowohl die Begrenzung durch Gefäße, wie auch die freie Oberfläche, welche die Flüssigkeit mit allen Flüssigkeiten der Erde gemeinsam hat, kommen allein durch äußere Kräfte zustande. Alle Flüssigkeiten der Erde schließen sich zu einer gemeinsamen Form, der Kugelform der Erde, zusammen. Kugelform tritt bei kleinen Mengen auf in der Tropfenbildung, auch z. B. bei dem letzten Reste einer auf einer heißen Platte ausgebreiteten verdampfenden Flüssigkeit, wobei die Kugelform als Zwischenzustand durchlaufen wird. Unter dem Einflusse der Wärme dehnt sich die Flüssigkeit aus und bei bestimmter Temperatur und Druck beginnt sie zu verdampfen. Die Temperatur bleibt so lange konstant, bis die Flüssigkeit vollkommen gasförmig geworden ist. Dabei wird die Verdampfungswärme r, auch latente genannt, aufgenommen.

Bei den Gasen ist das Formprinzip völlig aufgehoben. Ein Gas dehnt sich in den Raum hinein aus. Man muß es ganz in eine äußere Form einschließen, wenn man es zusammenhalten will. Bei Temperaturerhöhung tritt Drucksteigerung ein und ein Gleichgewichtszustand herrscht in der Art, daß $p \cdot v =$ konst, ist. Als materielle Körper sind die Gase der Schwerewirkung ausgesetzt. Hinzu tritt aber durch die Wirkung der beim Übergange vom flüssigen zum gasförmigen Zustande aufgenommenen Wärme die ihnen ureigene Ausdehnungstendenz, die auf Verbreitung

---

[1]) Unter Benutzung der Rechnungsweise von Mollier, Hütte 20. Aufl.

in den Raum hinwirkt und sich als Druck äußert. In den Gasen wirkt also im Gegensatze zu den festen Körpern das umgekehrte Prinzip, nämlich Ausdehnung, Abstoßungskraft, negative Schwerkraft.

Brennbare Stoffe. Gewisse Stoffe, auf die Entzündungstemperatur erhitzt, ändern sich ohne weitere äußere Einwirkung durch die in ihnen auftretende Reaktionswärme, wenn sie mit Luft oder besser mit Sauerstoff in Berührung bleiben. Sie verlieren ihre Form, verbrennen, d. h. sie lösen sich direkt in Gase auf. Bei Verbrennungserscheinungen werden also verschiedene Imponderabilien, wie Wärme und Licht frei, unter Zurücklassung eines mineralischen Restes. Bei Holz (Kohlen usw.) wurden beim Wachstum die mineralischen Salze durch die organisierende Wirkung der Pflanze aufgenommen, die unter dem Einflusse von Wärme und Licht diese Stoffe chemisch verändert und zu solchen Verbindungen gestaltet, daß umgekehrt wieder durch einen äußeren Anlaß die Imponderabilien heraustreten.

Faßt man also zusammen, so ergibt sich: Gestalten lösen sich unter dem Einflusse der Wärme, und umgekehrt Formbildung tritt unter Freigabe von Wärme auf (Kondensationswärme, Erstarrungswärme). Wärme wandelt die Schwerkraftwirkung in ihr Gegenteil, in Ausdehnungskraft, um; sie äußert sich geradeso in ihrer Wirkung wie umgekehrte Schwerkraft.

a) Zustandsgleichungen für vollkommene Gase.

Für die Vornahme von Rechnungen mit Gasen ist die Kenntnis nachfolgender Beziehungen von großem Wert.

Es bezeichnet:

Druck in kg/m², kg/cm² (at) . . . . P, p

Rauminhalt eines Gases in m³ V

Rauminhalt eines kg von 0°, 760 mm v

Gewichtsmenge eines Gases in kg . . . . G

Gewicht eines m³ Gas von 0° und 750 mm . . . . γ

Gewicht eines m³ Gas von 15° und 1 at (= 735,5 mm) $\gamma\,^{15}/_{735,5}$

Gaskonstante . . . . R

Temperatur, absolute °C . . . . $T = t + 273$

Temperatur °C . . . . t

Spezifische Wärme für 1 m³ 0/760 bei konst. Druck C_p

Spezifische Wärme für 1 m³ 0/760 bei konst. Rauminhalt . . . . C_v

Spezifische Wärme für 1 kg bei konst. Druck . . . c_p

Spezifische Wärme für 1 kg bei konst. Rauminhalt . c_v

Molekulargewicht . . . . μ

Barometerstand in Millimeter Quecksilber . . . . . b

Die Zustandsgleichung gilt allgemein:

$$P \cdot v = R \cdot T \quad \text{oder} \quad P \cdot V = G \cdot R \cdot T \quad \ldots \ldots 1)$$

Darin ist R die Gaskonstante; setzt man das Molekulargewicht eines Gases $= \mu$ (und für Sauerstoff $\mu = 32$), so berechnet sich

$$R = \frac{848}{\mu} \quad \ldots \ldots \ldots \ldots \ldots \ldots 2)$$

für alle Gase, und für Gasmischungen mit dem jeweiligen Rauminhalt v_i und Molekulargewichte μ_i wird

$$R = \frac{848}{\Sigma \mu_i v_i}.$$

Es ist nun das Gewicht eines Kubikmeters Gas (das spez. Gew.) von 0° und 760 mm

$$\gamma = \frac{1}{v} = \frac{P}{R \cdot T} = \frac{10333}{R \cdot 273} = \frac{10333 \cdot \mu}{273 \cdot 848} \quad \ldots \ldots 3)$$

oder bezogen auf Luft mit $\mu = 28{,}95$ und $\gamma = 1{,}293$ bei beliebigem Barometerstande b und der absol. Temp. T

$$\gamma = \frac{1{,}293 \cdot b \cdot 273 \cdot \mu}{T \cdot 760 \cdot 28{,}95} = \frac{0{,}01605 \cdot b \cdot \mu}{T} \quad \ldots \ldots 3\text{a})$$

und damit

$$\gamma = \frac{\mu}{22{,}4} = \text{Gewicht eines Kubikmeters von } 0° \text{ und } 760 \text{ mm.} \quad 3\,\text{b})$$

entsprechend wird: $\dfrac{\mu}{24{,}4} = $ Gewicht eines Kubikmeters von 15° und 1 at $= 735{,}5$ mm.

Zur Umrechnung dient also:

$$\gamma_{0/760} = \gamma_{15/735{,}5} \cdot \frac{24{,}4}{22{,}4} \quad \text{bzw.} \quad G_{0/760} = G_{15/735{,}5} \cdot \frac{24{,}4}{22{,}4} = 1{,}09 \cdot G_{15/735{,}5}$$

oder mit anderen Worten: das spezifische Gewicht (das Gewicht eines Kubikmeters 0/760) eines Gases gewinnt man durch Teilung seines Molekulargewichtes mit der Zahl 22,4.

Z. B. gilt für Kohlensäure $\mu = 44{,}0$; $\gamma = \dfrac{44{,}0}{22{,}4} = 1{,}965$;

,,   ,,   Stickstoff $\mu = 28{,}08$; $\gamma = \dfrac{28{,}08}{22{,}4} = 1{,}254$.

Die spezifische Wärme für 1 kg Gas sei für konst. Druck $= c_p$, für konst. Volumen $= c_v$; dann gilt ganz allgemein:

$$\frac{c_p}{c_v} = \varkappa; \qquad \mu c_p - \mu \cdot c_v = 2; \qquad c_p = \frac{2\varkappa}{\mu(\varkappa - 1)}; \quad \ldots \ldots 4)$$

für zweiatomige Gase wird dann:

$$c_p = \frac{7}{\mu}; \qquad c_v = \frac{5}{\mu}; \qquad \frac{c_p}{c_v} = \varkappa = 1{,}4 \; .$$

Bezeichnet man die spezifischen Wärmen für 1 m³ Gas von 0° und 760 mm entsprechend mit C_p und C_v, so wird unter Benutzung von $\gamma = \dfrac{\mu}{22{,}4}$ ganz allgemein:

$$C_p = \frac{\mu}{22{,}4} \cdot c_p; \qquad C_v = \frac{\mu}{22{,}4} \cdot c_v; \qquad C_p - C_v = 0{,}089;$$

$$C_p = \frac{0{,}089}{\varkappa - 1} \cdot \varkappa \; \ldots \ldots \ldots \ldots \ldots 5)$$

Für zweiatomige Gase wird dann besonders:

$$C_p = 0{,}311 \qquad \text{und} \qquad C_v = 0{,}222 \; .$$

Bezogen auf 1 m³ Gas von 15° und 1 at = 735,5 mm ergibt sich allgemein:

$$C_p = \frac{\mu}{24{,}4} c_p; \qquad C_v = \frac{\mu}{24{,}4} c_v; \qquad C_p - C_v = 0{,}081;$$

und für zweiatomige Gase:

$$C_p = 0{,}284 , \qquad C_v = 0{,}203 \; .$$

Für die in der Feuerungstechnik vorkommenden Gase sind die wichtigsten Beziehungen in nachstehender Zahlentafel 1 zusammengestellt.

Zahlentafel 1.

Rechnungswerte für Gase.

Gas	Atomzahl	Chemisches Zeichen	Molekulargewicht		γ Gewicht in kg eines m³ von		Gaskonstante R	Spezifische Wärme zwischen 0 und 200°		$\varkappa = \dfrac{c_p}{c_v} = \dfrac{C_p}{C_v}$
			angenäh.	genau μ	0° und 760 mm	15° und 735,5 mm		für 1 kg bei konst. Druck c_p	für 1 m³ $C_p\,{}^0/_{760}$	
Luft (trock.)	—	—	29	28,95	1,293	1,186	29,27	0,238	0,308	1,405
Sauerstoff .	2	O_2	32	32	1,429	1,310	26,5	0,218	0,310	1,400
Stickstoff . .	2	N_2	28	28,02	1,251	1,147	30,26	0,247	0,309	1,408
Wasserstoff .	2	H_2	2	2,016	0,089	0,083	420,6	3,41	0,306	1,407
Kohlenoxyd .	2	CO	28	28,0	1,251	1,148	30,25	0,242	0,303	1,410
Kohlensäure.	3	CO_2	44	44,0	1,964	1,801	19,27	0,21	0,412	1,280
Schwefl. Säur.	3	SO_2	64	64,06	2,860	2,624	13,24	0,154	0,429	1,25
Wasserdampf	3	H_2O	18	18,016	0,804	0,738	47,06	0,50	0,370	1,28
Azetylen . .	4	C_2H_2	26	26,02	1,162	1,066	32,59	0,37	0,438	1,26
Methan . . .	5	CH_4	16	16,03	0,715	0,657	52,8	0,59	0,421	1,28

Hütte, 23. Aufl.

b) Die Verbrennungsgleichungen.

Zur genauen chemischen Erfassung der Vorgänge bei der Verbrennung ist die Kenntnis einiger chemischer Beziehungen nötig, die im folgenden entwickelt werden; die Endergebnisse sind in Zahlentafeln zusammengestellt. Es handelt sich hauptsächlich um die Berechnung der Verbrennungsluftmengen mit und ohne Luftüberschuß und die Zusammensetzung der Verbrennungsgase, ihre Menge, Gewicht, ihren Wärmeinhalt usw.

Wenn man von Gewichtsteilen ausgeht, so gelangt man zu folgenden Verbrennungsgleichungen:

es verbrennen: 12 kg C   mit 32 kg O_2 zu 44 kg CO_2
,,   ,,   12 ,, C   ,, 16 ,, O_2 ,, 28 ,, CO
,,   ,,   2 ,, H   ,, 16 ,, O_2 ,, 18 ,, H_2O
,,   ,,   28 ,, CO   ,, 16 ,, O_2 ,, 44 ,, CO_2
,,   ,,   32 ,, S   ,, 32 ,, O_2 ,, 64 ,, SO_2
,,   ,,   16 ,, CH_4 ,, 64 ,, O_2 ,, 44 ,, $CO_2 + 36$ kg H_2O

Daraus errechnet sich die Sauerstoffmenge und die Menge der Verbrennungsgase in Kilogramm, wenn mit C, H, O_2 usw. zugleich die Gewichtsmengen der betreffenden Stoffe bezeichnet sind.

1 kg C braucht 2,667 kg O_2 zur Bildung von 3,67 kg CO_2
1 ,, C   ,,   1,333 ,, O_2 ,,   ,,   ,, 2,33 ,, CO
1 ,, H   ,,   8,00 ,, O_2 ,,   ,,   ,, 9,00 ,, H_2O
1 ,, CO ,,   0,571 ,, O_2 ,,   ,,   ,, 1,57 ,, CO_2
1 ,, S   ,,   1,00 ,, O_2 ,,   ,,   ,, 2,00 ,, SO_2
1 ,, CH_4 ,,   4,00 ,, O_2 ,,   ,,   ,, 2,75 ,, $CO_2 + 2,25$ kg H_2O

Zweckmäßig ordnet man diese Beziehungen auch nach Volumina an; man erhält die Verbrennungsgleichungen in Volumina ausgedrückt, wenn man durch $\gamma \left(\text{also durch } \dfrac{\mu}{22,4}\right)$ teilt; z. B. anstatt:

$$28 \text{ kg CO mit } 16 \text{ kg O ergibt } 44 \text{ kg } CO_2,$$

wird dann:

$$\frac{28}{1,251} \text{ m}^3 \text{ CO mit } \frac{16}{1,429} \text{ m}^3 \text{ O ergibt } \frac{44}{1\,965} \text{ m}^3 CO_2,$$

oder   1 m³ CO mit $^1/_2$ m³ O erzeugt 1 m³ CO_2;

oder allgemein mit $G_{m^3} = \dfrac{\mu}{22,4}$ gerechnet, wird für die festen Stoffe, z. B. Kohlenstoff, auf gleiche Weise:

$$12 \text{ kg C mit } \frac{32 \cdot 22,4}{\mu} \text{ m}^3 \text{ O vereinigen sich zu } \frac{44 \cdot 22,4}{\mu} \text{ m}^3 CO_2,$$

oder 0,536 kg C mit 1 m³ O bilden 1 m³ CO_2.

Demnach ergeben sich folgende Verbrennungsgleichungen:

$$
\begin{aligned}
1,00 \ \text{kg} \ \ \ \text{C} \ \ + 1,865 \ \text{m}^3 \ \ \text{O}_2 &= 1,865 \ \text{m}^3 \ \ \text{CO}_2 \\
0,536 \ \ ,, \ \ \ \text{C} \ \ + 1 \ \ \ \ \ \ ,, \ \ \text{O}_2 &= 1 \ \ \ \ \ \ ,, \ \ \text{CO}_2 \\
0,536 \ \ ,, \ \ \ \text{C} \ \ + \tfrac{1}{2} \ \ \ \ \ ,, \ \ \text{O} \ = 1 \ \ \ \ \ \ ,, \ \ \text{CO} \\
0,536 \ \ ,, \ \ \ \text{C} \ \ + 2 \ \ \ \ \ \ ,, \ \ \text{H} \ = 1 \ \ \ \ \ \ ,, \ \ \text{CH}_4 \\
1,426 \ \ ,, \ \ \ \text{S} \ \ + 1 \ \ \ \ \ \ ,, \ \ \text{O}_2 &= 1 \ \ \ \ \ \ ,, \ \ \text{SO}_2 \\
1,0 \ \ \ \text{m}^3 \ \text{H}_2 + \tfrac{1}{2} \ \ \ \ \ ,, \ \ \text{O} \ = 1 \ \ \ \ \ \ ,, \ \ \text{H}_2\text{O} \ (\text{Dampf} \ ^0/_{760}) \\
1,0 \ \ \ \ ,, \ \ \text{CO} + \tfrac{1}{2} \ \ \ \ \ ,, \ \ \text{O} \ = 1 \ \ \ \ \ \ ,, \ \ \text{CO}_2 \\
1,0 \ \ \ \ ,, \ \ \text{CH}_4 + 2 \ \ \ \ \ \ ,, \ \ \text{O} \ = 1 \ \ \ \ \ \ ,, \ \ \text{CO}_2 + 2 \ \text{m}^3 \ \text{H}_2\text{O}
\end{aligned}
$$

allgemein: in Kubikmeter

$$
\text{C}_m \text{H}_n + \left(m + \frac{n}{4} \right) \text{O}_2 = m \, \text{CO}_2 + \frac{n}{2} \, \text{H}_2\text{O} \, .
$$

Um von der Sauerstoffmenge auf die für die Verbrennung nötige Luftmenge zu schließen, beachte man nachstehende Verhältnisse:

Zahlentafel 2.

Zusammensetzung der Luft.

Luftzusammensetzung		1 kg Sauerstoff gehört zu	1 m³ Sauerstoff gehört zu
nach Gewicht	nach Rauminhalt		
23,2% Sauerstoff	20,96% Sauerstoff	4,31 kg Luft	4,77 m³ Luft
76,8% Stickstoff	79,04% Stickstoff	3,31 kgStickstoff	3,77 m³ Stickstoff

Zusammengestellt gibt Zahlentafel 3 (S. 26) die wichtigsten Angaben über die Verbrennungsvorgänge wieder.

c) Anwendung auf die verschiedenen Brennstoffe.

Die genaue Berechnung der Verbrennungsvorgänge führt man für einen bestimmten Brennstoff, mag es nun ein gasförmiger oder fester sein, am besten nach folgender Aufstellung 4 aus, wobei die einzelnen Vorgänge sich klar widerspiegeln. (Für Rechnungen mit Kohlen insonderheit dienen auch die in Abschnitt 7—10 aufgestellten Formeln).

Es wurden Braunkohlenbriketts als Beispiel gewählt, mit der Zusammensetzung nach Zahlentafel 34, S. 78. Der Rechnungsgang dürfte aus vorstehendem leicht verständlich sein. Die letzte Spalte enthält den Höchstgehalt der trockenen Gase an CO_2, worüber in Abschnitt 10 des näheren gesprochen wird.

Die nach dieser Art berechneten Werte für mittlere Kohlensorten sind in Zahlentafel 34, S. 78 zusammengestellt, die man für sehr viele Rechnungen benutzen kann. Die Gewichtsmenge der erzeugten Gase, Spalte 11, kann man auch gewinnen durch Zuzählen des Gewichts der verbrannten Kohle, abzüglich des Aschengewichtes, zu der zur Verbrennung nötigen Luftmenge (Spalte 9), da ja alle Bestandteile der Kohlen

Zahlen·

Luft- und Sauerstoffbedarf verschiedene

1	2	3	4	5	6	7
Verbrennung		Gewicht eines m³ Verbrennungsgases $^0/_{760}$ in kg	Sauerstoffbedarf		Luftbedarf	
von 1 kg	zu Verbrennungsgas		kg	m³ $^0/_{760}$	kg	m³ $^{15}/_{736}$
C	CO_2	1,977	2,667	1,865	11,50	9,705
C	CO	1,251	1,333	0,932	5,75	4,84
H	H_2O	0,804	8,000	5,525	34,48	29,10
CO	CO_2	1,977	0,571	0,400	2,46	2,075
S	SO_2	2,863	1,000	0,700	4,31	3,64
CH_3	$CO_2 + H_2O$	1,195	4,000	2,799	17,28	14,81

Weitere spezifische Gewichte

mit Ausnahme der Aschenrückstände sich in den Verbrennungsgasen wiederfinden. Die Gase enthalten also auch die Kohlenfeuchtigkeit sowie das Verbrennungswasser in Form von Dampf (Spalte 12). Für Berechnung von Schornsteinen, Wärmeübergängen usw. sind also die Mengen nach Spalte 12 zugrunde zu legen, entsprechend umgerechnet auf den Luftüberschuß. Bei den Untersuchungen der Gase dagegen mittels Apparat, nach Orsat, Fischer oder Hempel usw., erhält man trockene Gase (Spalte 13), da der Wasserdampf niedergeschlagen ist, ehe die Gase von den Lösungen aufgesaugt werden.

d) Die spezifische Wärme der Verbrennungsgase[1]).

Es ist bekannt, daß alle neueren Untersuchungen von Mallart und Le Chatelier, Dr. Langen, Grießmann, Knoblauch und M. Jakob, Prof. Linde, Prof. Lorenz usw. darauf hinweisen, daß die spezifische Wärme der Gase, d. h. die Wärmemenge, welche nötig ist, um 1 kg Gas oder 1 cbm um 1° zu erwärmen, mit steigender Temperatur anwächst, am meisten die von Kohlensäure und Wasserdampf, weniger die der zweiatomigen Gase, wie Stickstoff, Sauerstoff, Kohlenoxyd, ferner Luft usw. Da die Untersuchungen, die untereinander verschiedene Werte ergeben, noch nicht abgeschlossen sind, so seien die vermittelnden Werte der Hütte (1905) hier zugrunde gelegt. Infolge dieser verschiedenen Werte, welche die spezifischen Wärmen je nach der Temperatur annehmen, müssen einige Begriffe festgelegt werden. Man scheidet zwischen der wahren spezifischen Wärme und mittleren spezifischen Wärme. Die erstere bedeutet die spezifische Wärme bei einer bestimmten Temperatur, d. h. die bei Erwärmung um einen sehr kleinen

Temperaturbetrag dt gemessene spezifische Wärme, also $C = \dfrac{dQ}{dt}$; in

---

[1]) Vgl. Schüle, Z. d. V. d. I. 1916, S. 636ff.

Tafel 3. ·
Gase und ihre Verbrennungserzeugnisse.

8	9	10	11	12	13	14	15
Erzeugt werden Verbrennungsgase bei				Bei Verbrennung von 1 kg .. werden erzeugt WE. Oberer Heizwert bezogen auf flüssiges Wasser	Unterer Heizwert für 1 kg WE	Oberer Heizwert für 1 m³ 15°; 1 at WE	Unterer Heizwert für 1 m³ 1 at WE
Verbrennung in Sauerstoff		Verbrennung in Luft					
kg	m³ °/₇₆₀	kg	m³ °/₇₆₀				
3,67	1,865	12,50	8,88	8 140	—	—	—
2,33	1,860	6,75	5,38	2 440	—	—	—
9,00	11,190	35,48	32,02	34 200	28 700	2800	2360
1,57	0,795	3,46	2,307	2 440	2 440	2800	2800
2,00	0,699	5,31	3,340	2 220	—	—	—
5,00	4,180	18,28	14,73	13 250	11 980	8700	7820

von Gasen siehe S. 38.

der Nähe dieser Temperatur ist die spezifische Wärme praktisch als konstant zu setzen. Wünscht man dagegen z. B. bei einem Abkühlungs- oder Erwärmungsvorgange die spezifische Wärme über seinen ganzen Bereich von $t_1 - t_2$ zu benutzen, so muß man einen mittleren Wert ansetzen, die sog. mittlere spezifische Wärme, also $C_m = \dfrac{Q}{t_1 - t_2}$; es bedeutet dabei Q die aufgenommene Wärmemenge. Die mittlere spezifische Wärme wird gewöhnlich zwischen $0°$ und $t°$ bestimmt. Sollen Rechnungen ausgeführt werden zwischen zwei beliebigen Temperaturen t_1 und t_2, so muß dieser von $0°$ ausgehende mittlere Wert entsprechend umgewandelt werden. Es ist also zu einer bestimmten Temperatur ein eindeutiger Wert der wahren spezifischen Wärme zugeordnet; dagegen kann die mittlere spezifische Wärme ganz verschiedene Werte besitzen, je nach der zweiten Temperaturgrenze. Gasmengen in Kubikmeter werden gewöhnlich auf $0°$ und 760 mm Druck ($^0/_{760}$) umgerechnet; neuerdings jedoch pflegt man vielfach in Anpassung an die mittleren Durchschnittswerte der Temperaturen die Gasmengen auf $15°$ und 1 at $=$ 735,5 mm Quecksilber ($^{15}/_{735,5}$) zu beziehen.

Alle Rechnungen können mit Gasmengen in Kilogramm oder Kubikmeter durchgeführt werden, je nachdem es bequemer scheint; zwischen beiden Werten bestehen einfache Übergangsbeziehungen.

Alle diese Verhältnisse sollen kurz Berücksichtigung finden, weil sie oft unklar sind und falsch angewendet werden.

Es bedeutet zw. $0°$ und $t°$ für konstanten Druck:

die mittlere spezifische Wärme für 1 m³ $[C_p]_0^t$

die mittlere spezifische Wärme für 1 kg $[c_p]_0^t$

und bei beliebiger Temperatur t

die wahre spezifische Wärme für 1 m³ C_p

die wahre spezifische Wärme für 1 kg c_p

Zahlen

Rechnungsbeispiel für Luftbedarf, Verbrennungsgas

Zusammensetzung der Braunkohlenbrikette in kg	Bei Verbrennung beträgt der Sauerstoffbedarf kg	Die Verbrennungsgase sind
$C = 0{,}530$	$2{,}667\ C = \quad 1{,}412$	CO_2
$H_2 = 0{,}045$	$8{,}00\ H_2 = \quad 0{,}360$	H_2O
$O\ (+\ N) = 0{,}180$	$-1{,}00\ O_2 = -0{,}180$	—
$S = 0{,}010$	$1{,}00\ S\ = \quad 0{,}010$	SO_2
$H_2O = 0{,}150$		H_2O
Asche $= 0{,}085$		N
$1{,}000$	Sauerstoffbedarf $= 1{,}602$ kg, oder $\dfrac{1{,}602}{1{,}429} = 1{,}12\ \mathrm{m}^3,$, Luftbedarf $= 1{,}602\,\dfrac{100}{23{,}2} = 6{,}91$	

Außer diesen Werten, die auf konstanten Druck bezogen sind, wie sie im Feuerungswesen vorkommen, wobei die geringen Druckveränderungen außer acht gelassen werden können, gibt es noch spezifische Wärmen für konstantes Volumen, wobei sich also der Druck verändern kann; diese Werte werden, entsprechend obigen, mit $[C_v]$, c_v usw. bezeichnet.

Für diese verschiedenen Werte gelten die auf S. 23 aufgeführten Beziehungen.

Zwischen zwei Temperaturen $0°$ und $t°$ gilt für die mittlere spezifische Wärme ganz allgemein:

$$[c_p]_0^t = a_p + \frac{b}{2}\,t \quad \ldots \ldots \ldots \ldots \quad 6)$$

für die wahre spezifische Wärme:

$$c_p = a_p + b \cdot t\,.$$

Es ist also bei der mittleren spezifischen Wärme das Zusatzglied zum Grundwerte a_p nur halb so groß wie das der wahren spezifischen Wärme.

Tafel 4.
menge und max CO_2-Gehalt von Braunkohlenbriketten.

Die Verbrennungs-erzeugnisse betragen kg	Gewicht eines m³ Verbren-nungsgas %/760	Die Verbrennungserzeugnisse betragen, bezogen auf %/760,		Höchster CO_2-Gehalt der trockenen Gase $(k_s)_m$
		Gase mit Wasserdampf m³	trock. Gase m³	
3,67 C $\quad$ = 1,945	1,977	1,865 C = 0,989	0,989	$\dfrac{0,989}{5,216} = 18,8\% \, CO_2$
9,00 H $\quad$ = 0,405	0,804	11,19 H_2 = 0,503	—	
2,00 S $\quad$ = 0,020	2,863	0,700 S = 0,007	0,007	
1,00 H_2O = 0,150	0,804	0,804 W = 0,186	—	
$\dfrac{76,8}{23.2}$ · $\begin{matrix}\text{Sauerstoff-}\\\text{bedarf}\end{matrix}$ = 5,30	1,254	2,635 Sauer-stoffbedarf = 4,220	4,220	
(oder auch:		(oder auch:		
3,31 · 1,602 = 5,30)		$\dfrac{79,04}{20,96} \cdot \dfrac{1,602}{1,429} = 4,220$		
		$= \dfrac{5,3}{1,254} = 4,22)$		
7,810		5,905	5,216	

$$\text{Zusammensetzung der trockenen Gase } CO_2 = 18,8\%$$
$$SO_2 = 0,013\%$$
$$N_2 = 81,19\%$$

Die mittlere spezifische Wärme für gleichbleibenden Druck zwischen $0°$ und $t°$, bezogen auf 1 m³ Gas von $15°$ C und 735,5 mm Druck, ergibt

für H_2O: $\qquad [C_p]_0^t = 0,37 + 0,000057 \cdot t,$

für CO_2: $\qquad \text{,,} \;\; = 0,37 + 0,000096 \cdot t,$

für zweiatomige Gase

wie O_2, N_2, CO und Luft: $\quad \text{,,} \;\; = 0,28 + 0,0000225 \cdot t\,.$

Bezogen auf 1 m³ von $0°$ und 760 mm Druck wird zwischen $0°$ und $t°$ durch Multiplikation obiger Werte mit $\dfrac{24,4}{22,4}$ erhalten:

für H_2O: $\qquad [C_p]_0^t = 0,403 + 0,0000622 \cdot t,$

für CO_2: $\qquad \text{,,} \;\; = 0,403 + 0,0001045 \cdot t,$

für zweiatomige Gase

wie O_2, N_2, CO und Luft: $\quad \text{,,} \;\; = 0,305 + 0,0000245 \cdot t\,.$

Die mittleren spezifischen Wärmen für 1 m³ und 1 kg hängen

nun durch folgende Beziehungen zusammen, wenn ausgegangen wird von 1 m³ von 15° und 736 mm Druck:

$$[C_p] = [c_p] \cdot \frac{\mu}{24,4} , \qquad \qquad \text{7)}$$

wenn ausgegangen wird von 1 m³ von 0° und 760 mm Druck:

$$[C_p] = (c_p) \cdot \frac{\mu}{22,4} ;$$

denn das Gewicht eines Kubikmeters Gas ist:

$$G_{0/760} = 1,09 \, G_{15/735,5}$$

bei den verschiedenen Temperaturen 0° und 15° und den Drücken 760 und 735,5 mm.

μ bedeutet dabei das Molekulargewicht der Gase nach Zahlentafel 1.

Es ergibt sich nun für die **mittlere spezifische Wärme für 1 kg Gas zwischen 0 und $t°$ C**

$$\begin{aligned}
\text{für } H_2O \, [c_p]_t^0 &= 0,501 \;\; + 0,0000773 \cdot t \\
\text{,,} \quad CO_2 \text{ ,,} &= 0,205 \;\; + 0,0000532 \cdot t \\
\text{,,} \quad O_2 \text{ ,,} &= 0,2135 + 0,0000171 \cdot t \\
\text{,,} \quad N_2 \text{ ,,} &= 0,244 \;\; + 0,0000196 \cdot t .
\end{aligned}$$

<table>
<tr><td colspan="4" align="center">Zahlentafel 5.
Wahre spez. Wärme bei konstantem
Druck bez. auf
1 m³ 0/760 = C_p .</td><td colspan="4" align="center">Zahlentafel 6.
Mittlere spez. Wärme bei konstantem Druck zwischen 0° und t° bezog.
auf 1 m³ 0/760 = [C_p]_0^t .</td></tr>
<tr><td>Temp.
°C</td><td>Kohlen-
säure</td><td>Wasser-
dampf</td><td>Sauerstoff
Stickstoff
Luft
Kohlenoxyd</td><td>Temp.
t</td><td>Kohlen-
säure</td><td>Wasser-
dampf</td><td>Sauerstoff
Stickstoff
Luft
Kohlenoxyd</td></tr>
<tr><td>0</td><td>0,397</td><td>0,372</td><td>0,312</td><td>0</td><td>0,397</td><td>0,372</td><td>0,312</td></tr>
<tr><td>100</td><td>0,422</td><td>0,374</td><td>0,316</td><td>100</td><td>0,410</td><td>0,373</td><td>0,314</td></tr>
<tr><td>200</td><td>0,452</td><td>0,378</td><td>0,320</td><td>200</td><td>0,426</td><td>0,375</td><td>0,316</td></tr>
<tr><td>300</td><td>0,479</td><td>0,382</td><td>0,324</td><td>300</td><td>0,442</td><td>0,376</td><td>0,318</td></tr>
<tr><td>400</td><td>0,505</td><td>0,387</td><td>0,328</td><td>400</td><td>0,456</td><td>0,378</td><td>0,320</td></tr>
<tr><td>500</td><td>0,527</td><td>0,393</td><td>0,332</td><td>500</td><td>0,467</td><td>0,380</td><td>0,322</td></tr>
<tr><td>600</td><td>0,547</td><td>0,401</td><td>0,336</td><td>600</td><td>0,477</td><td>0,383</td><td>0,324</td></tr>
<tr><td>700</td><td>0,558</td><td>0,409</td><td>0,340</td><td>700</td><td>0,487</td><td>0,385</td><td>0,326</td></tr>
<tr><td>800</td><td>0,568</td><td>0,419</td><td>0,344</td><td>800</td><td>0,497</td><td>0,389</td><td>0,328</td></tr>
<tr><td>900</td><td>0,576</td><td>0,430</td><td>0,348</td><td>900</td><td>0,505</td><td>0,394</td><td>0,330</td></tr>
<tr><td>1000</td><td>0,583</td><td>0,444</td><td>0,352</td><td>1000</td><td>0,511</td><td>0,398</td><td>0,332</td></tr>
<tr><td>1100</td><td>0,589</td><td>0,460</td><td>0,356</td><td>1100</td><td>0,517</td><td>0,402</td><td>0,334</td></tr>
<tr><td>1200</td><td>0,595</td><td>0,478</td><td>0,360</td><td>1200</td><td>0,521</td><td>0,407</td><td>0,336</td></tr>
<tr><td>1300</td><td>0,599</td><td>0,498</td><td>0,364</td><td>1300</td><td>0,526</td><td>0,413</td><td>0,338</td></tr>
<tr><td>1400</td><td>0,603</td><td>0,518</td><td>0,368</td><td>1400</td><td>0,530</td><td>0,418</td><td>0,340</td></tr>
<tr><td>1500</td><td>0,607</td><td>0,539</td><td>0,372</td><td>1500</td><td>0,536</td><td>0,424</td><td>0,342</td></tr>
<tr><td>1600</td><td>0,611</td><td>0,560</td><td>0,376</td><td>1600</td><td>0,541</td><td>0,430</td><td>0,344</td></tr>
<tr><td>2000</td><td>0,626</td><td>0,650</td><td>0,392</td><td>2000</td><td>0,556</td><td>0,465</td><td>0,352</td></tr>
</table>

In Zahlentafel 5 und 6 sind die zuverlässigsten Werte der wahren und mittleren spezifischen Wärme für konstanten Druck und 1 m³ bezogen auf 0° und 760 mm zusammengestellt nach Prof. Neumann[1]). Sie weichen ein geringes, etwa 1—2%, von obenstehenden Formeln und Abbildungen ab; nur der Wert von CO_2 ist bei 1000° etwa um 6% geringer, während er bei tieferen Temperaturen sich den Formelwerten allmählich ganz annähert.

In den Fällen, wo es sich, wie z.B. bei Rauchgasvorwärmern und Überhitzern usw., um Gasabkühlungen zwischen zwei Temperaturgrenzen t_1 und t_2 handelt, hat man, um die mittlere spezifische Wärme für diesen Temperaturbezirk t_1 bis t_2 zu erhalten, das zweite Glied der Formeln mit $(t_1 + t_2)$ zu multiplizieren; also z. B. für Wasserdampf für 1 m³ von $^0/_{760}$

$$[C_p']_{t_1}^{t_2} = 0{,}403 + 0{,}0000622\,(t_1 + t_2);$$

denn aus der allgemeinen Formel

$$[c_p]_0^t = a_p + \frac{b}{2}\,t$$

ergibt sich bei Bildung der Wärmemengen Q_1 bzw. Q_2 bei t_1 bzw. $t_2°$ C:

$$Q_1 = \left(a_p = \frac{b}{2}\,t_1\right)t_1; \qquad Q_2 = \left(a_p + \frac{b}{2}\,t_2\right)t_2,$$

also

$$Q_1 - Q_2 = (t_1 - t_2)\left[a_p + \frac{b}{2}\,(t_1 + t_2)\right] \;.\;.\;.\;.\;.\;.\;.\; 8)$$

Zur Verdeutlichung sei für den schwierigsten Fall ein Zahlenbeispiel gerechnet (vgl. auch Beispiel 26 S. 187).

Beispiel 1. Es sollen 566 m³ Luft von 740 mm und 220° C auf 480° C erwärmt werden; wie groß ist die nötige Wärmemenge?

Zuerst muß die Luftmenge auf $^0/_{760}$ umgewandelt werden; sie ist also $566 \cdot \dfrac{273}{273 + 220} \cdot \dfrac{740}{760} = 305$ m³ bezogen auf 0° und 760 mm. Dann errechnet sich die erforderliche Wärmemenge durch Multiplikation der Luftmenge mit dem Temperaturunterschiede und der mittleren spezifischen Wärme für 1 m³ zwischen den Temperaturen 220° und 480°. Es wird also

$$Q = 305\,(480 - 220) \cdot [0{,}305 + 0{,}0000245\,(480 + 220)]$$
$$= 305 \cdot 260 \cdot 0{,}322 = 25\,500 \text{ WE.}$$

Das beistehende Schaubild veranschaulicht das Ansteigen der mittleren spezifischen Wärmen $[C_p]_0^t$ für verschiedene Gase zwischen den

---

[1]) Stahl u. Eisen 1919, S. 746.

Grenzen $0°$ und $t°$ für 1 m^3 $^0/_{760}$. Es sind aus den obigen Formeln die jeweiligen Werte über der oberen Temperaturgrenze aufgetragen, so daß man ohne Rechnung nach den Formeln die Werte entnehmen kann. So ist z. B. für N_2 die mittlere spezifische Wärme $[C_p]_0^{500}$ zwischen $0°$ und $500°$ zu 0,318 ermittelbar, für CO_2 zu 0,456.

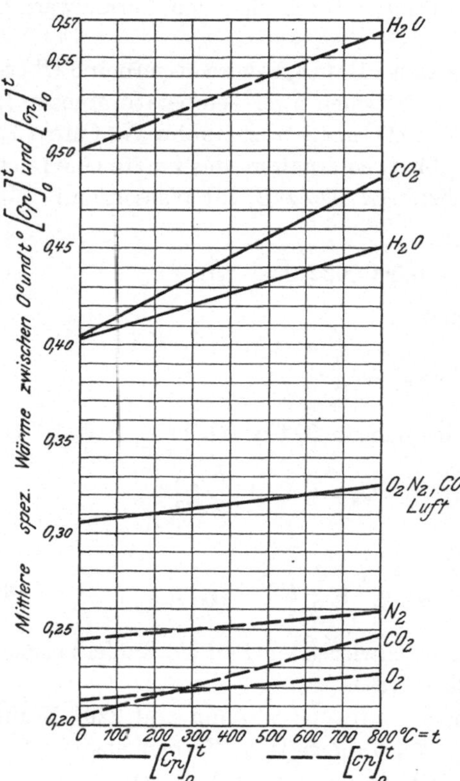

Abb. 6. Mittlere spez. Wärme für gleichbleibenden Druck zwischen $0°$ und $t°$ für 1 m^3 Gas von $0°$ und 760 mm $[C_p]_0^t$ und für 1 kg Gas $[c_p]_0^t$.

In Abb. 7 sind auf Grund der Werte nach Zahlentafel 5 und 6 die mittleren spezifischen Wärmen der trockenen Verbrennungsgase für verschiedenen Kohlensäuregehalt, bezogen auf 1 m^3 $^0/_{760}$ zwischen $0°$ und der jeweiligen Temperatur t, übersichtlich zusammengestellt[1]), eingetragen ist ferner noch $[c_p]_0^t$ für Wasserstoff. Sie gelten auch dann, wenn die Abgase Kohlenoxyd und Wasserstoff enthalten, weil für diese die gleichen spezifischen Wärmen zutreffen, wie für die anderen zweiatomigen Gase. Nur ein merklicher Gehalt an Methan erfordert eine besondere Berücksichtigung. Gilt als untere Temperatur nicht $0°$, sondern eine mittlere Lufttemperatur von etwa $20°$, so bleibt der Fehler unter $^1/_{10}\%$.

Man verfährt am bequemsten nach Abb. 7 wie folgt, um die mittl. spez. Wärme für 1 m^3 wasserdampffreie Gase zwischen 2 Temperaturen t_1 und t_2 zu ermitteln:

$$[C_p]_{t_1}^{t_2} = \frac{[C_p]_{t_0}^{t_2} \cdot t_2 - [C_p]_{t_0}^{t_1} \cdot t_1}{t_2 - t_1}$$

also z. B. zwischen $600°$ und $800°$

$$[C_p]_{600}^{800} = \frac{0{,}342 \cdot 800 - 0{,}336 \cdot 600}{800 - 600} = 0{,}360 .$$

---

[1]) Nach Dr.-Ing. Hilliger, Z. f. D. u. M. 1920, S. 3.

Um die Rechnungen zu ersparen, seien für die Temperaturgrenzen 0° und 300°, sowie für 200° bis 350°, welche hauptsächlich für den Kesselbetrieb Bedeutung haben, die mittleren spezifischen Wärmen (Zahlentafel 7) ausgerechnet, zum Vergleich mit den Werten, die für geringe Temperaturen gelten; man sieht, die Werte ändern sich bei mittleren Temperaturen schon so viel, daß man bei einigermaßen genauen Rechnungen diese Vernachlässigung nicht begehen darf.

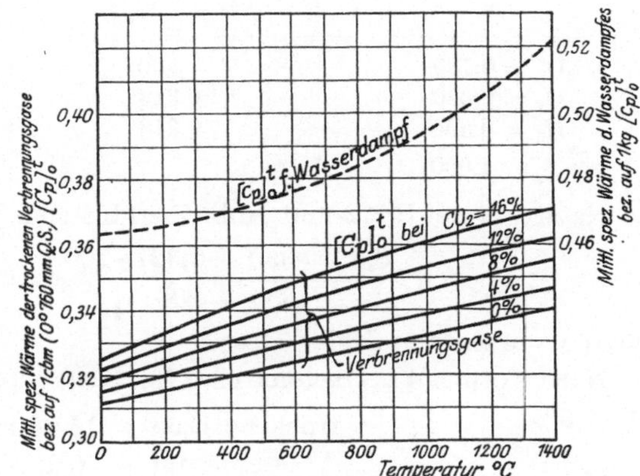

Abb. 7. Die spezifische Wärme der Verbrennungsgase für verschiedenen Kohlensäuregehalt zw. 0 und $t°$; bez. auf 1 m³, °/₇₆₀.

Zahlentafel 7.

Mittlere spezifische Wärme einiger Gase.

Gasart	Mittl. spez. Wärme zwischen 0° und 300° C		Mittl. spez. Wärme zwischen 200° und 350° C		Mittl. spez. Wärme für niedrige Temperaturen bis 100°	
	für 1 m³ °/₇₆₀	für 1 kg	für 1 m³ °/₇₆₀	für 1 kg	für 1 m³ °/₇₆₀	für 1 kg
	$[C_p]_0^{300}$	$[c_p]_0^{300}$	$[C_p]_{200}^{350}$	$[c_p]_{200}^{350}$	C_p	c_p
H_2O	0,4216	0,524	0,437	0,543	0,403	0,501
CO_2	0,434	0,221	0,460	0,234	0,403	0,210
O_2	0,312	0,218	0,318	0,223	0,305	0,217
N_2	0,312	0,250	0,318	0,255	0,305	0,247
CO	0,312	0,250	0,318	0,255	0,305	0,242

Mit diesen Werten kann man nunmehr die spezifische Wärme der Abgase berechnen. Ein Beispiel sei durchgeführt für folgende Zusammensetzung, die durch eine Untersuchung, z. B. mittels Orsatapparates, gewonnen sei, also für die wasserdampffreien Gase:

$$CO_2 = 10,0\%$$
$$O_2 \ = \ 9,6\%$$
$$N_2 \ = 80,4\%;$$

man führt solche Rechnung am besten in einer Aufstellung aus für 1 m³ Gas wie folgt:

Gaszusammensetzung in m³ m	Mittl. spez. Wärme zwischen 200° und 350° $[C_p]_{200}^{350}$ für 1 m³ $^0/_{760}$	$m \cdot [C_p]_{200}^{350}$
$CO_2 = 0{,}100$	0,460	0,0460
$O_2 = 0{,}096$	0,318	0,0305
$N_2 = 0{,}804$	0,318	0,2555
1,000		$0{,}3320 = [C_p]_{200}^{350}$

Nach Formel S. 32 und Abb. 7 ergibt sich ähnlich

$$\frac{0{,}331 \cdot 350 - 0{,}327 \cdot 200}{350 - 200} = 0{,}337$$

für die wasserdampffreien Gase.

Nach Formel 43 errechnet man für Koks mit $C = 82\%$, $H = 1{,}0\%$, $W = 3\%$,

$$\text{trockene Gase} = 15{,}28 \text{ m}^3$$
$$\text{Wasserdampf} = 0{,}15 \text{ ,,}$$
$$\overline{15{,}43 \text{ m}^3}$$

also wird für die wasserhaltigen Feuergase

$$[C_p]_{200}^{350} = \frac{0{,}337 \cdot 15{,}28 - 0{,}374 \cdot 0{,}15}{15{,}43} = 0{,}338 \,,$$

also ein wenig höher als mit obigen Zahlenwerten für die spez. Wärmen.

Der Wasserdampfgehalt der Gase erhöht die mittl. spez. Wärme nicht wesentlich.

Zahlentafel 8.

Spezifische Wärme und Gewichte der wasserdampffreien und wasserdampfhaltigen Verbrennungsgase für Steinkohle.

Gehalt der wasserdampffreien Gase (nach Analyse) an $CO_2\%$	Mittl. spezifische Wärme der wasserdampffreien Gase zwischen 200° und 350° C		Mittl. spezifische Wärme für wasserdampffreie Gase zwischen 0° und 300° C		Mittl. spez. Wärme für wasserdampfhaltige Gase zwischen 200° bis 350°	Gewicht für 1 m³	
	für 1 m³ $^0/_{760}$ $[C_p]_{200}^{350}$	für 1 kg $[c_p]_{200}^{350}$	für 1 m³ $^0/_{760}$ $[C_p]_0^{300}$	für 1 kg $[C_p]_0^{300}$	für 1 m³ $^0/_{760}$ $[C_p]_{200}^{350}$	trock. Gase $^0/_{760}$ kg	wasserdampfhaltige Gase
5	0,3247	0,2485	0,3180	0,2436	0,3265	1,319	
6	0,3263	0,2489	0,3193	0,2437		1,324	
7	0,3275	0,2490	0,3204	0,2439	0,330	1,329	
8	0,3293	0,2490	0,3215	0,2440		1,334	
9	0,3308	0,2490	0,3230	0,2442	0,335	1,340	1,32
10	0,3320	0,2490	0,3243	0,2442		1,346	
11	0,3337	0,2492	0,3252	0,2443	0,338	1,350	
12	0,3350	0,2492	0,3267	0,2443		1,354	
13	0,3368	0,2495	0,3275	0,2444	0,342	1,361	
14	0,3380	0,2500	0,3290	0,2444		1,365	
15	0,3395	0,2500	0,3300	0,2444	0,346	1,371	
Benutzbare Mittelwerte	0,330	0,249	0,325	0,244	0,335		

In gleicher Weise sind für Abgase verschiedener Zusammensetzung die mittleren spezifischen Wärmen für 1 m³ $^0/_{760}$ und für 1 kg ausgerechnet in Zahlentafel 8, und zwar für Steinkohlenverbrennungsgase. Für andere Kohlensorten weichen die Werte infolge der etwas höheren

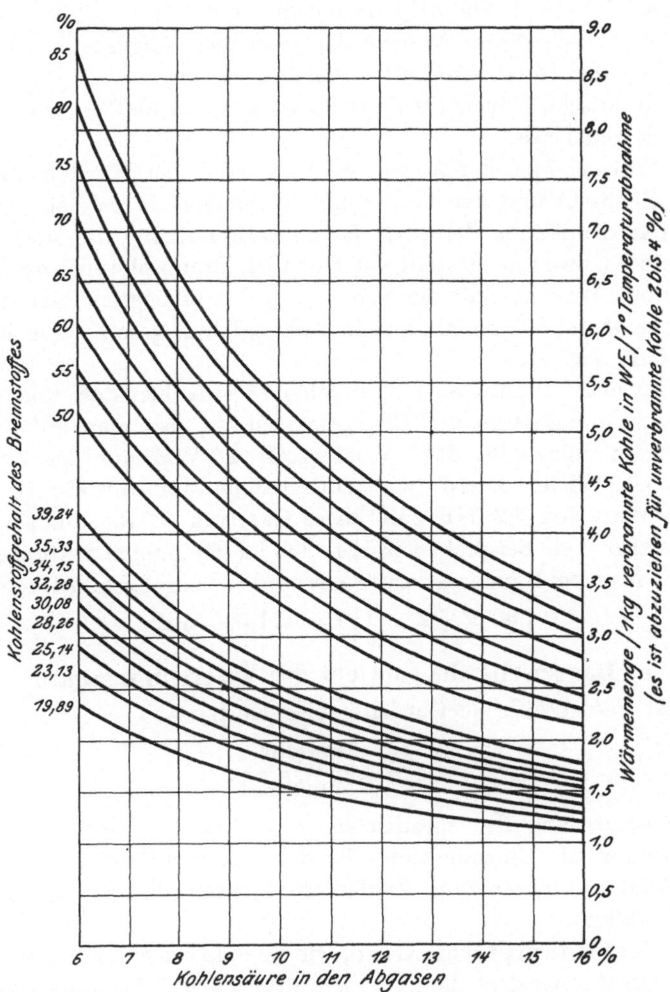

Abb. 8. Wärmemenge der Verbrennungsgase von 1 kg Kohle in Beziehung zum Kohlenstoffgehalt des Brennstoffes für 1° Abkühlung.

Werte von $CO_2 + O_2$ etwas ab, jedoch so gering, daß man die Abweichungen für alle Rechnungen vernachlässigen kann.

Die Zusammenstellung und Abb. 7 zeigen, daß bei wachsendem Kohlensäuregehalte der Verbrennungsgase die spezifischen Wärmen ein wenig ansteigen.

Für technische Rechnungen kann man daher, für die meisten Fälle genau genug, die in der Zahlentafel 8 angeführten Mittelwerte einsetzen, die etwa einem Kohlensäuregehalte der Abgase von 8—10% entsprechen, wie er ja auch im Betriebe im allgemeinen auftritt.

Es ist die spezifische Wärme der trockenen Abgase für 1 kg etwa gleich dem der trockenen Luft = 0,240.

Die spezifische Wärme für nasse Gase ist etwa 1 bis 2% größer als die der trockenen Gase.

Der Wärmeinhalt der Abgase wird mit Hilfe der Werte aus Zahlentafel 8 (Spalte 6) und der Verbrennungsgasmenge berechnet. Zur vereinfachten Ermittlung derselben ist unter Benutzung der Formel 56b, Schaubild 8 (zusammengestellt von Schulz, Braunschweig), gezeichnet, welches den Wärmeinhalt der von 1 kg Kohle erzeugten Gasmenge für 1° Temperaturabnahme angibt, in Abhängigkeit gesetzt zum Kohlensäuregehalt der Gase.

Beispiel 2. Besitzt eine Steinkohle 73% Kohlenstoff und sind in den Verbrennungsgasen 9% CO_2 gemessen, so liest man auf der entsprechenden Kurve für 70% Kohlenstoff 4,7 WE, auf der Linie für 75% C 5,4 WE ab; zur dazwischenliegenden Linie für 73% C gehört also ein Wert von 5,2 WE, falls diese Gase um 1° abgekühlt werden. Werden also (vgl. Beispiel 14 S. 124) 300 kg Steinkohle verbrannt und dieselben in einem Rauchgasvorwärmer um 110° herabgekühlt, so werden frei:
$$300 \times 5,2 \times 110 = 171\,500 \text{ WE.}$$

e) Das spezifische Gewicht der Verbrennungsgase.

Es ist das spezifische Gewicht eines Körpers
$$\gamma = \frac{\text{Gewicht}}{\text{Rauminhalt}} \cdot \quad\quad\quad\quad 9)$$

Zwecks Ermittlung des spezifischen Gewichts der Verbrennungsgase werden daher die Einzelbestandteile des Gases mit ihren zugehörigen spezifischen Gewichten (vgl. Zahlentafel 1) multipliziert und die Teilbeträge addiert.

Für wasserdampffreie Gase, wie sie jede Gasuntersuchung (z. B. mittels Orsatapparates) bietet, wird also nach folgendem Beispiele gerechnet:

Gaszusammensetzung in m³ m	spezifisches Gewicht $^0/_{760}$ für 1 m³ γ	$m \cdot \gamma$
$CO_2 = 0,09$	1,977	0,178
$O_2 = 0,105$	1,429	0,151
$N_2 = 0,805$	1,256	1,011
1,000		1,340 = spez. Gew.

Soll das spezifische Gewicht der **wasserdampfhaltigen Gase** errechnet werden, so ist die erzeugte Gasmenge nach den Formeln § 8 in Kilogramm und in Kubikmetern aus der Zusammensetzung der verwendeten Kohlensorte zu bestimmen. Durch Teilung von Gewicht durch Rauminhalt wird dann das gesuchte spezifische Gewicht erhalten. Er wird z. B. für schlesische Steinkohlengase obiger Zusammensetzung (vgl. Zahlentafel 34)

$$\frac{G_{\text{kg}}}{G_{\text{m}^3}} = \text{spez. Gewicht} = \frac{20,608}{15,67} = 1,320 \, .$$

Etwas **einfacher** kann man verfahren, wenn man die Gewichte der trockenen Verbrennungsgase aus Zahlentafel 34 zugrunde legt. Man ermittelt den Rauminhalt der trockenen Gase und des Wasserdampfes, multipliziert mit den betreffenden spezifischen Gewichten und setzt diese Werte in Beziehung zum Rauminhalte.

Beispiel 3. Für schlesische Steinkohle nach Zahlentafel 34 bei 9% CO_2 in den Gasen wird nach Formel 42

$$G_{\text{m}^3} = \frac{1,865 \, C}{k} + \frac{9 \, H + W}{0,804} :$$

Trockene Gasmenge . . . . . 15,12 cbm
Wasserdampf . . . . 0,55 „
$\overline{ 15,67 \text{ cbm}}$

Gewichte $= 15,12 \times 1,340 = 20,250$ kg
„ $\quad = 0,55 \times 0,804 = 0,443$ „
$\overline{ 20,693 \text{ kg}}$

und das spezifische Gewicht $= \dfrac{20,693}{15,67} = 1,322 \, .$

Der Fehler, der dabei unterläuft, und der dadurch bedingt ist, daß die spezifischen Gewichte in Zahlentafel 34 einer mittleren Kohle entsprechen, ist nur sehr gering und für den Betrieb bedeutungslos.

Vergleicht man nun die auf S. 34, Zahlentafel 8 nach der genauen Rechnungsweise gefundenen Werte für die spezifischen Gewichte bei **Luftüberschuß** mit den in Zahlentafel 34 eingeschriebenen Werten **ohne Luftüberschuß**, so bemerkt man, daß bei vollkommener Verbrennung für schlesische Kohle das spezifische Gewicht 1,35, bei $CO_2 = 9\%$ und zweifachem Luftüberschusse 1,320 beträgt, also die beiden Werte einen Unterschied von 2,2% besitzen.

Für viele technische Rechnungen genügt es somit, wenn man die spezifischen Gewichte aus Zahlentafel 34, Spalte 15, um 2—3% verkleinert, um die Werte für einen mittleren Luftüberschuß zu erhalten.

Man kann auch angenähert setzen:

Spezifisches Gewicht der Rauchgase $= 1,03 \times$ spezifisches Gewicht der Luft.

In eine Formel zusammengefaßt, ergibt sich das spezifische Gewicht der trockenen Rauchgase bei $0°$ und 760 mm aus:

$$\gamma = 1,977\,CO_2 + 1,429\,O_2 + 1,256\,N_2 + 1,250\,CO \ . \ . \ . \ .10)$$

in kg/m³ bezogen auf Luft $= 1,293$, wenn durch eine Rauchgasuntersuchung die Kubikmeter CO_2, O_2... für 1 m³ Rauchgas ermittelt wurden.

Für die Temperatur t gilt dann

$$\gamma_t = \gamma \cdot \frac{273}{273 + t}.$$

Als Annäherungswert kann bis etwa $400°$ in Abhängigkeit von der Rauchgastemperatur t gesetzt werden

$$\gamma_t = 1,62 - 0,0035\,t \ . \ . \ . \ . \ . \ . \ . \ . \ .10\,\text{a})$$

in Kilogramm bezogen auf trockene Luft $= 1,293$.

Angenähert gilt in Abhängigkeit von der Luftüberschußzahl v für trockene Rauchgase nach Gentsch:

$$\gamma_{0/_{760}} = 1,36 - 0,03\,v \ . \ . \ . \ . \ . \ . \ . \ . \ .10\,\text{b})$$

und für feuchte Rauchgase:

$$\gamma_{0/_{760}} = 1,30 - 0,03\,(W + 9\,H) \ . \ . \ . \ . \ . \ . \ .10\,\text{c})$$

wobei W und H in Gewichtsteilen eines Kilogramm Kohle ausgedrückt sind.

Zahlentafel 9.

Spezifische Gewichte von Gasen und Dämpfen
bei $0°$ und 760 mm Quecksilber.
Trockene atmosphärische Luft $= 1$.

Ätherdampf	2,586	Leuchtgas	0,34—0,45
Äthylen	0,974	Quecksilberdampf	6,94
Alkoholdampf	1,601	Salzsäuregas	1,25
Ammoniak	0,592	Sauerstoff	1,1056
Azetylen	0,91	Schwefeldampf	6,617
Chlor	2,423	Schwefelkohlenstoff	2,644
Chlorwasserstoff	1,2612	Schwefelwasserstoff	1,175
Flußsäure	2,37	Schweflige Säure	2,250
Grubengas (Sumpfgas)	0,559	Stickstoff	0,9714
Kohlenoxyd	0,9673	Wasserdampf	0,6233
Kohlensäure	1,5291	Wasserstoff	0,06927

Hütte, 20. Aufl.

f) Gewicht, Dichtigkeit und Wassergehalt der Luft.

Trockene Luft ist eine Gasmischung und folgt als solche den Gesetzen der Gase in ihrem Verhalten bei veränderten Drücken und Temperaturen (vgl. S. 22). 1 m³ trockener Luft von $0^0/_{760}$ wiegt:

$$\gamma = 13{,}596 \cdot \frac{h}{RT} = 1{,}2932 \text{ kg.}$$

h = Barometerstand mm Quecksilber,
R = 29,27 = Gaskonstante.

Das spezifische Gewicht der trockenen Luft ist nach Regnault bei einer Temperatur von 0° und einem Drucke von 760 mm Quecksilber, bezogen auf destilliertes Wasser von 4°:

$$0{,}001\,293\,187 \text{ oder } \sim 1:773 \,.$$

Feuchte Luft ist ein Gemisch von Luft und Wasserdampf. Dieses Gemisch kann verschiedene Mengen Wasserdampf enthalten. Der Feuchtigkeitsgehalt oder die relative Feuchtigkeit φ liegt zwischen 0 bei trockener Luft und 1 bei gesättigter Luft.

Die Temperatur, bei der die Luft gesättigt ist ($\varphi = 1$), heißt der Taupunkt; bei Abkühlung unter denselben beginnt das Niederschlagen der Feuchtigkeit (vgl. Taupunkt bei Verbrennungsgasen S. 193).

Es ist auch $\varphi = \dfrac{p_D}{p'}$, d. h. das Verhältnis des wirklichen Teildruckes des Wasserdampfes zum Sättigungsdrucke.

Das Höchstgewicht an Wasserdampf, welches 1 m³ Luft von $t°$ und einem gewissen Barometerstande h aufnehmen kann, ist gleich der Dichte des Wasserdampfes bei $t°$ und dem zugehörigen Drucke, also $= \gamma''$ der Dampftafel 91 und der Zahlentafel 11. Die Luft enthält im allgemeinen $\varphi\gamma''$ Wasserdampf.

Besitzt die feuchte Luft einen Druck p in kg/cm², so sind die Raumteile von Luft und Wasserdampf:

$$r_L = \frac{p - \varphi p'}{p} \quad \text{und} \quad r_D = \frac{\varphi p'}{p}\,.$$

Der Teildruck p' des Wasserdampfes ist der Dampftafel 91 II, Spalte 1, zu entnehmen und stellt die zur jeweiligen Temperatur t zugehörige Dampfspannung in kg/cm² dar.

Das Gewicht der feuchten Luft (Gewicht eines Kubikmeters Luft in Kilogramm) berechnet sich aus:

$$\gamma = \frac{342 \cdot p}{T} - 0{,}175 \cdot \varphi \cdot \frac{h'}{T} \quad . \quad . \quad . \quad . \quad . \quad . \quad 11)$$

hierin bedeutet h' die Dampfspannung in Millimeter Quecksilber bei der Temperatur der Luft t, $T = t + 273$ und p den Luftdruck in kg/cm². h' ist aus Zahlentafel 11, Spalte 4, gemessen in Millimeter Quecksilber von 0°, zu entnehmen.

Zahlentafel 10.

Mischung von Luft und Wasserdampf.

(Nach Hütte 1919.)

Lufttemperatur °C	Gewicht von 1 m³ trockener Luft bei 1 at[1]) u. $t°$ in kg	Verbesserung für feuchte Luft	Lufttemperatur °C	Gewicht von 1 m³ trockener Luft bei 1 at u. $t°$ in kg	Verbesserung für feuchte Luft
t	γ''	$\varDelta$	t	γ''	$\varDelta$
—10	1,300	0,001	15	1,188	0,008
— 9	1,295	0,001	16	1,183	0,008
— 8	1,290	0,002	17	1,179	0,009
— 7	1,286	0,002	18	1,175	0,009
— 6	1,281	0,002	19	1,171	0,010
— 5	1,276	0,002	20	1,167	0,011
— 4	1,271	0,002	21	1,163	0,011
— 3	1,267	0,002	22	1,159	0,012
— 2	1,262	0,003	23	1,155	0,013
— 1	1,257	0,003	24	1,151	0,013
± 0	1,253	0,003	25	1,148	0,014
1	1,248	0,003	26	1,144	0,015
2	1,244	0,003	27	1,140	0,016
3	1,239	0,004	28	1,136	0,017
4	1,235	0,004	29	1,132	0,017
5	1,230	0,004	30	1,128	0,018
6	1,226	0,004	32	1,121	0,020
7	1,221	0,005	34	1,114	0,023
8	1,217	0,005	36	1,107	0,025
9	1,212	0,005	38	1,100	0,028
10	1,208	0,006	40	1,093	0,031
11	1,204	0,006	42	1,086	0,034
12	1,200	0,007	44	1,079	0,037
13	1,196	0,007	46	1,072	0,041
14	1,192	0,007	48	1,065	0,045
			50	1,058	0,050

[1]) 1 at = 737,7 mm Quecksilber bei 15° gerechnet.

Zahlentafel 11.

Gewicht, Dichtigkeit und Wassergehalt der Luft bei 760 mm

Temperatur in ° C	γ Gewicht der trockenen Luft bei 760 mm Quecksilber in kg/m³	γ'' Wassergehalt der gesättigten Luft (Gewicht von 1 m³ Wasserdampf) in g/m³	h' Spannung des Wasserdampfes in mm Quecksilber von 0°
—20	1,395	1,06	0,93
—18	1,385	1,27	1,12
—16	1,374	1,47	1,31
—14	1,363	1,73	1,55
—12	1,353	2,03	1,83
—10	1,342	2,30	2,09
— 8	1,332	2,68	2,45
— 6	1,322	3,12	2,87
— 4	1,312	3,62	3,37
— 2	1,303	4,21	3,94
± 0	1,293	4,87	4,60
2	1,284	5,58	5,30
4	1,275	6,37	6,10
6	1,265	7,26	7,00
8	1,256	8,26	8,02
10	1,247	9,37	9,16
12	1,239	10,62	10,46
14	1,230	12,00	11,91
16	1,222	13,55	13,54
18	1,213	15,27	15,36
20	1,205	17,18	17,39
22	1,197	19,28	19,66
24	1,189	21,62	22,18
26	1,181	24,17	24,99
28	1,173	27,02	28,10
30	1,165	30,13	31,55
32	1,157	33,55	35,36
34	1,150	37,29	39,56
36	1,142	41,40	44,20
38	1,135	45,88	49,30
40	1,128	50,77	54,90
42	1,121	56,09	61,05
44	1,114	61,88	67,79
46	1,107	68,18	75,16
48	1,100	75,01	83,20
50	1,093	82,50	91,98
52	1,086	90,06	101,54
54	1,079	99,09	111,94
56	1,073	108,50	123,24
58	1,066	118,60	135,50

Temperatur in °C	γ Gewicht der trockenen Luft bei 760 mm Quecksilber in kg/m³	γ'' Wassergehalt der gesättigten Luft (Gewicht von 1 m³ Wasserdampf) in g/m³	h' Spannung des Wasserdampfes in mm Quecksilber von 0°
60	1,060	129,90	148,78
65	1,044	161,00	186,94
70	1,029	198,00	233,08
75	1,014	241,80	288,50
80	1,000	293,40	354,62
85	0,986	353,70	433,00
90	0,972	423,90	525,39
95	0,959	505,10	633,69
100	0,946	598,70	760,00

Hütte, 19. Aufl.

Zur bequemen Ermittlung von γ für verschiedene Temperaturen und Feuchtigkeit sowie jeden beliebigen Barometerstand dient die Formel:

$$\gamma = \gamma'' \cdot \frac{h}{737,4} - \Delta \cdot \varphi , \qquad \qquad 11a)$$

worin h den Barometerstand bedeutet, gemessen in mm Quecksilber bei 15° C, und γ'' das Gewicht von 1 m³ trockener Luft von 1 at = 737,4 mm Quecksilber (bei 15°). Δ ist eine Verbesserungszahl, die ebenso wie γ'' aus vorstehender Tafel 10 zu entnehmen ist. Für trockene Luft ist $\Delta = 0$.

Für überschlägige Rechnungen genügt für **Luft mittlerer Feuchtigkeit** die Formel:

$$\gamma = 1,3 - 0,004\, t \text{ in km/m}^3 , \qquad \ldots \qquad 11b)$$

vgl. auch Zahlentafel 63 unter Schornstein, S. 232.

In Tafel 11 sind das Gewicht, die Dichtigkeit und der höchste Wassergehalt der gesättigten Luft bei 760 mm Quecksilber zusammengestellt.

Für Ermittlungen an Trockenapparaten, die mittels eines warmen Luftstromes Feuchtigkeit aus der nassen Ware ziehen, ist zu beachten, daß ein Teil der Wärme der Trockenluft dazu benutzt werden muß, um das in der Ware enthaltene Wasser zu verdampfen. Es kann daher die mit einer bestimmten Temperatur eintretende Trockenluft nicht völlig die Wassermenge γ'' aus Zahlentafel 11, die dieser Temperatur entspricht, aufnehmen, sondern sie ist schon vorher gesättigt.

g) Feste und flüssige Körper[1].

1. Wasser.

Bei Ausmessungen und beim Auswiegen von Meßgefäßen ist es wichtig, zu berücksichtigen, daß das Wasser sich mit steigender Temperatur ausdehnt; es wächst sein Rauminhalt bei 100° um 4,3 vH. gegenüber dem von 4°, ebenso steigt die spezifische Wärme etwas mit der Temperatur (vgl. Dampftafel 91, Spalte i').

Zahlentafel 12.

Temperatur, Dichte und Rauminhalt des Wassers.
(Nach Thiesen, Scheel, Diesselhorst, Hirn, Ramsay, Young u. a.)

Temperatur	Dichte	Rauminhalt in m³	Temperatur	Dichte	Rauminhalt in m³
0	0,99987	1,00013	80	0,9718	1,0290
2	0,99997	1,00003	85	0,9687	1,0324
4	1,00000	1,00000	90	0,9653	1,0359
6	0,99997	1,00003	95	0,9619	1,0396
8	0,99988	1,00012	100	0,9584	1,0434
10	0,99973	1,00027	110	0,9510	1,0515
12	0,99953	1,00048	120	0,9435	1,0600
14	0,99927	1,00073	130	0,9351	1,0694
16	0,99897	1,00103	140	0,9263	1,0795
18	0,99862	1,00138	150	0,9172	1,0903
20	0,99823	1,00177	160	0,9076	1,1018
22	0,99780	1,00221	170	0,8973	1,1145
24	0,99732	1,00268	180	0,8866	1,1279
26	0,99681	1,00320	190	0,8750	1,1429
28	0,99626	1,00375	200	0,8628	1,1590
30	0,99567	1,00435	210	0,850	1,177
32	0,99505	1,00497	220	0,837	1,195
34	0,99440	1,00563	230	0,823	1,215
36	0,99372	1,00632	240	0,809	1,236
38	0,99299	1,00706	250	0,794	1,259
40	0,9922	1,0078	260	0,779	1,283
45	0,9903	1,0099	270	0,765	1,308
50	0,9881	1,0121	280	0,75	1,34
55	0,9857	1,0145	290	0,72	1,38
60	0,9832	1,0171	300	0,70	1,42
65	0,9806	1,0198	310	0,68	1,46
70	0,9778	1,0227	320	0,66	1,51
75	0,9749	1,0258			

2. Spezifische Wärme fester und tropfbar flüssiger Körper.

Die spezifische Wärme c eines Körpers ist die Wärmemenge Q, welche erforderlich ist, um die Temperatur von 1 kg eines Körpers um 1° zu

---

[1] Zahlentafel 12—19 aus Hütte, 20. Aufl.

erhöhen. Sie ist im allgemeinen etwas abhängig von der Temperatur des Körpers.

$$Q = G \cdot c \, (t_2 - t_1) \text{ in WE} \quad \ldots \ldots \ldots \ldots 12)$$

Zahlentafel 13.

Mittlere spezifische Wärme fester und tropfbar flüssiger Körper zwischen 0° und 100°.

Aluminium	0,210	Graphit	0,20
Blei	0,031	Holz (Eiche)	0,57
Gold	0,031	Holz (Fichte)	0,65
Konstantan	0,098	Holzkohle	0,20
Kupfer	0,094	Koks	0,20
Messing	0,092	Marmor, Kalkstein	0,21
Nickel	0,110	Sandstein	0,22
Platin	0,032	Schlacke	0,18
Quecksilber	0,033	Steinkohle	0,31
Eisen und Stahl	0,115	Ziegelsteine	0,22
Silber	0,056		
Zink	0,094	Äther	0,54
Zinn	0,056	Alkohol	0,58
		Benzol	0,40
Asche	0,20	Maschinenöl	0,40
Beton	0,27	Naphthalin	0,31
Eis	0,50	Petroleum	0,50
Gips	0,20	Schweflige Säure	0,32
Glas	0,20	Terpentinöl	0,42

3. Spezifische Gewichte fester und flüssiger Körper.

Unter spezifischem Gewicht versteht man das Gewicht eines Kubikdezimeters in Kilogrammen.

Zahlentafel 14.

Spezifische Gewichte von festen Körpern.

Aluminium (chem. rein)	2,6	Gold	19,33
Asbest	2,1—2,8	Granit	2,51—3,05
Baumwolle (lufttrocken)	1,47—1,50	Graphit	1,9—2,3
Beton	1,8—2,45	Gußeisen	7,25
Blei	11,25—11,37	Holz (lufttrocken):	
Braunkohle	1,2—1,5	Eiche	0,69—1,03
Briketts	1,25	Erle	0,42—0,68
Bronze (79—14% Zinn)	7,4—8,9	Fichte	0,35—0,60
Chamottesteine	1,85	Kiefer	0,31—0,76
Eis	0,88—0,92	Pappel	0,39—0,59
Erde, trocken gestampft	1,6—1,9	Rotbuche	0,66—0,83
Flußeisen	7,85	Tanne	0,37—0,75
Flußstahl	7,86	Holzkohle	0,40
Gips, gebrannt	1,81	Kalk, gebrannter gesch.	0,9—1,3
Glas — Flaschen-	2,60	Kalk, gelöschter	1,15—1,25

Kies, trocken	1,8	Sand, fein und feucht	1,90—2,05
— naß	2,0	— grob	1,4—1,5
Koks in Stücken	1,40	Sandstein	2,2—2,5
Kork	0,24	Schweißeisen	7,80
Kunstsandstein	2,00—2,10	Silber, gegossen	10,42—10,53
Kupfer, gegossen	8,8	Stahl	7,85—7,87
—, gehämmert	8,9—9,0	Steinkohle im Stück	1,2—1,5
Lehm, trocken	1,50—1,60	Torf (Erdtorf)	0,64
Marmor, gewöhnlicher	2,52—2,85	Ziegel (gewöhnlicher)	1,4—1,60
Messing, gewalzt	8,52—8,62	Ziegelmauerwerk:	
— gegossen	8,40—8,70	trocken	1,42—1,46
Nickel	8,9—9,2	volles, frisches	1,57—1,63
Papier	0,7—1,15	Zink, gegossen	6,86
Platin, gehämmert	21,3—21,5	Zinn, gegossen	7,2
Sand, fein und trocken	1,40—1,65		

Zahlentafel 15.

Gewichte geschichteter Körper.

1 m³ wiegt Kilogramm

Braunkohlen, lufttrocken und		Koks, Gas-	360—470
und stückig	650—780	— Zechen-	380—530
Buchenholz in Scheiten	400	Mörtel, Kalk und Sand	1700—1800
Eichenholz in Scheiten	429	Sand, Lehm, Erde:	
Fichtenholz in Scheiten	320	trocken	1600
Holzkohlen von weichem Holz	150	naß	2000
Holzkohlen von hartem Holz	220	Schnee, frisch gefallen	80—190
Kohlen:		— feucht und wässerig	200—800
Zwickauer	770—800	Torf, lufttrocken	325—410
Oberschlesische	760—800	— feucht	550—650
Niederschlesische	820—870	Ziegelsteine, gewöhnliche	1375—1500
Saar-	720—800	— Klinker	1600—1800
Ruhr-	800—860		

Zahlentafel 16.

Spezifische Gewichte von Flüssigkeiten,

d. h. Gewicht eines Liters in Kilogramm.

		bei °C
Äther	0,74	0
Alkohol, wasserfrei	0,79	15
Benzin	0,68—0,70	15
Glyzerin, wasserfrei	1,26	0
Kalilauge (31 proz.)	1,30	15
„ (63 proz.)	1,70	15
Leinöl	0,94	15
Mineralschmieröl	0,90—0,93	20
Naphtha	0,76	19
Petroleum, Leucht-	0,80—0,82	15
Quecksilber	13,596	0
Salzsäure (40 v.H. HCl)	1,20	15
Schwefelsäure (87 v.H. H_2SO_4)	1,80	—
Teer, Steinkohlen-	1,20	—
Terpentinöl	0,87	16

4. Verdampfungswärme.

Die Verdampfungswärme r einer Flüssigkeit ist die Anzahl WE, die verbraucht werden, um 1 kg Flüssigkeit entgegen dem unveränderlichen äußeren Drucke in Dampf gleicher Temperatur zu verwandeln; dieselbe Wärmemenge wird frei, wenn der Dampf sich niederschlägt; r ist abhängig von der Temperatur, bei welcher die Verdampfung stattfindet.

Zahlentafel 17.
Verdampfungswärme bei 760 mm Quecksilber.

Äther	90	Schwefel	362
Alkohol	210	Quecksilber	68
Benzol	94	Wasser	539

5. Längenausdehnung fester Körper durch die Wärme.

Unter Längenausdehnungszahl $\beta = \dfrac{dl}{l \cdot dt}$ eines festen Körpers wird

die Zunahme der Längeneinheit des Körpers bei 1° Temperaturerhöhung verstanden.

Zahlentafel 18.
Längenausdehnung in Millimeter auf 1 m Länge bei Erwärmung um 100°.

Aluminium	2,3	Nickel	1,3
Bronze	1,8	Zink	2,9
Eisen und Stahl	1,1	Zinn	2,3
Konstantan	1,5	Zement (Beton)	1,4
Kupfer	1,7	Glas	0,6—0,9
Messing	1,9	Holz, längss.	0,3—0,9

6. Schmelz- oder Gefrierpunkte verschiedener Stoffe
in °C bei 760 mm.
Zahlentafel 19.

Platin	1720	Antimon	430
Porzellan	1550	Zink	419
Schweißeisen	1500—1600	Blei	327
Nickel	1470	Wismut	269
Flußeisen	1350—1450	Zinn	232
Stahl	1300—1400	Schwefel	115
Gußeisen, graues	1200	Paraffin	54
—, weißes	1100	Phosphor	44
Glas	800—1400	Benzol	5
Kupfer	1084	Kochsalzlösung, gesättigte	—18
Silber	961	Glyzerin	—20
Messing	900	Quecksilber	—39
Bronze	900	Alkohol, absoluter	—100
Aluminium	657	Äther	—118

Der genauen Schmelzpunkte wegen können einige Stoffe auch zum Bestimmen von Gastemperaturen benutzt werden, indem man „Schmelzblättchen" davon herstellt und sie in den Gasstrom einhängt. Auch Segerkegel finden dazu Verwendung (vgl. S. 223).

3. Wärmeübergang und Durchgang infolge Berührung und Leitung.

Es gelten folgende Bezeichnungen (vgl. Abb. 9):

Heizfläche in Quadratmeter, Körperoberfläche . . . . F

Zeitdauer in Stunden . . . . z

Temperatur der heißeren Flüssigkeit (Gas, Wasser) $^\circ$ C . . . . . t_1

Temperatur der kälteren Flüssigkeit . . . . t_2

Temperatur der heißeren Wandaußenseite . . . . ϑ_1

„   „ kälteren Wandaußenseite . . . . ϑ_2

Wärmeübergangszahl (WE m^2/st/1°) zwischen Gas — Wand . . . α_1

„   zwischen Wand — Kesselstein . . . . α_2

„   zwischen Kesselstein — Wasser . . . . α_3

„   zwischen Wasser — Wand . . . . α_w

Wärmeleitungszahl für die Wand (WE für 1 m^2 Oberfl., 1 m
Dicke und 1° Temperaturunterschied geleitet in 1 st.) . . . . λ_1

Wärmeleitungszahl für die Verunreinigung (Kesselstein) . . . . . λ_2

Wärmedurchgangszahl WE/st/1°/m^2 . . . . k

Dicke der Wand in Metern . . . . δ_1

Dicke der Verunreinigung in Metern (Kesselstein) . . . . δ_2

Verlustziffer in Hundertsteln . . . . ζ

Mittlerer Temperaturunterschied zwischen heizender und beheizter
Flüssigkeit $^\circ$ C . . . . ϑ_m

Temperaturunterschied zwischen den beiden Flüssigkeiten am Anfang $^\circ$ C . . . . ϑ_a

Temperaturunterschied zwischen den beiden Flüssigkeiten am Ende
$^\circ$ C . . . . ϑ_e

Wärmeabgabe eines Körpers durch Strahlung in Wärmeeinheiten S_1

Wärmeabgabe durch Berührung in Wärmeeinheiten . . . . S_2

Gesamtwärmeabgabe (Berührung + Strahlung) in Wärmeeinheiten Q

a) Wärmeübergangszahl α.

Der Wärmeübergang an eine Wand durch Berührung und Leitung ist ausgedrückt in Wärmeeinheiten durch

$$Q = \alpha_1 \cdot F \cdot z \,(t_1 - \vartheta_1), \quad \ldots \text{13)}$$

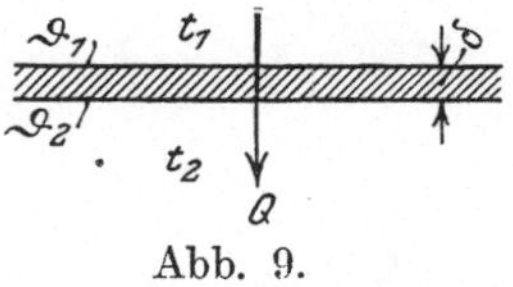

worin α_1 je nach der Art der Flüssigkeit, welche die Wandoberfläche berührt, und je nach dem Strömungszustande der Flüssigkeit verschieden

Abb. 9.

einzusetzen ist (vgl. Zahlentafel 20, sowie S. 58 und 249 Fußnote).

Zahlentafel 20.

Wärmeübergangszahl α

$$Q = F \cdot \alpha \cdot z\,(t - \vartheta),$$

d. h. die für eine Stunde in einen Quadratmeter Wandoberfläche hinein-
gehende Wärmemenge bei 1° Temperaturunterschied zwischen Flüssigkeitstemperatur (t) und Wandtemperatur (ϑ) oder umgekehrt.

Bei Berührung und Leitung $\qquad v =$ m/sk-Geschw.

Flüssigkeit	Übergang von — an	Bewegungszustand	α	Beobachter
Luft, Gase	Isolierung (Diatomit-schalen 50 mm stark) bei Dampfleitungen an Luft.	fast ruhend, Be-rührung allein;	1,9—2,5	Eberle, Z. d. V. d. I. 1908, S. 632
		Berührung und Strahlung	5,7—8,1	
	Luft, überh. Dampf an Wand	Luft ruhend[1])	4	
	Luft an Wand	strömend mit v	$2 + 10\,\sqrt{v}$	
	Heizgase (Luft) an Me-tallwand	strömend $v = 4 - 5$ m/sek	10—25	
	Heizgase (Luft) an Me-tallwand wagerecht	ruhend	20	Reutlinger, Z. d. V. d. I. 1910, S. 552
	Rohroberfläche an Luft äußerer Rohr-$\varnothing$ (nackte Rohre) = 33 mm . .	still		
	59 „ . .	Temperaturunter-schied zw. Rohr-oberfläche und Luft 50—150°	7,0—8,7	Wamsler, For-schungshefte 98/99, S. 45
			6,2—8,2	
	89 „ . .		4,7—6,3	
Flüssigkeiten (Wasser usw.) nicht siedend[2])	Flüssigkeiten an Metall-wand	ruhend	500	
	Flüssigkeiten an Metall-wand	strömend	$300 + 1800\,\sqrt{v}$	
	Flüssigkeiten an Metall-wand	gerührt durch Mischvorricht.	2000—4000	
	Wasser an Eisenblech-wand	heftig gerührt Wasser-tempe-ratur 20°	4400	
		30°	5000	
		50°	6000	

Flüssigkeit	Übergang von — an	Bewegungszustand	t_o	t_w	α	Beobachter
Öl	Öl an Eisenwand	Öl mit t_o Wasser mit t_w	80	20	90	stark gerührt
			100	30	125	
			120	50	230	
			120	100	200	leicht gerührt
			130	100	225	Hausbrand, Kon-densieren u. Ver-dampfen V, S. 61.

---

[1]) Neuere Formeln von Nusselt, Hütte, 23. Aufl., S. 382.
[2]) Neuere Formeln von Sonnecken, Hütte, 23. Aufl., S. 384.

Flüssigkeit	Übergang von — an	Bewegungszustand	α	Beobachter
	Wasser an wagerechte Eisenblechwand	wenig bewegt	1154	Reutlinger, Z. d. V. d. I. 1910, S. 550
	Wasser an wagerechte Eisenblechwand bei Stein- $\{\delta = 5,5$ mm belag $\{\lambda = 2,96$ „	$100°$	367	
	Wasser an Eisenblechwand	nicht gerührt	2800	Holborn und Dittenberger, Z. d. V. d. I. 1900, S. 1724
Wasser siedend	Wasser an Eisenblechwand	Temperaturdiff. zwisch. Wasser und Wand $\{0,62°$	1600	
		$1,2$	2700	
		$2,54$	3500	
		$3,10$	3800	L. Austin, Z. d. V. d. I. 1902, S. 1890
		$3,94$	3900	
		$4,10$	4200	
	Wasser an Eisenblechwand	heftig gerührt	6700	
	Kesselblech an anhaftenden festen Kesselstein		$\dfrac{1}{\alpha} = 0$	Nusselt
Wasserdampf kondensierend	Dampf (kondensierend) an Metallwand	Gut. Kondensatabfluß u. Luftfreiheit begünstigt α	8000 $\quad$ 9500—10 000	Nusselt, Mollier

Über die Höhe der Wärmeübergangszahl α sind in den letzten Jahren viele eingehende Untersuchungen[1]) ausgeführt worden. Übereinstimmend ergaben alle ein Steigen von α mit dem Dampfdrucke und der Dampfgeschwindigkeit; ein Fallen mit steigendem Rohrdurchmesser, mit steigender Wandtemperatur der bestrichenen Fläche sowie mit wachsendem Abstand des untersuchten Rohrstückes von der Dampfeintrittsstelle aus. Die Beziehungen sind ziemlich verwickelt. Angeführt sei die durch Versuche belegte Formel von Nusselt[2]); sie ist gültig für Rohre, die von Gasen, Luft oder überhitztem Dampfe durchströmt werden.

$$\alpha = \frac{18{,}86 \cdot \lambda_{\text{Wand}}}{d^{0,16} \cdot L^{0,054}} \left(\frac{v \cdot C_p}{\lambda}\right)^{0,786} \quad \ldots \ldots \ldots \; 14)$$

[1]) Nusselt, Wärmeübergang an Rohrleitungen. Z. d. V. d. I. 1909, S. 1750. — Gröber, Der Wärmeübergang von strömender Luft an Rohrwandungen. Z. d. V. d. I. 1912, S. 421. — Poensgen, Über die Wärmeübertragung von strömendem, überhitztem Wasserdampfe an Rohrwandungen. Z. d. V. d. I. 1916, S. 27. — Fehrmann, Wärmedurchgang an Heizkörpern von Dampfpfannen. Z. d. V. d. I. 1919, S. 973.

[2]) Nusselt, Z. d. V. d. I. 1913, S. 199. Auswertung der Formel Hütte, 23. Aufl., S. 382.

Darin ist:

d = Rohrdurchmesser in Metern,

λ_{Wand} = Wärmeleitungsfähigkeit des strömenden, Wärme abgebenden Gases bei der Temperatur der Rohrwand in WE/st/m °/C,

L = Länge der Rohrleitung vom Dampfeintritt aus in Metern,

C_p = Spezifische Wärme von $1\,\text{m}^3$,

λ = Leitungsfähigkeit der Wand,

v = Dampfgeschwindigkeit in Metern.

Nusselt[1]) hat auf Grund theoretischer Untersuchung und Prüfung an Versuchen noch eine Formel für α für Abkühlung oder Erwärmung eines wagrechtliegenden Rohres in einem Gase oder in einer Flüssigkeit aufgestellt, auf die hier hingewiesen sei.

Für die Durchleitung der Wärme von einer Wandseite an die andere gilt in Wärmeeinheiten in 1 st:

$$Q = F\,(\vartheta_1 - \vartheta_2)\frac{\lambda_1}{\delta_1} \quad\ldots\ldots\ldots\ldots\ 15)$$

Wärmedurchgang durch eine ebene einfache oder zusammengesetzte Wand von der Dicke δ in Metern, welche zwei Flüssigkeiten (Gase) trennt, bei Berührung und Leitung.

Wird eine Flüssigkeit (oder Gas) durch eine andere Flüssigkeit (oder ein Gas) auf der anderen Seite einer gleichmäßig dicken Wand beheizt, so geht von der wärmeren Seite durch die Wand an die kältere Flüssigkeit eine Wärmemenge in Wärmeeinheiten über, die ausgedrückt ist durch:

$$Q = k \cdot F \cdot z\,(t_1 - t_2) \quad\ldots\ldots\ldots\ldots\ 16)$$

und die Wandaußentemperaturen sind bei reiner Wandfläche durch Gleichsetzen der Formeln 16) und 13):

$$\vartheta_1 = t_1 - \frac{k}{\alpha_1}\,(t_1 - t_2) \quad\text{und}\quad \vartheta_2 = t_2 + \frac{k}{\alpha_w}\,(t_1 - t_2). \quad\ldots\ 17)$$

Dabei gelten α_1 und α_w für beide Seiten der Wand und Berührung mit der jeweiligen Flüssigkeit sowie

$$k = \frac{1}{\dfrac{1}{\alpha_1} + \dfrac{1}{\alpha_w} + \dfrac{\delta_1}{\lambda_1}} \quad\ldots\ldots\ldots\ldots\ 18)$$

b) Wärmedurchgangszahl k.

(Berührung und Leitung.)

Die Wärmedurchgangszahl k ist bestimmt durch die Wärmemenge, welche in 1 st durch einen Quadratmeter Heizfläche von der heißeren an die kältere Flüssigkeit übergeht bei 1° Temperaturunterschied

---

1) Nusselt, Grundgesetz des Wärmeüberganges. Gesundheitsing. 1915, S. 477.

zwischen beiden Flüssigkeiten. Sie umfaßt sämtliche Widerstände, welche sich dem Wärmedurchgange entgegenstellen; diese bestehen 1. aus dem Widerstande bei der Wärmeübertragung an die Wand (α_1), 2. beim Durchgange von der einen Wandseite an die andere (λ_1), 3. beim Übergange von der kälteren Wandseite an die daran haftende Kesselstein- oder Ölschicht (α_2), 4. beim Durchgange durch diese Schicht (λ_2), 5. beim Übergange von dieser Schicht an die kältere Flüssigkeit (α_3). Es ist α_3 für Stein/Wasser $= \alpha_w$ für Blech/Wasser zu setzen.

Dieses k hängt also von einer größeren Anzahl Einflüsse ab und stellt sich durch folgende allgemeine Beziehung dar, für den **Wärmedurchgang bei einer zusammengesetzten Wand**, gültig für Berührung und Leitung:

$$k = \cfrac{1}{\cfrac{1}{\alpha_1} + \cfrac{1}{\alpha_2} + \cfrac{1}{\alpha_3} + \cfrac{\delta_1}{\lambda_1} + \cfrac{\delta_2}{\lambda_2}} \quad \dots \dots \quad 18a)$$

Darin bedeuten δ_1, δ_2 die Wandstärken des Metalls und des Kesselsteines in Metern, α_1, α_2, α_3 die **Wärmeübergangszahlen** zwischen den verschiedenen Stoffen. (Werte siehe Zahlentafel 20, $\dfrac{1}{\alpha_2}$ ist nach Versuchen $= 0$ zu setzen.)

Wärmedurchgang durch ebene Metallwände von gleichförmiger Dicke[1]).

Setzt man $\dfrac{1}{k_o} = \dfrac{1}{\alpha_1} + \dfrac{1}{\alpha_2}$, so wird $k = \cfrac{k_o}{1 + k_o \dfrac{\delta}{\lambda}}$;

dabei ist:

	k_o	k
von Dampf an siedendes Wasser .	3000 bis 5000	2000 bis 3800 '
von Dampf an nichtsiedendes Wasser:		
Flüssigkeit ruhend	300 bis 600	
Flüssigkeit strömend	$1700\sqrt[3]{w}$	800 bis 1000 .
$(w = 0{,}05\,\text{bis}\,2\,\text{m/sek})$		
Flüssigkeit durch Rührwerk bewegt	1500 bis 2500	
von Wasser an Wasser		300 bis 400.

(Bemerkung: Für dünne Wände, besonders für solche aus Kupfer oder Messing kann $k = k_o$ gesetzt werden.)

Bei Wärmedurchgang durch eine ebene Metallwand zwischen Luft (Gas) und Wasser (siedend und nichtsiedend) oder gesättigtem Wasserdampfe kann in der Regel gesetzt werden:

---

[1]) Nach Hütte, 23. Aufl., S. 387 mit Ergänzungswerten für k.

$$k = \alpha \ (\text{Luft}),$$

$\vartheta_1 = \vartheta_2$ gleich der Temperatur des Wassers bzw. Dampfes.

Von Luft an Luft, wenn die Geschwindigkeit v in m beträgt

v	k
0.5	1,6—1,8
1,0	2,6—2,7
5,0	5,0—5,2
10,0	5,9—6,0

$$k = \frac{\alpha_1 \, \alpha_2}{\alpha_1 + \alpha_2}.$$

Siedende Flüssigkeit von Sattdampf (auch leicht überhitztem Dampfe) beheizt.

Es kann in Formel 18a gesetzt werden für Wand/Flüssigkeit $\alpha_w = 2000 \, \sqrt{p}$, wobei p die Eintrittsspannung des Dampfes in at Überdruck bedeutet. Dann ergaben Messungen[1]) an Dampfpfannen mit $\delta_1 = 10$ mm Kupfer und $\vartheta =$ Dampftemperatur, $t = 100°$ Flüssigkeitstemperatur:

k	$\vartheta - t$	k	$\vartheta - t$	k	$\vartheta - t$
1700	20	2300	35	3000	50
1900	25	2600	40	3200	55
2150	30	2750	45	3500	60

Für Eisenwände sind die Werte um 30% niedriger.

Sonstige k-Zahlen: für Wände, Decken usw.

Wandstärke	10	13	15	20	25	30	38	51	64	70	90
Ziegelstein, verputzt . . .	—	2,4	—	—	1,7	—	1,3	1,1	0,9	—	0,7
desgl. m. Luft-Isolierschicht	—	—	—	—	1,4	—	1,1	0,9	0,8	—	0,6
Quader oder Bruchstein. .	—	—	—	—	—	2,5	—	1,9	—	1,6	1,4
Stampfbeton	3,4	—	2,9	2,6	2,4	2,2	1,9	1,7	—	1,5	1,3
desgl. mit Isolierschicht .	—	—	—	1,6	1,5	1,4	1,3	1,2	—	1,0	0,9
Schwemmstein.	2,2	1,8	—	—	—	—	0,8	—	—	—	—

Decken und Fußboden	$= 0,8—1,6,$	Einfache Fenster	$= 5,$
desgl. aus Eisenbeton	$= 1,5—2,2,$	Doppelte Fenster	$= 3,$
Dächer	$= 1,3—3,2,$	Einfache Oberlichtfenster	$= 5,$
Desgl. Wellblech ohne Schalung	$= 10,4,$	Doppelte Oberlichtfenster	$= 2,4.$
Türen	$= 2—3,$		

Zu diesen Durchgangszahlen sind für die praktische Ausführung je nach Lage, starker Luftbewegung, Größe der Übergangsflächen usw. Sicherheitszuschläge von im Mittel 30% bis zu 70% zu machen.

---

[1]) Fehrmann, Z. d. V. d. I. 1919, S. 977.

λ ist die Leitungszahl, bestimmt durch die Wärmemenge, welche durch eine Stoffschicht von 1 m² Oberfläche und 1 m Dicke hindurchgeleitet wird, bei einem Temperaturunterschiede der beiden Wandflächen von 1° C (Werte siehe Zahlentafel 21, 73, 74).

Für ein Rohr gilt entsprechend, wenn r_1 den inneren, r_2 den äußeren Halbmesser in Metern bedeuten und α_1, α_2 die Wärmeübergangszahlen innen und außen (Werte für k siehe S. 250):

$$k = \frac{1}{\dfrac{1}{\alpha_1 r_1} + \dfrac{1}{\alpha_2 r_2} + \dfrac{\ln \dfrac{r_2}{r_1}}{\lambda}} , \qquad \qquad 19)$$

Die hindurchgeführte Wärmemenge Q ist aus Formel 16) zu ermitteln.

Der Wärmedurchgang durch eine zusammengesetzte Wand, die also durch aufgelagerten Kesselstein, z. B. auf eine reine Metallwand, dargestellt ist, ergibt sich zu dem Wärmedurchgange durch eine reine Wand, wenn δ und λ für die reine Wand gelten δ' und λ' für die Verunreinigung, aus der Beziehung:

$$\frac{Q'}{Q} = \frac{k'}{k} = \frac{1}{1 + \dfrac{\delta'}{\lambda'} \cdot k} \qquad \qquad 20)$$

hieraus ist der Verlust ζ durch Kesselstein, dessen Dicke δ' und Leitungszahl λ' bekannt ist, leicht zu ermitteln; es wird dann

$$\zeta = \frac{k - k'}{k} \cdot 100 \text{ in } \% \qquad \qquad 21)$$

Befindet sich auf der einen Seite der Wand ein Stoff mit verhältnismäßig hohem Werte α, auf der anderen Seite ein solcher mit kleinem α, so gilt mit guter Annäherung, daß die Wand die Temperatur des ersten Stoffes hat. Ist dagegen α für beide Seiten klein und etwa gleich hoch, so treten bedeutende Temperaturunterschiede zwischen Wand und den beiden berührenden Stoffen ein.

Beispiel 4: Mit den S. 278 angegebenen Werten für:

Übergang von Gas an Metall . . . . $\alpha_1 = 20$,

„   „ ebener, wagerechter Metallwand an Wasser $\alpha_2 = 1154$,
Wanddicke $\delta = 0{,}020$ m,
für Eisen $\lambda = 56{,}2$

ergibt sich also

$$k = \frac{1}{\dfrac{1}{20} + \dfrac{1}{1154} + \dfrac{0{,}02}{56{,}2}} = 19{,}52 ,$$

Zahlentafel 21.　Leitungszahl λ,

d. h. $\lambda =$ der Wärmemenge, die in einer Stunde durch 1 m² Fläche eines Körpers von 1 m Dicke bei einem Temperaturunterschied der beiden Wandflächen von 1° hindurchgeleitet wird.

Material	λ	Material	λ
Flußeisenblech	56	Kork	0,26
Stahl	22,3—40	Steinkohle	0,11
Kupfer	330	Pappe	0,16
Kupfer, phosphorhaltig .	260	Wasser (stillstehend) . .	0,44—0,56
Blei	28,5	Eis	0,8—2,0
Zink	105	Teerschichten, Ölschichten	0,10
Zinn	54	Baumwolle	0,012—0,016
Rotguß	60,9	Bruchsteinmauerwerk . .	1,3—2,1
Messing	72—108	Zement	0,059
Kiefernholz längs der Faser	0,108	Ton, Ziegelmauer	0,70
Kiefernholz quer der Faser	0,032	Gewachsener Erdboden .	2,0
Glas	0,47—0,65		

	Temperatur- untersch. zwisch. Dampf und Luft	λ	Beobachter
Isolierstoffe f. Dampfleitungen gute	100°	0,068—0,102	Eberle,
	150°	0,069—0,118	Z. d. V. d. I.
	200°	0,075—0,135	1908, S. 572
schlechtere	100°	0,165	
	200°	0,182	

	Zusammensetzung %		
Kesselstein	kohlensaurer Kalk 15,2	1,91	Reutlinger,
	schwefelsaurer Kalk . . . 80,8		Z. d. V. d. I.
	kohlensaure Magnesia . . 2,4		1910, S. 551
Kesselstein	kohlensaurer Kalk 2,7	2,96	
	schwefelsaurer Kalk . . . 82,2		
	kohlensaure Magnesia . . 14,6		

Weitere Werte für Isolierstoffe siehe Zahlentafel 73 und 74.

c) Wärmedurchgang durch nackte und umhüllte Rohre (Dampfleitungen).

Oberfläche der nackten Dampfleitung in m² . . . . F

Temperaturabfall in der Leitungsstrecke in ° C . . . . δ

Dampftemperatur am Anfang der Leitung ° C . . . . t_d

Lufttemperatur ° C . . . . t_l

Dampfmenge in 1 st in kg . . . . D

Wärmeübergangszahl zwischen Dampf und Wand = 150 . . . . . α_d

Wärmeübergangszahl zwischen Oberfläche der Umhüllung und Luft
　= 6—8 . . . . α_l

Wärmedurchgangszahl zwischen Dampf und Luft . . . . K

Mittlere spezifische Wärme für Dampf zwischen den Temperaturen
t_d und $(t_d - \delta)$ . . . . c_{pm}
Wärmeleitungszahl der Umhüllung $= 0{,}15 - 0{,}08$ (steigt mit Tem-
peratur an) . . . . λ
Durchmesser der Rohrleitung innen in m . . . . d
Durchmesser der Rohrleitung außen in m . . . . d_a
Durchmesser der Umhüllung außen in m . . . . d_u
Wärmeverlust in 1 st in WE . . . . Q

1. Wärmeverlust bei nackten Rohren.

$$Q = F \cdot K\left(t_d - \frac{\delta}{2} - t_l\right) = D \cdot c_{pm} \cdot \delta \text{ in WE in 1 st} \quad . \quad . \quad . \quad .22)$$

2. Wärmeverlust bei umhüllten Rohren.

Dieser Wärmeverlust wird ausgedrückt in WE für 1 m² umhüllte
Leitung und 1 st, bezogen auf die Oberfläche des nackten Rohres; der
Verlust beim Durchgange durch die Rohrwand ist dabei vernachlässigt.

$$Q_1 = \frac{t_d - \dfrac{\delta}{2} - t_l}{\dfrac{1}{\alpha_d}\dfrac{d_a}{d} + \dfrac{1}{\alpha_l} \cdot \dfrac{d_a}{d_u} + \dfrac{d_a}{2\,\lambda} \text{ lognat} \left(\dfrac{d_u}{d_a}\right)} \text{ in WE/m²/st} \quad . \quad . \quad . \quad . \quad . \quad .23)$$

Der Gesamtwärmeverlust der gesamten Leitung ist dann

$$Q = F \cdot Q_1 = c_{pm} \cdot D \cdot \delta \text{ in WE/st} \quad . \quad . \quad . \quad . \quad . \quad . \quad 24)$$

(vgl. Abschnitt 25).

Beispiel 5. Eine Leitung von $d = 150$, $d_a = 159$ mm, durch
welche Dampf von 350° strömt, ist mit Patentguritmasse umhüllt, deren
$\lambda = 0{,}11$ ist bei dieser Temperatur; die Abkühlung des Dampfes sei bei
einer Leitungslänge von 20 m gemessen zu $\delta = 2°$. Die Temperatur
der umgebenden Luft sei $t_l = 35°$, es wird dann bei 50 mm Stärke der
Umhüllung:

$$Q_I = \frac{350 - 1 - 35}{\dfrac{1}{150} \cdot \dfrac{0{,}159}{0{,}150} + \dfrac{1}{7} \cdot \dfrac{0{,}159}{0{,}259} + \dfrac{0{,}159}{2 \cdot 0{,}11} \text{ log nat } \dfrac{0{,}259}{0{,}159}} \text{ in WE/m²/st,}$$

$$Q_1 = \frac{314}{0{,}0071 + 0{,}088 + 0{,}354} = 700 \text{ WE/m²/st.}$$

Wäre eine Isoliermasse mit $\lambda = 0{,}13$ verwendet worden, so ergäbe sich
$Q_1 = 798$ WE/m²/st.

Der Einfluß der Wärmeleitungsfähigkeit ist also bedeutend.

d) Der mittlere Temperaturunterschied ϑ_m

zwischen heizender und beheizter Flüssigkeit kann in allen Fällen ermittelt werden aus der Beziehung:

$$\vartheta_m = \frac{\vartheta_a \cdot \left(1 - \dfrac{n}{100}\right)}{\log \mathrm{nat} \dfrac{100}{n}} \qquad \ldots \ldots \ldots \ldots 25)$$

Es ist gesetzt: $\vartheta\alpha =$ dem größeren Temperaturunterschiede zwischen den beiden Flüssigkeiten am Anfang oder Ende der Berührung, $\vartheta_e =$ dem kleineren Temperaturunterschiede am Anfang oder Ende der Berührung (vgl. Abb. 10); ausgedrückt ist ϑ_e in Hundertteilen (n) von ϑ_a; also $\vartheta_e = \dfrac{n}{100}\vartheta_a$.

Mit Hilfe nachstehender Zahlentafel[1]) kann man sich die Rechnung erleichtern; die erste Spalte gibt den Bruch ϑ_e/ϑ_a an, die zweite den mittleren Temperaturunterschied ϑ_m für den Wert $\vartheta_a = 1$; es muß also der in der Spalte 2 gefundene Wert mit ϑ_a multipliziert werden, um den gesuchten mittleren Temperaturunterschied zu erhalten.

Zahlentafel 22.

Mittlerer Temperaturunterschied ϑ_m zwischen zwei Flüssigkeiten, die während des Wärmeaustausches ihre Temperatur ändern (für Gleich- und Gegenstrom).

$\dfrac{\vartheta_\varepsilon}{\vartheta_a}$	ϑ_m für $\vartheta_a = 1$	$\dfrac{\vartheta_\varepsilon}{\vartheta_a}$	ϑ_m für $\vartheta_a = 1$	$\dfrac{\vartheta_a}{\vartheta_a}$	ϑ_m für $\vartheta_a = 1$
0,0025	0,166	0,13	0,430	0,35	0,624
0,005	0,188	0,14	0,440	0,40	0,658
0,01	0,215	0,15	0,451	0,45	0,693
0,02	0,251	0,16	0,461	0,50	0,724
0,03	0,277	0,17	0,466	0,55	0,756
0,04	0,298	0,18	0,478	0,60	0,786
0,05	0,317	0,19	0,489	0,65	0,815
0,06	0,335	0,20	0,500	0,70	0,843
0,07	0,352	0,21	0,509	0,75	0,872
0,08	0,368	0,22	0,518	0,80	0,897
0,09	0,378	0,23	0,526	0,85	0,921
0,10	0,391	0,24	0,535	0,90	0,953
0,11	0,405	0,25	0,544	0,95	0,982
0,12	0,418	0,30	0,583	1,00	1,000

Angenähert gilt in allen Fällen:

$$\vartheta_m = \left(\frac{t_1' + t_1''}{2} - \frac{t_2' + t_2''}{2}\right) \qquad \ldots \ldots \ldots \ldots 26)$$

[1]) Hausbrand, Verdampfen, Kondensieren, Kühlen. IV. Aufl.

Darin bedeuten $t_1'\ t_1''$ die Temperaturen der heißen Flüssigkeit,

$t_2'\ t_2''$ die Temperaturen der kalten Flüssigkeit.

Zur Verbesserung der Genauigkeit kann nachstehende Zusammenstellung[1]) benutzt werden:

$\dfrac{\vartheta_a}{\vartheta_\varepsilon} = \dfrac{t_1'-t_2'}{t_1''-t_2''}$	1	1,5 $^2/_3$	2 $^1/_2$	3 $^1/_3$	4 $^1/_4$	5 $^1/_5$	10 $^1/_{10}$	100 $^1/_{100}$
$\dfrac{Q \text{ angenähert}}{Q \text{ genau}}$	1	1,014	1,038	1,099	1,154	1,210	1,410	2,35

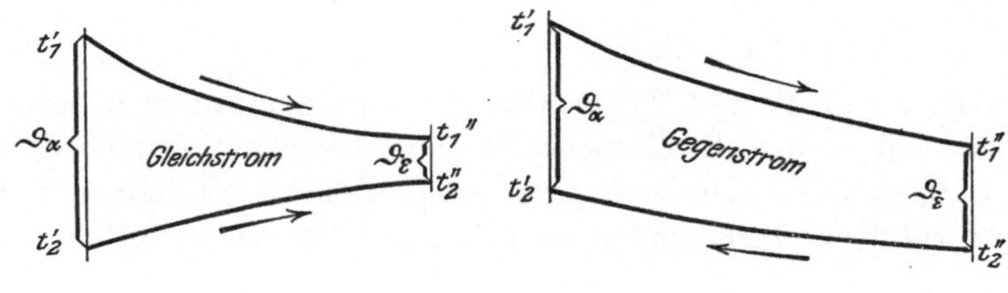

Abb. 10.

Die übergegangene Wärmemenge ist dann in der Zeit z in st

$$Q = k \cdot F \cdot z \cdot \vartheta_m \quad\ldots\ldots\ldots\ldots\ 27)$$

Bei Bestimmung der Heizfläche F ist für Feuerrohre die innere, für Wasserrohre die äußere, für Überhitzer die mittlere zugrunde zu legen.

Eine dritte Art der Wärmeüberführung von einer heißen zur kälteren Flüssigkeit bietet der Kreuzstrom[2]), der z. B. bei Greenschen Ekonomisern Anwendung findet. Dabei bilden die beiden Flüssigkeitsströme miteinander einen rechten Winkel.

Der Vergleich von Gegenstrom, Kreuzstrom und Gleichstrom ergibt, daß die günstigste Wärmeübertragung der Gegenstrom bietet, dann folgt der Kreuzstrom und zuletzt der Gleichstrom. Die Unterschiede können zwischen günstigster und ungünstigster Wärmeführung bis etwa 15% betragen; doch ist dieser Gesichtspunkt für die praktische Anwendbarkeit des einen oder anderen Verfahrens allein nicht ausschlaggebend, sondern ebenso wesentlich ist die Rücksicht auf Bauart, Platzbedürfnis, Entlüftung der wasserführenden Rohre, die Rücksicht auf den großen Temperaturunterschied bei den wärmeaustauschenden Flüssigkeiten (etwa Gase und zu überhitzender Dampf) usw.

---

[1]) Nach Mollier, Hütte XX.
[2]) Nähere Angaben und Formeln: Nusselt, Z. d. V. d. I. 1911, S. 2021.

4. Wärmeabgabe durch Strahlung und gleichzeitig durch Berührung.

1. Die von einem Körper I mit der Oberfläche F_1 in Quadratmetern und dem Strahlungswerte C_1 gegen einen ihn umschließenden bzw. parallelen Körper II mit dem Strahlungswerte C_2 in der Stunde ausgestrahlte Wärmemenge in Wärmeeinheiten ist nach Lambert:

$$S_1 = F_1 \frac{\left(\dfrac{T_1}{100}\right)^4 - \left(\dfrac{T_2}{100}\right)^4}{\dfrac{1}{C_1} + \dfrac{1}{C_2} - \dfrac{1}{C}} \cong C_3 \cdot F_1 \left[\left(\frac{T_1}{100}\right)^4 - \left(\frac{T_2}{100}\right)^4\right] \quad \ldots \ldots 28)$$

Darin bedeuten T_1 und T_2 die Oberflächentemperaturen in absoluten Graden und C den Strahlungswert des absolut schwarzen Körpers $C = 4{,}76$; C_3 ist $= 4{,}0$ für oxydierte Metallflächen, Mauerwerk, Holz, Papier, Stoffe und glühenden oder flammenden Brennstoff.

Zahlentafel 23.
Strahlungszahl[1]).

Stoffe	Strahlungszahl	Temperaturbereich ° C
Absolut schwarzer Körper .	4,76	−180 bis +1260
Lampenruß, glatt	4,44	0−50
Messing, matt	1,03	50−350
Kupfer, schwach poliert . .	0,79	50−280
Schmiedeeisen, matt oxydiert	4,40	20−360
Schmiedeeisen, hochpoliert .	1,33	40−250
Zink, matt	0,97	50−290
Gußeisen, rauh, stark oxydiert	4,48	40−250
Kalkmörtel, rauh, weiß . . .	4,30	10−90
Kalkmörtel, nach Péclet .	3,60	
Wasser	3,20	60

Für T_2 kann man die den strahlenden Körper umgebende Lufttemperatur einsetzen.

Die durch Berührung an die Luft übergegangene Wärmemenge in Wärmeeinheiten in 1 st ist:

$$S_2 = F \cdot \alpha \left(\vartheta_1 - t_1\right), \quad \ldots \ldots \ldots \ldots 29)$$

wenn ϑ_1 die Oberflächentemperatur des warmen Körpers bedeutet, t_1 die Temperatur der Luft und α die Wärmeübergangszahl (vgl. S. 47 und 277).

---

[1]) Nach Wamsler, Forschungsheft 98/99.

Die Gesamtwärmeabgabe durch Berührung und Strahlung in Wärmeeinheiten in 1 st ist gleich:

$$Q = S_1 + S_2 = F\left\{\frac{\left(\dfrac{T_1}{100}\right)^4 - \left(\dfrac{T_2}{100}\right)^4}{\dfrac{1}{C_1} + \dfrac{1}{C_2} - \dfrac{1}{C}} + \alpha\,(\vartheta_1 - t_1)\right\} \quad . \ . \ .30)$$

Zu verwenden ist diese Formel z. B. für Berechnung der Ausstrahlungsverluste von Kesselmauerwerk (T_1), wobei T_2 die absolute Temperatur der umgebenden Luft bedeutet und C_2 die Strahlungskonstante der gegenüberstehenden Wandflächen.

2. Für technische Zwecke genügt auch die einfachere Formel von Rosetti für Strahlung in Wärmeeinheiten in 1 st:

$$S_1 = 0,5 \cdot F\left[\left(\frac{T_1}{100}\right)^2 - 1,9\right](\vartheta - t), \quad . \ . \ . \ . \ . \ .31)$$

worin $T_1 = 273 + \vartheta$ zu setzen ist als absolute Oberflächentemperatur des strahlenden Körpers, wie oxydierte Metallflächen, Mauerwerk, Holz, Webstoffe, Ölanstrich und glühende oder flammende Brennstoffe; t ist die Temperatur des umgebenden oder gegenüberstehenden Körpers.

3. Im besonderen kann man setzen für die aus Wasser oder Dampf durch eine Metallwand an Luft ausgestrahlte Wärmemenge in Wärmeeinheiten in 1 st für F m² Oberfläche (Dampfrohre, einfache Heizkörper):

$$S_1 = F \cdot 0,5\left[\left(\frac{T_1}{100}\right)^2 - 1,9\right](t_1 - t_2), \quad . \ . \ . \ . \ . \ .32)$$

wobei $T_1 = 273 + t_1$ zu setzen ist = absolute Dampf- bzw. Wassertemperatur.

Die Gesamtwärmeabgabe durch Strahlung (S_1) und Berührung (S_2) ist dann in 1 st in Wärmeeinheiten:

$$Q = S_1 + S_2 = F \cdot \left(k + 0,5\left[\left(\frac{T_1}{100}\right)^2 - 1,9\right]\right)(t_1 - t_2). \quad . \ . \ .33)$$

Darin bedeutet k die Durchgangszahl für Berührung, die für ruhige Luft $= 4$ zu setzen ist.

Über Ausstrahlung von nackten Dampfrohren vgl. Zahlentafel 70 und Abb. 45.

4. Für den Gesamtwärmeübergang durch Berührung und Strahlung eines heißen Gases ($T_1 = 273 + t_1$) an eine beheizte Eisenwand mit der Außentemperatur $T_2 = 273 + \vartheta_1$ stellt Reutlinger[1]) folgende, sich an die Formel von Stephan-

---

[1]) Z. d. V. d. I. 1910, S. 552.

Boltzmann[1]) anschließende Beziehung auf (vgl. auch S. 284), z. B. für Flammrohre bei Kesseln usw. (die Temperatur des strahlenden Mauerwerks ist zu setzen etwa $= 0{,}85\, t_1$) in Wärmeeinheiten und 1 st:

$$Q = S_1 + S_2 = F\left[4\left(\frac{T_1}{100}\right)^4 - 4{,}6\left(\frac{T_2}{100}\right)^4 + \alpha\,(t_1 - \vartheta_1)\right] \quad . \quad . \quad .34)$$

Dabei ist die Wandtemperatur an der heißen Seite, bei Belag der Wand $(\delta_1,\ \lambda_1)$ an der wasserberührten Seite mit Kesselstein $(\delta_2,\ \lambda_2)$ und bei der Wärmeübergangszahl α_w von Wasser an die Wand, sowie α von Gas an Wand (Wärmeübergang von Wand an Kesselstein $\dfrac{1}{\alpha_2} = 0$ und $\alpha_3 = \alpha_w$):

$$\text{Wandtemperatur} = \vartheta_1 = t_2 + Q_1\left(\frac{\delta_1}{\lambda_1} + \frac{\delta_2}{\lambda_2} + \frac{1}{\alpha_w}\right), \quad . \quad . \quad .35)$$

und bei reiner Wand ist $\dfrac{\delta_2}{\lambda_2} = 0$ zu setzen, dabei ist $Q_1 = k\,(t_1 - t_2)$ in WE/m²/st entsprechend der gesamten durch das Blech hindurchgetretenen Wärmemenge (vgl. auch Beispiel 45, S. 285).

Man kann alle diese Formeln sowohl für Ausstrahlung eines heißen Körpers wie für Einstrahlung an einen kalten Körper verwenden.

Beispiel 6: Die Rückwand eines Zweiflammrohrkessels von 3,5 m Breite und 3,2 m Höhe habe eine Außentemperatur (die man mittels eines in eine Fuge gesteckten und mit Lehm bedeckten Thermometers gemessen hat) von $t_1 = 90°$; die gegenüberstehende Kesselhauswand habe die Temperatur der davor befindlichen Luft von $t_2 = 30°$ angenommen, die sich in ziemlicher Ruhe befindet; es ist dann $\alpha = 4$ zu setzen.

Nach Formel 28 ergibt sich dann die Strahlung für 1 m² Oberfläche und Stunde zu

$$S_1 = \frac{\left(\dfrac{363}{100}\right)^4 - \left(\dfrac{303}{100}\right)^4}{\dfrac{1}{4{,}3} + \dfrac{1}{4{,}3} - \dfrac{1}{4{,}76}} = 359\ \text{WE/m²/st.}$$

Der Berührungsanteil wird $4\,(90 - 30) = 240$ WE/m²/st, $S_1 + S_2 = 359 + 240 = 599$ WE/m²/st, also die

gesamte Wärmeabgabe $= 3{,}5 \cdot 3{,}2\,(359 + 240) = 6700$ WE/st.

Nur wenig abweichend ermittelt man nach Formel 31

$$S_2 = 0{,}5\left[\left(\frac{363}{100}\right)^2 - 1{,}9\right](90 - 30) = 338\ \text{WE/m²/st.}$$

---

[1]) Nach den Versuchen von Eberle, Z. d. V. d. I. 1908, S. 628, wird Formel 34 von Stephan-Boltzmann für die Wärmeabgabe einer nackten Rohrleitung, durch welche Dampf strömt, bestätigt, wenn $\alpha = 6$ gesetzt wird. Für t_1 ist bei gesättigtem Dampfe die Dampftemperatur zu setzen, bei überhitztem Dampfe die äußere Wandungstemperatur.

Für die Feuerungstechnik gilt allgemein, daß die im Dampfkesselbetriebe vorkommenden strahlenden und bestrahlten Körper, wie Rost mit brennenden Kohlen, heißes Mauerwerk und Kesselbleche, wie neuere Versuche ergaben, in ihrer Strahlungsfähigkeit dem absolut schwarzen Körper sehr nahe kommen (vgl. Zahlentafel 23), während Feuergase nur eine sehr geringe Strahlungsfähigkeit besitzen; deshalb ist auch z. B. bei Innenfeuerungen der vom Roste bestrahlte erste Teil der Heizfläche so wirksam, viel wirksamer als bei Vorfeuerungen. Die heißen Gase geben später ihre Wärme hauptsächlich nur noch durch Berührung und Leitung an die Heizfläche ab (vgl. Schaubild 49). Die an das Mauerwerk abgegebene Wärme wird zum Teil nutzbar an die Kesselheizfläche ausgestrahlt, zum Teil durch Leitung nach außen hin verloren (vgl. S. 132).

Anwendungen der im Abschnitt 3 behandelten Vorgänge geben die nächsten Abschnitte an Hand von Versuchen an Rohrleitungen, Kesseln usw.

III. Die Verbrennung auf der Feuerung.

5. Die Brennstoffe.

a) Vorkommen und Eigenschaften sowie Kohlenförderung der Erde.

Von den für uns in Deutschland wichtigen Brennstoffen sind zuerst die Steinkohlen der verschiedensten Herkunft zu erwähnen mit allen ihren Spielarten, wie Anthrazit, Fettkohle, Magerkohle usw., dann die Erzeugnisse der Steinkohle, wie Koks und Brikette. Nach dem Verhalten der vermahlenen Steinkohlen in der Hitze des Schmelztiegels unterscheidet man Sand-, Sinter- und Backkohlen, je nachdem die Kohlen beim Glühen unter Luftabschluß einen pulverigen Rückstand, einen losen oder festen zusammengeschmolzenen und aufgeblähten Kuchen zurücklassen. Nach der Art der Flammenbildung, ob kurzflammig und schwer entzündlich, oder ob langflammig und leicht entzündlich, spricht man von gasarmen und gasreichen Kohlen; außerdem bezeichnet man ohne Rücksicht auf die Eigenschaften nur nach der Stückgröße und der Sortierung die Kohlen als Förderkohle, Stück-, Würfel-, Nuß-, Erbs- und Staubkohlen.

Steinkohlen findet man in Deutschland hauptsächlich im schlesischen Becken bei Königshütte und bei Waldenburg, dann in Sachsen bei Dresden, Zwickau und Ölsnitz, in Westfalen, an der Saar, in Bayern und am Deister.

Entsprechend der verschiedenartigen Zusammensetzung und dem verschiedenen Alter der Kohlen ist auch ihr Verhalten beim Verbrennen auf dem Roste verschieden. Sandkohlen backen wenig zusammen, lassen sich daher verhältnismäßig leicht auf dem Roste verarbeiten; sie bedürfen einer etwas geringeren Spaltweite als die backenden Kohlen, um ein Durchfallen beim Verbrennen zu vermeiden, und gewähren auch bei Handfeuerung die Möglichkeit, bei nicht zu starker Beanspruchung des Rostes ein rauchschwaches Feuer zu unterhalten. Backkohlen dagegen haben, wie schon ihr Name besagt, die Neigung, beim Brennen zu backen und mehr oder weniger große und feste Kuchen zu bilden; man muß daher eine niedrige Kohlenschicht halten und für freie Rostspalten sorgen; auch dürfen die Spalten verhältnismäßig weit sein. Da die Backkohlen sehr gasreich sind, geben sie eine lange Flamme. Mit Vorteil lassen sich diese backenden Kohlensorten mit Unterwind oder auf wassergekühlten Rosten verarbeiten, oder nur durch Einblasen von etwas Dampf unter den Rost durch Rohre mit feinen Löchern. Diese Verfahren kühlen den Rost, hindern das Verschmelzen der Schlacken und halten das Feuer lose. Für Verfeuerung der Steinkohlen ist fast ausschließlich der Planrost verwendbar; der Schrägrost nur bei besonderen Verhältnissen, weil die fließenden Schlacken der Steinkohlen Neigung haben, die unteren Rostenden, wo sich die Rückstände aufhäufen, zu verbrennen.

Da beim jedesmaligen Aufwerfen zuerst eine größere und raschere Gasentwicklung auftritt, so neigen die Backkohlen sehr zum Rußen und Qualmen, um so mehr, je größer die Stärke der Schicht und die Beanspruchung des Rostes ist; es müssen deshalb öfters geringe Mengen und in kurzen Pausen aufgeworfen und Zusatzluft eingeführt werden, derartig, daß, vom Aufwerfen an gerechnet, die Menge der zugeführten Verbrennungsluft, entsprechend dem abnehmenden Luftbedarfe, allmählich geringer wird. Freihalten einer Stelle auf dem Roste zur Lufteinführung empfiehlt sich nicht, weil der Luftbedarf nur während eines kurzen Zeitabschnittes den größten Wert annimmt. Jedenfalls ist man beim Verfeuern der Kohle von Hand stets in hohem Maße von der Geschicklichkeit und Aufmerksamkeit des Heizers abhängig; deshalb werden gerade für gasreiche Kohlen selbsttätige Feuerungen, die ununterbrochen geringe Kohlenmengen gleichmäßig über den Rost werfen, oder andere gleichmäßig arbeitende Beschickungseinrichtungen, verbunden mit Vorkehrungen zur Einführung von Zusatzluft von hohem Vorteil sein.

Braunkohlen unterscheiden sich in ihrer Güte je nach ihrem Fundorte wesentlich mehr voneinander als die Steinkohlen. Die hochwertigsten sind die nordwestböhmischen Braunkohlen aus der Gegend von Aussig, Brüx, Kommotau usw. Wesentlich minderwertigere Braunkohlen finden sich in Deutschland, und zwar in größeren Lagern in der Gegend von Görlitz und Kottbus, bei Zeitz, Meuselwitz, Altenburg, Oberröblingen und Halle, bei Helmstedt, am Rhein bei Köln und bei Kassel. Die ältesten Braunkohlen sind die sog. Pechkohlen, die man in Böhmen abbaut, und die hinsichtlich des Heizwertes an den der Steinkohlen schon ziemlich heranreichen; dann kommen die festen böhmischen Braunkohlen mit muscheligem Bruche, hiernach die erdigen Braunkohlen, die einen losen Aufbau besitzen und sich leicht zerreiben lassen; die jüngsten sind die lignitischen Braunkohlen mit gut erhaltenem Holzaussehen.

Für die **hochwertigen böhmischen Braunkohlen** sind Planroste mit und ohne selbsttätige Feuerungen verwendbar, ebenso Wanderroste; für **minderwertige deutsche Braunkohlen** ist eigens der Stufenrost gebaut worden in seinen verschiedenen Abarten sowie der Muldenrost; feine, staubartige Kohlen bereiten auch hier, wie sonst überall, größere Schwierigkeiten im Betriebe als durchmengte und stückreiche Förderkohle. Die reine erdige Feinkohle und staubige Klarkohle rollt besonders bei langen Rosten leicht in größeren Mengen auf einmal herab und erzeugt herausschlagende Flammen. Der feine Brennstoff lagert sich dicht auf den Rost, verlangt deshalb starken Zug; dadurch ist wieder ein gesteigertes Fortreißen von feinen Teilchen und starke Flugaschenablagerung bedingt; außerdem sind die Herdrückstände verhältnismäßig hoch und enthalten viel Verbrennliches, bis 40% und mehr (entsprechend 6—7% Verlust).

Manche Rostbauarten mit einzelnen hervortretenden Stufen und bewegten Roststufen schaffen entsprechende Verbesserung.

Braunkohlenbriketts werden aus den getrockneten und zerkleinerten Rohbraunkohlen durch Pressen unter starkem Drucke gewonnen. Sie besitzen einen hohen Sauerstoffgehalt von 18 bis 21% (vgl. Zahlentafel 32), bedürfen daher zur Verbrennung nur einer verhältnismäßig geringen Luftmenge. Ihr Gasgehalt ist ziemlich hoch, so daß sie sich gut für Vergasungszwecke eignen und mit langer Flamme verbrennen. Die Asche enthält etwa 40 bis 45% Kalziumoxyd, ist stark wassersaugend, sintert bei höherer Temperatur wie Steinkohlenasche und neigt im allgemeinen wenig zur Schlackenbildung. Braunkohlenbriketts können auf Schrägrosten, Planrosten sowie auf selbsttätigen Feuerungen verbrannt werden, am besten in Halbbrikettform oder als Industriebrikett.

Koks wird aus Steinkohlen durch Trockendestillation in Retorten oder gemauerten Kammern gewonnen als Gaskoks und Zechenkoks.

Der Gaskoks ist ein Nebenerzeugnis bei der Herstellung des Leuchtgases aus gasreicher Backkohle und wird meist für Hausbrand verwendet, er ist weniger ausgegast, poröser und weicher als Zechenkoks und brennt leichter. Zechen- oder Hüttenkoks wird in Kokereien aus gasarmen Backkohlen als Haupterzeugnis bereitet. Der Heizwert der wasser- und aschefreien Substanz beträgt 7940 WE. Der Zechenkoks enthält im allgemeinen 7—12% Asche und einen Heizwert von 6300—7300 WE. Da er sehr leicht Wasser aufsaugt, bis 25% und mehr, infolge Regens und

Schnees während der Beförderung und des Lagerns, so kann sein Heizwert auch bedeutend tiefer sinken, bei 22% Wasser und 7% Asche z. B. bis 5450 WE. Das Gewicht eines Kubikmeters Koks beträgt etwa 500 kg; es wird daher ein größerer Lagerraum benötigt. Koksgrieß ist stets wasser- und aschereicher als der stückige Koks, von dem er herstammt. Die Entzündungstemperatur liegt etwa bei 700°, ist also wesentlich höher als die von Steinkohle (350°).

Der Koks verbrennt infolge seiner Armut an Gasen langsamer als Steinkohle bei gleichem Zuge; er muß deshalb unter stärkerem Zuge und in hoher Schicht verbrannt werden; dabei entwickelt er fast die ganze Wärme in der Schicht, die eine hohe Temperatur erhält; das Verschmelzen der Schlacke tritt leicht ein und Mauerwerk wird schnell angegriffen; Rauchfreiheit und günstige Verbrennung sind dagegen leicht zu erzielen. Am leichtesten verfeuert sich Koks in Stücken bis etwa 90 mm herauf, wenn ihm nicht viel Grus beigemengt ist. Hoher Grusgehalt erstickt rasch das Feuer, wenn nicht für besonders starken Zug gesorgt wird. Zweckmäßig ist auch eine Mischung von Koks und Kohle. Auf Wanderrosten[1]) mit vorgebautem Vorschacht für Erhaltung einer hohen glühenden Schicht kann gesiebter Brechkoks von 70 bis 90 mm Körnung und darunter mit etwa 15% Grusgehalt noch vorteilhaft verfeuert werden, wenn man dabei eine Schichthöhe auf dem Roste von 300—500 mm einhält und durch Stauer für dichte Bedeckung des Rostes bis zum Ende sorgt. Im Vorschachte vergast die hohe Brennstoffschicht, und die Gase bestreichen mit langer Flamme die glühende Rostschüttung. Gebrochener Großkoks von 0—70 mm mit viel Grus verlegt die Wanderroste, so daß der Zug zur Unterhaltung des Feuers nicht mehr ausreicht; der Wirkungsgrad sinkt auf sehr niedrige Werte; außerdem bereitet dieser Brechkoks bei der Beförderung und beim Abziehen aus den Bunkern durch Nesterbildung und Einstürzen derselben viele Betriebsschwierigkeiten.

Am leichtesten kann jede Art Koks, selbst Grießkoks und Koksklein, auf leicht schräggelagerten Rosten (bis 18° Neigung) oder auf Planrosten unter Verwendung starken Zuges oder Unterwindes verbrannt werden, bei Schichtdicken bis 300 mm; das Feuer soll möglichst unberührt bleiben und keine Löcher, auch nicht auf dem Schlackenroste, aufweisen. Auch Einblasen von Wasser durch Streudüsen oder feinverteiltem Dampf, am besten durch Gasrohre, die mit abwärtsgerichteten feinen Bohrungen versehen sind, unter den Rost ist sehr vorteilhaft, um die Schlacke mürbe zu erhalten. Der Kohlensäuregehalt hinter dem Roste beträgt meist 10—12%, kann aber ohne Befürchtung für CO-Bildung wesentlich ge-

---

[1]) Z. d. V. d. I. 1918. Versuche von Stober im Rhein.-Westphäl. Elektr.-Werk A.-G., Essen.

steigert werden. Allerdings bleibt in fast allen Fällen der Wirkungsgrad erheblich hinter dem von Steinkohlenfeuerungen zurück; es müßte daher auch der Wärmepreis von Koks ein entsprechend niedriger sein, was heute meist nicht der Fall ist.

Steinkohlenabfall, Grießkohlen, Lösche. Der Zwang zur Verwertung dieser Abfälle ist durch den Krieg vergrößert worden, wenn sie auch schon vorher mit Vorteil an geeigneten, den Gruben naheliegenden, Plätzen ausgenutzt wurden. Alle diese Brennstoffe verlangen engspaltige Roste oder Polygonroste und starken Zug, da sie sich dicht auf den Rost legen. Unterwind, auch solcher mit Dampf gemischt, fördert ihre Verbrennung. Mechanischen Feuerungen bereiten sie Schwierigkeiten, besonders wenn sehr viel staubförmige Bestandteile dabei sind.

Außer diesen Hauptgruppen von Brennstoffen und deren Erzeugnissen werden in besonderen Fällen noch mit Vorteil verbrannt: Torf, Lohe, Holz in Form von Spänen, Rindenabfällen und Stücken sowie Abfälle der Woll- und Papierfabrikation, Stroh, Zuckerrohrabfälle, wie Bagasse und Megasse, u. dgl. mehr.

Holz verlangt bei stärker Sperrigkeit besonders große Schichthöhe, weshalb sich hierfür Schachtfeuerungen und Stufenroste gut bewährt haben.

Ölschiefer, deren Ausbeutung die neueste Zeit viel beschäftigt hat, eignen sich trotz stellenweise genügend hohen Heizwertes (1000 bis 1800 WE bei 3—9 Gewichtsprozenten Ölgehalt) wegen ihres übermäßigen Gehaltes an Unverbrennlichem (bis zu 70%) für die Verfeuerung unter Dampfkesseln im allgemeinen nicht.

Auf die flüssigen Brennstoffe[1]), wie Gas und Teeröle sowie Naphthalin[2]) usw., sei ebenfalls hingewiesen.

Jährliche Kohlenförderung.

Welche gewaltigen Kohlenmengen jährlich aus der Erde gefördert werden, zeigt nachstehende Zahlentafel 24, welche das Gesamterzeugnis der Jahre 1909—1918 darstellt. Es ergab die Summe von 1 082 091 000 Tonnen im Jahre 1909. Deutschland stand mit 20% an dritter Stelle der Staaten, Amerika an erster mit 36,7%.

Wie sich die Förderung Deutschlands seit dem Jahre 1885 entwickelt hat, verdeutlicht die Zahlentafel 26, welche auch Aufschluß über Kohlenein- und -ausfuhr gibt, sowie über den Verbrauch auf den Kopf der Bevölkerung. Im Zeitraume von 25 Jahren, also von 1885—1910, ist die Kohlenförderung Deutschlands auf das Dreifache gestiegen, ein Zeichen

---

[1]) Teichmann und Bross, St. u. E. 1911, Nr. 21 u. 26. — Hausenfelder, St. u. E. 1912, Nr. 19.

[2]) Verkaufsvereinigung für Teererzeugnisse, Essen.

des großen industriellen Aufschwunges. Braunkohle ist mit etwa $^1/_3$ an der Gesamtförderung beteiligt.

Zahlentafel 24.
Kohlenförderung der Welt.

	1909		1910	1911	1913	1915	1916	1917	1918	1919
	Mill. t	%	Millionen t							
Amerika . . .	418,	36,69	455	438,3	518	496	539	594	623	486
Großbritannien	267,9	24,77	268,6	276,2	292	253	256	248	227	223
Deutschland. .	217,4	20,09	222,4	234,5	279	235,1	254	262,4	261,3	210,3
Österreich-Ung.	48,8	3,68	47,9	49,1	53,6	47	40,8	38,3	36,3	
Frankreich . .	37,9	3,51	38,3	39,3	40,9	19,9	21,5	28,9	26,3	21,9
Belgien	23,5	2,18	23,9	23,1	22,8	14,2	17,3	15	13,9	—
Rußland . . .	24,4	2,26	24	—	30,7	27,5	30,8	27,3	—	—
Italien	—	—	0,56	0,56	0,72	0,95	1,3	1,8	—	—
Japan	14,9	1,39	15,7	17,6	21,3	20,5	22,9	26,4	28,	—
Australien. . .	10,4	0,96	12,2	—	15,3	11,2	10,0	—	11	—

Brk. 1912, S. 125.   Glckf. 5. 10. 18.

Eine weitere Zahlentafel, Nr. 25, gibt die Briketterzeugung in den hauptsächlich dafür in Frage kommenden Ländern an. Man sieht, daß

Zahlen-

Kohlenförderung und

Jahr	Förderung von Stein- und Braunkohlen zusammen		Verbrauch von Stein- und Braunkohlen zusammen	Förderung von	
	insgesamt 1000 t	auf den Kopf der Bevölkerung t	1000 t	Steinkohlen	Braunkohlen
				1000 t	
1885	73 676	1,58	70 010	58 320	15 335
1890	89 291	1,81	89 798	70 238	19 053
1895	103 958	2,00	103 339	79 169	24 788
1900	149 788	2,67	147 049	109 290	40 498
1902	150 600	2,61	145 639	107 474	43 126
1904	169 451	2 85	162 575	120 816	48 635
1906	193 537	3,16	186 762	137 118	56 420
1908	215 286	3,42	208 784	147 671	67 615
1910	221 986	3,43	209 628	152 882	69 105
1911	234 259	—	—	160 742	73 517
1912	259 429	—	—	177 090	82 339
1913	278 627	—	—	191 511	87 116
1914	245 482	—	—	161 535	83 947
1915	235 076	—	—	146 712	88 364
1916	—	—	—	157 400	94 350
1917	—	—	—	165 100	95 600
1918	261 256	3,60	—	160 406	100 850
1919	—	—	—	116 500	93 800

Zahlentafel 25.

Briketterzeugung in den hauptsächlichsten Gewinnungsländern in 1000 t.

Jahr	Deutsches Reich insges.	davon Steink.-Brikette	Frankreich	Großbritannien	Belgien	Italien	Österreich-Ungarn	Verein. Staaten von Amerika	Zusammen
1901	9 251		1883		1588	738	196		13 656
1902	9 214		1959		1617	695	254		13 739
1904	11 413		2259		1735	888	305		16 600
1906	14 501		2286	1538	1887	812	404		21 426
1908	18 223	3995	2768	1630	2341	805	446	82	26 295
1910	19 567	4441	3102	1633	2651	924	443	—	32 889
1911	21 828	4991	3344	—	2779	794	458	198	35 981
1912	24 300	5300	—	—	—	—	—	220	—
	Braunkohlenbrikette	Steinkohlenbrikette							
1913	21 418	5824	—	—	—	—	—	—	—
1914	21 449	5949	—	—	—	—	—	—	—
1915	23 540	6393	—	—	—	—	—	—	—
1916	24 040	—	—	—	—	—	—	—	—
1917	22 000	—	—	—	—	—	—	—	—

Glckf. 1912, S. 1852.

tafel 26.

-verbrauch Deutschlands.

Einfuhr Steinkohlen, Koks und Brikette 1000 t	Braunkohlen und Brikette	Ausfuhr Steinkohlen, Koks und Brikette 1000 t	Braunkohlen und Brikette	Am Gesamtverbrauch waren beteiligt Steinkohle %	Braunkohle %
2 573	3651	9 821	68	72,95	27,05
4 639	6531	10 583	80	71,60	28,40
5 744	7218	13 430	150	69,17	30,83
8 121	8044	18 488	416	67,27	32,73
6 938	7932	19 348	482	65,27	34,73
8 077	7746	22 071	628	65,71	34,29
10 072	8529	24 635	741	65,62	34,38
12 500	8720	26 764	958	63,90	36,10
12 122	7569	30 943	1106	63,95	30,05
—	—	35 052	1203	—	—
—	—	40 591	1436	—	—
—	—	—	—	—	—
—	—	—	—	—	—
—	—	—	—	—	—

Jahr	Erzeugung Steinkohlenbrikette	Koks	Braunkohlenbrikette
1913	5824	32 178	21 418
1914	5949	27 325	21 449
1915	6393	26 359	23 540
1918	6500	33 411	25 000

Glckf. 1911, S. 385.

5*

in Deutschland die Braunkohlen-Briketterzeugung etwa 3—4 mal so groß ist als die von Steinkohlenbriketten, und daß Deutschland allein mehr als die Hälfte sämtlicher Brikette der Hauptkulturstaaten liefert.

Die Verteilung des Verbrauches zeigt Zahlentafel 27.

Zahlentafel 27.

Kohlenverteilung 1911—1914 in Deutschland.

	Millionen t
Elektrizitäts-, Gas- und Wasserwerke . . .	12—13
Kokereien und Eisenindustrie	80
Selbstverbrauch des Bergbaues	22
Eisenbahnen	22
Hausbrand	20
1913	210

Wirtsch. u. Technik 1919, S. 19.

Zahlentafel 28.

Kohlenvorräte Deutschlands (geschätzt) auf

	Milliarden t
Steinkohle (bis 2000 m Teufe) hiervon etwa die Hälfte bis 1000 m Teufe	305
Braunkohle	13,4
Torf	0,85

Die vorhandenen Wasserkräfte Deutschlands, voll ausgebaut, könnten jährlich 7,6 Milliarden kWh liefern.

Rechnet man 1 kg Steinkohlen = 0,735 Wasserkraft kWh, so könnten damit jährlich 10,3 Mill. t Steinkohle gespart werden, was etwa 5 % der gesamten jährlichen Kohlenförderung Deutschlands entspräche (umgerechnet auf Steinkohlen). Praktisch könnte davon indes nur ein Bruchteil zur Ausnutzung kommen. Ausgenutzt sind bis jetzt etwa 618 000 PS.

b) Wärmepreis und Dampfpreis.

Forderung 2 (S. 2) besagte, daß bei dem Entwurf einer Kesselhausanlage eine sorgfältige Auswahl unter den zur Verfügung stehenden Brennstoffen zu treffen ist. Entscheidend dafür ist der Wärmepreis W. Dieser berechnet sich in Pfennigen für 100 000 WE aus

$$W = \frac{P \cdot 10000}{H} = \frac{\text{Kohlenmenge} \cdot P}{\text{Erzeugte WE}}, \quad \ldots \ldots \text{36)}$$

wobei H den Heizwert in Wärmeeinheiten für 1 kg Brennstoff bedeutet und P den Preis für 1000 kg Brennstoff in Mark frei Kesselhaus.

In ähnlicher Weise drückt sich der durch den Kohlenaufwand bedingte Dampfpreis aus, allerdings ohne Rücksicht auf die sonstigen Kesselhausunkosten (vgl. Abschnitt 34).

$$\text{Preis für 1000 kg Dampf} = \frac{P \cdot \lambda}{H \cdot \eta} = \frac{W \cdot \lambda}{10000 \cdot \eta} = \frac{P \cdot \text{Kohlenmenge}}{\text{Erzeugter Dampf}} \cdot \text{37)}$$

Hierin bedeutet:

$P =$ Kosten für 1000 kg Kohlen frei Kesselhaus in Mark.

$\lambda =$ die für 1 kg erzeugten Dampfes wirklich aufgewendete Wärmemenge in WE $= i'' - t_e + \ddot{u}$ (vgl. Formel 72, S. 176).

$H =$ Heizwert in Wärmeeinheiten.

$\eta =$ Kesselwirkungsgrad $0 < \eta < 1$.

Es können dabei folgende Wirkungsgrade für die verschiedenen Anstrengungsgrade zugrunde gelegt werden, falls η nicht schon durch einen Heizversuch bekannt sein sollte.

Zahlentafel 29.

Kesselbeanspruchung kg/m²/st	7,5	10	15	20	25	30	35	
Wirkungsgrad η %	76	75	73	70	66	64	60	Kessel allein
Wirkungsgrad η %	—	83	81	78	74	72	70	Kessel mit Überhitzer und Vorwärmer.

Die Durchschnittspreise ab Werk verschiedener Brennstoffe sind in nachstehender Zahlentafel 30 wiedergegeben; nur Wärmepreis und Ortspreis müssen für jeden Einzelfall und jeden Ort wegen der Verschiedenheit der Frachtkosten besonders bestimmt werden.

Zahlentafel 30[1]).

Kohlenpreise frei Eisenbahnwagen ab Werk einschl. Kohlen- und Umsatzsteuer, Herbst 1921.

Westfälische Fettförderkohlen	320—330	M./t
Westfälische Stück- u. Nußkohlen	330—360	,,
Gießerei- und Brechkoks	344—394	,,
Steinkohlenbrikette	375—379	,,
Belgische Nußkohle	100—126	Fr./t
Rhein. Förderbraunkohlen	36	,,
Rhein. Braunkohlenbrikette	158	,,
Oberbayr. Pechkohle	350—360	,,
Braunkohlengeneratorteer	90	M./100 kg
Rohparaffin	250—255	,,
Paraffinöl	190—200	,,
Braunkohlenteerpech, hart	35—40	,,
Gasöl, mineralisches	160—170	,,
Bauholz, Fichte, Tanne	600—650	M./cbm

c) Verbrennungserscheinungen der Kohle[2]).

Die Bestandteile der Kohlen sind hauptsächlich: Kohlenstoff, Wasserstoff, Sauerstoff, Stickstoff, kleine Mengen Schwefel, Asche und

---

[1]) Z. d. V. d. I. 1921, S. 661, 732.

[2]) Vgl. auch Z. d. V. d. I. 1916, S. 102: Nusselt, Verbrennung und Vergasung der Kohlen auf dem Roste; und 1917: S. 721. Loschge; 1917, S. 266: Aufhäuser.

Wasser. Bei dem Verbrennen der Kohle erfolgen zwei Vorgänge nebeneinander: eine trockene Destillation bzw. eine Vergasung sowie eine Verbrennung der festen Bestandteile.

Die bei der Entgasung entstehenden Gase und Dämpfe verbrennen unter Flammenbildung. In den dickeren Brennstoffschichten wird in der Hauptsache Kohlenoxyd CO gebildet; außerdem entstehen noch Kohlenwasserstoffe, wie Äthylen C_2H_4 und Methan CH_4 sowie freier Wasserstoff H und einige andere Gase in geringerer Menge, wie schweflige Säure SO_2 usw. Die Gase verbrennen ohne Zwischenstufe zu Kohlensäure und Wasser; nur das Äthylen und die hochwertigen Kohlenwasserstoffe zeigen ein anderes Verhalten. Das Äthylen zerfällt bei höherer Temperatur leicht und wird durch die eigene Verbrennungswärme in Methan CH_4 und Kohlenstoff C zerlegt, nach der Beziehung $C_2H_4 = CH_4 + C$. Der in fester Form ausgeschiedene Kohlenstoff bleibt in feiner Verteilung in der Flamme und bewirkt das Leuchten, wenn er mit genügender Luftmenge verbrennen kann. Ist hingegen der Luftzutritt beschränkt, oder wird die Flamme durch Berühren mit kälteren Wänden abgekühlt, so findet sofort eine für das Auge sichtbare Ausscheidung des Kohlenstoffes als Ruß statt, ein Übelstand. der besonders bei Wasserrohrkesseln und Verwendung von gasreichen Kohlen sehr stark ist, weil hier die im Feuerraum sich bildende Flamme sofort mit den großen, stark abkühlenden Flächen der Rohrreihen in Berührung kommt.

Die Verbrennung der festen Kohlenbestandteile erfolgt hauptsächlich zu CO_2 bzw. zu CO, wobei das letztere beim Zusammentreffen mit Luft noch zu Kohlensäure verbrennt; die Kohlensäure wird zum Teil beim Auftreffen auf feste Kohlenteilchen wieder zu CO reduziert und verbrennt dann wieder zu CO_2. Kohlenstoff kann ohne vorhergehende Vergasung zu CO überhaupt nicht zu CO_2 verbrannt werden. Die Verbrennung des Kohlenstoffes liefert um so mehr CO, je höher die Brennstoffschicht und die Temperatur ist (Generator); um so mehr CO_2, je niedriger die Brennstoffschicht und die Temperatur sowie je stärker der Druck der zugeführten Verbrennungsluft ist (Unterwind). Die höchste Temperatur von 2700° wird rechnungsgemäß erzeugt bei Verbrennung zu CO_2 mit dem gerade erforderlichen Sauerstoffgehalte. Ist nun Luftüberschuß vorhanden, so sinkt die Temperatur, und zwar bei doppelter Luftmenge auf etwa 1400°, ebenso wird die Temperatur niedriger bei Luftmangel, weil dann CO erzeugt wird, das ja selbst noch weiter verbrennen kann; wird nur Kohlenoxyd gebildet, so erzielt man rechnungsgemäß eine Temperatur von 1500°. Zwischen diesen Werten bewegen sich alle erreichbaren Verbrennungstemperaturen. Naturgemäß sind die bei den Feuerungen wirklich erhaltenen Temperaturen infolge der Abkühlung und Wärmeabgabe an die Umgebung sowie der Störungen beim Verbrennungsvorgange nicht so hoch wie oben angegeben (vgl.

Abschnitt 11), doch soll man stets bemüht bleiben, bei Anordnung der
Feuerung durch geeignete, hinreichende Luftzuführung sowie Mischung
der Gase und Luft unter Vorbeistreichen an glühenden Schamotteschich-
ten sich dem Zustande der vollkommenen Verbrennung zu CO_2 zu nähern.
Es sind indes keine sichtbaren Merkmale vorhanden, ob die Verbrennung
der festen Bestandteile mit zuwenig oder zuviel Luft vor sich gegangen ist.

Eingehende Untersuchungen haben ergeben, daß der Gehalt der
Kohlen an flüchtigen Bestandteilen von wesentlichem Einflusse
auf den Heizwert ist, und zwar besitzen die Kohlen, deren Gehalt an flüchtigen Bestandteilen in den Grenzen von 16—23% liegt, bezogen auf die
brennbaren Bestandteile, d. h. auf wasser- und aschefreie Kohle, den höchsten Heizwert; dabei gelten als flüchtige Bestandteile die Gase, welche
beim Verkoken des Brennstoffes entstehen, sowie die gasförmigen Anteile
des Teeres und des Peches. Diese flüchtigen Bestandteile finden sich
nun in verschiedener Menge bei den verschiedenen Kohlensorten. Untersuchungen[1]) von Constam und Schläpfer zeigen, daß der Heizwert,
der aus den verschiedenen Kohlensorten erzeugten Koks immer etwa
8050 WE für 1 kg beträgt, während die Verbrennungswärme der Gewichts-
einheit der flüchtigen Bestandteile mit der zunehmenden Menge derselben abnimmt. So haben dieselben bei einem Gewichtsgehalte der was-
ser- und aschefreien Kohlen an flüchtigen Bestandteilen von etwa 6%
einen Heizwert von etwa 16 000 WE für 1 kg flüchtiger Bestandteile,
bei einem Gewichtsgehalte von 20% etwa 10 500 WE, dagegen bei einem
Gehalte von 40% nur noch 8000 WE. Diese Zusammenhänge gelten für
vollkommene Verbrennung der Kohlen, wie sie bei der chemischen Untersuchung abläuft, d. h. mit reichlich vorhandener Verbrennungsluft.

Wie sich bei den technischen Feuerungen im Zusammen-
spiel von Verbrennung und Luftbedarf die Vorgänge abwickeln,
sei nachstehend besprochen.

Man hat mehrere Möglichkeiten, den Verbrennungsvorgang auf dem
Roste zu führen: 1. die Heizgase, Verbrennungsluft und die entstehenden
Kohlenwasserstoffe werden zusammengemischt und gleichzeitig ver-
brannt; 2. die gebildeten Kohlenwasserstoffe werden einem Gemische von
Luft und Heizgasen zugeführt oder umgekehrt.

Der erste Fall umfaßt die Vorgänge auf dem gewöhnlichen Planroste bei Handbeschickung oder bei selbsttätiger Beschickung durch
Wurffeuerungen. Auf die möglichst gleichmäßig hoch gehaltene glühende
Kohlenschicht gelangt in kurzen Pausen, je kürzer desto besser, eine
dünne Brennstoffschicht, die zu vergasen beginnt. Die erforderliche
Verbrennungsluft muß für zwei Vorgänge beschafft werden: 1. für Verbrennung der festen Kohlen auf dem Roste und 2. für Verbrennung der
flüchtigen, vergasten Bestandteile über dem Roste.

[1]) Z. d. V. d. I. 1919, S. 1836 ff.

Der erste Betrag bleibt zwischen zwei Beschickungen ziemlich gleich hoch, der zweite wechselt stark; sofort nach dem Aufwerfen tritt eine schnelle Vergasung ein, um so stärker, je gasreicher die Kohlen sind. Die Ausbildung des Feuerraumes ist dabei von wesentlichem Einflusse. Umgeben wärmespeichernde Mauern den Rost, welche die Hitze zurückstrahlen, so wird die Vergasung beschleunigt und der Luftbedarf der flüchtigen Bestandteile gesteigert; er fällt aber rasch ab. Bilden dagegen wärmeentziehende Kesselheizflächen einen Teil des Feuerraumes, so wird durch die Wärmeabstrahlung die Feuerraumtemperatur erniedrigt, die Entgasung verzögert und der Luftbedarf verteilt sich auf längere Zeit. Die Luftzuführung ist aber umgekehrt wie der wirkliche Bedarf, nämlich zuerst nach der Beschickung infolge der höheren Rostschicht gering, dann mit fortschreitender Verbrennung und Lockerung der Schicht langsam zunehmend. Es fällt daher Luftbedarf und Luftmangel zeitlich zusammen, Bildung von Ruß und unverbrannten Gasen tritt deshalb leicht ein. Bleibt die Rostbeanspruchung in niedrigen Grenzen, so kann bei Handbeschickung, auch selbst bei gasreichen Kohlen, ziemlich rauchschwach gearbeitet werden. Bei höherer Rostanstrengung ist dies nicht mehr möglich. Helfend können dann Einrichtungen wirken, welche selbsttätig für kurze Zeit nach der Beschickung Oberluft in abnehmender, regelbarer Menge einführen, entweder vorn über der Feuertür oder hinten durch die Feuerbrücke hindurch; es kann auch damit in Verbindung ein Dampfschleier über dem Roste angewendet werden; dabei muß die Einführung dieser Zusatzluft in den Feuerraum in günstiger Richtung und so frühzeitig erfolgen, daß eine gute Mischung mit den brennbaren Gasen bewirkt wird.

Bei gut geleitetem Vorgange wird man mit dem 1,1—1,3fachen der theoretisch erforderlichen Luftmenge auskommen. Es wird dabei um so günstiger gearbeitet, je gleichmäßiger die Körnung des Brennstoffes ist und die Höhe der Schlichtung desselben auf dem Roste. Erforderlich ist ferner ein gleichmäßiger Luftdurchtritt durch den Rost; es dürfen nicht einzelne Teile vorn oder hinten gewissermaßen im Windschatten liegen, eine Forderung, die nicht bei allen Feuerungen, besonders nicht bei Unterwindfeuerungen, erfüllt ist, weil oft Leerbrennen einzelner Stellen und Haufenbildung an anderen infolge ungleichmäßiger Luftführung eintritt. Mangel an Luft an einzelnen Roststellen, die dann nicht hinreichend gekühlt werden, erzeugt leicht Anbrennen der Schlacke an den Roststäben und Bildung von Schlackenkuchen. Eine Zusammenschnürung der Flamme, ehe sie kalte Heizflächen berührt, wirkt stets sehr günstig auf die gute Mischung und Verbrennung ein.

Der zweite Fall tritt bei den Feuerungen auf, wo der Brennstoff über den Rost wandert (Kettenroste, Abb. 30, Düsseldorfer Sparfeuerung, Unterschubfeuerungen) sowie den Schüttfeuerungen (Abb. 5).

Hierbei vergast auf dem vordersten bzw. obersten Teile des Rostes der Brennstoff **unter geringer Luftzufuhr**, so daß CO und schwere Kohlenwasserstoffe sich bilden, die nicht an der Entstehungsstelle verbrennen, sondern durch Herüberziehen des Gewölbes über den anderen Teil des Rostes geleitet werden, wo die entgaste Kohle unter hoher Temperatur verbrennt und die Mischung erfolgt; demnach hat die Luftzuführung hauptsächlich erst unter dem Verbrennungsrost zu erfolgen. Im übrigen gilt das gleiche wie bei den Planrosten.

Man kann diese Vorgänge beobachten, wenn man bei einem gut gebauten Schrägroste oben durch die Nachstoßöffnungen schräg den Rost entlang sieht; auf dem oberen Rostteile, der dunkel ist, sieht man Qualm und Dämpfe aufsteigen, auf dem unteren bemerkt man das helle Feuer, das, wenn eine gute Verbrennung eingetreten ist, hell und klar aussehen muß. Der gleiche Vorgang spielt sich bei dem vielfach bei kleineren Planrosten angewendeten Kopfheizen ab, einem Verfahren, bei dem vorn auf der Schürplatte der Brennstoff aufgehäuft wird und zum Vergasen gelangt. Nach einiger Zeit wird diese entgaste Kohle hintergeschoben und verteilt und vorn frische aufgeschüttet usw.; doch läßt sich bei dieser Arbeitsweise ein rauchfreies Arbeiten bei gasreichen Kohlen nicht immer erzielen, weil beim Aufgeben und Zurückschieben der Kohle rasche Gasentwicklung, Luftmangel und Rauchbildung entsteht. Sehr wichtig ist in allen Fällen eine gute Mischung aller Gase und Luft an einer durch herabgezogene Gewölbe verengten Stelle der Feuerung. Ähnlich liegt der Fall bei den Muldenrostfeuerungen (Abb. 3 und 4), bei denen durch seitlich angeordnete hohe Füllschächte die Kohle auf den muldenförmigen Rost rutscht; in den Füllschächten vergast die Kohle unter Luftmangel und erzeugt dabei Kohlenwasserstoffe und CO usw. Die vergasten Kohlen verbrennen dann auf dem Roste, und diese Verbrennungsgase mischen sich über dem Roste mit nachträglich eingeführter Luft in einer ausgemauerten Verbrennungskammer und setzen die aus den Füllschächten ausströmenden Gase in Brand. Die Verbrennung ist eine vorzügliche.

d) Zusammensetzung der Brennstoffe.

Von Bedeutung für **das Verhalten der Kohlen** und ihre Eigentümlichkeit ist ihr Alter sowie ihre verschiedene Zusammensetzung. Die Zahlentafel 31 gibt die mittlere **Zusammensetzung der wasser- und aschefreien Brennstoffe ihrem Alter nach** geordnet in Gewichtsteilen an (nach **Schwackhöfer**).

Mit zunehmendem Alter der Kohlen vermindern sich der Sauerstoff und der Wasserstoff in höherem Maße als der Kohlenstoff; es entstehen nämlich bei der Vermoderung bzw. Kohlenbildung Kohlensäure (CO_2) und Methan (CH_4), Gase, die größtenteils entweichen, außerdem bildet sich Wasser. Bei diesem Vorgange, der unter Luftabschluß vor sich geht, nimmt der Sauerstoff bedeutend mehr ab als der Wasserstoff und der Kohlenstoff, die Kohle wird also kohlenstoffreicher und wasserstoffärmer und ärmer an Sauerstoff, deshalb wird sie auch schwerer entzündbar und schwerer brennbar.

Je wasserstoffreicher ein Brennstoff ist, desto leichtflüssiger und gasbildender ist er; er nähert sich den Eigenschaften des Wasserstoffes; je wasserstoffärmer er ist, desto schlechter kann er destilliert (verdampft) werden; jede Erwärmung führt zu völliger Zersetzung; er nähert sich den Eigenschaften des reinen Kohlenstoffs.

Zahlentafel 31.

Zusammensetzung der wasser- und aschefreien Brennstoffe nach ihrem Alter.

Brennstoff	Kohlenstoff %	Wasserstoff %	Sauerstoff %	Heizwert der Reinsubstanz WE
Holzfaser	50	6,3	43,7	4500
Jüngerer Torf (Fasertorf)	54	6	40	}6500
Älterer Torf (Specktorf)	60	6	34	
Lignit (holzartige Braunkohle) . .	62	6	32	
Gemeine Braunkohle	70	5,5	24,5	6600
Fette Steinkohle	80	5	15	}7700—8500
Magere Steinkohle	88	4	8	
Anthrazit	95	2	3	8400

Zahlen-

Zusammensetzung verschiedener

Kohlenstoff	Kohlenstoff %	Wasserstoff %
Sächsische Steinkohlen	63—76	3,5—5,5
Niederschlesische } Oberschlesische } Steinkohlen	68—76	3,5—4,8
Saarkohlen	65—80	4,0—5,2
Westfälische Kohlen	73—83	3,5—5,0
Englische und schottische Steinkohlen	69—81	4,0—5,0
Oberbayrische Kohlen	45—58	3,5—5,0
Böhmische Steinkohlen	55—70	3,0—4,5
Anthrazit	84—92	3,5—4,8
Steinkohlenbrikette	74—84	3,5—4,5
Koks, lufttrocken	80—90	0,5—1,5
Lohe, naß, gepreßt	17—20	2,0—2,5
Torf, gepreßt	38—49	3,0—4,5
Holz, lufttrocken	35—45	3,0—5,0
Braunkohle (deutsche)	28—33	2,0—4,0
Böhmische Braunkohle	46—56	3,5—5,0
Braunkohlenbrikette	49—56	4,0—4,8

In Zahlentafel 32 sind die hauptsächlichsten Brennstoffe Deutschlands und einiger benachbarter Staaten zusammengestellt mit den Grenzwerten der einzelnen Bestandteile und der Heizwerte. Bei Steinkohlen beträgt je nach dem Alter und der Herkunft der Kohlenstoff ungefähr 63—92% vom Gewicht, bei den Braunkohlen etwa 28—56; der Wasserstoff bewegt sich in den Grenzen von 1—5%, der Sauerstoff und Stickstoffgehalt etwa zwischen 1% bei Koks bis 42% bei Holz. Der Wassergehalt ist bei Steinkohlen nur gering, etwa 2% bis höchstens 15%, während er bei Braunkohlen bis etwa 57% betragen kann. Schwefel kommt nur in geringen Mengen vor bei den meisten Kohlensorten, kann jedoch, wenn er in größeren Mengen vorhanden ist, besonders an undichten Stellen der Kessel, durch Bilden von schwefliger Säure zur Anfressung des Kessels Anlaß geben. Der Heizwert (bezogen auf Wasserdampf) der Steinkohle bewegt sich im Durchschnitt zwischen 6000—8000 WE, derjenige der deutschen Braunkohlen zwischen 2100—3200 WE; böhmische Braunkohlen und deutsche Brikette sind etwa gleichwertig und haben einen Heizwert von etwa 4500—5200 WE.

Zur ungefähren Beurteilung des Heizwertes dient der Gehalt von Wasser und Asche. Je größer die Summe dieser beiden ist, desto niedriger ist der Heizwert der Kohlen.

tafel 32.

Brennstoffe in Gewichtsteilen.

Sauerstoff (+ Stickstoff) %	Schwefel %	Wasser %	Asche %	Heizwert (bezogen auf Wasserdampf) WE
7—10	0,3—2,0	5—15	2—8	6000—7000
8—10	0,5—1,8	2—6	4—14	6300—7300
7—11	0,5—2,0	1—6	3—7	6300—7600
4—11	0,5—1,5	1—4	2—9	7200—7900
5—11	0,5—2,5	1—10	2,5—10	6400—7600
10—17	1,0—5,5	8—14	12—24	4100—5400
8—13	0,7—2,0	2—14	6—16	5500—6800
2—5	0,5—1,5	0,8—3,5	3—7	7500—8000
3—7	0,7—1,5	1—4,5	5—9	7400—7800
1,5—5,0	0,5—1,5	1—5	5—12	6600—7400
14—16	—	60—64	1—2	1300—1400
19—28	0,2—1	16—29	1—9	3000—4800
34—42	—	7—22	0,3—3	3400—4100
6—15	0,2—2	42—57	2—11	2100—2900
9—16	0,2—3	18—32	2—10	4000—5400
15—23	0,2—4	10—18	5—15	4500—5100

Der untere Heizwert für 1 kg Brennstoff in WE (bezogen auf Wasserdampf) kann ziemlich genau nach der „Verbandsformel" berechnet
werden:

$$h_\mu = 8\,100\,C + 29\,000\left(H - \frac{O}{8}\right) + 2500\,S - 600\,W\,.$$

$C,\ H,\ O,\ S,\ W$ (vgl. S. 90) sind in Kilogramm für 1 kg Brennstoff
einzusetzen.

Für gasförmige Brennstoffe ergibt sich ohne Berücksichtigung des
Wasserdampfgehaltes der Frischgase der untere Heizwert in WE/m³
bei $^0/_{760}$ zu:

$$h_\mu = 2580\,\dot{H}_2 + 3050\,CO + 8530\,CH_4 + 14\,050\,C_2H_4 + 13\,500\,C_2H_2\,,$$

wenn die Einzelbestandteile in Kubikmeter je 1 m³ Gas gemessen sind.

Es seien in Zahlentafel 33 die oberen Heizwerte, bezogen auf
flüssiges Wasser, einiger Stoffe angeführt.

Zahlentafel 33.

Heizwerte h jür 1 kg Brennstoff.

(Die Werte der Tafel sind obere Heizwerte, d. h. sie beziehen sich auf
flüssiges Wasser.)

	WE		WE
Äther	8 900	Masut (Petroleumrückst.)	10 500
Alkohol	7 100	Methan	13 250
Anilin	8 800	Naphthalin	9 700
Benzol	10 000	Petroleum	11 000
Blei	260	Phosphor (P zu P_2O_5) . .	5 950
Braunkohlenteeröl	10 000	Rüböl, Olivenöl, Leinöl .	9 300
Chlormethyl	3 200	Schießpulver	700—800
Eisen (Fe zu FeO)	1 260	Schwefel (S zu SO_2) . .	2 220
„ (Fe zu Fe_3O_4) . . .	1 680	Schwefelkohlenstoff . . .	3 400
„ (Fe zu Fe_2O_3)	1 890	Schwefelwasserstoff . . .	2 740
Glyzerin	4 300	Silizium (Si zu SiO_2) . .	7 830
Holz	4 100	Talg	8 370
Holzgeist	5 300	Terpentinöl	10 850
Kohlenstoff (C zu CO_2) . .	8 140	Wachs	9 000
„ (C zu CO) . .	2 440	Zellulose	4 200
Kupfer (Cu zu CuO) . . .	590	Zink (Zn zu ZnO)	1 300

Hütte, 20. Auflage.

Aus den Grenzwerten der Einzelbestandteile der Brennstoffe nach
Zahlentafel 32 kann man für die verschiedenen Gruppen je einen Brennstoff mittlerer Zusammensetzung bilden; dies ist in Zahlentafel 34
geschehen, und zwar in den ersten acht Spalten. Diese Werte kann man
als Grundlage bei sehr vielen Rechnungen verwenden, wenn nur die

Herkunft der Kohle, nicht aber ihre genaue Zusammensetzung bekannt ist.

In dieser Zahlentafel sind unter Spalte 9—13 noch eine Anzahl Werte berechnet, die von großer Wichtigkeit für die feuerungstechnischen Vorgänge sind; es sind dies der Luftbedarf der Brennstoffe (S. 89), die beim Verbrennen erzeugte Gasmenge (S. 92) und der bei vollkommener Verbrennung ohne Luftüberschuß auftretende höchste Kohlensäuregehalt (S. 104). Angefügt ist in Spalte 15 noch das Gewicht der Verbrennungsgase.

Es bestehen annähernd verhältnismäßige Beziehungen zwischen dem Kohlenstoffgehalte der Kohlen und dem Heizwerte, weil ja der entscheidendste Bestandteil der Kohlenstoff ist.

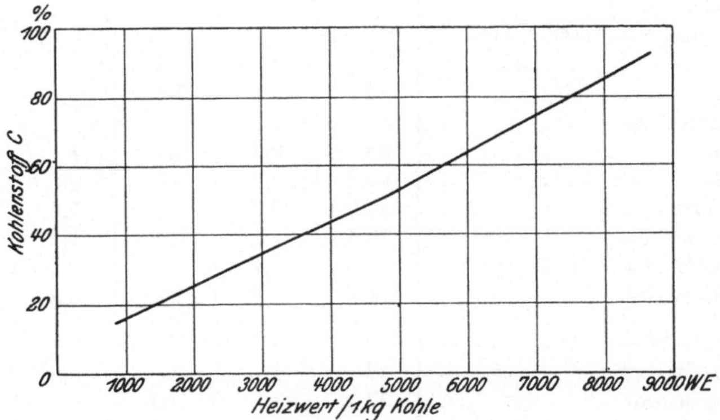

Abb. 11. Beziehungen zwischen Kohlenstoffgehalt und Heizwert der Brennstoffe.

In vorstehendem Schaubilde 11 sind diese Verhältnisse zur Darstellung gekommen. Kennt man von einer Kohlensorte den Heizwert, so kann man mit Hilfe dieses Schaubildes auf den C-Gehalt schließen und für viele Zwecke genügend genaue Rechnungen über die Gasmengen anstellen. (Vgl. auch Abb. 8, S. 35).

e) Flüssige Brennstoffe.

Sie dienen hauptsächlich zum Betriebe von Verbrennungskraftmaschinen; bisweilen jedoch werden Teeröle, Naphthalin usw. auch zur Beheizung von Dampfkesseln und industriellen Öfen benutzt (Zahlent. 34a).

f) Gasförmige Brennstoffe.

Für einige gasförmige Brennstoffe seien nachstehend in Zahlentafel 34b die wichtigsten Daten aufgeführt.

Zahlen-
Mittlere Zusammensetzung der Brenn-

1	2	3	4	5	6	7
	Gewichtshundertteile					
Brennstoff	C	H_2	$O_2 + N_2$[1])	S	Wasser	A (Asche)
	%	%	%	%	%	%
Oberbayerische Kohlen (Peißenberg, Hausham)	53	4	12	5	9	17
Sächsische Steinkohlen	70	4	9	1	9	7
Oberschlesische } Niederschlesische } Steinkohlen } Saarkohlen . . . . }	73	4,5	10	1	3,8	7,7
Westfälische Kohlen	79	4,5	7	1	2,5	6
Englische und schottische Steinkohlen	75	4,5	8	1	5,5	6
Anthrazit	86	3,5	3,5	1	2	4
Koks, lufttrocken	84	1	3	1	3	8
„ naß.	68	0,4	2,6	1	21	7
Zechenkoks, lufttrocken.	88,4	0,5	1,6	0,6	0,7	8,2
Gaskoks, lufttrocken	86,9	0,6	1,8	0,6	1,0	9,1
Steinkohlenbrikette	79,4	4,3	6,0	1,1	1,3	7,9
Koksaschebrikette mit Teerpech als Bindemittel	71,6	1,6	3,4	0,8	9,4	13,2
Holz, lufttrocken.	40	4,5	37	—	16	1,5
Torf, gepreßt	43	4	24	0,5	23	5,5
Torf, lufttrocken	37,8	3,8	19,6	0,4	26,4	12,0
Lohe, gepreßt	19	2,2	15	—	62	1,8
Junge deutsche Braunkohlen . .	23,4	2,2	9,1	—	61,6	3,7
Ältere deutsche Braunkohlen . .	31	3	10	1	48	7
Deutsche } Braunkohlen } Revier West, Halle . .	31	2,8	9,6	1,3	49,0	6,3
Revier Zeitz	29	2,7	7,5	1,3	53,0	6,5
Bitterfelder Braunkohlen	30	2,3	9,5	1	50,9	6,3
Lausitzer Braunkohlen	25,5	2,4	11,5	1,3	49,1	10,2
Kölner Braunkohlen	24,6	1,9	10,7	1	59	2,8
Unterfränkische Braunkohlen . .	23,3	2,1	8,8	1	62	2,8
Oberpfälzische Braunkohlen . . .	21,8	1,8	9,6	1	53,8	12,0
Böhmische Braunkohlen	52	4,2	13	1	24	6
Böhmische nässere Braunkohlen .	47,2	4,1	9,1	—	32,1	7,5
Böhmische Klarkohlen	37,3	2,9	10,1	1	41,4	7,3
Sächsische Braunkohlenbrikette .	53	4,5	18	1	15	8,5
Rheinische Braunkohlenbrikette .	55	4,1	21,4	0,4	13,5	5,6
Lausitzer Braunkohlenbrikette .	55,1	4,4	23,1	0,4	11,6	5,4

[1]) Dabei ist N = 1,0% gesetzt.

Es ist nach S. 89 u. 92: $L = v L_o$ in m³ oder

$$G_o = (1 + L_o) - A \text{ in kg} \qquad G = G_0 + (v - 1) L_0$$
$$G = (1 + v L_o) - A \text{ in kg,} \qquad \text{in kg oder m}^3.$$

Man kann auch A als für das Endergebnis unwesentlich fortlassen.

tafel 34.

stoffe, Luftbedarf und Gasmengen.

8	9	10	11	12	13	14	15
Heizwert (bezogen auf Wasserdampf)	Luftbedarf L_0 ohne Überschuß		Erzeugte Gasmenge G_0 ohne Luftüberschuß			Höchster Kohlensäuregehalt $(k_s)_m$	kg Gewicht eines m³ Verbrennungsgases mit Wasserdampf
	in kg	in m³ v. 15° u. 736 mm	in kg	in m³ $^0/_{760}$	in m³ $^0/_{760}$ trockene Gase		
WE			mit Wasserdampf			% CO_2	$^0/_{760}$
5200	7,16	6,05	8,00	5,85	5,34	18,5	1,370
6500	9,17	7,66	10,10	7,41	6,85	18,9	1,362
6900	9,65	8,15	10,58	7,83	7,28	18,85	1,350
7500	10,35	8,75	11,29	8,34	7,80	18,75	1,353
7100	9,88	8,3	10,82	7,99	7,42	18,83	1,354
7800	11,0	9,25	11,94	8,72	8,31	19,25	1,370
7000	9,9	8,35	10,82	7,77	7,62	20,50	1,393
5450	7,99	6,74	8,92	6,42	6,11	20,70	1,39
7250	10,33	8,72	11,25	7,99	7,93	20,65	1,41
7170	10,21	8,61	11,13	7,91	7,82	20,62	1,40
7630	10,34	8,82	11,26	8,26	7,76	18,85	1,36
6100	8,73	7,36	9,60	6,89	6,60	20,00	1,39
3500	4,58	3,86	5,56	4,25	3,55	20,9	1,308
3800	5,35	4,50	6,30	4,78	4,05	19,8	1,317
3450	4,87	4,11	5,75	4,17	3,43	19,15	1,38
1300	2,30	1,94	3,28	2,76	1,75	20,1	1,190
1850	3,05	2,58	4,01	3,24	2,85	20,60	1,235
2600	4,32	3,65	5,14	4,07	3,15	18,25	1,27
2800	4,21	3,56	5,15	3,92	3,00	—	1,315
2500	3,99	3,37	4,93	3,93	2,96	18,35	1,26
2470	3,92	3,31	4,86	3,69	3,30	19,05	1,31
2230	3,36	2,84	4,26	3,23	2,88	—	1,32
1950	3,10	2,62	4,07	3,15	2,92	19,60	1,29
1820	3,10	2,62	4,07	3,21	2,85	—	1,27
1660	2,80	2,36	3,68	2,85	2,61	19,45	1,29
4800	6,95	5,82	7,89	5,97	5,20	18,60	1,32
4430	6,51	5,50	7,45	5,59	4,59	—	1,33
3380	4,94	4,17	5,87	4,39	3,83	18,80	1,33
4800	6,90	5,82	7,82	5,90	5,21	18,70	1,325
4890	6,83	5,77	7,77	5,54	5,05	—	1,40
4860	6,90	5,82	7,85	5,56	5,03	—	1,41

Zahlen-

Flüssige

Brennstoff	Spez. Gewicht bei 15° kg/dm²	Siedegrenze °	Zusammen-		
			C %	H_2 %	O_2+N_2 %
Automobilbenzin	0,70—0,705	50—110	85,1	14,9	—
Petroleum	—	150—300	85,3	14,1	0,6
Gasöl	—	300—360	85—87	12—13	0,0—1,4
Leichtöl (Benzol) C_6H_6 . .	0,91—0,95	bis 170	91,5	7,8	—
Teeröl für Dieselmotoren .	1,0 —1,1	—	90	7	—
Helles Paraffin	0,85—0,88	189—300	86,3	11,2	1,7
Spiritus, rein $C_2H_5(OH)$.	—	—	52,1	13,1	34,8

Zahlen-

Gasförmige

	Zusammensetzung				
	brennbar				nicht
	CO %	H_2 %	CH_4 %	CnHm %	CO_2 %
Leuchtgas	4—11	45—50	30—43	3—6	1—3
Koksofengas	7—10	49—55	27—32	2—4	1—3
Generatorgas aus Steinkohle	22	13	2	—	6
„ „ Koks	23	14	1	—	7
„ „ Braunkohlenbriketten	29	12	2	—	4
Generatorg. a. niederrhein. Rohbraunkohle	23,3	11,9	1,4	—	9,3
„ „ „Braunkohlenbriketten	30,0	10,1	2,0	—	3,7
„ „ „Torf	15,0	10,0	4,0	—	14,0
Gichtgas	31,2	2,4	—	—	7,5

Zahlentafel 34a und 34b nach Seufert: Verbrennungslehre und Feuerungstechnik 1921, zusammengestellt.

6. Die Feuerungen.

Es soll kurz auf die einzelnen Feuerungsarten eingegangen werden,
ohne indes Konstruktionseinzelheiten zu berühren, weil in der Literatur[1])
und in den Fachzeitschriften[2]) hinreichend solche zu finden sind. Um eine

---

[1]) Haier, Dampfkesselfeuerungen.
[2]) Ztschr. d. Bayer. Rev.-V.; Ztschr. f. Dampfk. u. M.; Z. d. V. d. I.; Feuerungstechnik usw.

tafel 34 a.

Brennstoffe.

setzung		Unterer Heiz-wert WE	Theoret. Luft-bedarf L_0 in kg ohne Überschuß für 1 kg	Erzeugte Gas-menge G_0 in kg ohne Luftüber-schuß mit Wasserdampf für 1 kg	Höchster Kohlensäure-gehalt $(k_s)_m$	Spez. Gewicht der Ver-brennungsgase mit Wasser-dampf kg/m³
S %	H₂O %					
—	—	10 160	14,9	15,9	14,9	1,30
—	—	10 500	—	—	—	—
0,2—0,6	—	9 800—10 200	—	—	—	—
0,5	—	9 600	13,2	14,2	17,6	1,34
0,3—0,7	bis 1,0	8 800— 9 200	10,0	11,0	17,7	1,34
0,8	—	9 800	—	—	—	—
		100% 6360 95% 6010 90% 5660 80% 4970				

tafel 34b.

Brennstoffe.

brennbar		Spez. Gewicht bei °/₇₆₀	Unterer Heizwert	L_0 Theoret. Luftbedarf	Verbrennungsgase		
					G_0 Theoret. Ver-brennungsgas-menge ohne Luftüberschuß	Höchster Kohlensäure-gehalt $(k_s)_m$	Spez. Gewicht der Ver-brennungsgase
N₂ %	O₂ %	kg/m³	WE/m³	kg/m³	kg/m³	%	kg/m³
1—6	0—1,5	0,5	5000	7	7,5	11	1,2
2—6	—	0,5	4000—5000	6	6,5	11	1,2
57	—	1,13	1176	1,33	2,46	17,9	1,33
56	—	1,14	1148	1,27	2,40	18,9	1,33
53	—	1,13	1365	1,52	2,66	19,1	1,29
54	0,1	1,17	1136	1,27	2,43	20,6	1,35
53,9	0,3	1,16	1346	1,48	2,63	19,8	1,35
57	—	1,22	1058	1,27	2,50	19,8	1,35
58,9	—	1,28	1014	1,04	2,32	24,1	1,36

Übersicht über das große Vielerlei der Konstruktionen, die eine Unsumme von ganz ähnlichen Ausführungen mit fast nur verschiedenenNamen dar-stellen, sich zu verschaffen, kann man zwei Wege beschreiten: Man ordnet nach der Bauweise oder nach den Brennstoffen. Es soll der letztere Weg eingeschlagen werden, da er vom Stoffe ausgeht, der ja die Bedingungen für seine Verarbeitung in sich trägt und daher Rost und Feuerung bestimmt. Denn es ist von vornherein klar, daß z. B. zwei so verschiedene Brennstoffe wie stückige, hochwertige Steinkohle und erdige Braunkohle oder Koks und Holz ganz verschiedene Ausführungsarten der Feuerung bedingen.

A. Steinkohlenfeuerungen.

I. Handfeuerungen

als Vor-, Unter- oder Innenfeuerung.

1. Planroste mit natürlichem Zug

aller Art, mit glatten, gekrümmten oder polygonartigen Roststäben
oder Rostplatten, die mit Löchern versehen sind, oder auch wassergekühlten Hohlroststäben, eignen sich für alle Kohlensorten (auch unter
Umständen für minderwertige Braunkohlen) und alle festen Brennstoffe
in allen Stückgrößen und Sortierungen, ebenso für Brikette, Koks,

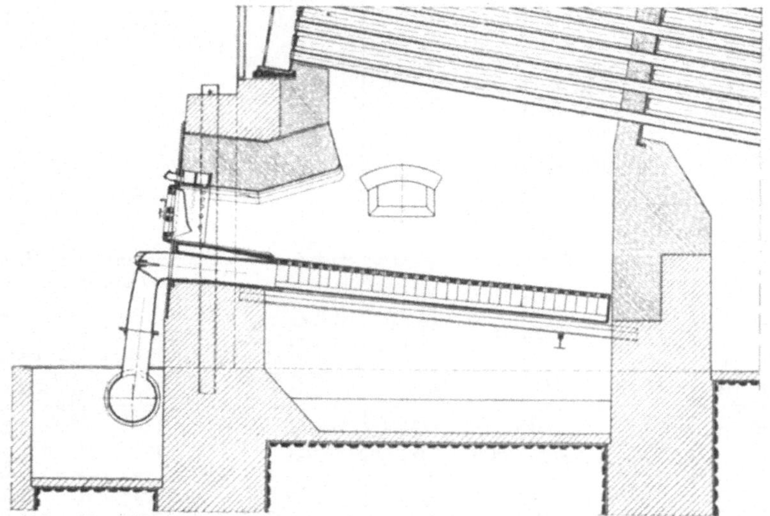

Abb. 12. Unterwindfeuerung für einen Wasserrohrkessel, Längsschnitt.

Abfallkohlen, Holz, Torf und sonstige brennbare Abfälle; die Verbrennung erfolgt gleichmäßig auf der ganzen Rostfläche (vgl. S. 72).

Durch Einrichtungen zur Einführung von Oberluft, die selbsttätig
nach jeder Beschickung eine der verbrannten Kohlensorte angemessene
Luftmenge von vorn oder durch die Feuerbrücke zubringen, können die
Verbrennungsvorgänge verbessert und besonders bei gasreichen Kohlen
die Rauch- und Rußentwicklung wesentlich eingeschränkt werden. Oberluft kann auch in Verbindung mit Dampfschleier zugeführt werden.

2. Planroste mit Unterwind-Dampfgebläse oder künstlichem Zuge.

Sie gestatten ebenfalls alle Kohlenarten und -sorten zu verbrennen
unter erhöhter Leistung; man verwendet sie hauptsächlich mit Vorteil
zur Verfeuerung von Koks, Koksabfällen, Steinkohlengrus, Lösche und
Abfallkohlen, auch unter Beimengung von Braunkohlen, sowie von stark

backenden Kohlen unter Dampfzusatz in den Windstrom. (Vgl. Abb. 12 und 13.) Den Druck des Unterwindes regelt man dann so, daß über dem Roste atmosphärischer Druck herrscht oder 1 bis 2 mm Unterdruck. Zu starker Unterwind befördert die lästige Flugkoksbildung, die zu erheblichen Verlusten Anlaß gibt. Der Einbau besonderer Feuerbrücken, der sogenannten Feuerstauer schafft wesentliche Erleichterung, weil an ihnen der Flugkoks anprallt und verbrennt. Das unerwünschte Lufteinsaugen durch undichte Mauerwerkstellen wird dann auf das geringste Maß beschränkt. Dampfstrahlgebläse sind des hohen Eigendampfverbrauches wegen (bis 7%) nur als Notbehelf zu betrachten. Da-

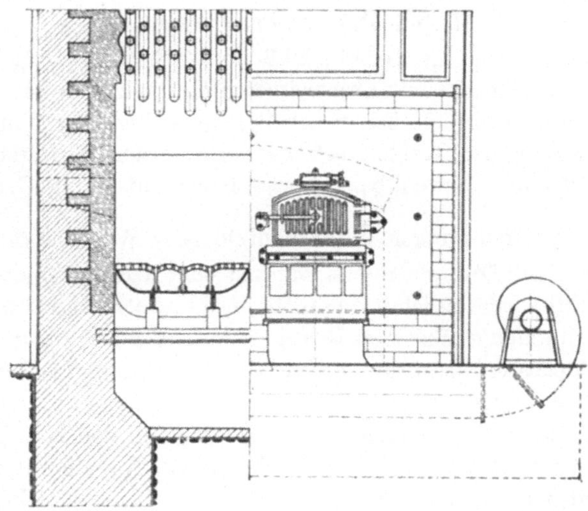

Abb. 13. Unterwindfeuerung für einen Wasserrohrkessel, Querschnitt.

gegen bewirkt Einblasen geringer Dampfmengen zur Verbrennungsluft eine Lockerung der Schlacke besonders bei Koks. Die Rostleistung kann bis etwa 250—300 kg/m² gesteigert werden.

3. Feststehende Schrägroste, sog. Tenbrinkfeuerungen,

können als Innenfeuerungen in besonderen Tenbrinkvorlagen oder als Unterfeuerungen bei Quersiedern oder Batterie- und Wasserrohrkesseln Verwendung finden. Sie bestehen im oberen Teile aus Kohletrichter mit Vergasungsplatte und daran anschließenden, schräg gelagerten Roststäben, die oben geringeren Luftzutritt haben als weiter abwärts. Das Ende der Roststäbe ist nach unten abgebogen. Die Kohle rutscht selbsttätig entsprechend der fortschreitenden Verbrennung nach und verbrennt hauptsächlich auf dem unteren. Rostteile. Am Ende bildet sich ein Schlackenhaufen als Verschluß des Rostes. Beim Abschlacken, das von

Hand geschieht, muß dieser Schlackenverschluß stets gewahrt bleiben. Die sich bildenden Gase werden durch die Vorlage gezwungen, nach oben über die glühende Kohlenschicht hinweg zu streichen, wodurch eine gute Verbrennung gewährleistet wird.

Die Tenbrinkroste sind gebunden an gesiebte und sortierte Stein- oder hochwertige Braunkohlen von Grieß- bis Stückgröße von 100 mm mit wenig Feingehalt. In allen Fällen findet durch ihren Einbau eine hohe vorteilhafte Wärmestrahlung an die den Rost umgebenden Heizflächen statt (vgl. Abschnitt 11 und 15a).

II. Selbsttätige Feuerungen

sind sämtlich geeignet für Grieß-, Nuß- und Stückkohlen bis etwa 120 bis 150 mm Stückgröße mit Grusbeimengung, wobei zu bemerken ist, daß die Feuerungen um so besser arbeiten, je weniger Grus und trockener Staub sich in den Kohlen befindet. Böhmische Braunkohlen und Brikette sind auch verwendbar, ebenso Koks mit wenig Grieß.

1. Wurffeuerungen mit Schaufeln oder Wurfrädern

in Verbindung mit feststehendem Planrost oder leicht geneigtem Roste. Der Brennstoff wird ähnlich wie von Hand in abwechselnd verschiedener Wurfweite und Menge über den Rost gestreut. Die Verbrennung erfolgt wie beim Planroste. Wurffeuerungen aller Art können als Innen-, Vor- und Unterfeuerungen arbeiten.

Backende Kohlen verlangen öfteres Nachhelfen von Hand, wodurch Rauchbildung veranlaßt wird; das gleiche gilt für Kohlen mit viel Rückständen und schmierender Schlackenbildung. Bei gasreichen Kohlen muß dauernd Oberluft in geringen Mengen zugegeben werden, wofür Einrichtungen vorhanden sein sollen.

2. Vorschubfeuerungen[1]).

a) Wanderroste oder Kettenroste (s. Abb. 30).

Der Rost besteht aus gelenkartig gefaßten, nebeneinander aufgereihten kurzen Roststäben, die als geschlossenes Band über zwei Kettenwalzen langsam und in der Geschwindigkeit verstellbar umlaufen; der Brennstoff wird in einem Trichter vorn zugeführt und vom Roste mitgenommen; er brennt langsam auf dem Wege bis hinten ab, staut sich an einem festen oder beweglichen Wehre und fällt als Asche oder Schlacke hinten vom Roste herunter. Man hat drei Brennzonen zu unterscheiden: auf dem vordersten Drittel wird die frische Kohle angewärmt, entzündet und vergast, der Luftbedarf ist noch ein geringer; auf dem zweiten Teile verbrennen die entstandenen Gase, die Temperatur steigt stark an, der

---

[1]) Verfeuern minderwertiger Brennstoffe auf Wanderrosten. Z. d. V. d. I. 1920, S. 277/327.

Luftbedarf ist ein sehr hoher und kann nicht immer entsprechend gedeckt werden. Hier muß dann Oberluftzuführung eintreten. Auf dem letzten Drittel brennen die festen Bestandteile aus, und der Luftbedarf sinkt wesentlich; da aber infolge der fortgeschrittenen und zuletzt beendeten Verbrennung die Rostbedeckung immer dünner wird, ist der Lufteintritt umgekehrt zum Bedarfe ein hoher, und es muß durch passende Staueinrichtung für eine Anhäufung der Schlackenschicht gesorgt werden, wenn nicht die Wirtschaftlichkeit der Verbrennung beeinträchtigt werden soll.

Je gleichmäßiger die Körnung und Sortierung des Brennstoffes ist, gleichgültig ob Steinkohlen oder hochwertige Braunkohlen, desto besser. Stück-, Würfel-, Nuß- und Grießkohlen lassen sich alle gut verfeuern, ebenso Brikette in kleiner Form; ganz feiner Brennstoff fällt leicht bei der Rostbewegung zwischen den Roststäben hindurch. Koks kann in Stücken bis etwa 100 mm bei noch etwa 15% Grusgehalt vorteilhaft in Schichthöhen bis 350 mm bei hinreichendem Zuge verbrannt werden, ebenso $^3/_4$ Koksgrieß und $^1/_4$ Steinkohle mit Ölbrenner vorn am Zündgewölbe; für Brechkoks mit viel Grus dagegen versagt der Rost (vgl. S. 64), ebenso für Rohbraunkohlen und Holz.

Gasreichtum der Kohlen ist für rauchschwachen Betrieb kein Hindernis, weil ja bei der langsamen Vorbewegung des Rostes eine allmähliche Vergasung eintritt; dagegen können gasarme, anthrazitähnliche Kohlen, besonders gegen das Ende des Rostweges hin, wo das Ausbrennen der Schicht leicht offene Stellen schafft, zu Luftüberschuß, daher größerem Abwärmeverlust, Veranlassung geben. Fließende Schlacke ist unvorteilhaft, da sie gern die Rostspalten versetzt.

Die Wanderroste können als Vor- und Unterfeuerungen verwendet werden. Unterwind kann angewandt werden, doch muß man dafür sorgen, daß der letzte Teil des Rostes möglich wenig Zusatzluft erhält.

b) Feuerungen mit hin und her gehenden, wagerecht liegenden Roststäben.

Der ebene Rost besteht aus einzelnen mit Absätzen versehenen Stäben, die sich in der Längsrichtung langsam hin und her bewegen; und zwar werden alle Stäbe gleichzeitig durch eine Daumenwelle nach hinten geschoben; dabei wird der Brennstoff, welcher aus einem Trichter durch Schieber in gleichbleibender, regelbarer Menge zugeführt wird, nach hinten um ein kleines Stück (etwa 70 mm) mitgenommen; der Rückgang der Stäbe erfolgt getrennt, erst für die ungeraden Stabnummern, dann für die geraden; dabei bleibt die Kohlenschicht in ihrer Lage.

Für den Verbrennungsvorgang und die Luftzuführung gilt etwa das gleiche wie für den Wanderrost. Die Schlacken- und Aschenrückstände werden nach hinten über den Rost fortgeschoben.

Es lassen sich stückige Kohlen bis etwa 80—100 mm, unsortierte Förderkohlen, ebenso Nuß- und Grießkohlen verfeuern. Gasreiche Stein- und hochwertige Braunkohlen eignen sich besser wie gasarme Kohlen. Kohlen, die festbrennende Schlacken auf dem Roste bilden, ebenso magere, nicht sinternde und anthrazitartige Sorten können nicht gut Verwendung finden, weil die Schicht schlecht zusammenhält und kleine Stückchen zwischen den Stäben durchrieseln. Fließende Schlacken verschmieren den Rost leicht, sind daher unvorteilhaft.

3. Unterschubfeuerungen.

Der frische Brennstoff wird durch einen Kolbenschieber oder durch eine Schnecke in einer oben offenen, in der Mittelachse des Rostes gelagerten Mulde in gleichmäßigem Strome unter die brennende Kohlenschicht geschoben. Zu beiden Seiten der Mulde fließt die Kohle über die dachförmig geneigte Rostbahn herab. Der Rost besteht aus übereinandergelegten Platten mit Abständen, die nach der Seite zu kleiner werden, oder aus nebeneinandergelegten Stäben. In der Rostmitte über der Mulde ist die dickste Schicht; die entstehenden Gase nehmen hier ihren Weg durch die Schicht ebenso wie die Verbrennungsluft. An dieser Stelle ist der Luftbedarf der größte, die natürliche Luftzufuhr dagegen am kleinsten; deshalb wird durch besondere Luftöffnungen zu beiden Längsseiten der Mulde Verbrennungsluft durch Unterwind zugeführt. Nach den Seiten zu nimmt bei fortschreitender Verbrennung der Luftbedarf ab; infolge der abnehmenden Schichtdicke aber steigt die Luftzufuhr, ähnlich wie beim Wanderrost im hinteren Teile. Die Asche und Schlacke sammelt sich zu beiden Rostseiten an und muß von Hand entfernt werden; deshalb sind aschereiche Kohlen nicht erwünscht. Stark backende Kohlen erschweren den Betrieb. Es kann jede Steinkohlensortierung in beliebiger Mischung mit Grus rauchschwach und wirtschaftlich verbrannt werden, ebenso Brikette und hochwertige Braunkohlen.

Die Feuerung wird als Unter- und Innenfeuerung ausgeführt in Verbindung mit Unterwind.

4. Mechanisch bewegte Schrägroste.

Sie verfolgen den Zweck, die Brennstoffzuführung von der Rostneigung und den Eigenheiten der Kohlen unabhängig zu machen. Deshalb werden die Kohlen durch besondere, hinundhergehende Schieber oder Taschenwalzen in abgemessener, regelbarer Menge dem schrägen Roste von oben zugeführt. Der Rost selbst besteht aus beweglich gelagerten Längsstäben oder stufenartigen Stäben, die sich gegeneinander bewegen, um ein Anbacken der Schlacken zu verhindern, und ein gleichmäßiges Herabbewegen der Kohlen zu bewirken.

Steinkohlen in jeder Sortierung und Größe, ebenso hochwertige Braunkohlen können verfeuert werden, doch machen stark backende Kohlen oder solche mit stark fließenden Schlacken Schwierigkeiten.

Diese meist aus Amerika stammenden Feuerungen haben in Deutschland bisher wenig Verbreitung gefunden.

5. Kohlenstaubfeuerungen.

Die Kohle wird in trockenem, fein vermahlenem Zustande durch Walzen, Bürsten, Schnecken u. dgl. der Feuerung zugeführt und durch den natürlichen Zug eingesogen oder vermittels Druckluft in den Verbrennungsraum geblasen. Sie verbrennt schwebend im Luftstrome. Die meisten Ausführungen verzichten daher auf einen besonderen Rost.

Als Bedingungen einer möglichst vollkommenen Verbrennung haben folgende zu gelten:

Der Verbrennungsraum muß dauernd eine genügend hohe Temperatur besitzen, daher mit Schamotte ausgekleidet sein. Kohlenstaub und Verbrennungsluft müssen beide innig gemischt in ununterbrochenem Strome in den Feuerraum eingeführt werden.

Die Verbrennung der Kohlenteilchen soll im Schweben erfolgen, denn zu Boden gesunken, lagert sich der Kohlenstaub so dicht, daß eine richtige Verbrennung nicht mehr stattfindet.

Erforderlich ist für eine gute Arbeitsweise daher ein gleichmäßig fein vermahlener Staub.

Die Feuerungen haben verhältnismäßig wenig Eingang gefunden, weil ein besonderes Vermahlen der Kohle teuer und unwirtschaftlich ist. Ihre Verwendung beschränkt sich daher meist auf Zementdrehöfen und auf solche nahe den Gruben belegene Plätze, wo staubförmiger Steinkohlenabfall billig zu haben ist. Aber selbst dieser wird meist günstiger in der Brikettherstellung Verwertung finden können.

B. Braunkohlenfeuerungen.

Alle Braunkohlenfeuerungen sind selbsttätig arbeitend mit ununterbrochener Kohlenzuführung. Es kann jegliche Art minderwertigen und mittleren Brennstoffes bis etwa herauf zu 5000 WE/kg einschließlich Braunkohlenbrikette auf ihnen verfeuert werden, gleichgültig in welcher Sortierung, ob in Stücken oder als Förderkohle; ebenso können Holzabfälle, Sägespäne, Lohe, Torf, Lederabfälle, Papierabfälle, Zuckerrohrabfälle, wie Bagasse und Megasse, usw. Verwertung finden.

1. Schrägrostfeuerungen mit festliegenden, wagerechten Stufen oder mit Roststäben.

Die ganze Rostebene liegt schräg, etwa in der Neigung des Schüttwinkels der Brennstoffe, verstellbar zwischen 15 und 28°. Unterhalb des schrägen Teiles ist ein kurzer, wagerechter Schlackenrost eingebaut, der herausziehbar oder umkippbar ist, damit die Schlackenstücke, die sich auf ihm anhäufen, entfernt werden können. Auf dem obersten Teile des Rostes sind einige Vergasungsplatten den Stufen oder Stäben vor-gelagert. Über den Rost zieht sich von oben herab ein schräges Gewölbe, das zur Gasführung dient und in den Verbrennungsraum überleitet (vgl. Abb. 5 und 26).

Der Brennstoff wird von Hand oder selbsttätig oben in den Trichter gebracht, rutscht, dem Verbrande entsprechend, in seiner ganzen Masse allmählich auf der schrägen Bahn herab und kommt ausgebrannt sich anhäufend auf dem kurzen Planroste an. Auf den obersten Platten des Rostes wird der Brennstoff angewärmt, vorgetrocknet, entzündet und langsam vergast. Der Luftbedarf ist hier gering; auf den Stufen oder Stäben schreitet die Verbrennung fort; es entsteht eine hohe Tempe-ratur, und die vom oberen Teile über die hochglühende Schicht streichen-den Gase werden entzündet und verbrannt (vgl. Abschnitt 5c). Die hierfür erforderliche, ziemlich hohe Verbrennungsluftmenge tritt durch die Rostspalten ein, durchstreicht die glühende Schicht und mischt sich mit den Gasen. Je weiter die Kohle nach unten rutscht, desto mehr brennt sie aus, die Schicht wird dünner, der Lufteintritt größer, während der Luftbedarf abnimmt; es muß daher, um zu starken Luftüberschuß zu vermeiden, für eine Anhäufung der Schlackenschicht auf dem Plan-roste und dem untersten Teile des Schrägrostes gesorgt werden, was sich auch leicht erreichen läßt. Leere Stellen darf der Rost nicht aufweisen; durch Nachstoßen mit dem Schüreisen muß im Bedarfsfalle nachgeholfen werden; an den Seiten, wo das glühende Mauerwerk an den Rost stößt, ist die Verbrennung lebhafter. Im allgemeinen ist die Luftzuführung auf dem ganzen Roste so, wie es der Bedarf erfordert. Backen die Kohlen zusammen oder bilden sie fließende Schlacken, so verarbeiten sie sich schwerer, ebenso wie sehr staubige, trockene Kohlen.

Die Schrägroste können bei allen Kesselbauarten als Vor- und Unter-feuerungen eingebaut werden.

Der Muldenrost (vgl. Abb. 3 und 4, S. 11) stellt eine Abart der Schüttfeuerung dar. Die Kohle wird durch seitlich angeordnete Füll-schächte auf den muldenförmigen Rost zugeführt. In den Füllschächten beginnt infolge der Wärmeabgabe der Gaskammergewölbe die Vortrock-nung und Vergasung unter Luftmangel, während die ausgegasten Koh-len selbst auf dem Roste unter nachträglicher Luftzuführung verbrennen und die aus den Füllschächten ausströmenden Gase entzünden. Die Luftzufuhr wird durch die Feuertür und besondere Öffnungen, die durch das Gewölbe, in die Verbrennungskammer einführen und die Luft stark vorgewärmt einlassen, geregelt. Die Rostleistung kann bis etwa 350 kg/m²/st gesteigert werden. Steinkohlen und Koks lassen sich auf Schräg- und Muldenrosten nicht verbrennen.

2. Schrägroste mit mechanisch bewegten Stufen oder Stäben.

Sie bedeuten gegenüber den festliegenden Rosten bei Braunkohlen, die zum Anbacken neigen, eine Verbesserung und erleichtern das gleichmäßige Nachrutschen der Kohlenschicht. Es werden je nachdem einzelne Stufen oder Stäbe, oder auch der ganze Rost mechanisch bewegt.

7. Die Verbrennungsluftmenge.

a) Die Verbrennungsluftmenge ohne Luftüberschuß L_0, berechnet aus der Zusammensetzung des Brennstoffs bei vollkommener Verbrennung.

Mit Hilfe der im Abschnitt 2 entwickelten Beziehungen kann also der Sauerstoffbedarf eines Kilogramm (Kubikmeter) Brennstoffes, der aus den Einzelbestandteilen C, H, S, O, N in Kilogramm (Kubikmeter) besteht, berechnet werden, unter Berücksichtigung, daß der bereits in der Kohle vorhandene Sauerstoff abzuziehen ist:

$$\text{Sauerstoffbedarf kg} = 2{,}667\,C + 8\,H + S - O$$

nach den Angaben aus Zahlentafel 3, Spalte 4; oder da 0,232 kg Sauerstoff in 1 kg Luft enthalten sind, wird der Luftbedarf eines Kilogramm Brennstoffes in Kilogramm:

$$L_{0\,\text{kg}} = \frac{2{,}667\,C + 8\,H + S - O}{0{,}232}, \quad \ldots \ldots \ldots 38)$$

bezogen auf trockene Luft. Da 1 m³ trockene Luft bei 0° und 760 mm ein Gewicht von 1,293 kg besitzt, so errechnet sich der Luftbedarf in Kubikmetern $^0/_{760}$ zu:

$$L_{0\,\text{m}^3\,^0/_{760}} = \frac{2{,}667\,C + 8\,H + S - O}{0{,}30}, \quad \ldots \ldots 38\text{a})$$

oder wenn man die Luftmenge für 15° und 1 at = 736 mm ermittelt, wie sie ja ungefähr den wirklichen Verhältnissen entspricht, ergibt sich der Luftbedarf in Kubikmetern zu:

$$L_{0\,\text{m}^3\,^{15}/_{736}} = \frac{2{,}667\,C + 8\,H + S - O}{0{,}275} \quad \ldots \ldots 38\text{b})$$

in Kubikmetern von 15° und 736 mm; bei $v$fachem Luftüberschusse ist dann die wirklich verbrauchte Luftmenge:

$$L = v\,L_0 \quad \ldots \ldots \ldots \ldots \ldots 38\text{c})$$

Alles gilt unter der Voraussetzung, daß wirklich aller Brennstoff zum Verbrennen gelangt, sonst ist für den Teil der Kohle, der mit den Herdrückständen unverbrannt abgeht, ein entsprechender Abschlag zu machen; es wäre dann, wenn die Asche für 1 kg Brennstoff C_a kg Kohlenstoff,

H_a kg Wasserstoff, S_a kg Schwefel, O_a kg Sauerstoff enthält, in die Formel einzusetzen $(C - C_a)$ an Stelle von C, usw. Außerdem ist **vollkommene Verbrennung** vorausgesetzt. In Wirklichkeit liegen auch die Verhältnisse so, daß vollkommene Verbrennung der Kohle zu CO_2 und H_2O fast nie auftritt, und wenn ja, dann nur während kurzer Zeiträume; bei Handfeuerung immer erst, nachdem die frisch aufgeworfene Kohle den Vergasungszustand durchgemacht hat und dann auch nur bei schwächer angestrengten Rosten. Wo der Kesselbetrieb angestrengt zu arbeiten hat, werden sich fast immer kleinere Beträge von nicht vollkommen verbrannten Gasen finden, und zwar in erster Linie Kohlenoxyd CO und dann Methan CH_4, auch geringe Mengen schwerer Kohlenwasserstoffe. Es wird also die Ermittlung des Luftbedarfes eine Änderung zu erfahren haben, ebenso wie die Berechnung des Luftüberschusses. Dazu bleibt nur der Weg über die genaue Gasbestimmung bzw., wenn man die Verhältnisse einigermaßen genau kennt, die Schätzung.

Beispiel 7. Für eine deutsche Braunkohle von

$$C = 29,0\%;\ H = 2,7\%;\ O + N = 7,5\%;\ S = 1,3\%;\ \text{Wasser} = 53,0\%;$$
$$\text{Asche} = 6,5\%,\ \text{wobei}\ N = 1,0\ \text{sei,}$$

ergibt sich die erforderliche Verbrennungsluftmenge in Kilogramm für 1 kg Kohle zu

$$L_{0\,\text{kg}} = \frac{2,667 \cdot 0,29 + 8 \cdot 0,027 + 0,013 - 0,065}{0,232} = \textbf{3,99 kg}$$

und der Luftbedarf in Kubikmetern von $15°$ und 1 at für 1 kg Kohle zu

$$L_{0\,\text{m}^3} = \frac{2,667 \cdot 0,29 + 8 \cdot 0,027 + 0,013 - 0,065}{0,275} = \textbf{3,37 m}^3;$$

mit $v = 1,4$ z. B. ergibt sich eine wirklich verbrauchte Luftmenge von $L = 1,4 \cdot 3,99 = 5,6$ kg bzw. 4,72 m³.

b) Die Verbrennungsluftmenge mit Luftüberschuß L, berechnet aus der Gasuntersuchung, auch bei unvollkommener Verbrennung.

Es sei mit Hilfe des Orsatapparates mit Verbrennungskapillare, oder auf andere Art, eine genaue Gaszusammensetzung aufgestellt worden.

Die trockenen Rauchgase enthalten in Raumhundertteilen:

Kohlensäure	k_1	Wasserstoff	h
Schweflige Säure	so_2	Stickstoff	n
Kohlenoxyd	k_2	Sauerstoff	o
Methan	ch_4	Kohlenstoff des Rußes für 1 m³ in Gramm	R

Der Brennstoff enthalte für 1 kg in Gewichtshundertteilen:

Kohlenstoff . . . . C Stickstoff . . . . N
Wasserstoff . . . . H Schwefel . . . . S
Sauerstoff . . . . O

In der Asche seien enthalten in 1 kg ursprünglichem Brennstoff in Gewichtshundertteilen:

Kohlenstoff . . . . C_a Stickstoff . . . . N
Wasserstoff . . . . H_a Schwefel . . . . S_a
Sauerstoff . . . . O_a

Es gehen also von dem ursprünglichen Brennstoffe gewisse Beträge ab, so daß der wirklich verfeuerte Brennstoff enthält, auf 1 kg ursprüngliche Kohle gerechnet, in Gewichtshundertteilen:

Kohlenstoff . . . $C - C_a = C'$ Stickstoff . . . . $N - N_a = N'$
Wasserstoff . . . $H - H_a = H'$ Schwefel . . . . $S - S_a = S'$
Sauerstoff . . . . $O - O_a = O'$
Ferner bedeute $K = 1{,}865\ C$.

Dann ergibt sich die **tatsächlich verbrauchte** trockene Verbrennungsluft für 1 kg auf das Feuer gelangten Brennstoffs, bezogen auf $0°$ und 760 mm, wenn die Luft 20,9 Raumteile Sauerstoff und 79,1 Teile Stickstoff enthält, genau gerechnet[1]) zu:

$$L_{\mathrm{m^3\ ^0/_{760}}} = \frac{100}{79{,}1}\left(\frac{C'}{0{,}536\left(k_1 + k_2 + ch_4 + \dfrac{R}{5{,}36}\right)} \cdot \frac{n}{100} - \frac{N'}{100 \cdot s_n} \right),\quad 39)$$

darin bedeutet $s_n = 1{,}25$ das spezifische Gewicht von Stickstoff; und es ist die schweflige Säure, die ja zugleich mit der CO_2 ermittelt wird und so gering ist bei gewöhnlichem Schwefelgehalte, daß sie CO_2 praktisch nicht beeinflußt, in CO_2 enthalten.

Je nachdem, wie weit man die Gasbestimmung ausgedehnt hat, werden die Werte dafür in die genaue Formel eingesetzt, und man nähert sich also mit der Genauigkeit der Untersuchung auch der wirklich verbrauchten Luftmenge. Die Formel dient auch als Grundlage für die Berechnung des Luftüberschusses (§ 9).

Beispiel 8: Es sei z. B. verbrannt worden eine Ruhrkohle von

C = 81,32 Gewichtsteilen;   Wasser = 2,38 Gewichtsteilen;
H = 4,34 „ O = 3,76 „
Asche = 5,71 „ N = 1,52 „

es blieben zurück in den Herdrückständen nach Untersuchung 28,46 % C.

---

1) Hassenstein, Z. f. Dampfk. u. M. 1910, S. 313 ff.

Die Gasprobe ergab:

$$k_1 = 11{,}30 \text{ Raumteile}, \qquad n = 80{,}33 \text{ Raumteile},$$
$$k_2 = 1{,}01 \qquad ,, \qquad\qquad R = 1{,}2 \text{ gr/m}^3.$$
$$O = 7{,}36 \qquad ,,$$

Demnach wird $C' = 81{,}32 - 0{,}057 \cdot 28{,}46 = 79{,}70$ Gewichtsteile; N sei $= N'$ gesetzt.

Verbrauchte Luftmenge

$$L_{\text{m}^3\,^0/_{760}} = \frac{100}{79{,}1} \left(\frac{79{,}70}{0{,}536 \left(11{,}30 + 1{,}01 + \dfrac{1\cdot 2}{5{,}36} \right)} \cdot \frac{80{,}33}{100} - \frac{1{,}52}{100\cdot 1{,}25} \right)$$
$$= 1{,}265\,(11{,}85 \cdot 0{,}8033 - 0{,}012) = \mathbf{12{,}03\ m^3}.$$

Der Luftüberschuß war dabei nach S. 103

$$v = 0{,}235 \cdot \frac{80{,}33}{11{,}30 + 1{,}01 + \dfrac{1{,}2}{5{,}36}} = \mathbf{1{,}50\,fach.}$$

8. Die Verbrennungsgasmenge in Kilogramm und Kubikmetern.

a) Vollkommene Verbrennung.

Die Berechnung der Verbrennungsgasmenge führt man am besten nach der im allgemeinen Teile 2 b angegebenen Rechnungsweise aus bzw. nach der Aufstellung auf S. 28, falls die Zusammensetzung des betreffenden Brennstoffes bekannt ist; für viele in Betracht kommende Fälle der Praxis ermittelt man sie genau genug unter Zugründelegung mittlerer Kohlensorten nach Zahlentafel 34, in welcher sich die Verbrennungsgasmengen, in Kilogramm und Kubikmetern bezogen auf 1 kg Kohle, ohne Luftüberschuß finden.

Bei vollkommener Verbrennung von 1 kg Brennstoff mit L_0 kg Verbrennungsluft entsteht ein Verbrennungsgasgewicht gleich der aufgenommenen Luftmenge L_0, vermehrt um 1 kg Kohle, abzüglich dem Aschegewicht A für 1 kg Brennstoff, also:

$$G_{0\,\text{kg}} = (1 + L_0) - A \text{ ohne Luftüberschuß} \quad \ldots \ldots \quad 40)$$

und

$$G_{\text{kg}} = (1 + v L_0) - A \text{ mit } v\text{fachem Luftüberschusse} \quad . \quad 40\text{a})$$

Man kann auch A als unwesentlich für die meisten Brennstoffe fortlassen.

Setzt man aus Gl. 38) die Werte für $L_{0\,\text{kg}}$ ein, so ergibt sich

$$G_{\text{kg}} = v \cdot \frac{2{,}667\,C + 8\,H + S - O}{0{,}232} + 1 \quad . \quad . \quad . \quad . \quad 40\text{b})$$

als die wirklich entstandene Gasmenge mit Luftüberschuß. Also für das Beispiel auf S. 90 ist

$$G_0 = 1 + 3{,}99 - 0{,}065 = 4{,}93 \text{ kg für 1 kg Kohle.}$$

Die bei Verbrennung von 1 kg Brennstoff entstehende theoretische Verbrennungsgasmenge ergibt sich mit Hilfe folgender Überlegung nach Zahlentafel 3, Spalte 6 und 10:

> 1 kg Kohlenstoff C benötigt zur Verbrennung 11,50 kg Luft
> und erzeugt 12,50 kg Gase,
> 1 kg Wasserstoff H benötigt zur Verbrennung 34,48 kg Luft
> und erzeugt 35,48 kg Gase,
> 1 kg Schwefel S benötigt zur Verbrennung 4,31 kg Luft
> und erzeugt 5,31 kg Gase.

Demnach wird die **theoretische Verbrennungsgasmenge in Kilogramm** ohne Luftüberschuß

$$G_{0\,\mathrm{kg}} = 12{,}5\,C + 35{,}48\left(H - \frac{0}{8}\right) + 5{,}31\,S + W + N, \quad \ldots 41)$$

wenn in 1 kg Kohle enthalten sind C kg Kohlenstoff, H kg Wasserstoff usw. Bei Rechnungen mit Kohle pflegt man N und O zusammenzufassen und als O zu behandeln, ohne einen wesentlichen Fehler zu begehen. (N = 1,0 gesetzt.)

Aus der gleichen Überlegung (vgl. Zahlentafel 3, Spalte 11) folgt die **theoretische Verbrennungsgasmenge in Kubikmetern** $^0/_{760}$ von 1 kg Brennstoff, ohne Luftüberschuß

$$G_{0\,\mathrm{m^3}} = 8{,}88\,C + 32{,}28\left(H - \frac{0}{8}\right) + 1{,}243\,W + 0{,}797\,N, \quad \ldots 41\text{a})$$

und die wirklich erzeugte Gasmenge mit Luftüberschuß v

$$G = G_0 + (v - 1)\,L_0 \text{ in Kilogramm bzw. Kubikmetern}, \quad \ldots 41\text{b})$$

für eine Temperatur von t° ist dann entsprechend

$$G_t = G_{\mathrm{m^3}} \cdot \frac{273 + t}{273}.$$

Im Betriebe kommt der Verbrennungsvorgang mit der gerade zur vollkommenen theoretischen Verbrennung erforderlichen Luftmenge nicht vor, sondern es zieht stets mehr Luft durch die Feuerung; es wird mit „Luftüberschuß" gearbeitet.

Unter Benutzung einer Gasuntersuchung verfährt man dann zwecks Ermittlung der wirklichen Verbrennungsgasmenge folgendermaßen:

Nach S. 24 verbrennt 1 kg Kohlenstoff mit 1,865 m³ Sauerstoff zu 1,865 m³ Kohlensäure, also ergeben C kg Kohlenstoff dementsprechend $1,865 \cdot C \ \mathrm{m}^3$ Kohlensäure $= a \cdot \dfrac{k}{100}$, wenn für 1 kg Brennstoff $a \ \mathrm{m}^3$ trockene Gase entstehen; also $a = \dfrac{1,865 \cdot C}{k}$

Ferner entsteht bei der Verbrennung von 1 kg Brennstoff

$1,865 \cdot C \cdot n/k \quad \mathrm{m}^3$ Stickstoff, $1,85 \cdot C \cdot o/k \quad \mathrm{m}^3$ Sauerstoff, $1,865 \cdot C \cdot \dfrac{SO_2}{k}$ m^3 schweflige Säure.

Der Brennstoff enthielt aber noch Wasserstoff H, der zu Wasser ($9\,H$ in Kilogramm) verbrennt, und Wasser W.

Das Gewicht eines Kubikmeter H_2O-Dampfes von $0°$ und 760 mm ist 0,804 kg, so daß sich eine Wassermenge von $9\,H + W$ in Kilogramm oder von $\dfrac{9\,H + W}{0,804}$ in Kubikmetern ergibt, reduziert gedacht auf Dampf von $0°$ und 760 mm.

Damit lassen sich folgende Beziehungen aufstellen:

Annahme einer vollkommenen Verbrennung des gesamten Brennstoffes.

Vorausgesetzt ist die Kenntnis des CO_2-Gehaltes der Gase k in Raumteilen und des Kohlenstoffgehaltes C des Brennstoffes in Gewichtsteilen.

Die Verbrennungsgase enthalten nur CO_2, O, N, SO_2.

Es errechnet sich dann die gesamte wirkliche Verbrennungsgasmenge mit Luftüberschuß in Kubikmetern $°/_{760}$ für 1 kg Brennstoff zu (vgl. Abb. 15 und 16):

$$G_{\mathrm{m3}} = \frac{1,865 \cdot C}{k} + \frac{9\,H + W}{0,804} \quad \ldots \ldots \ldots 42)$$

Der erste Teil gibt die Menge der trockenen Gase an, der zweite Teil den Wasserdampf. Darin sind C, H, W in Kilogramm auf 1 kg Kohle ausgedrückt und k in Kubikmetern auf 1 m^3 Gas (siehe Beispiel 19, S. 139). (C und k können auch in Hundertsteln eingesetzt werden.)

Wünscht man die Verbrennungsgasmenge in Kilogramm ausgedrückt zu erfahren, so muß man die Einzelbestandteile der Verbrennungsgase in Kubikmetern mit den jeweiligen spezifischen Gewichten multiplizieren, so daß man erhält:

$$G_{\mathrm{kg}} = 1,865 \cdot 1,965\,C + 1,865 \cdot 1,432\,C \cdot \frac{o}{k} + 1,865 \cdot 1,254\,C\,\frac{n}{k}$$
$$+ 1,865 \cdot 2,86\,C \cdot \frac{SO_2}{k} + 9\,H + W = \text{Gasmenge in Kilogramm}$$

oder wenn man $1,865 \cdot C = K$ setzt und die schweflige Säure als sehr geringfügig außer acht läßt:

$$G_{\mathrm{kg}} = 3,667 \cdot C + 1,432\,K\,\frac{o}{k} + 1,254\,K\,\frac{n}{k} + 9\,H + W \ . \ 42\mathrm{a})$$

Soll der Aschendurchfall berücksichtigt werden, so ist in den Formeln entsprechend den Beziehungen auf S. 91 überall statt C, H, S, K einzusetzen C', H', S' K', und zwar ebenfalls in Kilogramm für 1 kg Brennstoff; o, n, k sind in Raumteilen Sauerstoff, Stickstoff und Kohlensäure aus der Gasprobe ausgedrückt.

b) Unvollkommene Verbrennung.

In obigen Formeln ist der Rauminhalt der schwefligen Säure als sehr gering zur Gesamtmenge der Heizgase (unter $^1/_8\%$) vernachlässigt, ebenso die Wasserdampfmenge, die in der Verbrennungsluft enthalten ist; auch sind die Formeln ganz streng genommen nur richtig, wenn keine Kohlenoxydbildung und Methanbildung eintritt, weil sonst, da nach Zahlentafel 3 zur CO-Bildung nur die halbe Luftmenge nötig ist wie zur CO_2-Bildung, die Endsumme etwas zu groß berechnet wird. Doch tritt bei einem wirtschaftlichen Feuerungsbetriebe, und um einen solchen kann es sich allein handeln, weil sonst die später erwähnten Gegenmaßregeln getroffen werden müssen, die CO- (und CH_4)-Bildung nur in sehr geringen Grenzen — etwa bis 0,6% — auf, so daß der Fehler bei 0,6% CO in den Abgasen nur noch etwa die Hälfte davon (Zahlentafel 3, Spalte 10 und 11), also 0,3%, beträgt; durch Methanbildung wird er noch etwas vergrößert.

Außerdem ist noch eine Vernachlässigung begangen. Da auf dem Roste stets ein kleiner Betrag Kohle als Durchfall in die Asche und eingeschlossen in die Schlacke verloren geht; so ist für diesen Betrag keine Verbrennungsluft aufgewendet worden; daher ist die errechnete Gasmenge ein wenig zu groß. Will man diesen Betrag berücksichtigen, so muß man die gesamte durch den Rost gefallene Asche und Schlacke eines Versuches wiegen und den darin enthaltenen Betrag an Verbrennlichem $C_a + H_a$, der auf 1 kg verfeuerte Kohle entfällt, bestimmen. Dieser Wert in Kilogramm ist dann in den Formeln 38—42 überall von dem Werte C in Abzug zu bringen.

Die errechnete Gasmenge wird also kleiner in Wirklichkeit als bei Rechnung nach Formeln 40—42 bei Annahme von vollkommener Verbrennung. Ist z. B. in den Rückständen von Steinkohle, bezogen auf die Kohlenmenge, 2—3% Verbrennliches enthalten, so wird bei Berücksichtigung dieses Umstandes der Rauminhalt des Gases um 3—4% kleiner[1]). Man kann also, falls genaue Werte für die Verluste an Verbrennlichem in der Asche nicht zur Verfügung stehen, von den nach Formeln 38—42 erhaltenen Werten etwa einen Betrag von 4% in Abzug bringen, auch schon in Rücksicht auf die Bildung von etwas Ruß in den Verbrennungsgasen.

---

[1]) Vgl. Zahlenbeispiele nach D o s c h , Z. f. Dampfk. u. M. 1910, S. 2.

Diesen Erwägungen trägt die nachstehende genaue Formel Rücksicht, welche von dem Vorhandensein von CO, CH_4 und Ruß in den Verbrennungsgasen ausgeht, nach Abzug des Verlustes an Kohlenstoff durch den Aschenfall. 1 kg Brennstoff erzeugt bei unvollkommener Verbrennung eine Gasmenge, bezogen auf 0° und 760 mm:

$$G_{\mathrm{m^3}\,{}^0/_{760}} = \frac{C'}{0{,}536\left(k_1 + k_2 + ch_4 + \dfrac{R}{5{,}36}\right)} + \frac{9\,H' + W}{0.804}, \quad \ldots \quad 43)$$

darin umfaßt der erste Teil die trockene Gasmenge, der zweite Teil den Wasserdampf, der bei der Gasuntersuchung verschwindet. Zur Anwendung dieser Formel ist die Kenntnis der Gaszusammensetzung notwendig bzw. eine Schätzung von CO oder CH_4 nach dem später auf S. 111 erörterten Verfahren.

[Die Ableitung dieser Formel ergibt sich aus folgender Überlegung: 1 kg Brennstoff entwickelt G m³ trockene Gase ($^0/_{760}$) und 1 kg Kohlenstoff bei vollkommener Verbrennung 1,865 m³ CO_2; C' kg Kohlenstoff entwickeln demnach $1{,}865\,C' = \dfrac{k_1}{100}$ m³ CO_2.

Nun wird aber bei Verbrennung von Kohlenstoff nach Zahlentafel S. 25 die gleiche Gasmenge entwickelt, gleichgültig ob C zu CO_2, CO oder CH_4 verbrennt, d. h. also wenn unvollkommene Verbrennung eintritt. Sind nun für 1 m³ Gas noch R gramm Kohlenstoff im Ruß enthalten, in G m³ Gas also $R \cdot G$ gramm oder $\dfrac{R \cdot G}{1000}$ kg, so wird die Gasmenge für 1 kg Kohle, da ja der Kohlenstoff des Rußes von dem wirklich zur Verbrennung gelangten Kohlenstoff C' abzuziehen ist:

$$1{,}865\left(C' - G\,\frac{R}{1000}\right) = G\left(\frac{k_1}{100} + \frac{k_2}{100} + \frac{ch_4}{100}\right)$$

oder

$$1{,}865\,C' = G\left(\frac{k_1}{100} + \frac{k_2}{100} + \frac{ch_4}{100} + \frac{1{,}865 \cdot R}{1000}\right).$$

Demnach, wenn man beide Seiten mit 100 multipliziert und somit C' in Gewichtsteilen ausgedrückt erhält, wird

$$G^{\,0}/_{760} = \frac{C'}{0{,}536\left(k_1 + k_2 + ch_4 + \dfrac{R}{5{,}36}\right)}.$$

Die Verbrennung des Schwefels ist als sehr geringfügig dabei außer acht gelassen; überdies ist die entstehende schweflige Säure bereits zugleich mit der Kohlensäure von der Kalilauge aufgesaugt, also schon in k_1 enthalten[1]).]

---

[1]) Hierin ist die in der Verbrennungsluft enthaltene Feuchtigkeit nicht berücksichtigt, ebenso nicht, daß etwa in den Abgasen noch vorhandener, also nicht verbrannter Wasserstoff (in freiem oder chemisch gebundenem Zustande) sich nicht an der Bildung von Verbrennungswasser beteiligt hat. Beide Umstände haben entgegengesetzte Wirkung.

c) Näherungsweise Berechnung der trockenen Gasmenge und des Gasgewichtes aus dem Heizwert der Kohlen[1]).

Geht man davon aus, daß der Hauptbestandteil an brennbarem Stoff in der Kohle der Kohlenstoff ist, so berechnet sich die erzeugte trockene Gasmenge in Kubikmetern wie folgt: 1 kg Kohlenstoff erzeugt beim Verbrennen 8100 WE; also wird der Heizwert der Kohle $H = 8100\,C$, wenn 1 kg Kohle C kg Kohlenstoff enthält; setzt man diesen Wert in die Formel (42) für die Gasmenge

$$G_{\mathrm{m}^3} = \frac{1,865 \cdot C}{k}$$

ein, worin k die Hundertstel Kohlensäure und C die Hundertstel Kohlenstoff bedeuten, so ergibt sich:

$$G_{\mathrm{m}^3} = \frac{1,865 \cdot H}{8100 \cdot k}\,.$$

Berücksichtigt man, daß andererseits die bekannte Formel besteht für den Luftüberschuß v bei vollkommener Verbrennung (S. 103) $v = \dfrac{(k_s)_m}{k}$ und setzt $k = \dfrac{(k_s)_m}{v}$ ein in obige Formel, so erhält man

$$G_{\mathrm{m}^3} = \frac{1,865}{8100} \cdot \frac{H \cdot v}{(k_s)_m}\,.$$

Da hier reiner Kohlenstoff zur Verbrennung gelangt, so ist $(k_s)_m = 21{,}0$; dies gibt also

$$G_{\mathrm{m}^3} = \frac{1,1 \cdot H \cdot v}{1000}, \quad \ldots \ldots \ldots \ldots \ 44)$$

bezogen auf $^0/_{760}$.

Damit errechnet sich folgende Tafel, die für Kohlen von verschiedenen Heizwerten die wasserdampffreie Gasmenge, bezogen auf 0° und 760 mm, bei verschiedenem Luftüberschusse enthält.

Da nahezu stets bei der Verbrennung kleine Beträge von unverbrannten Gasen (0,2—0,5%) sich vorfinden, etwas Ruß sich abscheidet und etwas Kohle unverbrannt durch den Aschenfall gelangt (1—3% der Kohle), so trägt man diesen Umständen, die auf kleinere Gasmengen hinarbeiten als berechnet, dadurch Rechnung, daß man die in der Zahlentafel 35 stehenden Zahlen mit 0,95 multipliziert. Man erhält dann gute Näherungswerte.

Die Gasmengen in Kilogramm erhält man aus dieser Zahlentafel durch Multiplikation mit dem spezifischen Gewichte 1,33—1,37.

In dem Schaubilde 14 (S. 98) sind diese Zahlen verarbeitet, und zwar ist der Heizwert der Kohle als Wagerechte, der Rauminhalt

---

[1]) Nach den Ausführungen von Dosch, Z. f. Dampfk. u. M. 1910, S. 1 ff.

Zahlentafel 35,

Wasserdampffreie Verbrennungsgase in Kubikmetern $^0/_{760}$ von 1 kg Kohle bei verschiedenen Heizwerten, bei verschiedenem Luftüberschusse v, gültig für vollkommene Verbrennung.

Heizwert der Kohle WE	Wasserdampffreie Verbrennungsgase in Kubikmetern $^0/_{760}$ für v						
	1,0	1,25	1,50	1,75	2,0	2,5	3,0
2000	2,2	2,75	3,3	3,8	4,4	5,5	6,6
2500	2,75	3,44	4,1	4,8	5,5	6,9	8,25
3000	3,3	4,1	4,9	5,8	6,6	8,3	9,9
3500	3,85	4,8	5,8	6,7	7,7	9,6	11,5
4000	4,4	5,5	6,6	7,7	8,8	11,0	13,2
4500	4,95	6,2	7,4	8,7	9,9	12,4	14,8
5000	5,5	6,9	8,4	9,6	11,0	13,7	16,5
5500	6,05	7,6	9,1	10,6	12,1	15,1	18,1
6000	6,6	8,2	9,9	11,5	13,2	16,5	19,8
6500	7,15	8,9	10,7	12,5	14,3	17,8	21,4
7000	7,7	9,6	11,5	13,5	15,4	19,2	23,1
7500	8,25	10,3	12,4	14,3	16,5	20,6	24,7

Gasmenge in Kilogramm durch Multiplikation mit dem spezifischen Gewichte 1,33 bis 1,37 erhältlich.

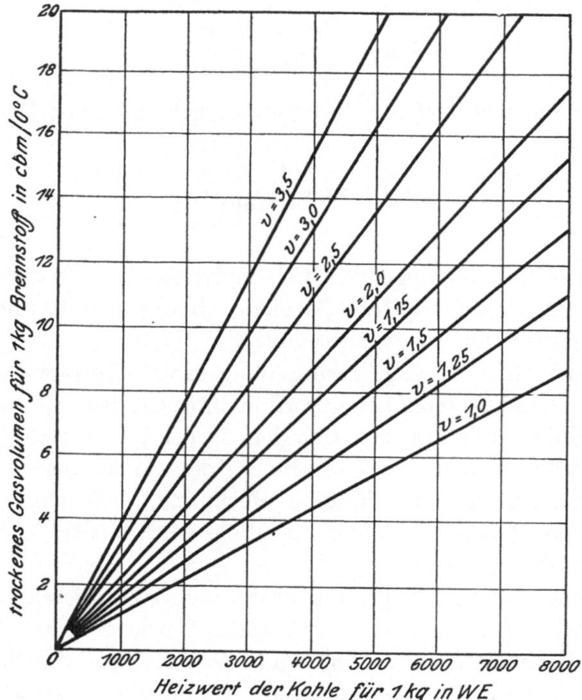

Abb. 14. Rauminhalt trockener Gase für 1 kg Brennstoff in Beziehung zum Heizwerte der Kohle und zum Luftüberschusse v.

(trockenes Gas) von $0°/760$ mm, der bei Verbrennung von 1 kg Brennstoff entsteht, als Senkrechte aufgetragen; die schrägen Strahlen geben den Rauminhalt bei verschiedenem Luftüberschusse an. Das Schaubild ist gut verwertbar, wenn man für eine in ihrer Zusammensetzung unbekannte Kohle, von der man allein den Heizwert kennt, irgendeine Überschlagsrechnung anstellen will; nur ist dabei im Auge zu behalten, daß die Gase trocken eingesetzt sind, daß also der Rauminhalt des Wasserdampfes nicht darin enthalten ist. Man müßte also $\dfrac{9H + W}{0{,}804}$ nach Formel 42) hinzufügen.

Man kann übrigens auch die Werte für die Gasmengen aus Zahlentafel 34 entnehmen, in der sie für eine Zahl mittlerer Kohlen für den trockenen und wasserdampfhaltigen Zustand der Verbrennungsgase ausgerechnet sind. Für Berechnungen von Schornsteinen, Wärmeübergängen, überhaupt in allen Fällen, wo die Gesamtgasmenge in Rücksicht zu ziehen ist, müssen natürlich die wasserdampfhaltigen Gase (Formel 42, 43) in Rechnung gesetzt werden.

9. Der Luftüberschuß.
a) Vollkommene Verbrennung.

Wie schon erwähnt, muß jede Feuerung mit einer größeren Luftmenge arbeiten, als zur vollkommenen Verbrennung notwendig wäre, weil sonst nicht jedes Kohlenteilchen die erforderliche Sauerstoffmenge erhielte; denn infolge der verschiedenen Dichtigkeit der Brennschichtlagerung (vgl. S. 71—73) und des stets etwas ungleichen Abbrandes auf dem Roste usw. würde an der einen Stelle mehr Luft hindurchziehen, während an einer anderen die nötige Luft fehlte, wodurch Kohlenoxydbildung begünstigt würde. Desgleichen bedarf die nach jedem Aufwerfen einsetzende größere Gasentwicklung einer größeren Luftmenge als die Kohle im Mittel verbraucht. Es wird daher mit Luftüberschuß gearbeitet.

Infolge dieses Luftüberschusses wird naturgemäß nicht der höchste Kohlensäuregehalt $(k_s)_m$ (z. B. für sächsische Steinkohle $= 18{,}9\%$) erreicht, der in Zahlentafel 34, Spalte 14, S. 78, angegeben ist, wie er für vollkommene Verbrennung mit der theoretisch gerade notwendigen Luftmenge erhalten wird. Vielmehr sind bei der gewöhnlichen Verbrennung die Gase verdünnt durch den überschüssigen Sauerstoff, der nicht verwendet wurde, und die größere Beimengung von Stickstoff. Der Kohlensäuregehalt der Verbrennungsgase, obgleich er bei vollständiger Verbrennung der Menge nach derselbe geblieben ist, erscheint demnach ebenfalls verdünnt und ist, in Hundertsteln ausgedrückt, geringer geworden.

Wieviel überschüssige Luft durch die Feuerung gezogen wurde, oder mit anderen Worten, wie hoch das Vielfache der theoretisch erforderlichen Verbrennungsluft ist, darüber gibt die Gasuntersuchung Aufschluß, bei der man CO_2, O_2 bzw. CO und CH_4 bestimmt hat.

Bedeutet nun v das Vielfache der theoretisch erforderlichen Verbrennungsluftmenge L_0, so ist v ermittelbar aus

$$v = \frac{L}{L_0} = \frac{21}{21 - 79\,\dfrac{o}{n}} \quad \text{oder} \quad v = \frac{21}{21 - o}, \;\; . \;\; . \;\; . \;\; 45)$$

wenn die Gasprobe ergeben hat k Raumteile Kohlensäure, o Raumteile Sauerstoff und n Raumteile Stickstoff.

Die Ableitung dieser Formeln ergibt sich aus folgender Überlegung: Die atmosphärische Luft enthält 79,1 Raumteile Stickstoff, 20,9 Raumteile Sauerstoff. Der Luftüberschuß ist das Verhältnis von

$$\frac{\text{tatsächlich verbrauchte Luft (trocken)}}{\text{theoretisch erforderliche Luft (trocken)}} = v = \frac{L}{L_0},$$

und zwar bezogen auf 1 kg Brennstoff.

Es ist nun L = Luftmenge, die wirklich in die Feuerung eingeführt wurde, $= O + N$.

L_0 = Luftmenge, die theoretisch nötig ist: $= O' + N'$,

l = Luftmenge, die nicht verbraucht wurde $= o + n$,

dann gilt $o = O - O'$ und

$$O = \frac{20,9}{79,1}\,N; \qquad O' = \frac{20,9}{79,1}\,N'; \qquad o = \frac{20,9}{79,1}\,n;$$

es ist:

$$v = \frac{O + N}{O' + N'} = \frac{O + \dfrac{79,1}{20,9}\cdot O}{O' + \dfrac{79,1}{20,1}\cdot O'} = \frac{O}{O'} = \frac{O}{O - o}$$

oder, wenn man alles auf 100 Teile bezieht:

$$v = \frac{20,9}{20,9 - o} = \frac{21}{21 - o}.$$

Die Gasmenge beträgt dann:

$$G_{\mathrm{kg}} = 1 + v L_0.$$

Die Sauerstoffwerte in den Rauchgasen sind also völlig unabhängig von der Zusammensetzung des Brennstoffes[1].

Nötig ist zur Ermittlung von v nur eine Untersuchung der Verbrennungsgase auf Sauerstoff oder Kohlensäure; denn da beide in einer be-

---

[1] Vgl. auch Mohr, Z. f. Dampfk. u. M. 1912, S. 271.

stimmten Beziehung stehen, so kann man bei Kenntnis des einen Wertes den anderen aus Schaubild 17 oder 19 entnehmen (vgl. S. 105 und 110).

Da also nach den Formeln Nr. 45 der Sauerstoffgehalt der Verbrennungsgase stets in bestimmter Beziehung zum Luftüberschusse steht, so kann man die Formel benutzen, um diese Beziehungen in einem Schaubilde aufzuzeichnen. In Abb. 15 bedeutet die Senkrechte die Hundertstel O_2 in den Abgasen und die wagerechte Linie das Vielfache der Verbrennungsluft $= v$. Dieses Schaubild gilt für alle festen Brennstoffe.

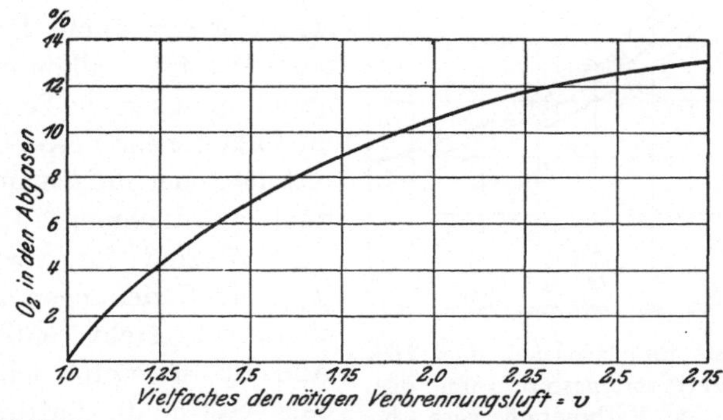

Abb. 15. Vielfaches der nötigen Verbrennungsluft und Sauerstoffgehalt der Verbrennungsgase.

Zahlentafel 36.

Vielfaches der Verbrennungsluft $= v$ bei verschiedenem Sauerstoffgehalt der Verbrennungsgase.

Sauerstoffgehalt %	Vielfaches der Verbrennungsluft	Sauerstoffgehalt %	Vielfaches der Verbrennungsluft
0,0	1,0	8,0	1,63
1,0	1,05	9,0	1,75
2,0	1,10	10,0	1,92
3,0	1,17	11,0	2,10
4,0	1,24	12,0	2,32
5,0	1,31	13,0	2,64
6,0	1,42	14,0	3,00
7,0	1,50	15,0	3,52

Zahlentafel 36 enthält nochmals zur bequemen Benutzung die dem Schaubilde 15 entnommenen Werte von O_2 und zugehörigem v (vgl. auch Formel 47).

Es ist wünschenswert, auch die Beziehung zwischen dem Vielfachen der Verbrennungsluft v und CO_2 zu kennen. Eine einfache genaue Formel besteht dafür nicht, weil für jede Kohlensorte sich ein anderer Höchstgehalt an Kohlensäure $(k_s)_m$ ergibt (vgl. Abschnitt 10), den man vorher ermitteln muß. Dann erst kann man aus Abb. 17 oder 19 für den jeweiligen CO_2-Gehalt den betreffenden O_2-Gehalt feststellen und aus Formel 45 oder 46 die Luftüberschußziffer errechnen. Um diesen etwas unbequemen Umweg zu vermeiden, ist Schaubild 16 gezeichnet worden, aus welchem man ohne weiteres den Wert v für einen bestimmten CO_2-Gehalt ablesen kann. Man muß nur vorher für die betreffende Kohlensorte den Höchstgehalt an Kohlensäure $(k_s)_m$ (für $v = 1$) aus Formel 47a oder 48a für vollkommene Verbrennung, bzw. aus Formel 48 für unvollkommene Verbrennung errechnen, oder einfach aus Zahlentafel 34 entnehmen. In Zahlentafel 37 sind für verschiedene $(k_s)_m$ die Beziehungen nochmals zusammengestellt entsprechend Abb. 16. Es ergibt sich, daß für eine bestimmte Luftüberschußzahl v mit steigendem $(k_s)_m$ der CO_2-Gehalt ebenfalls zunimmt.

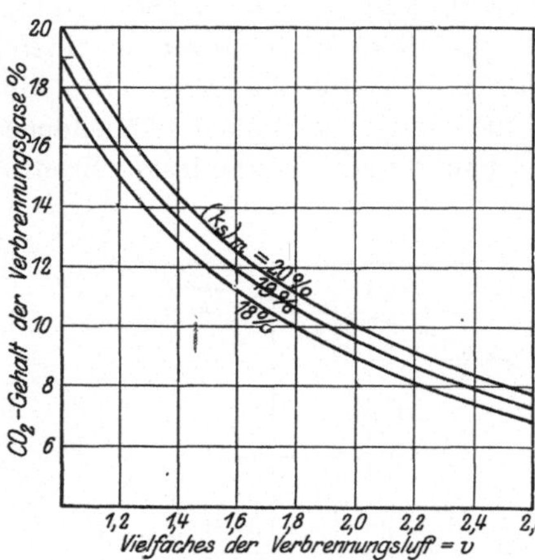

Abb. 16. Beziehung zwischen dem Vielfachen der Verbrennungsluft v und dem CO_2-Gehalt der Verbrennungsgase bei verschiedenem Höchstkohlensäuregehalt.

Zahlentafel 37.

Beziehung zwischen Luftüberschuß v und Kohlensäuregehalt der Abgase bei vollkommener Verbrennung und verschiedenem Höchstkohlensäuregehalte $(k_s)_m$.

	Luftüberschuß v											
	1,0	1,1	1,2	1,3	1,4	1,5	1,6	1,8	2,0	2,2	2,4	2,6
Höchstkohlensäuregehalt	20,5	18,9	17,3	16,0	14,7	13,7	12,8	11,3	10,2	9,5	8,8	8,1
	20,0	18,2	16,8	15,5	14,3	13,4	12,5	11,1	10,0	9,2	8,5	7,8
	19,5	17,6	16,3	15,0	14,0	13,1	12,2	10,9	9,8	9,0	8,2	7,6
	19,0	17,1	15,8	14,6	13,6	12,7	11,9	10,6	9,6	8,7	8,0	7,4
	18,5	16,6	15,5	14,2	13,3	12,3	11,6	10,3	9,3	8,4	7,7	7,2
	18,0	16,3	15,0	13,8	12,9	12,0	11,3	10,0	9,0	8,1	7,5	6,9

b) Unvollkommene Verbrennung.

Obige Formel 45 ist aber nur dann genau richtig, wenn wirklich eine vollkommene Verbrennung stattgefunden hat und wenn die Zusammensetzung der Rauchgase nach der Untersuchung mit derjenigen der wirklich verbrannten Kohlenmenge (also Kohlenmenge abzüglich Aschenverlust unter dem Roste) in theoretisch richtigem Verhältnisse steht. Das trifft nun nicht immer zu (z. B. auch deshalb nicht, weil der freie

Sauerstoff der Rauchgase wahrscheinlich nicht ganz chemisch unwirksam ist gegenüber den Kessel- und Mauerwerksflächen).

Folgende genaue Formel[1]) sucht diese Ungenauigkeiten auszugleichen; bei ihrer Aufstellung ist der für jeden Brennstoff bei vollkommener Verbrennung erreichbare höchste $CO_2 + SO_2$-Gehalt (vgl. S. 109) zugrunde gelegt. Es besitzen die trockenen Verbrennungsgase folgende Bestandteile in Raumteilen:

Kohlensäure $CO_2\ \% = k_1\ \%$ Methan $CH_4\ \% = ch_4\ \%$

Schweflige Säure $SO_2\ \% = so_2\ \%$ Stickstoff $N\ \% = n\ \%$

Kohlenoxyd $CO\ \% = k_2\ \%$ $k_s = k_1 + so_2$

Kohlenstoff des Rußes und der Teerdämpfe in Gramm auf 1 m³ Gase $= R$.

Dann gilt als Vielfaches der Luftmenge:

$$v = \zeta \cdot \frac{n}{k_1 + so_2 + k_2 + ch_4 + \dfrac{R}{5{,}36}} \quad \cdots \cdots \quad 46)$$

Dabei ist für ζ einzusetzen:

Für Steinkohle	$\zeta = 0{,}235$	Für Koks	$= 0{,}258$
„ Anthrazit	$= 0{,}235$	„ Torf	$= 0{,}247$
„ Braunkohle	$= 0{,}238$	„ Holz	$= 0{,}258$

Der Fehler dieser Formel ist höchstens 2—6%, meist jedoch kleiner als 2%.

Für vollkommene Verbrennung geht dann auch diese Formel über in die bekannte Beziehung:

$$v = \frac{(k_s)_m}{k_s} \quad \text{bzw.} \quad v = \frac{CO_{2\,max}}{CO_2} \quad \cdots \cdots \cdots \quad 46a)$$

$(k_s)_m$ ist für verschiedene Kohlensorten aus Zahlentafel 34 zu entnehmen. Hassenstein gibt folgende Grenzwerte dafür an:

Zahlentafel 38.

Grenzwerte für $(k_s)_m$.

Brennstoff	Geringstwert	Höchstwert
Steinkohle und Anthrazit . .	17,8	20,1
Koks	20,0	20,8
Braunkohle	17,9	20,4
Torf	19,4	20,1
Holz	20,2	20,7
Benzin		14,9
Benzol		17,6

Wiederum gilt für die Gasmenge:

$$G_{kg} = 1 + v L_0 \quad \cdots \cdots \cdots \cdots \quad 46\,b)$$

---

[1]) Nach Hassenstein, Z. f. Dampfk. u. M. 1910, S. 339.

10. Der Höchstgehalt der Verbrennungsgase an Kohlensäure (+ schweflige Säure) $= (k_s)_m$ und die Bestimmung von CO.

a) Allgemeines.

Wenn man mittels Rechnung den Verbrennungsvorgang verfolgt, wie er sich ohne Luftüberschuß abspielt, so erhält man eine Zusammensetzung der trockenen Gase, die den Höchstgehalt der Kohlensäure $= (k_s)_m$, der bei Verbrennung des betreffenden Brennstoffes überhaupt auftreten kann, aufweist (vgl. Zahlentafel 34, Spalte 14). Diese Werte sind für den Verbrennungsvorgang wichtig; ihre rechnerische Aufstellung war im Beispiel S. 29, letzte Spalte, geboten. Sie liegen bei Steinkohlen und Braunkohlen zwischen 18,0—20,4%, bei Anthrazit etwa bei 19,2%, bei Torf und Lohe zwischen 19,5—20,1%, bei Holz zwischen 20,2—20,7%. Keinesfalls aber wird der Wert von 21% erreicht, wie noch vielfach geglaubt wird, weil ja infolge des Gehaltes der Kohlen an Wasserstoff zum Verbrennen desselben Sauerstoff gebraucht wird, der bei der Gasuntersuchung im gebildeten Wasserdampf niedergeschlagen ist; somit befindet sich in den Endgasen mehr Stickstoff, als dem Luftbedarfe des Kohlenstoffes allein entspricht. Je wasserstoffärmer und schwefelärmer die Brennstoffe sind, desto mehr nähert sich natürlich der Höchstkohlensäuregehalt dem Werte von 21%.

Dabei ist die Voraussetzung gemacht, daß sich keine unverbrannten Gase nach der Verbrennung mehr finden, was ja auch in Wirklichkeit so ziemlich der Fall ist; denn, auf die ganze Betriebszeit bezogen, bleiben dieselben meist unter 0,3—0,6%, und nur kurz nach der Beschickung finden sich größere Mengen.

Bei der Verbrennung mit Luftüberschuß ist, wie auf S. 103 besprochen, der CO_2-Gehalt geringer, dafür findet sich noch Sauerstoff in den Gasen vor. Dieser Kohlensäuregehalt ist nun ein wichtiges Merkmal für die Güte des Verbrennungsvorganges. Die Beziehungen zwischen den Einzelbestandteilen der Gase an Kohlensäure, Sauerstoff und Stickstoff stellt die Abb. 17 dar, welche nach Bunte für eine Anzahl mittlerer Brennstoffe an Hand von Zahlentafel 34 aufgezeichnet ist. Das Schaubild ist sehr wichtig für die Prüfung der untersuchten Gasprobe. Es ist stets dann richtig, wenn vollständige Verbrennung, d. h. ohne CO-Bildung, stattgefunden hat; der Aufzeichnung ist die Beziehung zugrunde gelegt, daß 0,536 kg C und 1 m³ O_2 zu 1 m³ CO_2 verbrennen, also so viel Hundertstel an Kohlensäure entstehen, wie an Sauerstoff in der Luft enthalten sind. Diese 21% sind sowohl auf der Senkrechten wie Wagerechten aufgetragen, nur mit dem Unterschiede der Bezeichnung, daß die Teile der Senkrechten die Hundertstel CO_2 der Rauchgase darstellen, während die wagerechten Abschnitte die Summe von CO_2 und O_2 in den Rauchgasen bestimmen.

Die aus Zahlentafel 34, Spalte 14, gewonnenen Höchstkohlengehalte der Verbrennungsgase sind nun auf der Diagonale aufgetragen und diese Punkte mit dem rechten Endpunkte des Rechteckes auf der unteren Wagerechten verbunden; diese Verbindungslinien für Steinkohle, Braunkohle usw. geben nun die jeweilige Summe von $CO_2 + O_2$ in den Rauch-

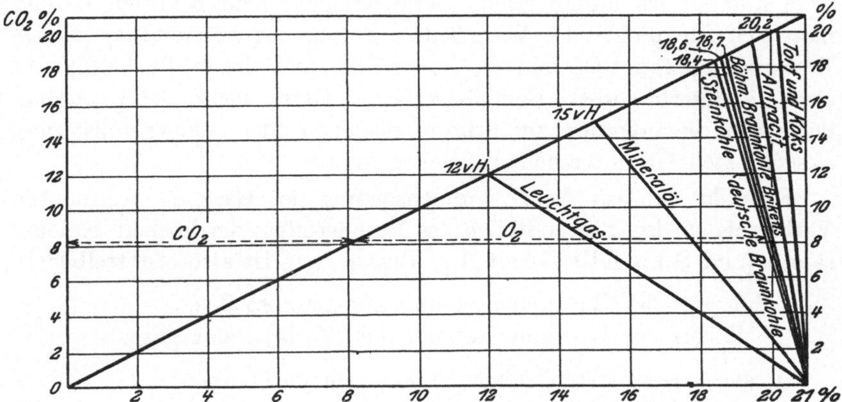

Abb. 17. Summe von $CO_2 + O_2$ bei verschiedenem Kohlensäuregehalt der Rauchgase.

gasen bei den verschiedenen Beträgen von CO_2 an; sie können auf gleiche Weise für jede verwendete Kohlensorte bestimmt werden.

Mit zunehmendem Luftüberschusse nimmt der Kohlensäuregehalt der Rauchgase ab, es steigt der Sauerstoffgehalt und die Summe von $CO_2 + O_2$ wächst an, sich immer mehr der Grenze 21% nähernd; so ist z. B. für Steinkohle mit $(k_s)_m = 18,6\%$

$$\text{bei } CO_2 = 15\%, \; O_2 = 4,2\%; \quad CO_2 + O_2 = 19,2\%,$$
$$\text{bei } CO_2 = 7\%, \; O_2 = 13\%; \quad CO_2 + O_2 = 20\%.$$

b) $(k_s)_m$ berechnet aus der Zusammensetzung des Brennstoffes[1].

Es soll der Wichtigkeit wegen auf diese Verhältnisse noch etwas näher eingegangen werden. Eine Gasuntersuchung mittels Orsatapparates auf CO_2 und O_2 kann bequem in 2—3 Minuten ausgeführt werden. Will man die Gase noch auf Kohlenoxyd untersuchen, so muß man, falls man wirklich sicher gehen will, zwei Gefäße mit frisch bereiteter ammoniakalischer oder saurer Kupferchlorürlösung haben, in welche man hinter-

---

[1] Vgl. auch Seuffert, Schaubilder zur Abgasanalyse, Z. d. V. d. I. 1920, S. 515. — Ostwald, Feuerungstechnik 1919, S. 53; Z. d. V. d. I. 1919, S. 411.
```
```

einander die Restgase nach der Entziehung von CO_2 und O_2 hineindrückt. Eine solche Bestimmung dauert mindestens 3—5 Minuten, weil diese Lösungen sehr langsam arbeiten; obendrein ist das Ergebnis bei den meist nur geringen Mengen von CO (etwa 0,2—0,6%) noch unsicher. Eine weitere Untersuchung der Gase auf Wasserstoff und Methan würde noch mindestens 10—15 Minuten erfordern, so daß eine vollständige Untersuchung der Gase sich auf 30—40 Minuten ausdehnen würde; dazu kommt das umfangreiche Gerät, welches man benötigt, so daß man sich für praktische Verhältnisse am besten auf eine sorgfältige Bestimmung von CO_2 und O_2 beschränkt und durch Rechnung auf sonstige unverbrennbare Gasteile schließt. Dafür bieten sich zwei Möglichkeiten, die außerdem zur Prüfung der mehr oder weniger vollständig ausgeführten Gasuntersuchung dienen können.

Es steht nämlich die Zusammensetzung der Gase im bestimmten Verhältnis zu den Bestandteilen des Brennstoffes; der höchste Kohlensäure- (und Schwefel-) Gehalt der Abgase $(k_s)_m$ ist also ermittelbar:

1. aus der Zusammensetzung des Brennstoffes,
2. aus der Zusammensetzung der Verbrennungsgase.

Hassenstein[1]) stellt folgende Formeln dafür auf:

Es bedeutet, wie früher, in Hundertteilen des Gewichtes C' den an dem Verbrennungsvorgange wirklich beteiligten Kohlenstoff des Brennstoffes, der den Rost bedeckt,

H' . . . . . Wasserstoff, N' . . . . . . Stickstoff,
O' . . . . . Sauerstoff, S' . . . . . . Schwefel;

es gilt dann für den höchsten $CO_2 + SO_2$-Gehalt für vollkommene Verbrennung

$$(k_s')_m = \frac{8{,}88}{0{,}425 + \dfrac{H' - \dfrac{O'}{8}}{C' + 0{,}37\,S'}} \qquad \dots \dots \dots \dots 47)$$

Dabei ist der Brennstoff umgerechnet auf den Rest, der verbleibt, wenn die unverbrannten Bestandteile der Asche abgezogen werden.

Es ist hiernach also der Höchstkohlensäuregehalt eines Brennstoffes ganz allein nur von dem Verhältnis

$$\frac{H' - \dfrac{O'}{8}}{C' + 037\,S'}$$

abhängig.

---

[1]) Z. f. Dampfk. u. M. 1910, S. 90 und 1911, S. 48 ff.

In nachstehender Abb. 18 sind die Beziehungen dieser Größen untereinander dargestellt. Man kann aus denselben für den betreffenden Brennstoff, mit welchem man arbeitet, den höchsten CO_2-Gehalt entnehmen. $(k_s)_m$ schwankt für feste Brennstoffe zwischen 17,6 und 20,8 Raumteilen (vgl. Zahltentafel 38), für flüssige Brennstoffe zwischen 14,4 und 18,5%; vorausgesetzt ist vollständige Verbrennung ohne Luftüberschuß.

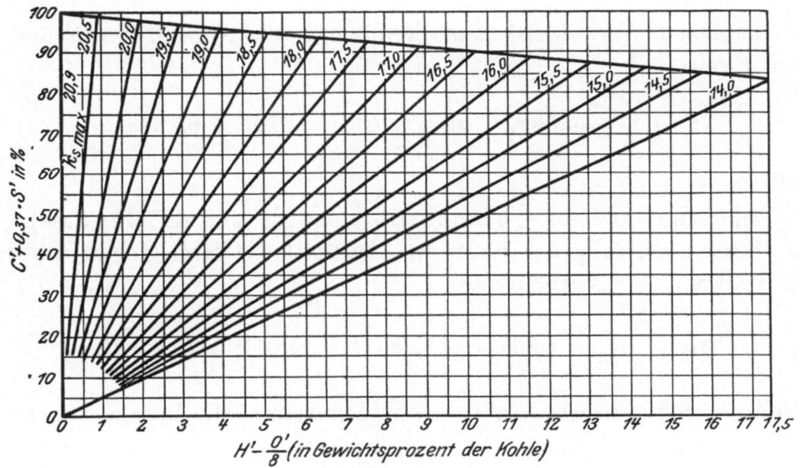

Abb. 18. Höchstgehalt der Verbrennungsgase an $CO_2 + SO_2 = (k_s)_m$ bei verschiedener Zusammensetzung der Brennstoffe (nach Formel 47).

Beispiel 9. Hatte ein Brennstoff:

$$C = 64{,}7 \text{ Gewichtsteile,} \qquad O + N = 6{,}49 \text{ Gewichtsteile,}$$
$$H = 4{,}81 \quad \text{,,} \qquad\qquad S = 1{,}34 \qquad \text{,,}$$

und betrugen bei der Verbrennung die Herdrückstände 11,8% derjenigen des Brennstoffes bei einer Zusammensetzung von

$$C_r = 17{,}04 \text{ Gewichtsteile,} \qquad H_r = 0{,}40 \text{ Gewichtsteile,}$$
$$S_r = 0{,}36 \quad \text{,,} \qquad\qquad O_r + N_r = 0{,}15 \qquad \text{,,}$$

d. h. bezogen auf ursprüngliche Kohle, z. B. $17{,}04 \cdot 0{,}118 = 2{,}01$ Gewichtsteile usw., so wird der berichtigte, wirklich verbrannte Brennstoff folgende Zusammensetzung haben:

$$C' = 62{,}76 \text{ Gewichtsteile,} \qquad N' = 1{,}00 \text{ Gewichtsteile,}$$
$$H' = 4{,}76 \quad \text{,,} \qquad\qquad S' = 1{,}30 \qquad \text{,,}$$
$$O' = 5{,}47 \quad \text{,,}$$

da man $N = 1$ setzt, wenn in der Untersuchung $O + N$ zusammen angegeben ist. Man erhält also

$$(k_s)_m = \cfrac{8{,}88}{0{,}425 + \cfrac{4{,}76 - \dfrac{5{,}47}{8}}{62{,}86 + \dfrac{12}{32{,}06} \cdot 1{,}30}} = 18{,}1 \text{ Raumteile.}$$

Denselben Wert erhält man, wenn man aus Abb. 18 den Schnittpunkt von

$$H' - \frac{O'}{8} = 4{,}08\% \quad \text{und} \quad C' + 0{,}37\,S' = 63{,}34\%$$

abliest.

Eine etwas andere, einfache Beziehung gibt A. Siegert[1]).

Unter Benutzung der Werte in Abschnitt 2b kann gesetzt werden für vollkommene Verbrennung:

$$(k_s)_m : 100 = 1{,}865 \cdot C : \left[8{,}88 \cdot C + 21{,}041 \cdot \left(H - \frac{O}{8} \right) \right],$$

wenn der Schwefelgehalt außer acht gelassen wird. Daraus folgt:

$$(k_s')_m = \cfrac{21}{1 + 2{,}369 \cdot \cfrac{H - \dfrac{O}{8}}{C}} \qquad \dots \dots \dots \text{47 a)}$$

Es genügt demnach zur Berechnung die Kenntnis von $\dfrac{H - \dfrac{O}{8}}{C}$, also eine beliebige Untersuchung des Brennstoffes.

Der Höchstgehalt an Kohlensäure hängt sehr von dem Wasserstoffgehalte des Brennstoffes ab; je höher derselbe, desto geringer der Kohlensäuregehalt.

Mit Hilfe einer dieser Formeln kann man dann das Schaubild für beliebige Kohlensorten zeichnen.

Beispiel 10: Backkohle $C = 76{,}6\%$, $H = 4{,}4\%$, $O = 8$:

$$(k_s)_m = \cfrac{21}{1 + 2{,}369 \cdot \cfrac{4{,}4 - \dfrac{8}{8}}{76{,}6}} = 19\% .$$

---

[1]) Z. d. Bayer. Rev.-Ver. 1912, S. 66.

c) $(k_s)_m$ berechnet aus der Zusammensetzung der Rauchgase in Raumteilen.

Mit den Bezeichnungen aus Abschnitt 7, S. 90, unter Berücksichtigung aller Bestandteile bei **unvollkommener Verbrennung** berechnet sich:

$$(k_s)_m = 20{,}9 \frac{k_s + k_2 + ch_4 + \dfrac{R}{5{,}36}}{20{,}9 - o + 0{,}3955 \cdot k_2 + 1{,}582 \cdot ch_4 + 0{,}1865 \cdot h + \dfrac{R}{5{,}36}} \qquad . \; 48)$$

Findet **vollkommene Verbrennung** statt, so geht diese Gleichung über in die einfache Form:

$$(k_s)_m = \frac{20{,}9 \cdot k_s}{20{,}9 - o} \qquad \ldots \ldots \ldots \ldots 48\mathrm{a})$$

Die Ergebnisse dieser beiden Formeln 48 und 48a stimmen bis auf ganz geringe Unterschiede miteinander überein; ein kleiner Unterschied ist nämlich dadurch bedingt, daß nicht aller Brennstoffschwefel zu schwefliger Säure verbrennt und mit der Kohlensäure zusammen von der Ätzkalilösung aufgesaugt wird, sondern daß ein Teil unermittelt in den Rauchgasen als Schwefelsäure und im Ruß als Ammonsulfat sich befindet. Für die Praxis ist die Übereinstimmung der Formeln völlig hinreichend; der Fehler bleibt unter 3%.

Vernachlässigt man in der Gleichung oben ch_4, R und h, die praktisch nur von sehr geringem Einfluß sind, so erhält man die einfachere Form der Gleichung für $(k_s)_m$, worin nur noch k_2, der Gehalt der Gase an Kohlenoxyd, unbekannt ist, der bestimmt werden muß,

$$(k_s)_m = 20{,}9 \frac{k_s + k_2}{20{,}9 - o + 0{,}3955\, k_2} \qquad \ldots \ldots 48\mathrm{b})$$

für **unvollkommene Verbrennung**, wobei angenommen ist, daß die unverbrannten Gase nur aus CO bestehen.

Die Fehlergrenze beträgt höchstens 2%.

Zur Bestimmung von $(k_s)_m$ verfährt man zweckmäßig wie folgt. Man stellt für kürzere Zeit die betreffende Feuerung so ein, daß sie mit vollkommener Verbrennung arbeitet, indem man etwa den Luftüberschuß vergrößert durch Einführung von Zusatzluft oder durch Verringerung der Kohlenschicht usw. Im allgemeinen werden keine merklichen Mengen CO in den Gasen vorhanden sein, wenn der Kohlensäuregehalt im ersten Zuge unter 12—13% bleibt. Man ermittelt dann CO_2 und O_2 als Mittelwerte aus mehreren Untersuchungen und rechnet nach der Gleichung

$$(k_s)_m = \frac{20{,}9 \cdot k_s}{20{,}9 - o}$$

$(k_s)_m$ aus; dieser Wert wird dann allen anderen Gasproben des betreffenden Versuches zugrunde gelegt, und aus der Gleichng 48b der Gehalt an unverbrannten Gasen k_2 ermittelt.

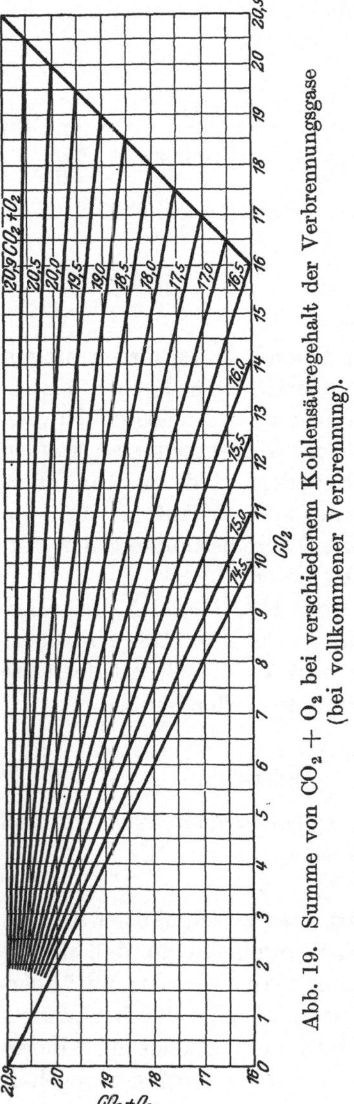

Abb. 19. Summe von $CO_2 + O_2$ bei verschiedenem Kohlensäuregehalt der Verbrennungsgase (bei vollkommener Verbrennung).

Ist die Feuerung gleichmäßig selbsttätig beschickt, so bleibt der Wert $(k_s)_m$ nahezu gleich.

Bei Handfeuerungen jedoch, bzw. Feuerungen mit unterbrochener Beschickung, wechselt der Wert $(k_s)_m$ zwischen zwei Beschickungen nicht unwesentlich. Er ist kurz nach der Beschickung infolge der starken Gasentwicklung am kleinsten und wächst mit fortschreitender Verbrennung an auf einen Höchstwert; dasselbe gilt für die aus Abb. 18 entnommenen Werte für $CO_2 + O_2$. Das Schaubild bleibt jedoch als Mittelwert für die einzelnen Abschnitte zutreffend.

Man muß deshalb auch, um einen richtigen Wert für den höchsten CO_2-Gehalt zu erhalten, mehrere Gasproben entnehmen, und zwar innerhalb einer Beschickungsdauer, die erste kurz nach dem Aufwerfen, die letzte kurz vor neuer Brennstoffaufgabe.

d) Die Ermittlung von CO aus $(k_s)_m$[1]).

Ist es indessen nicht möglich, Gasproben bei vollkommener Verbrennung zu erhalten, so bestimmt man bei einigen Proben den Gehalt an CO mittels Kupferchlorürlösung und ermittelt dann aus Gleichung 48 für unvollkommene Verbrennung $(k_s)_m$. Dieser Wert ist für alle weiteren Gasproben einzusetzen.

Will man die Rechnung nach obigen Formeln vermeiden, so benutzt man am besten das Schaubild 18 zur

---

[1]) Über unverbrannt ausgeschiedene Kohlenstoffe in den Verbrennungsgasen, vgl. Kutzner: Eine weitere Anwendung von Schaubildern zur Abgasanalyse. Z. d. V. d. I. 1921, S. 871.

Ermittlung von CO. Ist nämlich der Verbrennungsvorgang durch irgendwelche Umstände gestört, so daß Kohlenoxyd sich in den Abgasen vorfindet, so wird bei der Analyse der Verbrennungsgase ein Betrag an der dem Schaubilde entsprechenden Summe von $CO_2 + O_2$ fehlen, die Summe wird zu klein ausfallen. Es verbrennt nach Zahlentafel 3 nämlich 1 kg Kohlenstoff zu 8,88 m³ CO_2; dagegen werden bei Verbrennung zu CO nur 5,38 m³ CO erzeugt, also weniger Gase gebildet; es ist dann die bei Verbrennung zu CO_2 gebildete Gasmenge etwa $\dfrac{8,88}{5,38} = 1,6$ mal so groß als bei Verbrennung zu CO.

Wenn man also den Betrag, der an der Summe von $CO_2 + O_2$ im Schaubilde fehlt, mit etwa 1,6 multipliziert, so erhält man die in den Verbrennungsgasen enthaltene Menge CO.

Beispiel 11. Ist z. B. bei $CO_2 = 15\%$ ein Sauerstoffgehalt von $O_2 = 3\%$ nachgewiesen worden bei obiger Steinkohle, welche bei Verbrennung ohne Luftüberschuß ein $(k_s)_m = 18,6\%$ liefert, also ein $CO_2 + O_2 = 18,0\%$ gegen 19% nach Abb. 17 oder 19, so sind $1,0 \cdot 1,6 = 1,6\%$ unverbrannte Gase (CO) vorhanden, was, wie später gezeigt werden wird, einem Wärmeverluste von 8% entspricht. **Unverbrannte Gase bilden sich bei der Verbrennung von Kohlen fast stets, wenn, hinter dem Flammrohre gemessen, der CO - Gehalt 15% übersteigt,** weil dann nicht an jede Stelle der Feuerung genügend Luft gelangen kann. Es ist daher zweckmäßig, die Feuerschicht so zu regeln, daß 15% CO_2, am Flammrohrende gemessen, nicht überschritten werden.

Will man die durch vorstehende Formeln gewonnene Erkenntnis zur Bestimmung von CO benutzen, so verwendet man vorteilhaft Schaubild 19, das für $(k_s)_m$ von 14,5 bis 20,9% aufgetragen worden ist, und zwar nach Formel 48 a $(k_s)_m = \dfrac{20,9 \cdot k_s}{20,9 - O}$; es ergeben sich gerade Linien, deren Endpunkte auf einer vom 0-Punkte des Rechteckes ausgehenden Diagonale liegen.

Ferner ist in Abb. 20 die Formel 48 für $(k_s)_m$ für unvollkommene Verbrennung (CO-Bildung) für ein $(k_s)_m = 18,5$, 19,0 und 19,5 dargestellt. Die senkrechte Linie enthält $CO_2 + O_2$, die wagerechte CO_2, und die schrägen Linien gelten jeweilig für CO = 1 bis 5%.

Für vollkommene Verbrennung gelten wiederum die Verhältnisse von Schaubild 17 bzw. 19, und zwar für die der verwendeten Kohle entsprechende Linie des höchsten CO_2-Gehaltes.

Beispiel 12. Für eine Steinkohle von $(k_s)_m = 18,5\%$ erhielt man $CO_2 = 10\%$, also eine Summe von $CO_2 + O_2 = 19,6\%$, während die Feuerung mit entsprechendem Luftüberschusse arbeitete. Eine spätere Gasprobe bei dickerer Feuerschicht ergab $CO_2 = 13\%$ und $O_2 = 5,5\%$, also eine Summe von $18,5\%$; es fehlt also an der Summe von $19,2\%$, die sich bei vollkommener Verbrennung ergeben müßte, ein Betrag von $0,7\%$. Sucht man die Werte von $CO_2 = 13\%$ und $CO_2 + O_2 = 18,5\%$

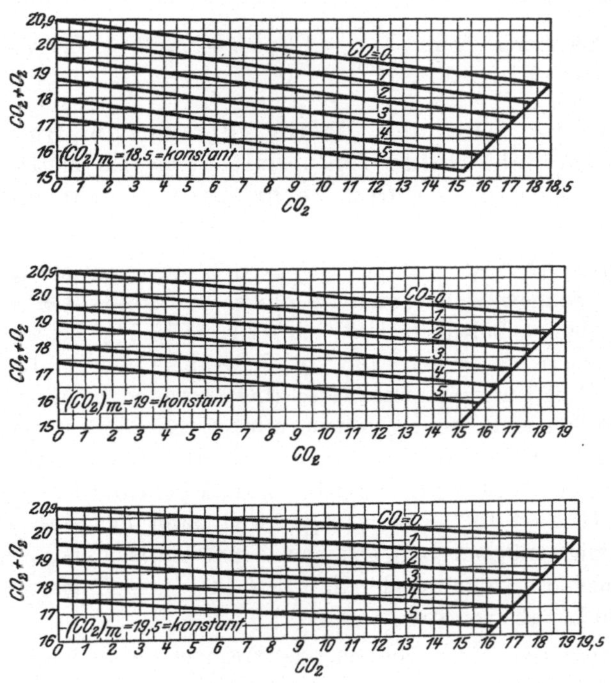

Abb. 20. $CO_2 + O_2$-Gehalt der Verbrennungsgase bei verschiedenem CO_2-Gehalte bei unvollkommener Verbrennung (also CO-Gehalt).

im Schaubilde 20 für $(k_s)_m = 18,5$ auf, so treffen sich die entsprechenden Senkrechten auf der schrägen Linie, die einem $CO = 1,0\%$ entspricht; die Gasbestimmung würde also lauten $CO_2 = 13\%$, $O_2 = 5,5\%$, $CO = 1,0\%$; Summe $= 19,5\%$.

Nahezu denselben Wert hätte man erhalten, wenn man nach vorstehendem den an der Endsumme fehlenden Betrag von $0,7\%$ mit $1,6$ multiplizierte.

Eine Berechnung von $(k_s)_m$, unmittelbar aus den Verbrennungsgleichungen aufgestellt für die Einzelbestandteile einer Kohle (Braunkohlenbrikett), ist im Abschnitt 2c, S. 28, gegeben.

11. Die Verbrennungstemperatur und der Einfluß der Strahlung.

a) Verlustlose Verbrennung im geschlossenen Raume.

Bei der Verbrennung irgendeines Brennstoffes entsteht eine Temperatur, die um so höher ist, je vollkommener der Verbrennungsvorgang abläuft und je weniger Ausstrahlungsverluste sich störend bemerkbar machen. Die theoretisch jeweilig mit dem Brennstoffe höchste erreichbare Verbrennungstemperatur würde sich im geschlossenen, gegen Ausstrahlung geschützten Raume unter Ausschaltung aller Verbrennungs- und Wärmeverluste, also bei vollkommener Verbrennung, erzeugen lassen. Alle entwickelte Wärme findet sich in den Gasen wieder.

Θ kann aus der Zusammensetzung des Brennstoffes ermittelt werden. Enthält 1 kg Brennstoff C kg Kohlenstoff, H kg Wasserstoff, O kg Sauerstoff, S kg Schwefel, W kg Wasser und A kg Asche, so errechnet sich bei vollkommener Verbrennung ohne Luftüberschuß, also wenn für 1 kg Brennstoff nur die theoretisch erforderliche Luftmenge L_0 m³ zutritt, die Verbrennungstemperatur zu

$$\Theta = \frac{h}{0{,}31\,L_0 + 0{,}15\,C + 2{,}6\,H + 0{,}5\,W + 0{,}22\,(0 - S) + 0{,}2\,A} \quad . \quad 49)$$

h ist der Heizwert des Brennstoffes (unterer, bezogen auf Wasserdampf).

Vorausgesetzt ist, daß die Temperatur der zugeführten Luft 0° beträgt; angenommen ist dabei eine unveränderliche spezifische Wärme der Gase. In Wirklichkeit ist indes die erreichte Temperatur wesentlich niedriger, weil die spezifische Wärme mit der Temperatur zunimmt (vgl. S. 26) und ein Zerfall der Verbindungen bei hohen Temperaturen eintritt.

Mit den unter dem nächsten Abschnitte gegebenen Bezeichnungen kann auch gesetzt werden:

$$\Theta = \frac{h \cdot \eta_1}{G \cdot c_p} + t_a \quad . \quad . \quad . \quad . \quad . \quad . \quad . \quad . \quad . \quad 50)$$

b) Verbrennung unter Verlusten sowie unter Wärmestrahlung auf die Heizflächen.

Bei der technischen Verbrennung auf der Feuerung treten verschiedene Verluste auf, welche die Wärmeentwicklung hemmen. Ein geringer Teil des Brennstoffes fällt unverbrannt durch den Rost oder bleibt in der Schlacke zurück; es wird mehr Luft zugeführt als theoretisch erforderlich ist, d. h. die Feuerung arbeitet unter Luftüberschuß bzw. mit unvollkommener Verbrennung; ein kleiner Teil der entwickelten Wärme wird durch die Feuertür, den Rost und das Mauerwerk nach außen abgeführt. Die Verbrennungsluft und der Brennstoff müssen angewärmt und das im Brennstoff enthaltene Wasser muß verdampft werden. Einen Teil des Feuerraumes umgeben die Kesselheizflächen, welche strahlende Wärme empfangen. Bei Vorfeuerungen ist diese Fläche kleiner, bei Innen- und Unterfeuerungen aber ziemlich beträchtlich. Da diese bestrahlte Heizfläche die wirksamste ist, hat man, wie unter Abschnitt 15a näher ausgeführt, Interesse daran, sie so groß als zulässig zu machen. Diese auf die Heizfläche ausgestrahlte Wärmemenge ist ziemlich hoch (bis 30%), und da sie der glühenden Brennschicht entnommen wird, setzt sie die Verbrennungstemperatur im Zusammenwirken mit den oben aufgeführten Verlusten wesentlich herab. Dabei ist vorausgesetzt, was ja auch meistens wirklich zutrifft, daß die Verbrennung der Gase im Feuerraume oder nach Bestreichen der bestrahlten Heizfläche beendet ist, und daß die Verbrennungstemperatur gleich derjenigen der glühenden Rostschicht ist.

Nachstehend ist diesen Verhältnissen Rechnung getragen. Es sollen bezeichnen:

η_1 = Wirkungsgrad der Feuerung; d. h. das Verhältnis der für 1 kg Brennstoff tatsächlich für die Temperaturbildung nutzbar gemachten Wärmemenge in Beziehung zum Heizwerte.

L_0 = Theoret. erforderliche Luftmenge in kg für 1 kg Brennstoff.

L = $v \cdot L_0$ = wirklich gebrauchte Luftmenge in kg für 1 kg Brennstoff.

G = $(1 + vL_0)$ = erzeugte Gasmenge einschließlich Wasserdampf in kg für 1 kg Brennstoff.

t_a = Anfangstemperatur der Verbrennungsluft ° C.

c_p = Mittlere spezifische Wärme der Rauchgase bei konst. Druck für 1 kg (vgl. Abschnitt 2d), gerechnet mit steigender spezifischer Wärme.

h = Unterer Heizwert des Brennstoffes (bezogen auf Wasserdampf) in Wärmeeinheiten.

T = Verbrennungstemp. = Temp. der glühenden Rostschicht ° C.

t_w = Außentemperatur der bestrahlten Heizfläche ° C.

R = Rostfläche in m².

B = Brennstoffmenge in 1 Stunde in kg.

σ = Ausstrahlungsverhältnis = $\dfrac{\text{ausgestrahlte Wärme}}{\text{auf dem Roste nutzbar gemachte Wärme}}$.

$\dfrac{B}{R}$ = m² Rostbeanspruchung kg/m²/st.

F = Bestrahlte Heizfläche in m², gemessen als Projektion auf die Ebene senkrecht zur mittleren Strahlungsrichtung.

S_1 = Durch Strahlung von der Heizfläche F in 1 Stunde aufgenommene Wärmemenge in Wärmeeinheiten.

Es ermittelt sich dann die aus dem Brennstoff gewonnene Wärmemenge zu:

$$B \cdot h \cdot \eta_1 .$$

Die in den Verbrennungsgasen entwickelte Wärmemenge beträgt:

$$B \cdot (T - t_a) \cdot G \cdot c_p = B \cdot (T - t_a) \cdot (1 + v L_0) \cdot c_p .$$

An die Heizfläche wird durch Strahlung abgeführt:

$$\sigma \cdot B \cdot h \cdot \eta_1 .$$

Daraus ergibt sich die tatsächliche Verbrennungstemperatur in $^\circ$ C

$$T = \eta_1 \cdot \frac{(1 - \sigma) \cdot h}{G \cdot c_p} + t_a \quad \ldots \ldots \ldots \ldots \; 51)$$

oder:

$$T = \eta_1 \cdot \frac{(1 - \sigma) \cdot h}{(1 + v L_0) \cdot c_p} + t_a \quad \ldots \ldots \ldots \; 51\text{a})$$

Darin ist der durch Strahlung abgeführte Wärmeanteil in einer Verhältniszahl σ ausgedrückt. Zur angenäherten Berechnung von T kann man die von Péclet angegebenen Werte einsetzen:

bei Innenfeuerungen $\sigma = 0{,}25-0{,}30$,   bei Vorfeuerungen $\sigma = 0{,}15$,
bei Unterfeuerungen $\sigma = 0{,}20-0{,}25$, $\eta_1 = 0{,}90-0{,}97$.

Bei hoher Rostbeanspruchung sind die niedrigeren Werte von η_1 einzusetzen. Die ungefähren Werte der Verbrennungstemperatur sind in nachstehender Zahlentafel für einige Brennstoffe und Kohlensorten enthalten.

Zahlentafel 39.
Verbrennungstemperaturen einiger Brennstoffe.

Kohlensäuregehalt %	Steinkohlen 7300 WE	Braunkohlen-brikette 4800—5000 WE	Braunkohle 2700 WE
9,0	1050	980	820
10,5	1200	1120	950
12,5	1300	1300	1080
14,0	1550	1450	1200

Will man genauere Werte[1]) haben, so muß man für die einzelnen Fälle die Rechnung durchführen und den Strahlungsanteil σ mit Hilfe der Strahlungsformeln bestimmen. In Zahlentafel 40 ist das Ergebnis solcher Berechnungen von Deinlein[2]) aufgeführt. Sie gilt bei einer solchen Luftzuführung, daß in den Verbrennungsgasen 12% CO_2 vor-

---

[1]) Vgl. Kammerer, Versuche an einem Stierle-Kessel mit Betrachtungen über den Wärmedurchgang. Z. d. Bayer. Rev.-V. 1916, S. 73ff.
[2]) Z. d. Bayer. Rev.-V. 1916, S. 121.

8*

handen sind, bei $t_a = 20°$ Lufteintrittstemperatur und $t_w = 200°$ Kesselwandtemperatur. Zugrunde gelegt wurden drei mittlere Kohlensorten, nasse deutsche Braunkohle von 1840 WE, böhmische Braunkohle von 4430 WE und Ruhrkohle von 7540 WE, sowie verschieden starke Rostbeanspruchungen; angesetzt ist der Strahlungswert $= 4{,}6$ und

$$\frac{F}{R} = 1.$$

Zahlentafel 40.

Ausstrahlungsverhältnis σ in Beziehung zur Rostbeanspruchung und Verbrennungstemperatur für verschiedene Kohlensorten.

Rostbeanspruchung $\frac{B}{R}$ kg/m²/st	Mittelwerte von σ	Deutsche Braunkohlen $h = 1840$ WE		Böhmische Braunkohle $h = 4430$ WE		Ruhrkohle $h = 7540$	
		Ausstrahlungsverhältnis σ	Verbrennungstemperatur T	σ	T	σ	T
75	0,302	—	—	—	—	0,286	1140
100	0,269	0,279	790	0,275	1070	0,254	1190
125	0,245	0,252	820	0,255	1100	0,229	1230
150	0,231	0,224	850	0,234	1130	0,204	1270
200	0,189	0,197	880	0,200	1180	0,172	1320
300	0,148	0,151	930	0,159	1240	—	—
400	0,122	0,121	960	—	—	—	—

Die Aufstellung zeigt, daß das Verhältnis σ von abgestrahlter Wärme zu erzeugter Wärme ziemlich unabhängig von der Kohlensorte ist, dagegen nimmt σ mit der Menge der auf der Rosteinheit verbrannten Kohle ab; im Durchschnitt genommen fällt die abgestrahlte Wärmemenge von 27% bei 100 kg Rostbeanspruchung auf 15% bei 300 kg Rostbeanspruchung, während die Verbrennungstemperatur bedeutend ansteigt.

Ermittlung des Strahlungseinflusses.

Man geht von den Beziehungen auf S. 115 aus. Bezeichnet man die durch Strahlung in 1 Stunde abgeführte Wärmemenge mit S_1, so gilt:

$$B\,(T - t_a)\,G \cdot c_p + S_1 = B \cdot h \cdot \eta_1 \,,$$

$$T = t_a + \frac{B \cdot h \cdot \eta_1 - S_1}{B \cdot G \cdot c_p} \quad\ldots\ldots\ldots\ldots \text{52)}$$

Statt BGc_p kann man auch $B(1 + v \cdot L_0)c_p$ einführen.

Hierin ist S_1 nach dem Strahlungsgesetze von Stephan-Boltzmann, Formel 28), S. 58, zu errechnen:

$$S_1 = 4 \cdot F\left[\left(\frac{T + 273}{100}\right)^4 - \left(\frac{t_a + 273}{100}\right)^4\right] \text{ in WE und 1 st.}$$

Man kann zur Vereinfachung für die meisten Fälle als zutreffend $t_a \sim 200°$ setzen und erhält dann für das zweite Klammerglied den Wert 500.

Für die Verbrennungstemperatur ergibt sich dann aus Formel 52) unter Berücksichtigung der Strahlung der genaue Wert:

$$T = t_a + \frac{B \cdot h \cdot \eta_1 - 4 \cdot F \left[\left(\dfrac{T + 273}{100} \right)^4 - 500 \right]}{B \cdot G \cdot c_p} \text{ in } {}^\circ C \ . \ . \ 53)$$

oder, wenn die Verbrennungstemperatur T durch Messung bekannt ist, kann hieraus die bestrahlte Heizfläche F ermittelt werden; man kann auch $G c_p = (1 + v L_0) c_p$ einsetzen.

Als bestrahlte Fläche F kann man den Teil der Kesselheizfläche ansehen, der von den Wärmestrahlen erreicht wird.

Der Ausstrahlungsanteil ermittelt sich aus

$$\sigma = \frac{S_1}{B \cdot h \cdot \eta_1} = \frac{4 \cdot F \left[\left(\dfrac{T + 273}{100} \right)^4 - \left(\dfrac{t_a + 273}{100} \right)^4 \right]}{B \cdot h \, \eta_1} \ . \ . \ . \ . \ 54)$$

Führt man die Rostbeanspruchung $\dfrac{B}{R}$ in die Formel ein, indem man $B \cdot h \cdot \eta_1 = \left(\dfrac{B}{R} \right) \cdot R \cdot h \cdot \eta_1$ setzt, so erhält man die sehr bequeme Beziehung:

$$\sigma = \frac{F}{R} \cdot \frac{4 \left(\left[\dfrac{T + 273}{100} \right)^4 - 500 \right]}{\left(\dfrac{B}{R} \right) \cdot h \cdot \eta_1} \ . \ . \ . \ . \ . \ . \ . \ 55)$$

Hierin kann man bei Innenfeuerungen das Verhältnis von bestrahlter Fläche zur Rostfläche setzen $\dfrac{F}{R} = 1{,}4$ bis $1{,}8$, was etwa einer Fläche F von Rostlänge und halbem Umfang des Flammrohres entspricht.

Aus den abgegebenen Formeln lassen sich leicht folgende Gesetzmäßigkeiten[1]) ablesen:

1. der **Ausstrahlungsanteil** σ **fällt** mit steigender Rostbeanspruchung $\left(\dfrac{B}{R} \right)$, mit steigender Kesselbeanspruchung, mit abnehmender bestrahlter Heizfläche F und mit steigender Verbrennungstemperatur T;

2. der **Ausstrahlungsanteil** σ **wächst** mit Zunahme des Brennstoffheizwertes, mit steigendem CO_2-Gehalte der Verbrennungsgase (oder mit abnehmendem Luftüberschusse v) und mit steigender bestrahlter Heizfläche F;

---

[1]) Vgl. auch A. Dosch, Eingestrahlte Wärme und Brennstoffausnutzung. Z. f. Dampfk. u. M. 1916, S. 121. (Die Zahlenwerte sind nicht zutreffend, weil in die Formeln statt der absoluten Temperaturen $T + 273$ nur die gewöhnlichen eingesetzt wurden.)

3. die Verbrennungstemperatur T steigt mit steigender Rostbeanspruchung, mit steigendem CO_2-Gehalte, mit steigender
Kesselbeanspruchung und mit Abnahme der bestrahlten Heizfläche F.

Aus den obigen Ausführungen ist die hohe Wichtigkeit der bestrahlten
Kesselheizfläche für die Dampfleistung des Kessels ersichtlich.

Beispiel 13 (vgl. auch Messung S. 153). Auf einer Innenfeuerung
von $R = 2,2$ m² Rostfläche werden für 1 m² und Stunde 95 kg Saar-
kohlen von $h = 6900$ WE bei nahezu vollkommener Verbrennung verfeuert unter Bildung von 13% CO_2; es sei daher $\eta_1 = 0,96$ gesetzt. Die
bestrahlte Kesselheizfläche F betrage 3,7 m², die Lufttemperatur sei
$t_a = 20°$. Wie groß ist die Verbrennungstemperatur T und der durch
Strahlung an die Kesselheizfläche übergegangene Wärmeanteil σ?

Nach Zahlentafel 34 ergibt sich der Luftbedarf L zu 9,65 kg, und
aus Abb. 16 findet sich für 13% CO_2 eine Luftüberschußzahl $v = 1,46$;
damit ergibt sich die Verbrennungsgasmenge einschließlich Wasserdampf zu $G = (1 + v \cdot L_0) = 15,1$ kg für 1 kg Kohle; es ist dann
$B = 95 \cdot 2,2 = 209$ kg/st, und es betrage $c_p = 0,26$.

Da in der Formel 53) die gesuchte Verbrennungstemperatur auf beiden Seiten vorkommt, so schätzt man (am besten nach Zahlentafel 39)
dieselbe erst und ermittelt so einen Wert, mit dem man dann nochmals
in die Formel eingeht. Es ergibt sich also unter Annahme von $T = 1100°$

$$T = 20 + \frac{209 \cdot 6900 \cdot 0,96 - 4 \cdot 3,7 \cdot \left[\left(\dfrac{1100 + 273}{100}\right)^4 - 500\right]}{209 \cdot 15,1 \cdot 0,26}$$

$$= 20 + \frac{1\,383\,000 - 14,8 \cdot 35\,100}{822} = 20 + \frac{863\,000}{822} = 1070°.$$

Setzt man diesen Wert von 1070° wieder in die Formel ein, so erhält man
die wirklich erzeugte Temperatur:

$$T = 20 + \frac{1\,383\,000 - 14,8 \cdot 32\,600}{822} = 20 + \frac{900\,000}{822} = 1115°.$$

Der Ausstrahlungsanteil ermittelt sich zu:

$$\sigma = \frac{S_1}{B \cdot h \cdot \eta_1} = \frac{483\,000}{1\,383\,000} = 0,35.$$

Das heißt 35% der gesamten erzeugten Wärmemenge sind an die bestrahlte Kesselheizfläche übergegangen. Wäre keine Wärme durch Strahlung verlorengegangen, so hätte sich eine Temperatur nach Formel 50)
bilden können von:

$$\Theta = t_a + \frac{B \cdot h \cdot \eta_1}{B \cdot G \cdot c_p} = \frac{1\,383\,000}{822} = 1680°.$$

Die Strahlungsabgabe der Feuerung hat also die Verbrennungstemperatur um 570° gegen die theoretisch mögliche herabgesetzt. Auf 1 m² bestrahlter Kesselheizfläche sind nach obigem $\dfrac{483\,000}{3,7} = 130\,000$ WE/m²/st übergegangen.

In diesem Zusammenhang sei besonders auf die Ausführungen in Abschnitt 15 und 29f hingewiesen.

Kurz erwähnt sei auch noch die Wichtigkeit einer gleichmäßigen Verbrennungstemperatur. Im allgemeinen ist sie in den einzelnen Rostzonen bei Wanderrosten und Schüttfeuerungen und in dem Verbrennungsspiele der einzelnen Zeitabschnitte zwischen den jeweiligen Beschickungen bei Handfeuerung verschieden hoch. Ausgleichend wirken ein genügend großer Verbrennungsraum und das umgebende Mauerwerk bei Vor- und Unterfeuerungen, das im allgemeinen die mittlere Verbrennungstemperatur annimmt und Wärme zurückstrahlt.

12. Die Wärmeverluste im Kesselbetriebe.

Im Dampfkesselbetriebe wird durch die Verbrennung Wärme frei (vgl. S. 21), welche an die Heizflächen übertragen werden soll; dabei entstehen unvermeidliche Verluste, d. h. der Vorgang läuft mit einem Wirkungsgrade ab, der je nach der Geschicklichkeit der Anordnung und Betriebsführung verschieden hoch ausfällt. Die hauptsächlichsten Verluste sind:

1. Verlust durch die fühlbare Wärme der Verbrennungsgase;
2. Verlust durch unverbrannte Gase;
3. Verlust durch unverbrannte Teile in den Aschenrückständen und der Schlacke nebst fühlbarer Wärme der Rückstände;
4. Verlust durch Flugkoks, der in die Züge mitgerissen wird;
5. Verlust durch Ruß in den Verbrennungsgasen;
6. Verlust durch Strahlung und Fortleitung von Wärme durch das Mauerwerk, Kesselteile usw. (meist als Rest bestimmt); hierin sind enthalten noch Beträge zur Anwärmung des Brennstoffes von Außentemperatur auf Abgastemperatur; und zur Anwärmung, Verdampfung sowie Überhitzung des in der Verbrennungsluft enthaltenen Wasserdampfes bis auf Abgastemperatur.

Die Verluste wechseln je nach den Betriebsverhältnissen in ihrer Größe und im Verhältnis zueinander und hängen in gewisser Weise voneinander ab. Die beträchtlichsten Verluste bewirken die unter 1 und 2 aufgeführten mit den Gasen abziehenden Wärmemengen; man kann aber zugleich auch auf deren Größe am meisten Einfluß ausüben, deshalb ist es sehr wichtig, über alle Umstände, welche dieselben beeinflussen, genaue Auskunft sich zu verschaffen.

Es sind auf die Abgasverluste von Bedeutung:

1. die Menge der Abgase; sie werden durch die Kohlenzusammensetzung und durch einen größeren oder kleineren Luftüberschuß bei der Verbrennung bedingt: als Merkmal dafür gilt der CO_2-Gehalt der Abgase, der um so geringer ist, je mehr die Verbrennungsgase durch überschüssige Luft verdünnt werden;

2. die Temperatur der Abgase; der Verlust wächst infolge der steigenden spezifischen Wärmen etwas rascher an als die Temperatur der Gase;

3. der Gehalt der Abgase an brennbaren Teilen wie CO, CH_4, Ruß.

Zur Ermittlung der Verluste bedarf man in erster Linie einer Untersuchung der Gase auf CO_2, O_2 bzw. bei genauen Bestimmungen noch auf CO, CH_4 und Ruß sowie einer Kohlenuntersuchung; außerdem ist eine Temperaturmessung erforderlich. Dann berechnet man nach den in Abschnitt 8 angeführten Formeln die Zusammensetzung der Abgase in Kubikmetern oder Kilogramm, bestimmt unter Zugrundelegung der steigenden spezifischen Wärmen (Zahlentafel 6, 7, 8 und Abb. 6) für die einzelnen Gasbestandteile die Einzelbeträge der Verluste und setzt die Summe derselben zum Kohlenheizwert in Beziehung. Verschiedene Rechnungsweisen für verschieden große Genauigkeiten mögen nachstehend besprochen werden, unter Annahme einer vollkommenen Verbrennung und unter Berücksichtigung einer unvollkommenen Verbrennung; dabei seien außer den auf S. 90 angegebenen Zeichen noch folgende verwandt:

$$\text{Verbrannte Kohlen in Kilogramm} = M,$$
$$\text{Temperatur der Gase in } °C \qquad = T.$$
$$\text{Temperatur der Außenluft in } °C = t.$$

Die mittlere spezifische Wärme zwischen t und T für 1 kg (1 m³) sei

c_{p_1} ($\mathfrak{C}_{p_1}$) für Kohlensäure, c_{p_4} ($\mathfrak{C}_{p_4}$) für Wasserdampf,
c_{p_2} ($\mathfrak{C}_{p_2}$) ,, Sauerstoff, c_{p_5} ($\mathfrak{C}_{p_5}$) ,, Kohlenoxyd,
c_{p_3} ($\mathfrak{C}_{p_3}$) ,, Stickstoff, c_{p_6} ($\mathfrak{C}_{p_6}$) ,, Methan,

wobei für die zweiatomigen Gase O_2, N_2, CO die spezifischen Wärmen für 1 m³ gleich groß sind (vgl. Zahlentafel 7).

a) Abgasverlust durch fühlbare Wärme der Rauchgase bei vollkommener Verbrennung (ohne CO-Bildung).

Es wird unter Verwendung der Formel 42a) auf S. 94, wenn man in Kilogramm rechnet, der Verlust V durch freie Wärme der Abgase in Wärmeeinheiten, wenn o, n, k aus der Gasuntersuchung bekannt sind, genau:

$$V = M\left[3{,}667 \cdot C' \cdot c_{p_1} + 1{,}432\, K' \cdot \frac{o}{k} \cdot c_{p_2} + 1{,}254\, K' \frac{n}{k} \cdot c_{p_3} \right.$$
$$\left. + (9\,H' + W)\, c_{p_4}\right] (T - t) \quad \ldots \ldots \quad 56)$$

Vernachlässigt ist hierbei der Wassergehalt der Verbrennungsluft (der bei der Berücksichtigung sonst zu W zu zählen wäre) sowie der geringe Gehalt der Gase an schwefliger Säure. Sämtliches Wasser W der Kohle ist in den Gasen enthalten.

Für viele Rechnungen ist die Benutzung des Rauminhaltes bezogen auf $^o/_{760}$ bequemer; durch Teilen der einzelnen Glieder obiger Gleichung mit den jeweiligen spezifischen Gewichten und Einsetzen der mittleren spezifischen Wärmen für 1 m³ ergibt sich dann der Verlust in Wärmeeinheiten genau:

$$V = M\left[1{,}865\,C'\left(\mathfrak{C}_{p_1} + \frac{o}{k}\mathfrak{C}_{p_2} + \frac{n}{k}\cdot\mathfrak{C}_{p_3}\right) + \frac{9\,H' + W}{0{,}804}\cdot\mathfrak{C}_{p_4}\right](T - t)\;56\,\mathrm{a})$$

Unter Berücksichtigung der Beziehungen auf S. 93 und wenn man für trockene Gase die mittlere spezifische Wärme für 1 kg = 0,32 und für Wasserdampf = 0,48 setzt, erhält man die sogenannte Vereinsformel:

$$V = M\left[0{,}32\,\frac{C'}{0{,}536\cdot k} + 0{,}48\,\frac{9\,H + W}{100}\right](T - t)\;.\;.\;56\,\mathrm{b})$$

Man stützt sich dabei darauf, daß nach Zahlentafel 8 die mittlere spezifische Wärme der trockenen Verbrennungsgase sich mit dem Kohlensäuregehalte nur unwesentlich ändert, so daß ein Mittelwert eingesetzt werden kann; doch ist es besser bei den höheren Temperaturen mit 0,33 statt 0,32 zu rechnen.

Führt man diese Rechnungen für verschiedene Kohlensorten und für verschiedenen Luftüberschuß aus, so merkt man, da die Zusammensetzung der Abgase nach früheren Untersuchungen bei gleichem Luftüberschusse sich nicht mehr wesentlich mit der Kohlensorte ändert, daß der Wärmeverlust in erster Linie abhängig ist von dem Temperaturunterschiede zwischen Abgasen und Außenluft und von dem CO_2-Gehalte der Abgase; man kann dann, ohne den Heizwert der Kohle kennen zu müssen, unter Annahme vollkommener Verbrennung des gesamten Brennstoffes für überschlägige Rechnungen, die aber für die meisten Bedürfnisse genügen, den Wärmeverlust in Prozenten ermitteln aus der Siegertschen Formel für Steinkohlen:

$$V = 0{,}65\,\frac{T - t}{k}\,,\;\ldots\ldots\ldots\;56\,\mathrm{c})$$

wenn k den Kohlensäuregehalt der Abgase in Hundertsteln bedeutet.

Diese Formel ist allerdings nur so lange genau, als unverbrannte Gase unter 0,3 Raumteilen vorhanden sind, darüber hinaus zeigt sie zu große Werte an (vgl. S. 129).

Die Formel gestattet eine zeichnerische Auftragung in einem Schaubilde 21, das eine überaus klare Vorstellung von dem Zusammenhang des Temperaturunterschiedes zwischen Abgasen und Außenluft, dem

CO$_2$-Gehalte der Abgase und dem Abgasverluste bietet und sehr übersichtlich zeigt, wie sich eine Änderung der Temperatur oder des CO$_2$-Gehaltes auf den Abgasverlust bemerkbar macht. Für Braunkohlen gilt das zweite Bild mit etwas höheren Werten (vgl. Formel 57a). Man kann aus dieser Darstellung ersehen, daß bei gleicher Abgastemperatur der unvermeidliche Verlust um so geringer wird, je höher der Kohlensäuregehalt ist: desgleichen bei demselben Kohlensäuregehalte um so geringer,

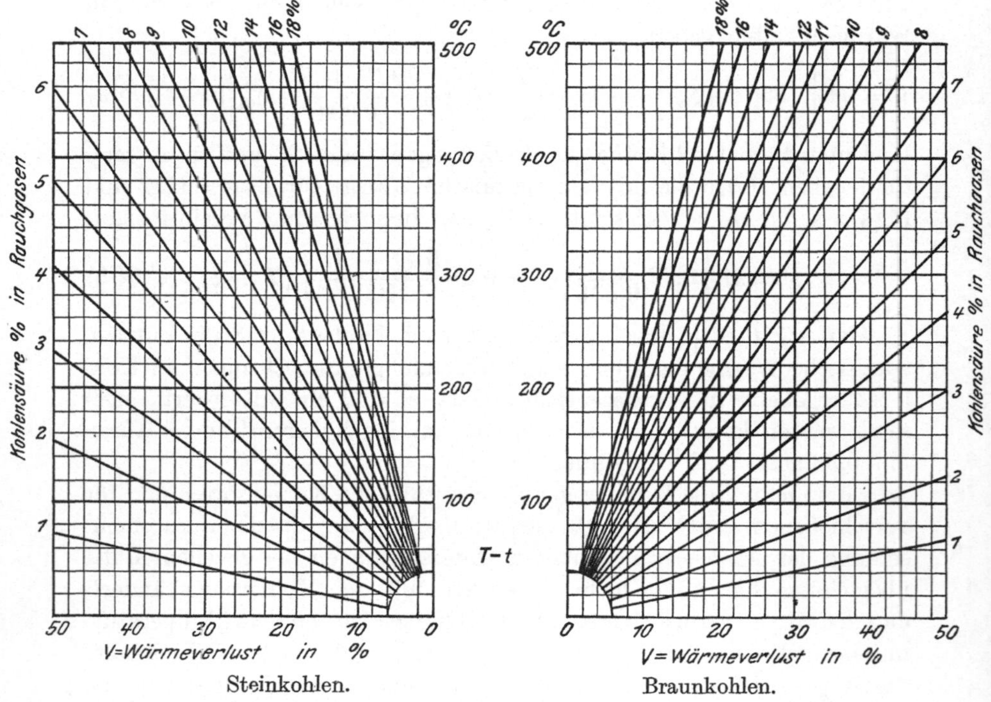

Abb. 21. Wärmeverluste durch die fühlbare Wärme der Verbrennungsgase in Prozent des Kohlenheizwertes.

je niedriger die Fuchstemperatur ist. So beträgt z. B. bei 280° Unterschied zwischen Abgas- und Kesselhaustemperatur der Abgasverlust für Steinkohlen 34% bei 6% Kohlensäure, während er bei 10% Kohlensäure auf 21% sinkt.

Zu überschlägigen Rechnungen genügt die Darstellung vollständig, besonders um rasch die Wirkung eines Eingriffes in den Verbrennungsvorgang zu überblicken, oder auch um z. B. festzustellen, welche Verbesserung des Wirkungsgrades durch Herabkühlen der Gase beim Einbau eines Rauchgasvorwärmers erzielt wird. Als Anhalt mag dabei dienen, daß im Durchschnittsbetriebe die Gase im Fuchs vor dem Schornsteine gemessen einen CO$_2$-Gehalt von 9—12% besitzen.

b) Abgasverluste durch fühlbare Wärme der Rauchgase bei unvollkommener Verbrennung.

Ist die Verbrennung nicht vollkommen vor sich gegangen, sondern ist eine Bildung von Kohlenoxyd, Methan und Ruß entstanden, so wird dieses nicht ohne Einfluß auf die freie Wärme der Abgase bleiben; neuere Untersuchungen von Constam und Schläpfer haben erwiesen, daß dann die einfache Überschlagsformel nicht genaue Ergebnisse bietet. Hassenstein[1]) hat versucht, in einer Formel, welche, ohne den langen Umweg über die Zusammensetzung des Brennstoffes, sich nur auf die Untersuchung der Gase aufbaut, diesen Verhältnissen Rechnung zu

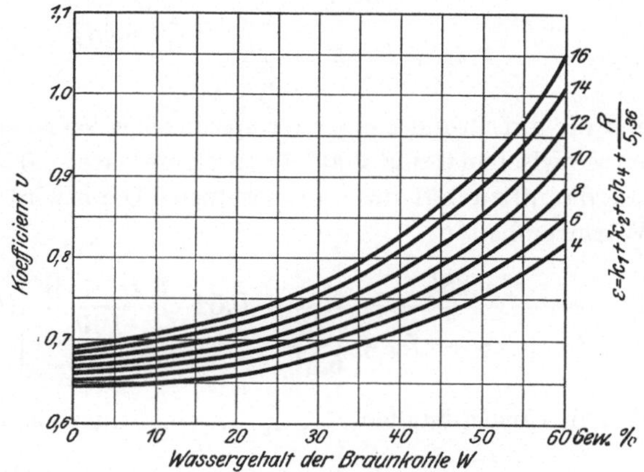

Abb. 22. Abgasverlust durch fühlbare Wärme für Braunkohlenfeuerung berechnet nach $V = v \cdot \dfrac{T-t}{\varepsilon}$ in Prozent.

tragen. Er geht davon aus, daß etwas Kohle unverbrannt durch den Rost fällt und setzt für mittlere Verhältnisse den Verlust an Kohle $= 3\%$, die spezifische Wärme der trockenen Rauchgase $= 0,32$ für $1\,\text{m}^3$, die von Wasserdampf $= 0,37$ und $CO_2 + CO + CH_4 + 0,37\,S = 10\%$; dabei nimmt er für die Steinkohle als höchsten CO_2-Gehalt der Gase $19,0\%$ an.

Dann gilt für den Abgasverlust für Steinkohle als sehr genaue Formel

$$V = 0{,}65 \cdot \frac{T-t}{k_1 + k_2 + ch_4 + 0{,}33} \text{ in Prozent.} \quad . \quad . \quad 57)$$

Für Braunkohle stellt Hassenstein eine ähnliche Formel auf:

$$V = v \cdot \frac{T-t}{\varepsilon} \text{ in Prozent,} \quad . \quad . \quad . \quad . \quad . \quad 57\text{a})$$

---

[1]) Hassenstein, Z. f. Dampfk. u. M. 1910, S. 26 u. 173.

worin $\varepsilon = k_1 + k_2 + ch_4 + \dfrac{R}{5,36}$ bedeutet, und v aus vorstehendem Schaubilde 22 entnommen werden kann; R kann $1-3$ g für 1 m³ Gas gesetzt werden.

v hängt also vom Wassergehalte der Kohle und von ε zugleich ab und kann nicht als konstant gesetzt werden wie bei Steinkohle. Infolge des hohen Wassergehaltes der Braunkohle kann eine einfachere Rechnungsweise nicht gegeben werden.

Ist der Kohlenstoffgehalt des Brennstoffes bekannt, so kann man die entstehende Gasmenge in m³ $^0/_{760}$ nach Formel

$$G_{\mathrm{m^3}} = \frac{1,865\,C'}{k_1 + k_2 + ch_4 + \dfrac{R}{5,36}} + \frac{9\,H' + W}{0,804} \quad \ldots \ldots 58)$$

berechnen und die auf Grund steigender spezifischer Wärmen gewonnenen Mittelwerte zwischen 0 und 300° für trockene Gase zu 0,325 für 1 m³ und für Wasserdampf zu 0,51 für 1 kg einsetzen. Dann wird der Abgasverlust in Wärmeeinheiten:

$$V = M\left[0,325 \cdot \frac{1,865\,C'}{k_1 + k_2 + ch_4 + \dfrac{R}{5,36}} + 0,51 \cdot \frac{9\,H' + W}{100}\right](T-t)\,58a)$$

C', H', W sind in Gewichtsteilen, k_1, k_2, ch_4 in Raumteilen eingesetzt (vgl. S. 91).

Diese letzte Formel dürfte wohl die genaueste und bequemste sein, wenn man wenigstens den Kohlenstoffgehalt des Brennstoffes kennt: sonst ist Formel 57) fast gleichwertig. Man muß natürlich für ganz genaue Rechnungen die hier als feste Zahlen eingesetzten spezifischen Wärmen durch die für die jeweiligen Temperaturgrenzen passenden ersetzen (vgl. S. 32).

Diese Überschlagsformeln für V werden in ihren Ergebnissen naturgemäß etwas voneinander abweichen, weil sie in ihrer Ableitung von verschiedenen Grundlagen ausgehen und, um eben einfach zu werden, Mittelwerte statt der wirklichen Werte verwenden; doch bleibt in vielen Fällen, wenn man die Zusammensetzung der Kohle nicht genau kennt, keine andere Rechnungsmöglichkeit übrig.

Der Fehler dieser Formeln beträgt indes höchstens etwa 6% vom Endwerte, so daß also die praktisch gute Anwendungsmöglichkeit gegeben ist.

Beispiel 14. Es möge ein Zweiflammrohrkessel von 100 m² Heizfläche mit 22 kg Dampf auf 1 m² Heizfläche und Stunde beansprucht werden bei 8 at Überdruck. Dabei werden verbrannt 300 kg schlesische Steinkohle nach Zahlentafel 34, S. 78. Die Verbrennungsgase ziehen mit 310°, gemessen vor dem Schieber, ab; die Außentemperatur betrage 20° C. Es werde der Abgasverlust ermittelt, wenn die trockenen Gase in Raumteilen enthalten $CO_2 = 9,0\%$, $CO = 0,5\%$, $O_2 = 10,2\%$, $N_2 = 80,3\%$. Der Verlust an Aschendurchfall betrage 3%, bezogen auf die zur Verbrennung gelangende Kohle.

Da 1 kg Kohle 0,73 kg Kohlenstoff besitzt und 3% davon mit der Asche verlorengehen, so bleiben für die Verbrennung nur noch 0,71 kg C übrig.

Gerechnet nach Kilogramm nach Formel 56) wird mit steigender spezifischer Wärme unter Annahme vollkommener Verbrennung:

$$V = 300 \left[3,667 \cdot 0,71 \cdot 0,221 + 1,43 \cdot 1,865 \cdot 0,71 \cdot \frac{10,2}{9,0} \cdot 0,218 \right.$$

$$\left. + 1,254 \cdot 1,865 \cdot 0,71 \cdot \frac{80,3}{9,0} \cdot 0,250 + (9 \cdot 0,045 + 0,038) \cdot 0,524 \right] (310 - 20),$$

$$V = 300 \, [0,576 + 0,463 + 3,71 + 0,232] \cdot 290 = 300 \cdot 5,00 \cdot 290,$$
$$V = 435\,000 \text{ WE für 1 st.}$$

Der Heizwert der Kohle betrug 6900 WE. In Beziehung zu der eingelieferten Wärme gesetzt, wird der Verlust durch die freie Wärme der Abgase:

$$= 100 \cdot \frac{435\,000}{6900 \cdot 300} = \mathbf{21,0\,\%}.$$

Rechnet man nach der Vereinsformel 56 b), so ergibt sich ohne Rücksicht auf unvollkommene Verbrennung:

$$V = 300 \left[0,32 \cdot \frac{71}{0,536 \cdot 9,0} + 0,48 \cdot \frac{9 \cdot 4,5 + 3,8}{100} \right] 290$$

$$= 300 \cdot 4,92 \cdot 290 = 428\,000 \text{ WE,}$$

$$\text{Verlust} = \mathbf{20,7\,\%}.$$

Setzt man die Werte in die genauere Formel 58a) ein, worin die unvollkommene Verbrennung berücksichtigt ist, so wird

$$V = 300 \left[0,325 \, \frac{71 \cdot 1,865}{9,0 + 0,5} + 0,51 \cdot \frac{9 \cdot 4,5 + 3,8}{100} \right] \cdot (310 - 20)$$

$$= 300 \, (4,53 + 0,226) \cdot 290 = 300 \cdot 4,756 \cdot 290 = 413\,500 \text{ WE;}$$

das ergibt $\mathbf{19,9\,\%}$ Verlust.

Die Siegertsche Formel ergibt:

$$V = \frac{0,65 \cdot (T - t)}{k} = \frac{0,65 \cdot 290}{9,0} = 21,0\,\%$$

und mit der Annäherungsformel nach Hassenstein, Formel 57), rech
net sich

$$V = \frac{0,65 \cdot 290}{9,0 + 0,5 + 033} = 19,1\,\%.$$

Der letzte und besonders der drittletzte Wert dürften wohl die zuverlässigsten sein.

c) Der Verlust durch unverbrannte Gase.

Unverbrannte Bestandteile in den Abgasen, meist schwere Kohlenwasserstoffe und hauptsächlich Kohlenoxyd, weisen stets auf eine Störung im Kesselbetrieb hin; ihre Entstehung ist unter allen Umständen
zu vermeiden. Bis heute besitzt jedoch die Technik kein einfaches Hilfsmittel, um das Vorhandensein und die Größe ihres Betrages in den Abgasen festzustellen. Denn da in schlimmen Fällen nur $1-2\%$ auftreten, so ist die vielfach angewendete Bestimmung mittels ammoniaka-
lischen Kupferchlorürs ziemlich unsicher, da für so kleine Mengen die
Lösung nie einwandfrei arbeitet, einmal, weil sie sehr schwach aufsaugt,
und dann, weil sie die Eigentümlichkeit hat, bei einiger Sättigung bereits
wieder Gase auszuscheiden. Da es sich nun in den meisten Fällen darum
handelt, überhaupt das Auftreten von unverbrannten Gasen, die man
als CO anspricht, festzustellen, um dann sofort Gegenmittel zu ergreifen,
so genügt vielfach das auf S. 109 gegebene Verfahren zur Feststellung
von $CO_2 + O_2$ aus der Gasuntersuchung und Vergleichen dieser Summe
mit Schaubild 17 und 19.

Auch für länger ausgedehnte Versuche, bei denen viele Gasproben
in kurzen Abständen genommen worden sind, reicht dieses Verfahren
aus, das immerhin den Betrag von CO auf etwa $0,2-0,3$ Hundertteile
genau angibt.

Zahlen-

Zusammensetzung der Ab-

1	2	3	4	5	6	7	8
Temperatur in °C der		Zusammensetzung der Abgase in Raumteilen					Ruß
Verbren-nungsluft $t°$	Abgase $T°$	CO_2	CO	H	O	N	g/m³
30,0	334	11,42	0,55	0,24	8,47	79,31	1,631
29,3	330	11,30	1,01	0,76	7,01	79,92	2,126
26,2	338	9,93	1,14	0,72	10,38	77,82	3,438
23,0	326	11,83	3,45	1,51	4,10	79,09	5,503
27,5	341	9,70	0,04	0,25	10,66	79,32	0,654
24,5	328	9,06	0,05	0,28	10,24	80,35	0,877
31,2	355	10,34	0,02	0,32	10,07	78,25	1,868
30,3	347	10,21	0,03	0,27	10,60	78,86	1,676

Genaue Verfahren zur Bestimmung von unverbrannten Gasen finden sich verschiedenfach in der Literatur[1]) beschrieben. Sie beruhen auf der gravimetrischen Analyse, welche die sichersten Werte ergibt. Man führt die Untersuchung entweder sofort an Ort und Stelle aus, was allerdings sehr umständlich ist, oder sammelt über einer 50 proz. Glyzerinlösung als Sperrflüssigkeit eine Durchschnittsprobe über den ganzen Versuch an und untersucht sie im Laboratorium.

Neuerdings sind auch einfachere Apparate für Absorption von CO und Bestimmung von CH_4 durch Leiten über glühenden Platinschwamm für Vornahme von Untersuchungen im Kesselhause in Handel gekommen.

Auf Grund der Kenntnis, daß die CO-Bildung hauptsächlich auftritt, wenn Luftmangel herrscht, ist demnach in erster Linie ein über etwa 15% gehender CO_2-Gehalt der Gase, gemessen hinter dem Flammrohre, zu vermeiden, weil man sonst mit Sicherheit CO-Bildung in den Abgasen befürchten muß. Außerdem wachsen die Verluste durch unvollkommene Verbrennung mit dem Gehalte der Kohlen an flüchtigen Bestandteilen an (vgl. S. 71).

Welche Änderungen im Rechnungsgange für die Bestimmung der Gasmengen und des Luftbedarfes ein Vorkommen von CO bedingen, wurde im Abschnitt 7 und 8 besprochen.

In eine Formel gefaßt, ergibt sich der Verlust durch unvollkommen verbrannte Gase in Hundertsteln, genau gerechnet, zu

$$v_u = G \cdot \frac{3046 \cdot k_2 + 8573\,ch_4 + 2598 \cdot h}{H} \quad \ldots \ldots \ 59)$$

---

[1]) Eberle und Zschimmer, Z. d. Bayer. Rev. V. 1906, S. 123; Haier, Feuerungsuntersuchungen 1906, S. 14, und Constam und Schläpfer, Z. d. V. d. I. 1909, S. 1931 u. 1972.

tafel 41.

gase und Abgasverluste.

9	10	11	12	13	14	15
Verlust durch freie Wärme der Abgase %			Verlust durch unverbrannte Gase %			Verluste durch Ruß % nach Constam und Schläpfer
nach Gleichung 57)	$\dfrac{0,65\,(T-t)}{k}$	Constam und Schläpfer	nach Gleichung 59 a)	Constam u. Schläpfer	nach $\dfrac{70 \cdot k_2}{k_1 + k_2}$	
16,1	17,3	16,6	3,7	3,6	3,2	2,1
15,4	17,3	15,4	7,8	7,5	5,7	2,5
17,8	20,4	17,6	9,2	8,6	7,2	4,6
12,6	16,7	12,9	18,1	17,2	15,8	5,3
20,2	21,0	21,1	1,5	1,5	0,3	1,0
20,9	21,9	21,6	1,8	1,8	0,4	1,5
19,7	20,4	20,6	1,6	1,6	0,2	1,3
19,5	20,2	20,3	1,5	1,5	0,2	2,5

Darin bedeuten G die Gasmenge in Kubikmetern für 1 kg Brennstoff und H den Heizwert des Brennstoffes, k_2, ch_4, h die Bestandteile an Gasen in Raumteilen.

G ist nach einem der Verfahren in Abschnitt 8 einzusetzen. Es ist in dieser Formel die in den Gasen noch vorhandene Verbrennungswärme in Beziehung gesetzt zum Kohlenheizwerte.

Für Steinkohle unter Annahme eines höchsten CO_2-Gehaltes von 19,0% (vgl. Zahlent. 38) gilt folgende Näherungsformel[1]):

$$v_u = \frac{3046\,k_2 + 8573\,ch_4 + 2598 \cdot h}{17 + 51\,(k_1 + k_2 + ch_4)} \text{ in Prozenten, } \quad \ldots \quad 59\text{a})$$

Brauß gibt folgende einfache Näherungsformel für alle Kohlen an, die vielfach genügt:

$$v_u = \frac{70 \cdot k_2}{k_1 + k_2} \text{ in Prozenten, } \ldots \ldots \ldots 59\text{b})$$

Beispiel 15. Das Rechnungsbeispiel auf S. 124 möge die Überlegung verdeutlichen, es ergibt sich nach Formel 43), S. 96, eine trockene Gasmenge von $^0/_{760}$:

$$G_{\text{m}^3} = \frac{71}{0{,}536\,(9{,}0 + 0{,}5)} = 13{,}92 \text{ m}^3\,.$$

Es sind daher $0{,}005 \cdot 13{,}92 = 0{,}0696$ m³ CO in den Gasen noch enthalten; diese ergeben noch eine Wärme von $0{,}0696 \cdot 3046 = 212$ WE bei vollkommener Verbrennung zu CO_2. Da der Heizwert der Kohle 6900 WE betrug, wird also der Verlust durch unvollkommene Verbrennung $\frac{212}{6900} = 3{,}18\%$ oder, aus der Formel 59) gerechnet:

$$v_u = \frac{13{,}92 \cdot 3046 \cdot 0{,}5}{6900} = 3{,}18\%\,.$$

Nach der Annäherungsformel 59 b rechnet sich nicht wesentlich verschieden:

$$v_u = \frac{70 \cdot 0{,}5}{9{,}0 + 0{,}5} = 3{,}7\%\,.$$

Man sieht also, der Verlust ist trotz der geringen Menge CO = 0,5 % recht beträchtlich. Man kann als überschlägigen Wert für 1% CO in den Abgasen einen Verlust von 6—7% rechnen.

---

[1]) Hassenstein, Unvollkommene Verbrennung. Z. f. Dampfk. u. M. 1910, S. 28 ff.

Genauigkeitsgrenzen der Formeln.

Zur Kritik der Genauigkeit der Formeln 57) und 59a) für Steinkohle

$$V = 0{,}65 \frac{T-t}{k_1 + k_2 + ch_4 + 0{,}33}$$

und

$$v_u = \frac{3046 \cdot k_2 + 8573\, ch_4 + 2598 \cdot h}{17 + 51\,(k_1 + k_2 + ch_4)}$$

seien an Hand eingehender Berechnungen auf Grund von genauen Gas-untersuchungen nach E. J. Constam und P. Schläpfer[1]) noch einige Vergleichswerte für Steinkohlengase gegeben, welche man bei Verwendung obiger Formeln erhält (vgl. Zahlentafel 41 und Auf-stellung S. 129).

Mit der genauen Berechnung, nach Spalte 9 und 11 verglichen, gibt die Formel $0{,}65 \dfrac{T-t}{k}$ übereinstimmende Werte, solange die unver-verbrannten Gase unter 0,3% bleiben; darüber hinaus nimmt der Fehler rasch zu, bis er z. B. bei 4,96% unverbrannten Gasen schon 29% beträgt, ein Fall, wie er in der Praxis allerdings nur in kurzen Zeitabschnitten, z. B. kurz nach der Beschickung und bei starkem Luftmangel, eintreten kann. Die Rechnungen nach Spalte 9, 11, 12, 13 stimmen in allen Fällen gut überein; auch dürfte die Formel 59b) für die meisten Fälle der prak-

	Bedingungen, unter welchen d. relative Fehler kleiner als 4 bis 6% ist	Den Formeln zu-grunde ge-legte mittl. Werte
Temperatur der Verbrennungsluft $= t^\circ$ C	0—50	20
„ „ Verbrennungsgase $= T^\circ$ C	200—400	300
Gehalt der Verbrennungsgase an CO_2, Raumteile . .	5—15	10
„ „ $CO_2 + CO + CH_4 + \dfrac{R}{5{,}36}$, Raumteile	5—15	10
Höchster CO_2-Gehalt der Verbrennungsgase bei voll-kommener Verbrennung ohne Luftüberschuß Raumteile	18—20	19
$\dfrac{9H+W}{C} = \dfrac{\text{Gesamt-Verbrennungswasser}}{\text{Kohlenstoff}}$	0,179—0,87	0,525
$\dfrac{W}{C} = \dfrac{\text{Wasser (hygroskop.)}}{\text{Kohlenstoff}}$	0—0,126	0,027
$\dfrac{S}{C} = \dfrac{\text{Schwefel}}{\text{Kohlenstoff}}$	0—0,035	0,019
$\dfrac{C'}{C} = \dfrac{\text{Korrigierter Kohlenstoff}}{\text{Kohlenstoff}}$	0,99—0,95	0,97
Ruß in Gramm für 1 m³ Gase $= R$	0—4	2

[1]) Z. d. V. d. I. 1909, S. 1837 ff. u. 1884.

tischen Rechnung genügen, zumal die Bestimmung von CO gewöhnlich nicht sehr genau vorgenommen wird.

Des ferneren ist noch zu beachten, daß alle Näherungsformeln für den Abgasverlust, welche den Verlust durch unverbrannte Gase nicht berücksichtigen, bis etwa 1% unverbrannte Gase doch noch genügend genaue Werte ergeben; man errechnet nämlich bei ihrer Anwendung den Verlust durch fühlbare Wärme etwas zu hoch, falls unverbrannte Gase dabei sind; doch wird dieser Fehler dadurch wieder ziemlich ausgeglichen, daß zu dem Wärmeverlust durch fühlbare Wärme, berechnet nach genauem Verfahren, noch derjenige durch unverbrannte Gase hinzutritt. Das Wichtigste ist in allen Fällen, daß der CO_2-Gehalt richtig, und seinem Mittelwert über die Versuchszeit entsprechend, festgestellt wird, weil derselbe den Abgasverlust am meisten beeinflußt. Denn der Fehler, der durch falsche Bestimmung des Mittelwertes von CO_2 gemacht werden kann, ist wesentlich größer als der Einfluß der verschiedenen Rechnungsweisen. Die Bestimmung des CO_2-Gehaltes durch Einzelproben mittels Orsatapparates hat also in sehr kurzen Zwischenräumen hintereinander zu erfolgen, am besten in Abständen von 3—5 Minuten.

d) Verlust durch Aschenrückstände und Schlacke.

Bei jeder Feuerung fallen durch die Spalten des Rostes unverbrannte Kohlenstückchen hindurch, andere werden von den Schlacken eingeschlossen und beim Abschlacken mit herausgezogen. Verbunden hiermit ist ein Verlust durch den Wärmeinhalt der glühenden Schlacke. Schmilzt die Schlacke schwer, so kann die Kohle meist vollständig ausbrennen, schmilzt sie leicht, so umschließt sie vorzeitig die Kohlenteilchen. Schüren wirkt durch Vermengen der Kohle und Schlacke meist ungünstig auf die Schlackenbildung ein. Hohe Schichttemperatur bringt die Schlacke dem Fließen nahe, niedrige verhindert das Ausbrennen. Bei guter Bedienung und der Kohlenart angepaßten Rosten wird der Verlust 2—3% selten übersteigen.

Zur Bestimmung des Aschenverlustes geht man wie folgt vor: Man ermittelt die während des Versuches entstehende Aschen- und Schlackenmenge, indem man z. B. bei Planrosten $1/_2$ Stunde vor Beginn und Ende des Versuches abschlackt; den Prozentsatz Verbrennliches bestimmt man durch Ausglühen einer Aschenprobe. Den verbrennbaren Bestandteil setzt man als Kohlenstoff in Rechnung mit einem Heizwert von 8100 WE für 1 kg. Die in den gesamten Rückständen enthaltene Menge C in kg, multipliziert mit 8100 WE, in Beziehung gesetzt zu der Wärmemenge, die in den gesamten verfeuerten Kohlen enthalten ist, gibt den Verlust durch Asche und Schlacke in Hundertteilen an.

Es ergibt sich also folgende Formel für den Verlust durch Herd-rückstände in Prozenten:

$$v_h = \frac{\alpha \cdot A \cdot 8100}{M \cdot H} \text{ in Prozenten, } \quad \dots \dots \dots \dots \quad 60)$$

wenn die Rückstände $\alpha\%$ Verbrennliches enthielten und insgesamt A kg Rückstände vorhanden sind, in M kg verbrannten Kohlen mit einem Heizwerte H.

Beispiel 16. Es seien verbrannt in 1 st 1300 kg Steinkohle von 7100 WE; übrig blieben 133 kg Asche und Schlacke, worin 23% Verbrennliches enthalten waren. Dann finden sich in den Rückständen $0{,}23 \cdot 133 \cdot 8100 = 258\,000$ WE, und es wird

$$v_h = \frac{23 \cdot 133 \cdot 8100}{1300 \cdot 7100} = 2{,}7\%.$$

e) Verlust durch Flugkoks.

Ein solcher kann besonders bei minderwertigen Brennstoffen, die verstärkten Zug erfordern, in erheblichem Maße auftreten als Folge des Emporwirbelns der Brennstoffteile. Kohlenteilchen schweben bei 1 mm² Querschnitt bereits bei einer Luftströmung von 3 bis 4 m/sk. Unter-wind- und Braunkohlenfeuerungen verursachen leicht Flugstaubverluste, Wurffeuerungen auch, aber in geringem Maße. Diese Verluste erklären oft den niedrigen Wirkungsgrad von Unterwindfeuerungen.

Der Verlust beträgt im Mittel 3—5% bei Braunkohlenfeuerungen und Unterwindanlagen, ist bei reinen Steinkohlenfeuerungen indes wesentlich geringer. In ungünstigen Fällen kann er aber wesentlich höhere Werte annehmen.

f) Wärmeverlust durch Ruß in den Verbrennungsgasen.

Da der Ruß reiner Kohlenstoff ist, welcher sich durch ungünstige Verhältnisse beim Verbrennungsvorgange (vgl. S. 70 ff.) ausgeschieden hat, so ist für 1 kg Ruß ein Verbrennungswert von 8100 WE einzusetzen, für 1 g also 8,1 WE. Enthielten die Abgase noch, auf 1 m³ trockene Gase gemessen, R g Ruß, so wird also der Verlust in Hundertsteln durch den Ruß:

$$v_r = \frac{G \cdot R \cdot 8{,}1}{H} \cdot 100 \text{ in Prozenten } \quad \dots \dots \dots \quad 61)$$

H ist der Heizwert der Kohle in WE; G ist die Zahl der Kubikmeter trockener Gase $^0/_{760}$ für 1 kg Kohle.

Über die Höhe dieses Verlustes gibt Zahlentafel 41, Spalte 15, Auskunft. Er wird bei Steinkohlenfeuerungen selten mehr als 1—3% ausmachen, weil die Ursachen für stärkere Rauchbildung nur immer kurze Zeit andauern. Bei sehr starkem, flockigem Rauch kann man $R = 3$ setzen, bei dunklem Rauche $R = 2$.

Die Rußentwicklung hängt allerdings sehr stark von der Kohlensorte ab; sie ist größer bei langflammigen, also gasreichen Kohlen, als bei kurzflammigen; und der Verlust durch Rußbildung wächst im allgemeinen mit der Menge der flüchtigen Bestandteile der zur Verbrennung kommenden Kohle. Flüchtige Bestandteile sind die beim Glühen der Kohle entstehenden Gase sowie die gasförmigen Anteile des Teers und des Pechs.

Allerdings kann während der Zeit der starken Rauchbildung zugleich ein beträchtlicher Verlust durch unverbrannte Gase sich mit einstellen, weil die auf Rauchbildung wirkenden Ursachen ebenfalls der Bildung von unverbrannten Gasen günstig sind. Jedoch nimmt auch dieser Verlust mit zunehmender Verbrennung der aufgeworfenen Brennstoffmenge rasch ab.

Ein starkes Rauchen der Schornsteine soll daher stets vermieden werden, nicht zum wenigsten auch wegen der anderen Übelstände, die es im Gefolge hat, wie das Verschmutzen der umliegenden Häuser und Wohnungen, wodurch die Nachbarschaft verstimmt wird, das Beschädigen von Pflanzungen in der Umgebung usw. Und in der Tat kann ja auch die Rauchbildung stets durch allerlei Mittel auf ein unschädliches Maß beschränkt werden.

Beispiel 17. Das aus der Kohle von 7100 WE in Beispiel S. 131 entwickelte Gas besaß 1,63 g Kohlenstoff $= R$ auf 1 m³ Gas; aus 1 kg Kohle wurden entwickelt 11,9 m³ Gas $^0/_{760}$ bei 11,4% CO_2; daraus ergibt sich

$$v_r = \frac{11,9 \cdot 1,63 \cdot 8,1}{7100} \cdot 100 = 2,2\%.$$

g) Verlust durch Strahlung und Leitung.

Dieser Betrag, der gewöhnlich bei Heizversuchen als Restglied bestimmt wird, also nach Abzug der jeweilig gemessenen sonstigen Verluste, enthält eine Reihe von Gliedern.

Das warme Mauerwerk und die aus demselben herausragenden Teile des Kessels, der Feuerung usf. strahlen Wärme (S_1) auf die gegenüberstehenden Gegenstände aus und geben durch Berührung Wärme (S_2) an die Luft ab. Diese einzelnen Wärmeverluste hängen ab von der Oberflächentemperatur des Mauerwerkes und der Eisenteile, der umgebenden Lufttemperatur, der Dicke und dem Zustande der Mauerschicht, dem Strömungszustande der Luft, der Ventilation des Raumes usw. Die Temperatur der Wandoberfläche selbst ist abhängig von der Dicke des Mauerwerkes und dem Unterschiede zwischen Gastemperatur in den Zügen und Kesselhaustemperatur sowie der Leitungsfähigkeit des

Mauerwerkes, für die allerdings ein konstanter Wert $\lambda = 0{,}7$ gesetzt werden kann. Die Oberflächentemperatur des Mauerwerkes ist an allen Kesselstellen verschieden, am heißesten an der Rückseite bei Flammrohrkesseln und am Überhitzermauerwerke, am geringsten meist auf den Kesseln; am Mauerwerke steigt ein Luftstrom empor, der Wärme nach dem Dache mit hochführt, sich abkühlt und an anderer Stelle wieder herunterfällt; ein Teil dieser warmen Luft zieht auch durch offene Fenster und Mauerritze heraus, um so mehr, je stärker die Ventilation ist. An anderer Stelle zieht frische Luft in das Kesselhaus durch Tür und Fenster herein und mischt sich mit dem warmen Luftstrome, so daß recht verwickelte Strömungserscheinungen um die Kesselanlage herum vorhanden sind, und genau genommen an jeder Stelle des Innenraumes eine andere Lufttemperatur herrscht. Indes tritt im allgemeinen ein gewisser Beharrungszustand ein, so daß man durch Messung an verschiedenen Stellen immerhin einen ziemlich zuverlässigen Mittelwert erhalten kann. Das warme Mauerwerk strahlt Wärme aus und, da die umgebende Luft selbst nur sehr wenig davon verschluckt, wird diese Wärme zum Teil von den festen gegenüberstehenden Gegenständen, Wänden usw. aufgenommen und fortgeleitet, zum Teil, dem Strahlungsgesetze entsprechend, wieder an das Kesselmauerwerk zurückgeworfen. Stehen z. B. die Wände zweier im Betrieb befindlicher Kessel sich in nur geringem Abstande gegenüber, so daß beide strahlenden Außenwände annähernd gleiche Temperatur haben, so ist der eigentliche Strahlungsverlust an diesen Flächen sehr gering, und Wärme·wird nur durch aufsteigende bzw. vorbeistreichende Luft abgeführt; anders bei Kesselwänden, denen Fenster- oder Gebäudemauerwerk gegenübersteht. Bei engen und schlecht ventilierten Kesselhäusern wird durch Berührung und Strahlung weniger Wärme fortgeführt als bei geräumigen mit ihren größeren Strahlungsflächen und der besseren Lüftung. Außerdem wird durch den Boden unter den heißen Kesselzügen eine heute noch nicht bestimmbare Wärmemenge fortgeleitet.

Auch die Undichtigkeit des Kesselmauerwerkes ist von Einfluß, da die durch die Ritze einziehende Luft die Strömung im Kesselhause vermehrt, aber auch das Mauerwerk abkühlt, besonders wenn sich im Mauerwerk Luftzwischenräume befinden, die dann gewissermaßen als Luftschlote wirken.

Schwierig ist die Messung der Oberflächentemperatur des strahlenden Kesselmauerwerkes, zumal sie an jeder Stelle verschieden ist (vgl. Abschnitt 31 c).

Man sieht, es stellen sich einer genauen Messung der Ausstrahlungs- und Berührungsverluste nicht unbeträchtliche Schwierigkeiten gegenüber, die bei dem heutigen Stande der Wissenschaft noch nicht als überwunden gelten können. Deshalb haben die nachfolgenden Rechnungsweisen[1]), wenn sie in sich auch völlig richtig sind, nur als eine immerhin sehr gute Annäherung zu gelten. Genaue Versuche an Anlagen selbst tun hier noch dringend not. Folgende Überlegungen führen zum Ziele:

1. **Wärmeverluste, berechnet aus dem Wärmedurchgange**

$$Q = F \cdot z \cdot k \, (t_1 - t_2), \quad \ldots \ldots \ldots \ldots \ldots \; 62)$$

worin k = Wärmedurchgangszahl bedeutet, t_1 = Gastemperatur, t_2 = Kesselhaustemperatur, z = Zeit, F = Oberfläche in m².

Zahlentafel 42.

Wärmedurchgangszahl k für Ziegelmauerwerk (nach Rietschel).

Mauerstärke cm	Zwischenmauern	Außenmauern	
		bei Windstille	bei starkem Winde
12	2,53	2,68	3,54
25	1,81	1,90	2,28
38	1,39	1,43	1,65
51	1,12	1,15	1,29
64	0,94	0,97	1,06
77	0,81	0,83	0,90
90	0,72	0,73	0,78

k liegt nach den Versuchen von Rietschel für verschiedene Wandstärken fest; dagegen ist t_1 an allen Stellen der Züge verschieden; man müßte sich für bestimmte Flächenstücke mit angenäherten Mittelwerten begnügen; diese Formel ist daher unbequem.

2. **Besser ist die Berechnung, wenn man den gesamten Kesselblock als Heizkörper ansieht, der Wärme ausstrahlt und durch Berührung abgibt:**

$$Q = k \cdot F \cdot z \, (\vartheta - t), \quad \ldots \ldots \ldots \ldots \; 63)$$

worin k die Wärmeübergangszahl für Berührung und Strahlung zwischen Mauerwerk und Luft bedeutet, ϑ die äußere Kesselmauerwerks- bzw. Kesseltemperatur und t die Lufttemperatur.

Obgleich die Erhöhung der Gastemperatur in den Zügen die innere Wandtemperatur heraufsetzt, so wird doch die Außenseite des Kesselmauerwerkes sich bei schwacher und starker Inanspruchnahme des Kessels an jeder Stelle ziemlich gleich halten, weil der Temperaturabfall von Innenseite nach Außenseite im innersten Teile sehr groß ist und nach außen zu langsam verläuft. Es umfaßt k die Abkühlung durch Berührung des Mauerwerkes mit der Luft wie diejenige durch Strahlung; es steckt also in k die Wärmeübergangszahl α, die sich mit dem Bewegungszustande

---

[1]) Cario und Haier, Z. f. Dampfk. u. M. 1905, S. 171, 213, 244. — De Grahl, Z. f. Dampfk. u. M. 1910, S. 37.

der Luft ändert ($\alpha = 4$ bei ruhender Luft; $\alpha = 6-10$ bei bewegter Luft, vgl. Zahlent. 20), und der Strahlungswert C, welcher selbst wieder vom Baustoffe abhängt (vgl. S. 58). Doch sind über dieses k hinreichend Versuche und Literaturangaben vorhanden, so daß man mit guter Annäherung rechnen kann.

3. Am besten benutzt man aber zur Berechnung des Abkühlungsverlustes in WE/st die Strahlungsformel (vgl. S. 59) oder Formel 28 bzw. 34:

$$S_1 = F \cdot 0{,}5 \left[\left(\frac{T_1}{100} \right)^2 - 1{,}9 \right] (\vartheta - t) \,,$$

woraus sich der Strahlungsanteil ergibt; $\vartheta = $ Wandaußentemperatur, $t = $ Lufttemperatur, $T_1 = 273 + \vartheta$, $F = $ Oberfläche in m². Der Berührungsanteil der abgegebenen Wärme ermittelt sich aus:

$$S_2 = \alpha \cdot F (\vartheta - t) \,.$$

$\alpha = $ Wärmeübergangszahl durch Berührung zwischen Wand und Luft, $= 4$ bei ruhender Luft, $= 6-10$ bei bewegter Luft. Die Gesamtabkühlung ist dann in WE in 1 st:

$$Q = S_1 + S_2 = F (\vartheta - t) \left(\alpha + 0{,}5 \left[\left(\frac{T_1}{100} \right)^2 - 1{,}9 \right] \right) \quad \ldots \quad 64)$$

oder auch entsprechend Formel 34.

Gemessen werden müssen ϑ und t, wie sich aus obigem ergibt, naturgemäß an vielen Stellen; es geschieht dies am besten und technisch genau genug:

1. durch Thermoelemente, die mit einem flachen Eisenband dauernd angedrückt werden (vgl. Abschnitt 31 c);

2. durch Glasthermometer, die in eine flache Mauerwerkshöhlung (Fuge) gelegt und mit etwas Lehm verschmiert werden (nicht in einen Ritz stecken, durch den es „zieht");

3. durch flache, halbrunde, hohe Gefäße mit Ölfüllung und eingestecktem Thermometer, die dicht an das Mauerwerk gedrückt werden.

Nimmt man solche Messungen vor, so ist, wie schon oben erwähnt, der Einfluß der Veränderung der Gasinnentemperatur auf die Mauerwerksaußentemperatur ohne wesentlichen Einfluß. Da ja bei solchen Versuchen der Kesseldruck, also die Temperatur, in gleicher Höhe gehalten werden kann, so werden die aus dem Mauerwerk herausragenden Kesselteile, wie Dom, Stutzen, Kesselflächen usw., in ihrer Temperatur ebenfalls nicht von der Kesselleistung beeinflußt; ebensowenig die Temperaturen der Feuertüren, Aschenfallrahmen, des strahlenden Rostes usw. denn bei stärkerer Anstrengung des Kessels werden diese Teile wieder mehr durch den vergrößerten Schornsteinzug gekühlt und daher kaum stärker ausstrahlen als bei Kesselstillstand.

Die Wärmeabgabe des Kessels nach außen hin ist in ihrem absoluten Werte, also bei wechselnder Kesselbelastung, ziemlich gleichbleibend; dagegen nimmt sie naturgemäß im Verhältnis zum gesamten Wärmeaufwande mit steigender Belastung, also steigendem Kohlenbedarfe, ab.

Will man die immerhin etwas umständliche Berechnung vermeiden, so kann man an Stelle derselben nach Beendigung eines Heizversuches einen mehrstündigen „Stillstandsversuch" bei gleichweit geöffneten Türen und Fenstern durchführen. Dampf wird dem Kessel nicht entnommen, sondern es wird nur soviel Kohle verfeuert, wie nötig ist, um den Spannungsbeharrungszustand des Kessels beizubehalten; es wird also durch Kohlenaufgabe nur der Abkühlungsverlust gedeckt. Die gemessene Kohlenmenge in Beziehung gesetzt zum Kohlenbedarfe während des Hauptversuches gibt den Abkühlungsverlust in Hundertsteln an. Allerdings ist die so gemessene Kohlenmenge (und daher auch der Verlust in Hundertsteln) noch etwas zu groß, weil bei dem Verbrennen der Kohle die Verbrennungsgase mitsamt dem erwärmten Luftüberschusse nach der Esse abziehen und die Innenmauern abkühlen, während sie selbst eigentlich keinen Strahlungsverlust bedeuten.

Den Abkühlungsverlust kann man auch wie folgt ermitteln[1]): Nach Betriebsschluß wird das Feuer vom Roste entfernt, während die Schieber und Feuertüren geschlossen bleiben; dann gilt als Verlust durch Strahlung und Leitung für Lokomobilkessel:

$$Q = \frac{315\,000\,\varDelta_p \cdot H}{z\,(p+1)} \text{ in WE} \quad \ldots \ldots \quad 64\text{a})$$

Darin ist $\varDelta_p$ die in der Versuchszeit z in st beobachtete Druckabnahme in at; p ist der Anfangsdruck in at. absol., bei dem der Versuch begonnen wurde, und H die Kesselheizfläche in m². Diese Versuchsweise ist theoretisch einwandfrei für Kessel ohne außenliegende Feuerzüge, also für Rauchrohrkessel, Lokomobilkessel und kleine Quersiederkessel.

Beispiel 18 (Versuch). An einem Zweiflammrohrkessel von 103 m² Heizfläche und 7 at, der mit Fränkelfeuerung für Braunkohle von 2600 WE gefeuert und mit etwa 30 kg/m²/st beansprucht war, wurden folgende Messungen vorgenommen.

Kesseldruck . . . . at = 6,5
Überhitzertemperatur . . . . = 320°
Gastemperatur vor Eintritt in den Überhitzer . . . . . . = 545°
Gastemperatur bei Umkehr von Zug I nach II . . . . . . = 435°
Temperatur der Gase am Fuchsschieber . . . . = 405°
Lufttemperatur im Kesselhause ca. 2 m über Boden . . . t = 25°

---

[1]) Nach Hilliger, „Sparsame Wärmewirtschaft", Heft 3, S. 34.

Lufttemperatur im Kesselhause 2 m über den Kesseln . .$t_1 =$ 35°
Außentemperatur des Mauerwerkes an der Längsseite . . $\vartheta_1 =$ 76°
Außentemperatur auf der Kesseldecke . . . . $\vartheta =$ 65°

Der Kessel war in Bogenform eingemauert; die Seitenwände bestanden aus einer Mauer von 40 cm Gesamtstärke, innerhalb deren sich eine mit Diatomeenbruch gefüllte 5—7 cm starke Schicht befand. Der Kessel war mit 6,5 cm starken Kieselguhrsteinen abgedeckt, darüber befand sich eine Schicht Ziegelmauerwerk von 12,5 cm Stärke.

Der Verlust durch Berührung ermittelt sich zu:

$$S_2 = 5\,(65 - 25) = 200 \text{ WE/m}^2/\text{st.}$$

Der Verlust durch Ausstrahlung wird:

$$S_1 = 0{,}5\left[\left(\frac{273 + 65}{100}\right)^2 - 1{,}9\right](65 - 25)$$

$$= 0{,}5 \cdot 9{,}5 \cdot 40 = 190 \text{ WE/m}^2/\text{st.}$$

Der Gesamtverlust also $S_1 + S_2 = 190 + 200 = 390$ WE/m²/st. Bei einer Gesamtoberfläche der einen Kesselmauerseitenwand von 40 m² werden also $390 \cdot 40 = 15\,400$ WE/st ausgestrahlt; bei einem Wirkungsgrade der Anlage von 63% entspricht dies

$$\frac{15\,400}{2600 \cdot 0{,}63} = 9{,}5 \text{ kg Kohlen/st.}$$

Die Außentemperatur der Seitenwand ist etwas hoch, und es wäre bei Wiederausführung einer gleichen Kesselanlage eine etwas stärkere Mauer- oder Schutzschicht zu wählen; auch soll darauf geachtet werden, daß bei zwei Seitenzügen derjenige, in dem die Gase heißer sind, an die Seite gelegt wird, an welcher der Kessel gegen das Mauerwerk des danebenstehenden Kessels anstößt.

h) Der Wirkungsgrad.

Der Wirkungsgrad einer Kesselanlage gibt an, wieviel Hundertteile der in den verbrannten Kohlen enthaltenen Wärmemenge nutzbar im Dampf sich wiederfinden; er stellt also das Verhältnis dar:

$$\eta = \frac{\text{vom Dampfe aufgenommene Wärmemenge}}{\text{aufgewendete Wärmemenge}} \quad . \quad . \quad . \quad . \quad 65)$$

Die an den Dampf nutzbar übergeführte Wärme ergibt sich aus der Gesamterzeugungswärme i'' des Dampfes (vgl. Dampftafel am Schlusse), abzüglich der in dem Speisewasser bereits vorhandenen Wärmemenge, zuzüglich der an den Dampf beim Überhitzen abgegebenen Wärme.

Denn die Wärmemenge, welche das Speisewasser bereits mitbringt, wird nicht aus dem Wärmevorrate der Kohlen gedeckt; sie ist also abzuziehen; dagegen wird die zum Überhitzen des Dampfes erforderliche

Wärme den heißen Feuergasen entnommen. Die gesamte, beim Verbrennen der Kohle aufgewendete Wärme ermittelt sich aus der Brennstoffmenge in kg · Heizwert der Kohle.

Bezeichnet:

D = Trockene Dampfmenge in kg in 1 st,

B = Brennstoffmenge in kg in 1 st,

h = Heizwert des Brennstoffes in WE,

t_e = Speisewassertemperatur beim Eintritt in den Kessel,

$ü = c_p\,(t - \vartheta)$ = Wärmemenge, erforderlich zur Überhitzung eines KilogrammDampfes von Dampftemperatur ϑ auf Überhitzungstemperatur t,

so ist

$$\eta = \frac{D\,(i'' - t_e + ü)}{B \cdot h} \cdot 100 \text{ in Prozenten} \quad \ldots \ldots \text{66)}$$

Darin bedeutet $\dfrac{D}{B}$ die Verdampfungsziffer, die angibt, wieviel kg Dampf von einem kg Kohle unter den obwaltenden Betriebsverhältnissen erzeugt werden.

Da bei jeder Anlage die Speisewasser- und Dampftemperatur eine andere ist, so muß man für Vergleichszwecke die Verdampfungszahl umrechnen auf Normaldampf, das ist Dampf von 100° (1 at absol.), der aus Wasser von 0° gebildet worden ist, dazu werden für 1 kg Dampf $i_o'' = 639{,}3$ WE gebraucht, es ist also:

$$\text{Verdampfungsziffer } {}^0\!/_{100} = \frac{D}{B} \cdot \frac{\lambda}{639{,}3} \quad \ldots \ldots \ldots \text{67)}$$

$\lambda = i'' - t_e + ü$ bedeutet die für 1 kg Dampf wirklich aufgewendete Wärmemenge in Wärmeeinheiten.

Der Wirkungsgrad durch Dampfüberhitzung allein ist

$$\eta_ü = \frac{D \cdot c_p\,(t - \vartheta)}{B \cdot h} \cdot 100 \text{ in Prozenten} \quad \ldots \ldots \text{68)}$$

Ist ein Rauchgasvorwärmer (Ekonomiser) vorhanden, welcher die in den Abgasen nach Verlassen des Kessels noch vorhandene Wärmemenge ausnutzt, so werden, wenn das Speisewasser mit t_e in den Vorwärmer eintritt und mit t_a austritt, $D\,(t_a - t_e)$ Wärmeeinheiten gewonnen und der Wirkungsgrad durch den Vorwärmer beträgt entsprechend obigem:

$$\eta_v = \frac{D\,(t_a - t_e)}{B \cdot h} \cdot 100 \text{ in Prozenten} \quad \ldots \ldots \text{69)}$$

Dieser Wirkungsgrad ist zu dem des Kessels und Überhitzers zuzuzählen, um den Gesamtwirkungsgrad der Anlage zu erhalten.

Um η_v ist natürlich der Abgasverlust durch fühlbare Wärme geringer geworden gegen den Betrieb ohne Rauchgasvorwärmer, weil die Abgastemperatur erniedrigt worden ist.

Die vollständige Wärmeaufstellung einer Anlage ergibt sich also wie folgt:

1. Nutzbar gemachte Wärme für Dampfbildung im Kessel (η_k) und Überhitzer ($\eta_ü$); $\eta_k + \eta_ü$ . . . . % $= \eta$
2. Nutzbar gemachte Wärme durch Wasseranwärmung im Rauchgasvorwärmer . . . . % $= \eta_v$
3. Verloren durch fühlbare Wärme der Abgase . . . . . . % $= V$
4. Verloren durch unvollkommene Verbrennung . . . . . . % $= v_\mu$
5. Verloren in den Aschenrückständen und Schlacke . . . . % $= v_h$
6. Verloren durch Ruß in den Verbrennungsgasen . . . . . % $= v_r$
7. Verloren durch Strahlung und Leitung . . . . % $= v_s$.

Die Einzelposten können nur durch einen Heizversuch bestimmt werden; gewöhnlich werden Posten 1, 2, 3, 4, 5 einzeln festgestellt und die anderen zusammen als Rest erhalten. Ein sorgfältig angestellter Heizversuch allein kann einen genauen Einblick in die Arbeitsweise einer Kesselanlage gewähren.

Kohlenersparnis.

Wird durch irgendwelche Maßnahmen der gesamte Wirkungsgrad von η_1 auf η_2 erhöht, so ergibt sich eine

$$\text{Kohlenersparnis} = \frac{\eta_2 - \eta_1}{\eta_2} \cdot 100 \text{ in Prozenten . . 69a)}$$

Berechnung eines Heizversuches.

Beispiel 19. An einer Dampfanlage für Braunkohlen, die zu einem Umbau reif ist, wird ein Versuch zur Erlangung von Unterlagen für Verbesserungen vorgenommen.

8 Zweiflammrohrkessel, Heizfläche insgesamt . . . m²		633,2
Rostfläche, Stufenroste, Heizfläche insgesamt . . . m²		26,7
Dampfüberdruck im Mittel . . . . at		4,7
Versuchsdauer . . . . st		9,6
Wasserbedarf insgesamt . . . . kg		203 163
Kohlenverbrauch insgesamt . . . . kg		79 698
Speisewassertemperatur t_e . . . . °C		52,4
Temperatur der Gase im gemeinsamen Fuchskanale vor dem Schornstein . . . . °C		478
Kohlensäuregehalt CO_2 . . . . %		11,0
$CO_2 + O_2$ . . . . %		18,7
CO . . . . %		0,5

Zugstärke bei offenem Schieber . . . . mm 30
Zugstärke an den Kesselschiebern im Mittel. . . . mm 26
Zugstärke über den Rosten im Mittel . . . . . . mm 13,5
Kesselhaustemperatur . . . . $^\circ$ C 38
Außenlufttemperatur . . . . $^\circ$ C 27
Kohlenheizwert h . . . . WE 2 887
Wassergehalt der Kohle . . . . % 48,0
Kohlenstoffgehalt der Kohle C . . . . % 31,0
Aschengehalt der Kohle A . . . . % 5,3
Wasserstoffgehalt der Kohle H . . . . % 2,8
Schornsteinhöhe . . . . m 50
Obere lichte Weite $\varnothing$ . . . . m 2,0

Dem Dampfüberdruck von 4,7 at entspricht eine Verdampfungs-wärme von $i'' = 659,6$ WE bei einer Dampftemperatur von 154,7°.

Die für 1 kg erzeugten Dampf aufgewendete Wärmemenge beträgt

$$i'' - t_e = 659,6 - 52,4 = 607,2 \text{ WE.}$$

Die **Verdampfung** ergibt sich zu

$$\frac{D}{B} = \frac{203\,163}{79\,698} = 2,55\,,$$

und bezogen auf Dampf von 100° aus Wasser von 0°

$$2,55 \cdot \frac{607,2}{639,3} = 2,42\,.$$

Die **Kesselbeanspruchung** errechnet sich auf 1 m² Heizfl./st zu

$$\frac{203\,169}{9,6 \cdot 633,2} = 33,5 \text{ kg/m}^2\text{/st;}$$

auf Normaldampf bezogen, zu

$$33,5 \cdot \frac{607,2}{639,3} = 31,5 \text{ kg/m}^2\text{/st.}$$

$$\text{Rostbeanspruchung} = \frac{79698}{9,6 \cdot 26,7} = 311 \text{ kg/m}^2\text{/st.}$$

Die **Gasmenge** für 1 kg Brennstoff beträgt nach Formel 42

$$G_{\text{m}^3} = \frac{1,865\,C}{k} + \frac{9 \cdot H + W}{0,804} \quad \text{einschl. Wasserdampf}$$

$$= \frac{1,865 \cdot 0,31}{0,11} + \frac{9 \cdot 0,023 + 0,48}{0,804} = \mathbf{6,12 \text{ m}^3\,^0/_{760}}\,.$$

Der **Wirkungsgrad** errechnet sich aus:

$$\eta = 100 \cdot \frac{203\,163 \cdot 607,2}{79\,698 \cdot 2887} = 100 \cdot \frac{2,55 \cdot 607,2}{2887} = \mathbf{53,7\,\%}\,.$$

Abgasverlust durch fühlbare Wärme: nach Abb. 22 ist

$$\varepsilon = 11{,}0\%, \quad CO_2 + 0{,}5\%, \quad CO = 11{,}5\%,$$

und bei einem Wassergehalte der Kohle von 48,0% ergibt sich $v = 0{,}835$; es wird also der

$$\text{Abgasverlust} = \frac{v \cdot (T - t)}{\varepsilon} = \frac{0{,}835 \cdot (478 - 38)}{11{,}5} = \mathbf{32\%}.$$

Verlust durch unverbrannte Gase. Nach Formel 59 wird

$$v_u = \frac{G \cdot 3046 \cdot k_2}{h} = \frac{6{,}12 \cdot 3046 \cdot 0{,}5}{2887} = \mathbf{3{,}2\%}.$$

Wärmeaufstellung.

1. Wirkungsgrad . . . . = 53,7%
2. Abgasverlust durch fühlbare Wärme . . . . = 32,0%
3. Verlust durch unverbrannte Gase . . . . = 3,2%
4. Verlust durch Abkühlung, Strahlung, Leitung sowie durch Unverbranntes in der Asche (als Rest) . . . = 11,1%

$$\overline{100{,}0\%}$$

i) Der Wirkungsfaktor η_w.

Der Wirkungsgrad η, wie er sich aus sorgfältig durchgeführten Heiz- oder Abnahmeversuchen ergibt, kann im Betriebe im Jahresdurchschnitte naturgemäß nicht erreicht werden. Diese Versuche erstrecken sich über eine pausenfreie Zeit und gehen unter besonderer Aufsicht, also erhöhter Aufmerksamkeit der gesamten Bedienung sowie unter ständiger Beobachtung durch Meßinstrumente vor sich. Im täglichen Leben lassen sich ungünstige Umstände nicht so leicht ausschalten; hierhin rechnen Störungen aller Art, Bedienungsfehler, Betriebsschwankungen, Wärmeverluste in Zeiten des Stillstandes und in Pausen, während welcher die Kessel unter Dampf gehalten werden müssen; dazu kommt der besondere Kohlenverlust für das tägliche Anheizen und Abstellen der Kessel. Bei Schluß des Betriebes ist die Kohle auf dem Roste gewöhnlich nicht völlig verbrannt und ist als verloren zu rechnen, wie auch bereits schon gegen Ende der Betriebszeit, wenn der Heizer das Feuer allmählich herunterbrennen läßt, die Kessel mit starkem Luftüberschuß, also ungünstig arbeiten. Die im Kessel und Mauerwerk aufgespeicherte Wärme wird während der Nacht allmählich ausgestrahlt, der Kesseldruck sinkt bis zum Morgen und muß wieder hochgefeuert werden, ehe der eigentliche Betrieb beginnen kann. Diese durch die Tageseinteilung des Betriebes bedingten Verluste werden noch weiter gesteigert, wenn im täglichen Dienste ohne dringenden Zwang für nur kurze Zeit auftretende außergewöhnliche Belastungen einzelne Kessel in Betrieb genommen werden oder wenn Aushilfskessel lange Stunden hindurch unter

Dampf stehen. Der durch alle diese Umstände im Jahresmittel bedingte niedrigere Wirkungsgrad soll der

$$\text{Wirkungsfaktor} = \eta_w$$

genannt werden. Es ist also das Verhältnis $\dfrac{\eta_w}{\eta} < 1$.

Je günstiger der Jahresbetrieb verläuft, desto mehr nähert sich η_w dem durch Heizversuch bedingten angestrebten Werte η oder die Verhältniszahl beider dem Werte 1. Unter gewöhnlichen Verhältnissen wird $\dfrac{\eta_w}{\eta}$ etwa 0,85—0,95 betragen. Dauernde Aufmerksamkeit und Betriebsüberwachung, wie unter Abschnitt IX näher ausgeführt, müssen auf eine Steigerung des Wirkungsfaktors hinarbeiten. Auch die Herbeiführung einer möglichst gleichmäßigen, normalen Betriebsbelastung durch passende Verteilung des Kraft- und Wärmebedarfes ist anzustreben, um unvorteilhafte „Spitzenbelastungen", wie sie z. B. in Brauereien in den Sudzeiten, in Seifenfabriken beim Einsetzen der Kochzeiten und in Elektrizitätswerken bei Einsstzen der abendlichen Beleuchtung eintreten, auf das geringste Maß einzuschränken.

k) Der Zusammenhang zwischen dem CO_2-Gehalt der Verbrennungsgase, ihrer Temperatur, dem Wirkungsgrade und dem Abgasverlust.

Die Temperatur, mit welcher die Verbrennungsgase in den Schornstein abziehen, hängt unter sonst gleichen Verhältnissen von verschiedenen Umständen ab.

1. Von der Güte der Kesseleinmauerung, der Sauberkeit der Heizfläche und der Schnelligkeit der Wasserströmung im Kessel; denn je besser die Gase an den Kessel gedrängt werden, je inniger die Mischung, je reiner die Kesselfläche innen und außen ist und je rascher sich das Wasser im Kessel bewegt, desto besser werden die Gase ausgenutzt, desto kälter ziehen sie ab.

2. Von der Güte der Verbrennung, denn je wirtschaftlicher die Verbrennung erfolgt, d. h. mit je geringerem Luftüberschusse, desto heißer wird die Flamme, desto höher die Verbrennungstemperatur (vgl. Abschnitt 11), weil weniger Wärme darauf verwendet wird, um den für den Verbrennungsvorgang unwirksamen Stickstoff mit zu erhitzen. Bei höherer Anfangstemperatur der Gase wird auch der Temperaturunterschied zwischen Kesselinhalt und Heizgasen größer, somit auch der Wärmeübergang und die Ausnutzung (vgl. S. 154ff.).

3. Von der Höhe der Rostbelastung; denn bei größerem Verbrauche steigt die Gasmenge, so daß sie weniger gut am Kessel ausgenutzt werden kann und die Abgase mit höherer Temperatur in den Schorn-

stein ziehen (vgl. Abb. 24); außerdem wächst die Gefahr der Kohlenoxydbildung.

Am deutlichsten veranschaulicht die Abb. 23 die Beziehungen der für den Feuervorgang wichtigsten Größen untereinander; sie bietet gewissermaßen in kürzester Form das Wesentliche der Verbrennungsvorgänge.

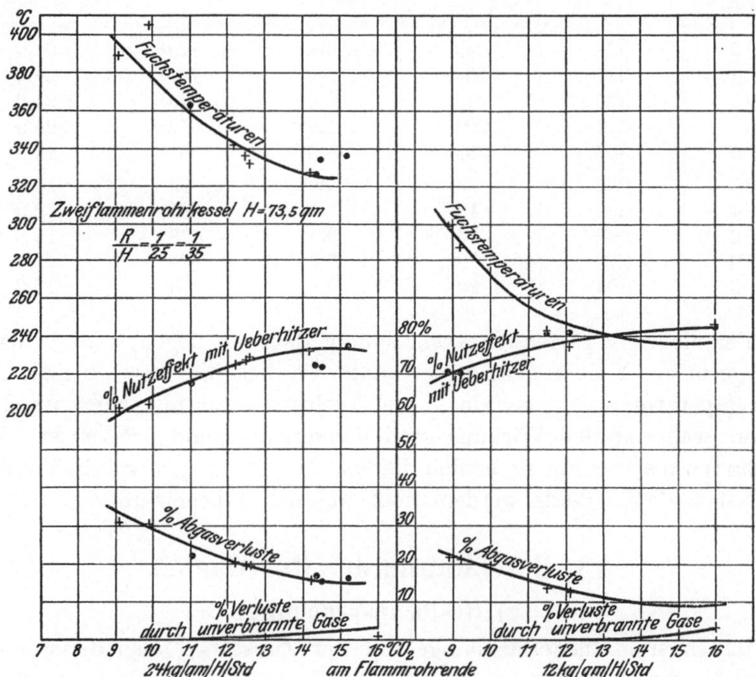

Abb. 23. Beziehung zwischen Kesselbeanspruchung und Kohlensäuregehalt der Verbrennungsgase, Fuchstemperatur, Abgasverlust und Verlust durch unvollkommene Verbrennung.

Nach einer Versuchsreihe[1]) des Hamburger Vereins für Rauchbekämpfung und Feuerungsbetrieb an einem Zweiflammrohrkessel von 75 m² Heizfläche und Steinkohlenfeuerung sind die zwei Schaubilder 23 für eine Kesselbelastung von 12 und 24 kg Dampf auf 1 m² Heizfläche und Stunde gezeichnet und Zahlent. 43 errechnet worden.

Es ist zu beobachten, daß bei fallendem Kohlensäuregehalt der Verbrennungsgase, also bei zunehmender Luftzufuhr, demnach ungünstigerem Verbrennungsvorgange, ihre Temperatur steigt und naturgemäß auch der Abgasverlust; daß deshalb auch der Wirkungsgrad des Kessels sinkt, der Verlust durch unverbrannte Gase dagegen fällt, weil bei größerem Luftüberschusse die Gefahr zur Bildung von Kohlenoxyd usw. geringer wird.

---

[1]) **Haier**, Feuerungsuntersuchungen 1906, S. 31, Tafel 8, 9, 17.

Zahlentafel 43.

Abhängigkeit von Abgastemperatur, Verlusten und Wirkungsgrad vom Kohlensäuregehalte der Gase.

% Kohlen-säure am Flammrohr-ende	Temperatur der Abgase ° C	Abgas-verluste %	Verluste durch unverbrannte Gase %	Wirkungs-grad %	Kesselbean-spruchung kg/m²/st
15	324	15,0	3,5	76,0	24,0
14	327	16,0	2,0	76,0	24,0
12	335	21,0	2,0	71,0	24,0
10	377	29,0	1,0	64,0	24,0
9	397	33,0	0,5	59,0	24,0
15	236	9	2,0	82	12,0
14	238	10	1,5	81	12,0
12	246	13	0,5	78	12,0
10	272	18	0,0	74	12,0
9	294	22	0 0	70	12,0

Bei niedrigerer Kesselbeanspruchung dagegen liegen, weil ja dann nur geringere Kohlenmengen verbrannt werden, die Werte für die Abgastemperaturen, Abgasverluste und Verluste durch unverbrannte Gase tiefer, während der Wirkungsgrad dementsprechend größer ist. Der Aschenverlust betrug in beiden Fällen etwa 1—3%, der Abkühlungsverlust 4—7%. Beide werden nicht wesentlich beeinflußt.

13. Berechnung der Rostfläche.

a) Rostbeanspruchung.

Im engsten Zusammenhange mit der Zugstärke, also der Schornsteinhöhe, steht die Beanspruchung des Rostes und die Brenngeschwindigkeit der Kohle; sie hängt aber außerdem in erster Linie von der Kohlensorte ab, welche auch entscheidend für die Bauweise des Rostes ist, sodann von der Sortierung der Kohle und von ihrer Backfähigkeit und Schlackenbildung. Je minderwertiger, also je sauerstoffreicher der Brennstoff ist, desto rascher verbrennt er und desto mehr kann auf der Rosteinheit verfeuert werden, desto größer muß aber auch der Rost für gleiche Kesselleistung sein. Dabei gilt, daß die Rostbelastung für die gleiche Kohlensorte um so kleiner wird, je feinkörniger der Brennstoff ist. Die ganz schwer brennbaren Stoffe, wie Anthrazit, Koks, Steinkohlengrus, werden am besten mit künstlichem Zuge oder Unterwind verbrannt.

Von der Rostbelastung hängt für eine bestimmte Kohlensorte die Rostgröße ab, und von beiden zusammen wieder die Dampferzeugung bzw. die Beanspruchung D des Kessels in Kilogramm Dampf je Quadratmeter Heizfläche und Stunde. Dem Anscheine nach könnte man also mit jedem Kessel jede beliebige Beanspruchung erhalten, wenn man nur hinreichend Kohle zur Verbrennung bringt, also genügend Heizgase an der Kesselheizfläche vorbeistreichen läßt. Doch gibt es im Betriebe gewisse Grenzen dadurch, daß sich z. B. bei Innenfeuerung bei Flammrohrkesseln nur eine begrenzte Rostfläche unterbringen läßt; bei Vorfeuerung ist man freier, jedoch ist hier die Grenze durch die Kesselbreite und die Länge bei Planrosten, die Höhenausdehnung bei Schrägrosten sowie die Bedienungsmöglichkeit gegeben. Planroste, die wesentlich länger als 2,2 m sind, werden für Handbeschickung schwierig, auch ist das Feuer schwer zu übersehen. Es ist daher für jede Kesselart wichtig, daß dieselbe auch in Rücksicht auf die Möglichkeit gebaut wird, einen großen Rost unterbringen zu können, damit die Vorzüge hoher Leistungsfähigkeit, welche die modernen Kesselarten besitzen, auch voll ausgenutzt werden können. Selbsttätige Feuerungen gestatten eine größere Rostbeanspruchung als Handfeuerungen. Für die Berechnung eines Rostes für einen Kessel geht man am besten von der Dampfleistung aus, welche der Kessel zu schaffen hat. Aus der Dampfspannung, Überhitzungstemperatur und Speisewassertemperatur ergibt sich unter Annahme eines voraussichtlichen Wirkungsgrades der Kesselanlage sowie des Heizwertes der zur Verwendung kommenden Kohle die erforderliche Kohlenmenge, welche stündlich verbrannt werden muß, um den Dampf zu liefern.

Bezeichnet man mit

R die Rostfläche in m²,
B die Brennstoffmenge in 1 st in kg,
D die Dampfmenge in 1 st in kg,
H die Kesselheizfläche in m²,

so nennt man die von 1 kg Brennstoff erzeugte Dampfmenge die

$$\text{Verdampfungsziffer} = \frac{D}{B};$$

es ist der Verbrand oder die

$$\text{Rostbeanspruchung in Kilogramm und Stunde} = \frac{B}{R}$$

und das Verhältnis von

$$\frac{\text{Rostfläche}}{\text{Kesselheizfläche}} = \frac{R}{H};$$

mit dem Steigen dieses Verhältnisses steigt unter sonst gleichen Umständen auch die Kesselleistung; es sinkt allerdings damit auch der Wirkungsgrad des Kessels, weil mit steigendem Verbrande die Abgastemperatur ebenfalls zunimmt.

In jeder Kesselanlage ist der Höchstwert des Verbrandes in ziemlich engen Grenzen bedingt durch die Höhe des Schornsteines in allererster Linie; sodann durch die Belastung des Schornsteines mit viel oder wenig Gasen; ferner sind für die Rostleistung maßgebend die Länge der Rauchkanäle bis zum Schornsteine, ihre Weite sowie die Art und Weise der Einmündung der einzelnen Rauchkanäle in den gemeinsamen Sammelkanal, also die Zugverluste (vgl. S. 234).

Bei heißem, drückendem Wetter „zieht" ein Schornstein schlechter als bei kühlerem und windigem; stark mit Flugasche verlegte Rauchkanäle und Kesselzüge schwächen ebenfalls den Zug und setzen somit die Rostleistung herab. Innerhalb dieser durch Betriebs- und Anlageverhältnisse bedingten Grenzen kann die Rostleistung durch die Stellung des Rauchkanalschiebers beliebig geregelt werden.

Zahlentafel 44.

Mittlere Rostbeanspruchung für verschiedene Brennstoffe
$$= \frac{B}{R}.$$

Brennstoff	Heizwert etwa WE	$\frac{B}{R}$ Rostbean-spruchung kg/m²/st	Schütt-höhen mm	Zugstärke über dem Rost mm Wasser	$\frac{R}{H}$ Rostgröße Heizfläche
Anthrazit	7800	60—70	70—80	} 8—15	
Koks	7000	75—90	130—300	je nach	
Steinkohlen:				} Körnung,	
Gasarme . . .	6800	70—110	} 90—130	Material	} $^1/_{30}$—$^1/_{50}$
Gasreiche . . .	7600	90—120		und Dichte	
Steinkohlengrus,				{ m. Unterwind	
Koksgrus . . .	5800—6500	140—350	150—300	oder Dampf-schleier	$^1/_{22}$—$^1/_{24}$
Brikett aus Braun-			Je nach	} 8—15	
kohlen	4800	120—180	Gr. d. Br.	je nach	} $^1/_{28}$—$^1/_{35}$
Böhm. Braunkohlen	4800	120—180	150—200	Körnung,	
Dtsch. Braunkohlen	2400	170—380	200—300	} Material	$^1/_{18}$—$^1/_{28}$
Torf (gepreßt) . .	3800	160—280	Je n. Gr.	und Dichte	$^1/_{18}$—$^1/_{22}$
Lohe (gepreßt). .	1300	160—280	120—180		$^1/_{10}$—$^1/_{18}$

Es ist nun begreiflich, daß sich alle diese verschiedenen Einflüsse nicht durch eine Rechnung darstellen lassen; es genügt aber für die Berechnung des Rostes vollständig, wenn dafür die durch Erfahrung gegebenen Mittelwerte verwendet werden; eine genaue Berechnung unter Berücksichtigung der Rostspalten, der durchziehenden Windmengen usw. hat wenig Wert, weil zu viel Annahmen gemacht werden müssen. Vorstehende Zahlentafel 44 bietet die Rechnungsgrundlagen für die verschiedenen Brennstoffe. Bei Verwendung von Unterwind kann die Rostbeanspruchung um 20—50% erhöht werden.

Für die Annahme eines Wirkungsgrades zur Berechnung der für 1 kg Kohle erzeugten Dampfmenge können die Werte der Zahlentafel 45 angesetzt werden; dabei ist zu berücksichtigen (vgl. Abschnitt 12), daß die modernen Kesselarten mit normalen Beanspruchungen von 22 bis

26 kg rechnen. Sind Überhitzer vorhanden, so können die Wirkungsgrade um 2—5% höher gewählt werden. Bei Rauchgasvorwärmern noch um weitere 5—10% (vgl. Zahlent. 29).

Zahlentafel 45.

$\dfrac{D}{H}$ = Kesselbeanspruchung und η = Wirkungsgrad, ohne Überhitzer.

D/H Kesselbeanspruchung kg/m²/st °/₁₀₀ °	12	18	24	30	33
Wirkungsgrad η . . . %	74	71	67	64	62
Abgastemperatur . . °C	210	260	320	400	430

b) Verdampfungsziffer der Brennstoffe.

Die mit 1 kg Brennstoff erzeugbare Dampfmenge $\dfrac{D}{B}$ hängt außer vom Heizwerte der Kohle vom Wirkungsgrade η der Kesselanlage ab und von der aufgewendeten Erzeugungswärme λ für 1 kg Dampf.

Zur raschen Ermittlung der Verdampfungsziffer dient nachstehende Zahlentafel 46, die für $\lambda_0 = 639$ ermittelt ist, also für Erzeugung von Dampf von 100° aus Wasser von 0°.

Zahlentafel 46.

Verdampfungsziffer $\dfrac{D}{B}$ für verschiedene Brennstoffe bei verschiedenem Wirkungsgrade der Kesselanlage η; Erzeugungswärme des Dampfes $\lambda_0 = 639$.

Kohlensorte	Heizwert WE	Erzeugter Dampf von 1 kg Kohle $= \dfrac{D}{B}$ bei einem Wirkungsgrade η von				
		55 %	60 %	65 %	70 %	75 %
Steinkohlen, gute	7500	6,50	7,10	7,65	8,25	8,85
„ mittlere	7200	6,20	6,80	7,35	7,90	8,45
„ minderwertigere .	6800	5,35	6,40	6,95	7,45	8,00
Böhmische Braunkohlen und	5200	4,50	4,90	5,30	5,70	6,10
deutsche Braunkohlenbrikette .	4800	4,15	4,52	4,90	5,27	5,65
Deutsche Braunkohlen, gute. .	3000	2,59	2,83	3,05	3,30	3,55
„ „ mittlere	2600	2,25	2,45	2,65	2,85	3,05
„ „ minderwert.	2200	1,90	2,08	2,25	2,42	2,60
Lohe, gepreßt	1300	1,12	1,22	1,32	1,42	1,53

Beträgt die aufgewendete Wärme für 1 kg Dampf λ, so sind die Werte der Zahlentafel mit $\dfrac{\lambda}{\lambda_0}$ zu multiplizieren. $\lambda = 639$ entspricht etwa 1 kg Dampf von 10 at Überdruck und einer Überhitzungstemperatur

10*

von 250°, der aus Wasser von etwa 65° erzeugt ist. Allgemein gilt, wenn h den Kohlenheizwert bezeichnet:

$$\frac{D}{B} = \frac{h}{\lambda} \cdot \eta = \text{Verdampfungsziffer}, \quad \dots \dots \quad 70)$$

womit auch die Tafel berechnet ist.

Für alle Roste ist man bemüht, die freie Rostfläche im Verhältnis zur gesamten Rostfläche so groß wie möglich zu machen; bei feinen Brennstoffen müssen die Spalten zwischen den Stäben naturgemäß enger sein als bei gröberen Stücken; es wird im Durchschnitt die freie Rostfläche $^1/_4$—$^1/_2$ der gesamten. Je größer das Verhältnis ist, desto mehr Luft kann durch den Rost ziehen und desto höher kann man auch beschicken; bei Unterwind dagegen soll zur Vermeidung von zu viel Luftüberschuß das Verhältnis $^1/_5$—$^1/_{10}$ sein. Man regelt diese Beschickungshöhe, die man stets möglichst gleichmäßig zu halten hat, am besten durch Einstellen auf einen günstigen CO_2-Gehalt von 12—15% hinter dem Flammrohre oder innerhalb der ersten Rohrreihen vermittels des Rauchschiebers; der hierbei gefundene Zugunterschied zwischen Schieber und Rost soll dann immer eingehalten werden.

Sind selbsttätige Feuerungen vorhanden, so können $\frac{B}{R}$, ebenso der Wirkungsgrad, um 10—15% der oben angegebenen Werte erhöht werden.

Beispiel 20. Es sollen Kessel und Rostfläche für eine Dampfleistung von 3000 kg in 1 st berechnet werden für eine Anlage, die bei 8 at Überdruck deutsche Braunkohle von 2700 WE verfeuert; das Speisewasser sei 55° warm.

Es werde ein Zweiflammrohrkessel gewählt, weil das Speisewasser schlecht und weil eine schwankende Belastung zu erwarten ist. Das Anlagekapital soll niedrig sein, deshalb wird, da guter Schornsteinzug von 27 mm am Fuße vorhanden ist, eine Kesselbelastung $= \frac{D}{H}$ von 28 kg/m² gewählt; das ergibt eine Kesselgröße H von $\frac{3000}{28} \sim 110$ m² Heizfläche. Für 1 kg Dampf von 8 at Überdruck sind aufzuwenden $\lambda = 660 - 55 = 605$ WE; bei einem Wirkungsgrade von $\eta = 65\%$ wird eine Verdampfung erzielt von

$$\frac{D}{B} = \frac{2700 \cdot ,605}{605} = 2,90 \ .$$

Also der Kohlenbedarf beträgt in 1 st

$$B = \frac{3000}{2,90} = 1036 \text{ kg.}$$

In Rücksicht auf den guten Zug möge der Rost mit $240 \text{ kg} = \dfrac{B}{R}$ beansprucht sein bei dieser Leistung des Kessels; es wird daher die Rostfläche $R = \dfrac{1036}{240} = 4{,}3 \text{ m}^2$ gewählt.

Das Verhältnis von Rostfläche zu Heizfläche ist dann:

$$\frac{4{,}3}{110} = \frac{1}{24{,}5} = \frac{R}{H} \,.$$

Die Kesselbeanspruchung, umgerechnet auf Wasser von $0°$ und Dampf von $100°$, also auf $\lambda_0 = 639 \text{ WE}$, ist dann $28 \cdot \dfrac{605}{639} = 26{,}5 \text{ kg/m}^2/\text{st}.$

Man hat eine Abgastemperatur von etwa $370°$ zu erwarten (vgl. Schaubild 24) und wird daher gut tun, später einen Rauchgasvorwärmer anzulegen, um die Abwärme der Gase noch auszunutzen. Die Kesselbelastung wird man voraussichtlich bis auf etwa 32 kg steigern können, die Dampfabgabe also bis auf 3500 kg von 8 at; der Wirkungsgrad würde dabei allerdings auf etwa 62% fallen und die Abgastemperatur auf annähernd $400°$ steigen.

IV. Die Kesselheizfläche.

14. Berechnung der Kesselheizfläche.

a) Kesselbeanspruchung.

Es haben sich gewisse Grenzen der dauernden Beanspruchung der Kessel für den Betrieb ergeben; sie liegen heute bei fast allen Kesselarten normal zwischen $22-25 \text{ kg}$ Dampf für 1 m^2 Kesselheizfläche und Stunde, höchstens zwischen $30-36 \text{ kg/m}^2$. Darin sind Flammrohr- und Wasserrohrkessel mit liegenden und stehenden Wasserrohren ziemlich gleich, nur Batteriekessel, Walzenkessel und kombinierte Kessel (unten Flammrohrkessel, oben Röhrenkessel, vgl. Abb. 35) müssen geringer angestrengt werden. Im allgemeinen kann man Flammrohrkessel dauernd am stärksten beanspruchen, ohne daß sie Schaden leiden, wie derselbe überhaupt als die unempfindlichste Kesselbauart gilt. Neuerdings sind indessen auch Wasserrohrkessel für hohe Leistungen ausgebildet worden.

Kennt man die Beanspruchung der Heizfläche $= \dfrac{D}{H}$, d. h. die von 1 m^2 Kesselheizfläche und Stunde erzeugte Dampfmenge, so kann im allgemeinen folgende Zahlentafel 47 einen Anhalt für die Wahl der Kesselheizfläche der verschiedenen Kesselarten bieten. Bei künstlichen Zuganlagen und Unterwind kann $\dfrac{D}{H}$ bis $1{,}5$ mal so hoch werden.

Zahlentafel 47.

Kesselbeanspruchung $= \dfrac{D}{H}$ der verschiedenen Kesselarten.

Kesselsystem	Art der Beanspruchung kg/m²/st		
	mäßig	normal	stark
Flammrohrkessel	18	25	33
Wasserrohrkessel, liegende	18	24	30
,, Hochleistungskessel	20	26	35
Wasserrohrkessel, stehende	18	24	30
Doppelkessel, oben und unten Flammrohre .	16	22	30
Vereinigte Flammrohr- und Heizrohrkessel . .	12	15	20
Walzenkessel	13	16	22
Lokomobilkessel	12	18	28

b) Abgastemperatur und Kesselbeanspruchung.

Mit der Höhe der Rostbelastung, also der Höhe des Verbrandes, steigt die erzeugte Gasmenge; die Gase streichen schneller am Kessel

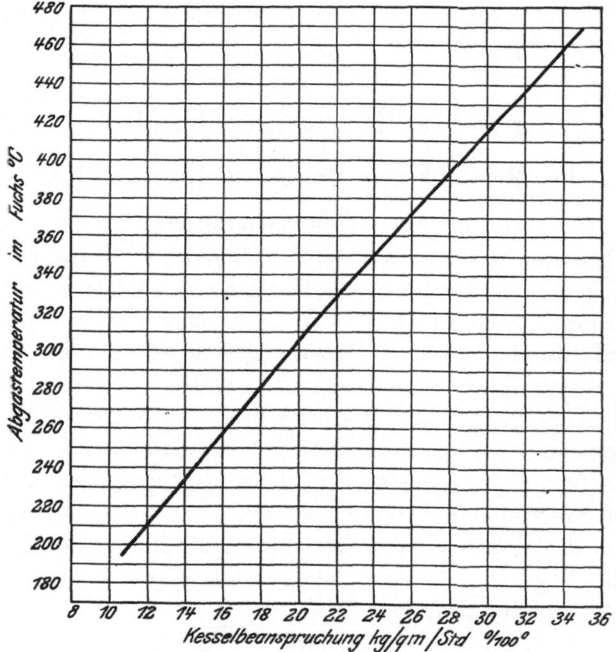

Abb. 24. Beziehung zwischen Kesselbeanspruchung und Abgastemperatur bei Zweiflammrohrkesseln.

vorbei, als derselbe die Wärme aufnehmen kann, und die Abgangstemperatur der Gase, gemessen am Kesselfuchse, wird höher. Dieser Einfluß der Kesselbelastung bzw. Rostbelastung auf die Abgastemperatur ist für Zweiflammrohrkessel aus einer Anzahl Versuche[1]) im Schaubild Abb. 24 dargestellt, dessen Ablesungen allerdings nur als Mittelwerte gelten, da sie bei jeder einzelnen Anlage durch die besonderen Verhält-nisse beeinflußt sind. Es ist deutlich das beträchtliche Anwachsen der Fuchstemperatur ersichtlich, wenn die Kesselbelastung ansteigt. Es gilt:

Kessel-beanspruchung kg/m²/st.	Abgas-temperatur °C	Kessel-beanspruchung kg/m²/st	Abgas-temperatur °C
12	210	24	345
16	260	28	380
20	305	32	415

Man kann diese Angaben jedoch mit großer Sicherheit den Rechnungen zugrunde legen. Mit der Höhe der Abgastemperatur sinkt natürlich der Wirkungsgrad der Anlage (vgl. Abb. 21).

Über Grundflächenbedarf und Dampfleistung auf 1 m² Grundfläche einiger Kesselbauarten sind nachstehend einige Werte gegeben. Gemessen ist die von dem Mauerwerk bedeckte Fläche.

Zahlentafel 48.

Grundflächenbedarf und Dampfleistung für 1 m² Grundfläche bei verschiedenen Kesselarten mit Braunkohlenfeuerung.

400 m² Heizfläche in einen Block zusammengebaut	Überbaute Grundfläche durch die Kessel m²	Normale Dampfleistung kg/st	Dampf-leistung für 1 m² Grund-fläche kg/st
2 Steilrohrkessel, je 200 m²	56	10 000	178
4 Zweiflammrohrkessel, je 100 m²	230	10 000	44
2 Doppelkessel, je 200 m²	138	10 000	73
1 Hochleistungswasserrohrkessel, 400 m² .	48	10 000	208

15. Beanspruchung einzelner Teile der Kesselheizfläche und Ziele des neueren Kesselbaues[2]).

a) Wärmeverteilung auf einzelne Heizflächenteile.

Im Dampfkesselbau und der Feuerungstechnik herrscht heute, im Gegensatze zu früher, das Bestreben, hohe Dampfleistungen bei guter Wärmeausnutzung aus den Kesseln zu ziehen. Kommt man nämlich für die gleiche Dampferzeugung mit geringeren Kesselheizflächen aus, so bedeutet dies eine gleichzeitige Ersparnis an Kosten für Grund und

---

[1]) Vorgenommen vom Bayer. Rev.-V., und eigene.

[2]) Erste Untersuchungen von Reutlinger: Unsere Kenntnis vom Werte der Heizflächen bei der Dampferzeugung und ihre Anwendung auf die Praxis. Vortrag im Kölner Bezirksverein des V. d. I, 9. November 1910.

Boden, Einmauerung und Gebäude, für Rohrleitungen, Bedienung usw. Wie an anderer Stelle (S. 61 und Abschnitt 11) erwähnt, besitzt der mit brennenden Kohlen bedeckte Rost sowie heißes Mauerwerk ein sehr hohes Ausstrahlungsvermögen, das dem der absolut schwarzen Körper ganz nahe kommt. Es werden deshalb bei allen Kesselarten an die ersten vom Feuer und glühenden Wänden bestrahlten Heizflächenteile, etwa 3—6 m², außerordentlich hohe Wärmemengen abgegeben, die für

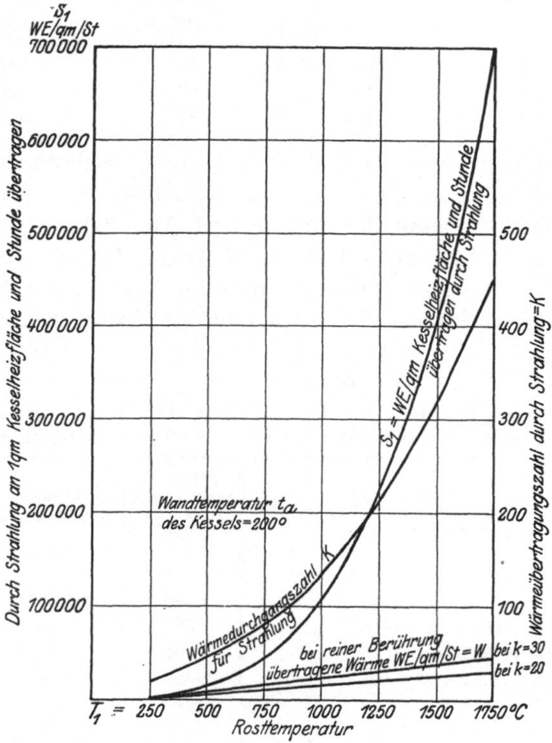

Abb. 25. Wärmeübergang an bestrahlte Kesselheizfläche in Abhängigkeit von der Rosttemperatur.

1 m² und st. weit über 100 000 bis herauf zu 180 000 WE ($k = 100$ bis 180) liegen; dies entspricht einer Kesselleistung von etwa 140 bis 280 kg Dampf je m²/st. Bei den später von den Gasen bestrichenen Heizflächen nimmt dieser sehr hohe Wärmeübergang rasch ab, weil nur noch Wärme durch Berührung und Leitung übertragen wird, bis derselbe am Ende der Kessel auf einen ganz geringen Wert sinkt; die mittlere Beanspruchung des Kessels, mit der gerechnet zu werden pflegt, stellt sich dabei auf die üblichen Werte von 18—25 kg/m²/st. Messungen haben diese rechnerischen Ergebnisse (vgl. S. 285ff. und

Schaubild 49) bestätigt. Vorstehende Abb. 25[1]) stellt in Abhängigkeit von der Rosttemperatur (Verbrennungstemperatur) die von 1 m² bestrahlter Kesselheizfläche in 1 st aufgenommene Wärmemenge S_1 [nach Formel (28) mit $F_1 = 1$ berechnet] dar, ebenso die Wärmedurchgangszahl für Strahlung $K = \dfrac{S_1}{T_1 - t_a}$. Bei 1000° Verbrennungstemperatur ist $S_1 = 110000$ WE/m²/st bei entsprechendem $K = 138$. Wird die Wärme nur durch Berührung an die Heizfläche abgeführt, so ergeben sich bei $k = 20$ bzw. 30 die beiden unteren geraden Linien für die stündlich übertragene Wärmemenge $W = k\,(T_1 - t_a)$. Bei $T_1 = 1000°$ und $k = 20$ beträgt hiernach W nur noch 16 000 WE/m²/st, ist also etwa nur $^1/_7$ so groß als bei Strahlungsübertragung. Die Berechnung der Rosttemperatur ist nach Abschnitt 11 vorzunehmen. Bekannt ist die außerordentlich hohe Verdampfung in der Feuerbuchse von Lokomotivkesseln, die im Durchschnitt der gesamten Heizfläche mit 40—60 kg/m²/st beansprucht werden. Versuche, die vom Bayerischen Dampfkessel-Revisionsvereine an einem Zweiflammrohrkessel durchgeführt wurden, ergaben, daß in den Flammrohren, die gewöhnlich etwa die Hälfte der gesamten Heizfläche umfassen, im Mittel bereits 85%, im ersten Seitenzuge 11—15%, im zweiten Zuge nur noch 1—4% der gesamten Wärme übertragen werden.

Temperaturmessungen[2]) an verschiedenen Stellen der Feuerzüge erweisen dies; bei Schüttfeuerungen ergeben sich, über dem Roste gemessen, bei Verfeuerung von deutscher Braunkohle gewöhnlich Temperaturen von 1000—1100°; hinter den Flammrohren, also etwa nach

Wasserrohrkessel[3]) (Steinmüller) von 267 m² mit Überhitzer von 87,8 m² und einer Rostfläche (Schüttfeuerung) von 10,0 m². 12,5 at Überdruck.

Kesselbeanspruchung kg m²/st	Kohlensorte und WE	kg Kohle auf 1 m² Rostfl. und st B/R	m² Heizfläche	°C über Rost	m² Heizfläche	°C vor Überhitzer	m² Heizfläche	°C hinter Überhitzer	m² Heizfläche	°C am Schieber	CO₂-Gehalt auf dem Roste %	Wirkl. Verbrennungsgasmenge auf 1 kg Kohle kg
12,4	Deutsch.	—	0	1019		488	94	361	267	232	—	—
15,6	Braunk.	—	0	1047	94	524	+ 87,8	406	+ 87,8	249	—	—
19,2	von 2019	247	0	1046	bzw.	557	m²	436	m²	256	12,7	5,88
20,1	WE	—	0	1029	40%	589	Über-	454	Über-	281	—	—
23,6	mit 58%	329	0	1032		610	hitzer	481	hitzer	286	12,1	6,01
	Wasser											

---

1) Nach Münzinger, Z. d. V. d. I. 1913, S. 1731.

2) Kammerer, Versuche an einem Stierle-Kessel mit Betrachtungen über den Wärmedurchgang. Z. d. Bayer. Rev.-V. 1916, S. 73ff.

3) Nach P. Fuchs, Z. d. V. d. I. 1909, S. 262.

der halben Heizfläche, betragen dieselben bei Kesselbeanspruchungen von etwa 25 kg bei Flammrohrkesseln von 80—100 m² nur noch 550 bis 650°, um bis an das Kesselende am Fuchsschieber bis auf etwa 350° abzufallen. P. Fuchs hat vorstehende Messungen ausgeführt.

Verfeuert wurden deutsche Braunkohlen von $C = 26\%$, $H = 2,07\%$, $S = 0,19\%$, Wasser $= 58,1\%$, $O + N = 11,28\%$, Asche $= 2,37\%$. Die theoretische Luftmenge für 1 kg Kohle beträgt $L_0 = 3,21$ kg, die damit erzeugte Gasmenge $= 4,28$ kg ohne Luftüberschuß. Die Temperatur der Verbrennungsluft wird mit 27—31° angegeben. Die spezifische Wärme der Verbrennungsgase für 1 kg betrug über dem Roste $c_p = 0,32$, vor dem Überhitzer 0,275, am Schieber 0,270. Nach Versuch 3 wurden von den ersten 94 m² Heizfläche bereits 78,5% der gesamten Dampfmenge erzeugt bei einem durchschnittlichen $k = 51,5$ und einer Kesselbelastung von 42,7 kg, so daß auf den Rest der Kesselheizfläche von 173 m² nur noch 21,5% der Dampferzeugung fallen bei einer mittleren Belastung von 6,37 kg/m²/st. Wertet man diese Versuchsreihe im Sinne von Abschnitt 11 aus, so ermittelt sich aus Formel 53 die durch Strahlung beheizte Fläche zu $F = 7,25$ m² und der Betrag der abgestrahlten Wärmemenge aus Formel 54 zu $\sigma = 22,6\%$ der gesamten, auf dem Roste erzeugten. Auf 1 m² Kesselheizfläche sind durch Strahlung allein übergegangen 119 000 WE/m²/st, was einem wirklichen $k = 141$ entspricht.

Nachstehend seien die Ergebnisse einiger Temperaturmessungen des Verfassers angeführt (vgl. Garbekessel S. 156 und allgemeine Angaben S. 178 und 249).

Zweiflammrohrkessel 103 m² mit 45 m² Überhitzer und Braunkohlenfeuerung (System Fränkel).

Einmauerungsart	Kohlenheizwert WE	Kesselbeanspruchung kg/m²/st	Gastemperaturen gemessen hinter					
			m² Heizfläche	den Flammrohren °C	m² Heizfläche	vorletztem Zug °C	m² Heizfläche	°C am Schieber
I Zug 2 Flammrohre .	etwa 2500	etwa 30—31	56 54% Kesselheizfl.	545	81 +45 m² Überh. 79% Kesselheizfl.	435	103 +45 m² Überh. 100%	405
II Zug Seitenzug rechts								
III Zug Seitenzug links .								

Nimmt man bei obigen Versuchen eine Temperatur von 1050° über dem Roste an, so werden insgesamt $1050 - 405 = 645°$ im Kessel ausgenutzt, was bei 20° Lufttemperatur $\dfrac{645 \cdot 100}{1050 - 20} = 63\%$ entspricht. Die Flammrohre haben bei 54% Heizfläche bereits $\dfrac{1050 - 545}{645} = 78,5\%$

der gesamten, an den Kessel übergegangenen Wärme ausgenutzt und der letzte Seitenzug von 22 m², entsprechend 19% der Heizfläche, kann nur noch $\dfrac{30}{645} = 4,6\%$ der Gesamtwärme aufnehmen.

Natürlich ist ein Kessel mit Innenfeuerung in den Flammrohren oder mit Unterfeuerung, wie bei Wasserrohrkesseln, in diesem Punkte wesentlich im Vorteile gegenüber einem solchen mit Vorfeuerung, bei welcher naturgemäß nur ein kleiner Teil der Heizfläche bestrahlt werden kann und auch die Strahlungsverluste des Rostvorbaues größer sind. Deshalb ist auch bei gleicher Belastung der Flammrohrkessel bei Steinkohleninnenfeuerung die Abgangstemperatur der Gase am Fuchsschieber kleiner wie bei der Braunkohlenvorfeuerung. Allerdings spricht bei Steinkohle noch mit, daß die Anfangstemperatur höher liegt als bei Braunkohle, weshalb auch die Wärmeabgabe noch wirksamer ist.

Zwecks Steigerung der Kesselleistung müssen deshalb die Feuerungen und ihr Gewölbebau so eingerichtet werden, daß ein möglichst großer Teil der Kesselheizfläche unmittelbar von den Wärmestrahlen des Rostes getroffen wird.

Hinter der Strahlungsfläche geben die Gase ihre Wärme nur noch durch Berührung und Leitung ($\alpha = 4-30$) an die Kesselheizfläche und an das Mauerwerk der Züge ab. Die von letzterem aufgenommene Wärme wird zum Teil wieder nutzbar an die Heizfläche ausgestrahlt, zum Teile allerdings geht sie durch Fortleitung nach außen hin verloren; Gase und Luft sind schlechte Wärmeleiter, und zwar 26 mal schlechter als Wasser und 2500 mal schlechter als Eisen; aber sie besitzen die Eigenschaft, in den einzelnen Gasschichten vorhandene Temperaturunterschiede ebenso rasch wie Metalle auszugleichen.

Die Ausführungen in Abschnitt 4, Abs. 4, und besonders Schaubild 49 geben hierzu gute Ergänzungen.

Beispiel 21[1]). Zur näheren Beleuchtung sei noch ein Versuch des Verfassers besprochen, der an einem Garbekessel von 254 m² Heizfläche, mit einem Überhitzer von 85 m² und einer Stufenrostfeuerung von 10,3 m² durchgeführt wurde.

Es soll der Wärmeübergang an den hinter dem Überhitzer belegenen Teil der Kesselheizfläche berechnet werden.

Der Kessel besteht aus einem Unterkessel von 1500 mm l. $\varnothing$ und etwa 4,1 m Länge, einem ebenso großen Oberkessel und aus 240 Garberohren von 54/60 mm von etwa 5500 mm mittlerer Länge, von denen 144 im ersten Zuge, 96 im zweiten Zuge liegen; zwischen ihnen befindet sich eine Schamottewand, die vom Unterkessel bis auf etwa 4,60 m Rohrlänge reicht. Die von den Gasen bis zum Eintritt in den Überhitzer

---

[1]) Über eine ähnliche Untersuchung vgl. Münzinger, Z. d. V. d. I. 1913, S. 1731, wobei auf die dort befindliche Abbildung Nr. 2 besonders hingewiesen sei.

bestrichene Heizfläche beträgt 165 m², die hinter demselben befindliche Heizfläche bis zum Fuchsschieber 89 m². Der Wasserumlauf geht so vonstatten, daß das in den Oberkessel gespeiste Wasser durch die hinteren weniger beheizten Rohrreihen herabsinkt und durch die vorderen Rohrreihen hochsteigt; Gegenströmungen sind indes nicht ausgeschlossen.

Die Rohbraunkohle hatte etwa eine Zusammensetzung von

$$\begin{aligned} C &= 31{,}0\%, & \text{Wasserstoff} &= 2{,}8\%, \\ \text{Wasser} &= 47{,}5\%, & \text{Schwefel} &= 1{,}3\%, \\ \text{Asche} &= 6{,}0\%, & O + N &= 11{,}4\%, \end{aligned}$$

daraus ergibt sich bei einem mittleren Gehalte an $CO_2 = 12{,}8\%$ eine Gasmenge nach Formel 42 von

$$\frac{1{,}865 \cdot 0{,}31}{0{,}128} + \frac{9 \cdot 0{,}028 + 0{,}47}{0{,}804} = 5{,}42 \ \text{m}^3 \ \%_{100}.$$

Garbekessel, Heizfläche . . m²	254	Vor dem Fuchsschieber:		
Kesseldruck at Überdr.. .	14	CO_2-Gehalt . . . . %		12,4
Überhitzerheizfläche . . . m²	85	$CO_2 + O_2$-Gehalt. . . . . %		18,6
Rostfläche: Heizfläche	1:24,5	CO-Gehalt . . . . %		0,4
Kohlenheizwert, Braunkohle WE	2760			
Wassergehalt der Braunk. %	47,5	Dampferzeugung auf 1 m²		
Aschengehalt . . . . . . %	6,0	Heizfläche und Stunde		
Kohlenverbrauch f. 1 st. . kg	1985	bez. auf Wasser v. 0°		
Speisewasser für 1 st. . . kg	5260	u. Dampf von 100°. . .		22,05
Speisewassertemperatur . . °C	29	Verdampfung $= \dfrac{\text{Wasser}}{\text{Kohle}} \ \%_{100}°$		2,82
Mittlerer Überdruck . . . at	12			
Dampftemperatur . . . . °C	263	Wärmeübergang auf 1 m²		
Verbrennungsgase hinter		Überhitzerheizfl. u. Std.		
der Feuerung . . . CO_2 %	13,2	(trockener Dampf) . . . WE		2480
Verbrennungsgastemp.				
vor dem Überhitzer . . °C	409	Wirkungsgrad des Kessels %		61,6
hinter dem Überhitzer °C	341	Wirkungsgrad d. Überh. %		3,9
vor d. Fuchsschieber . . °C	293	Verlust durch Abgase . . %		17,8
Lufttemperatur vor der		Verlust durch unverbr.		
Feuerung . . . . . . °C	23	Gase . . . . %		2,5
Hinter dem Überhitzer:		Restbetrag, Strahlung,		
CO_2-Gehalt . . . . %	13,1	Aschenverluste usw. . . . %		14,2
$CO_2 + O_2$-Gehalt . . . . . %	18,4			
CO-Gehalt . . . . %	0,5			

Die mittlere spezifische Wärme beträgt in den Temperaturgrenzen von 300—350° etwa 0,337 für 1 m³ nasse Gase.

Daraus errechnet sich die gesamte, von den Gasen abgegebene Wärmemenge vom Überhitzerende bis zum Fuchsschieber zu

$$1985 \cdot 5{,}42 \cdot 0{,}337 \cdot (341 - 293) = 174\,000 \ \text{WE für 1 Stunde.}$$

Ein Teil dieser Wärme geht durch das Mauerwerk nach außen verloren;

derselbe ermittelte sich zu etwa 15 000 WE, so daß an die Kesselheizfläche übergingen:

$$174\,000 - 15\,000 = 159\,000 \text{ WE für 1 Stunde}$$

oder für 1 m² Heizfläche

$$\frac{159\,000}{89} = 1800 \text{ WE/m}^2/\text{st.}$$

Umgerechnet auf Dampf von 639 WE ergibt dies eine Dampferzeugung
von

$$\frac{1800}{639} = 2,82 \text{ kg/m}^2/\text{st.};$$

oder insgesamt von 250 kg Dampf/st.

Von der vorn belegenen Heizfläche von 165 m³ wird also der gesamte
andere Teil der Dampferzeugung im Betrage von 5260 — 250 = 5010 kg
geleistet, bzw. für 1 m² im Mittel 30,40 kg $^0/_{100}$, dabei beträgt
der mittlere Wärmeübergang $= \dfrac{5010 \cdot 641}{165} = 20\,000 \text{ WE/m}^2/\text{st.}$

Man sieht also durch diesen Versuch bestätigt, daß der letzte, nur
der Gasberührung ausgesetzte, Teil der Kesselheizfläche recht unwirksam ist und der Hauptanteil der Dampferzeugung von der bestrahlten
Heizfläche geliefert wird (vgl. Abschnitt 29f., S. 285).

Daraus ergibt sich von selbst, daß das Bestreben des Kesselbaues
dahin gehen muß, dieses letzte, recht unwirksame Stück Kesselheizfläche, das sehr teuren Dampf liefert, abzuschneiden und durch die wesentlich billigere und des höheren Temperaturunterschiedes wegen wirk-
samere Abgasvorwärmerheizfläche zu ersetzen, die dicht an den Kessel
herangebaut wird; der Kessel hätte dann in der Hauptsache die Verdampfung des Wassers zu besorgen, der Vorwärmer die Lieferung der
Flüssigkeitswärme.

b) Der Wasserumlauf.

Es gibt nun außer der Vergrößerung der Rostfläche noch einige Umstände, die auf die Leistungssteigerung der Kesselheizfläche von Einfluß
sind; da ist vor allem eine möglichst vollkommene Verbrennung mit
geringstem Luftüberschusse zu erwirken; dadurch wird eine hohe Anfangstemperatur erzielt, vgl. Zahlentafel 39; sodann ist auf eine gute
und leichte Abführung der entstehenden Dampfblasen zu sehen, wobei
das verdampfte Wasser rasch ersetzt werden muß, und zwar so, daß
nicht der herabsteigende Wasserstrom den heraufsteigenden Dampfstrom stört, ein Umstand, der bei manchen Steilrohrkesseln und auch
bei liegenden Wasserrohrkesseln besonders in der vorderen Wasserkammer nicht genügend beachtet wird.

Durch Einbau von Wasserumlaufeinrichtungen bei Flammrohrkesseln, z. B. durch auf die Flammrohre aufgelegte Blechhauben, welche den Dampfstrom, der von den Flammrohren aufsteigt, getrennt von dem herabfallenden Wasserstrome hochführen, kann man die Leistung des Kessels ohne Kohlenmehrbedarf erhöhen. Bei stehenden Wasserrohrkesseln, z. B. Garbekesseln, Stirlingkesseln usw., dienen besondere, vor Hitze möglichst geschützte, weitere Rohre bzw. außerhalb des Mauerwerkes herabgeführte Umführungsrohre demselben Zwecke. Diese Maßnahmen sind eben nötig, um den stark gesteigerten Ansprüchen an die Dampfleistung moderner Kessel nachzukommen.

c) Die Dampfnässe und Mittel zur Verringung.

Infolge der heftigen Dampfentwicklung an einzelnen Stellen treten, weil das Wasser sich auf dem engen verfügbaren Wege nicht rasch genug vom Dampfe trennen kann, bisweilen heftige Wallungen der geringen Wasserspiegeloberfläche auf und ein starkes Mitreißen von Wasser in die Dampfwege. Verstärkt werden diese Mißstände noch durch Sodaüberschuß im Kessel, der zu Ätznatronbildung und Aufschäumen des Kesselinhaltes Anlaß gibt, und durch rasches Sinken des Kesseldruckes, wie es bei plötzlicher Entnahme von größeren Dampfmengen für Kochung oder beim Einschalten größerer Maschineneinheiten eintreten kann; das ist um so leichter möglich, je kleiner der Wasserinhalt des Kessels ist. Es wird dabei nämlich infolge der Druckentlastung eine beträchtliche Wärmemenge aus dem Wasserinhalte verfügbar, und die Dampfentwicklung steigt sehr bedeutend an, auf das Mehrfache der normalen. In solchen Augenblicken kann man die Heftigkeit der Vorgänge im Kessel am Wasserstande beobachten; das Wasser in demselben beginnt aufzukochen und hoch zu schäumen; oft füllt es das ganze Wasserstandsglas an und steigt darüber hinaus, um nach einiger Zeit wieder ganz rasch bis unter die tiefste Marke zu fallen; dabei werden große Wassermengen in den Überhitzer gerissen, die Überhitzungstemperatur sinkt schnell bis fast auf die Sättigungstemperatur, und Wasser tritt bis nach den Dampf entnehmenden Maschinen; dann arbeiten die Wasserabscheider und vorgeschalteten Kondenstöpfe ununterbrochen, oft mehrere Minuten lang, und fördern gelblich gefärbtes Kesselwasser zutage; hängt eine Dampfturbine mit Oberflächenkondensation an den Kesseln, so kann man auch an der Austrittsstelle des Maschinenkondensates den Austritt gelblich gefärbten Kondensates beobachten. Glücklicherweise treten die Erscheinungen mit dieser Heftigkeit nur selten auf.

Das Mitreißen von Wasser ist demgemäß nach Möglichkeit zu verhüten, weil sich die Feuchtigkeit in der Leitung ansammelt und bei nicht genügender Abführung durch Entwässerung der Leitung und Wasserabscheider leicht zu Wasserschlägen in den Rohren und Maschinen führt, also zu Brüchen der Rohre, Ventile und Kolben, sowie Platzen der Deckel.

Beispiel 22. Folgendes Rechnungsbeispiel gibt einen Einblick in diese Verhältnisse. Bei einem stehenden Wasserrohrkessel von 250 m² Heizfläche für 10 at Druck enthalten der Unterkessel 7,4 m³ Wasser, die 240 Rohre 3,02 m³ und der Oberkessel 3,80 m³, zusammen also 14,2 m³; der Kessel sei normal mit 22 kg/m²/st belastet, liefert also in 1 Min. 92 kg Dampf. Es falle aus irgendeiner Ursache der Druck innerhalb von 1 Min. um 2 at; dabei werden also für 1 kg Wasserinhalt entsprechend der Wasserwärme bei 10 und 8 at 185,8 − 176,8 = 9 WE frei; insgesamt also 128 000 WE; dadurch werden in 1 Min. $\dfrac{128\,000}{488}$ = 262 kg Dampf gebildet, wenn die Verdampfungswärme bei 8 atm 488 WE beträgt. Der Kessel gibt also in dieser **einen Minute des Druckabfalles** 262 + 92 = 342 kg Dampf ab, also **das Vierfache der normalen Leistung.** Dabei müssen bei dem heftigen Wallen und dem Aufschäumen des ganzen Wasserinhaltes naturgemäß größere Wassermengen in den Überhitzer und durch diesen hindurchgerissen werden.

Es können aber noch weitere, sehr unangenehme Störungen eintreten. Im Kessel setzen sich bei der Verdampfung des Wassers die mechanischen Verunreinigungen und chemischen Beimengungen desselben ab, welche die Wasserreinigungsanlage nicht zurückbehalten hat; dies sind organische und anorganische Stoffe, auch Kohlenschlamm bei Wasser von Bergwerken, die noch nicht ausgeschiedenen Salze, der kohlensaure und schwefelsaure Kalk, Magnesia usf. Außerdem reichert sich der Kesselinhalt durch überschüssige Soda stark an.

Wird nun vom Dampfe Kesselwasser mitgerissen, so bilden sich Ausscheidungen[1]), in denen sich Reste der Kesselsteinbildner, hauptsächlich kohlensaurer Kalk und Salze, wie Kochsalz, Glaubersalz, vorfinden werden. Solche Ausscheidungen lagern sich zuerst in den Überhitzerrohren ab. Aus den spezifisch schwereren ungelösten Resten der Kesselsteinbildner werden dann durch den strömenden Dampf die leichteren und löslicheren Salze herausgelöst und später in dem Überhitzersammelstutzen, in der Dampfleitung, besonders an Stellen, wo die Dampfströmung gestört ist, ferner in den vom Dampfe bedienten Apparaten, Kondenstöpfen, Ölabscheidern, Kondensatoren u. dgl. abgeschieden; ja, ein Teil der Salze wird in pulverförmigem Zustande bis zu den Maschinen fortgetragen, wo sie mit dem Schmieröle zusammen eine feste Kruste an den Kolben und Ringen bilden können. Unter der Einwirkung von Ätz-

---

[1]) Analysen solcher Ausscheidungen, vgl. Döhne, Unreiner Dampf. Z. d. V. d. I. 1914, S. 208.

b
d
6350
Sicherheitsventil
70 l/W
Speisung
50 l/W
Längenschnitt
Triole-
ventil
80 l/W
7000
Niedrigster Wasserstand
1500
Ablaß
40 l/W
e
2300
f
Ablaß
20 l/W
k
Pyrometerrohr
2020
123 Rohre 70/75
5000
1800
700
Ablaß 40 l/W
g
6730
5830
1650
3900
h
3555
600
2750
630
330/350
c
2680
6470
i
a
Abb. 26.

8650
Schnitt e-f
495
5
250
1800
3860
2400
2960
1300
250
Schnitt g-h
1   0,5   0   1   2   3   4   5 m

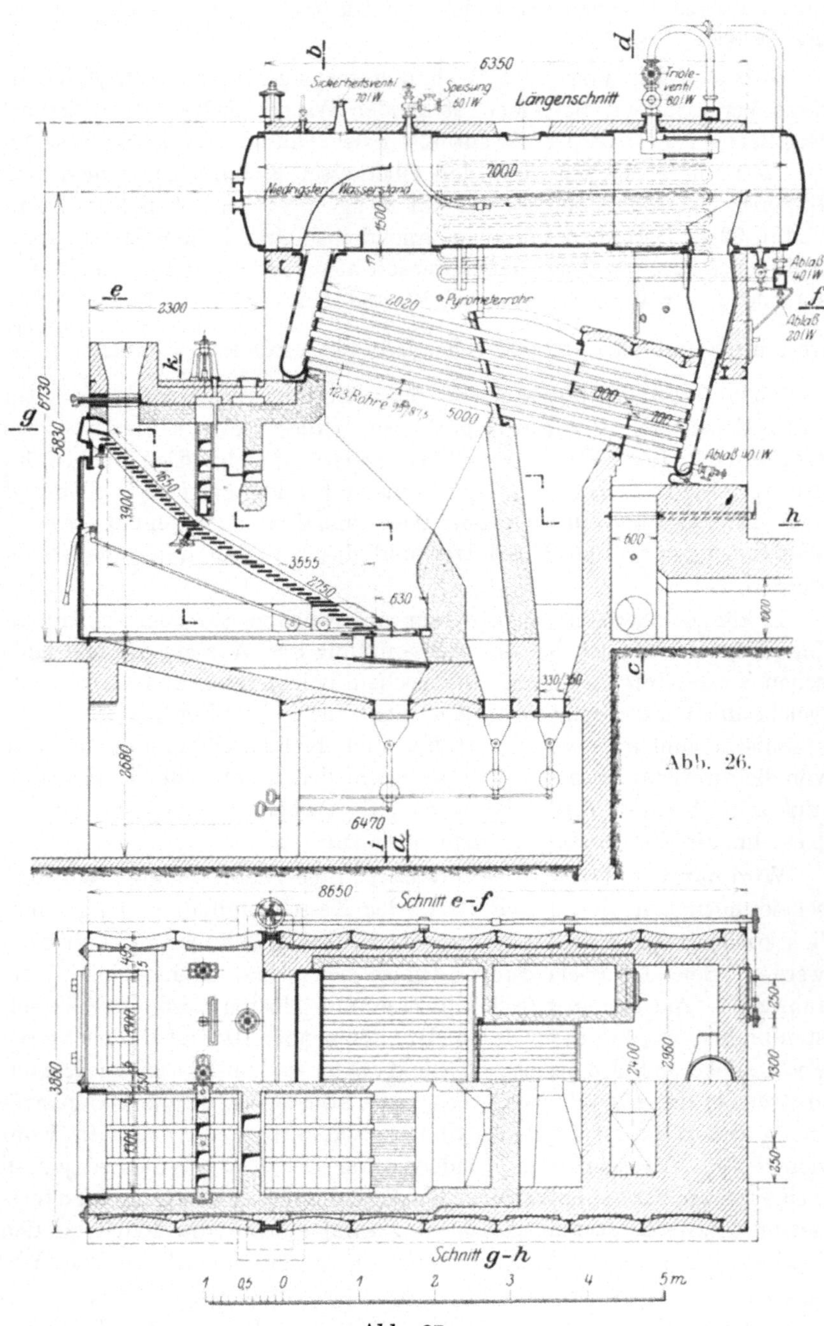

Abb. 27.

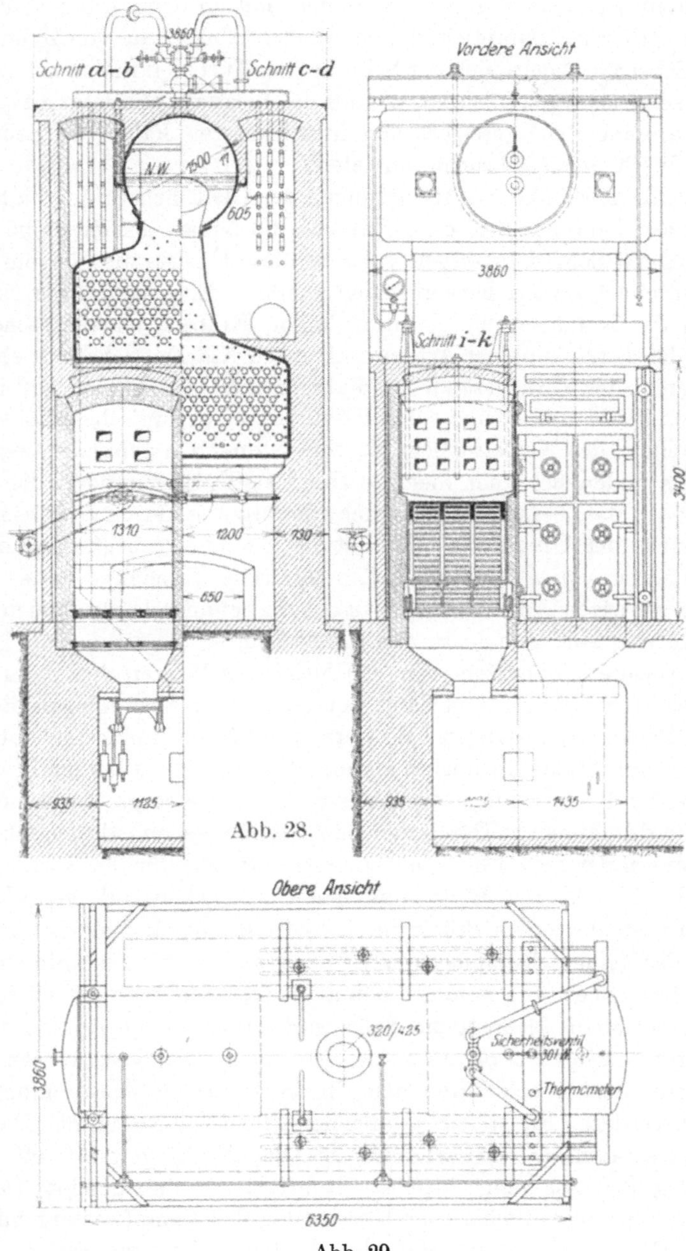

Abb. 28.

Abb. 29.

Abb. 26—29. Hochleistungs-Wasserrohrkessel von 200 m² Heizfläche, 14 at Überdruck, mit seitlichem Überhitzer von 35 m² Heizfläche und Treppenrostfeuerung von 13 m² für Braunkohle.

natron kann sich das Schmieröl verseifen und an Schmierfähigkeit bedeutend verlieren. Dampfmaschinen erleiden Abnutzung von Zylindern und Schiebern, es lagert sich der Schmutz bei Turbinen in den Schaufeln ab und setzt sie allmählich zu, so daß die Leistung abnimmt bzw. der Dampfverbrauch sich steigert und in schwereren Fällen Betriebsstörungen durch Schaufelbrüche eintreten.

Bei außergewöhnlichen Abnutzungen der Gleitflächen innerhalb der Dampfmaschine braucht also nicht immer die Bauart der Maschine oder das Schmieröl Schuld zu tragen, sondern diese Übelstände können auch durch unreinen Dampf hervorgerufen werden. Eine sorgfältige Untersuchung der Kondenstöpfe, Dampfzylinder, Kolben, Wasserabscheider usf. auf Rückstände obiger Art wird oft rasch Klarheit schaffen; ebenso die Prüfung der Ölrückstände im Zylinder und Aufnehmer auf ihren Gehalt an kohlensauren und schwefelsauren Salzen, weil die alkalischen Niederschläge des Kesselwassers oft vom Schmieröle gebunden werden.

Öfters finden sich auch mehrere Hundertstel Eisenoxyd in den Niederschlägen, das, besonders bei hoher Überhitzung, durch Anfressungen des Kessels, der Überhitzer und Leitungen entsteht, begünstigt durch Vorhandensein von Ätznatron im Kesselinhalte. Eisenoxyd bildet dann mit den sonstigen Abscheidungen und dem Schmieröle zusammen sehr unangenehme Rückstände in den Maschinen.

Die neueren Bauarten von Hochleistungs-Wasserrohrkesseln mit liegenden, schwach ansteigenden Rohren suchen allen obigen Bedingungen Rechnung zu tragen. Es werden die Rohre kürzer gebaut, um die nur durch Gasberührung wirksame Heizfläche zu verringern; dabei wird die der Roststrahlung ausgesetzte Rohrlänge so groß wie möglich gemacht, durch weites Hereinschieben des Rostes und durch schräges Hochmauern der ersten hochgehenden Trennmauer für die Gasführung, vgl. Abb. 26—29. Die Rohr- und Verschlußdeckelwand der Wasserkammern ist aus einem Stück durch hydraulische Biegung hergestellt, so daß also keine Schweißnähte mehr im Feuer liegen. Die unteren zwei Rohrreihen haben eine weitere Teilung als die oberen, damit bei Braunkohlen, welche die Neigung zur Salzausscheidung an den Rohren haben, die Durchgangsquerschnitte für die Gase nicht verringert werden. Ein besonderer Aschensack hinter dem Roste ist für die Ansammlung der von den vorderen Rohrteilen abfallenden Flugasche bestimmt. Die vordere Wasserkammer wird reichlich im Querschnitt gewählt, oft unter Trennung der aus den einzelnen Rohrreihen aufsteigenden Dampfströme, und unter allmählicher Überleitung des Dampfwassergemisches in den Oberkessel, derart, daß das Austrittsrohr zum Teil über die Wasseroberfläche in wagerechter Richtung herausgeführt wird; der Umlauf im Oberkessel wird dadurch angeregt und das Hochspritzen des Wassers verringert. Die Rückführung des Wassers in die Rohre geschieht

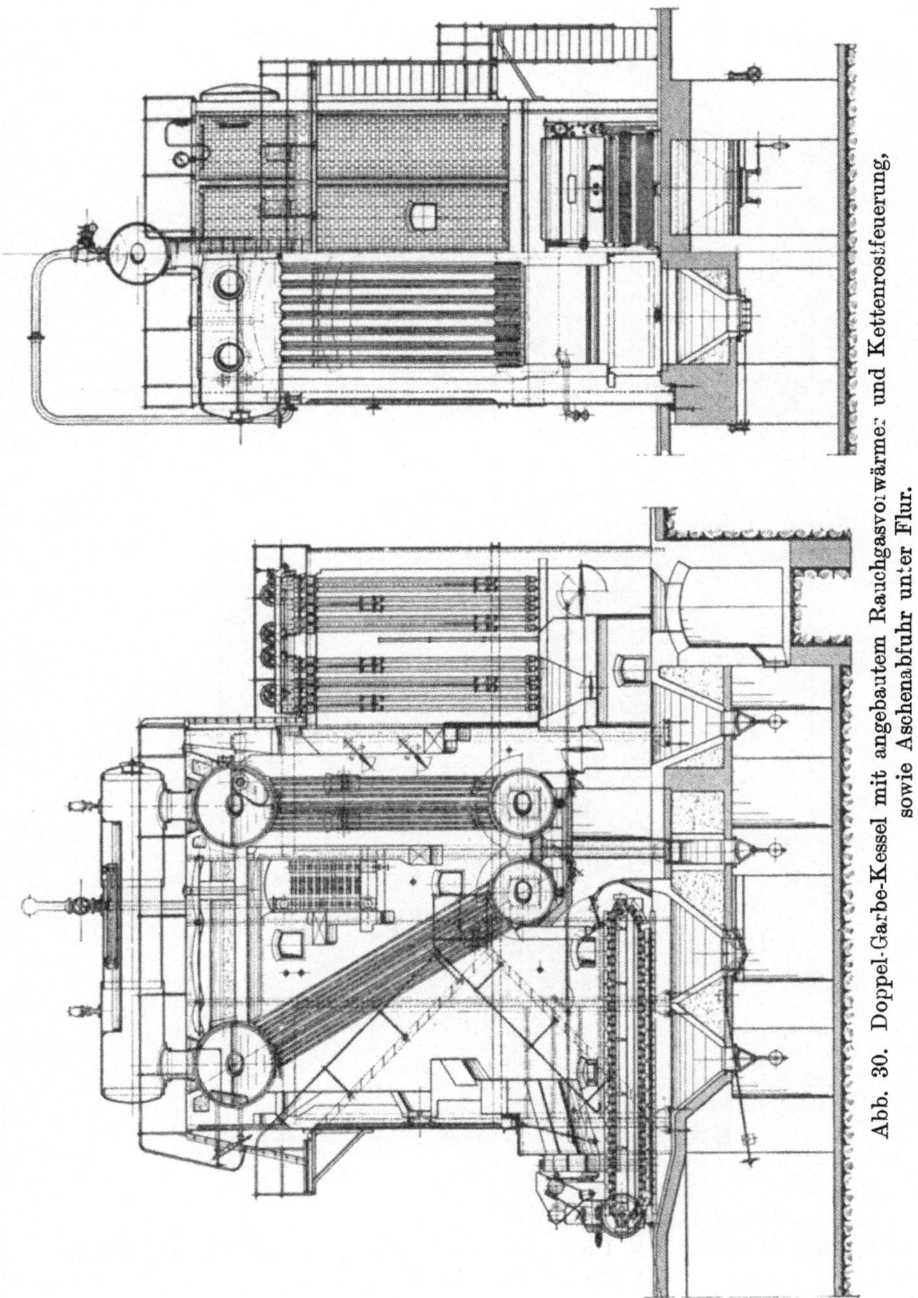

Abb. 30. Doppel-Garbe-Kessel mit angebautem Rauchgasvorwärmer und Kettenrostfeuerung, sowie Aschenabfuhr unter Flur.

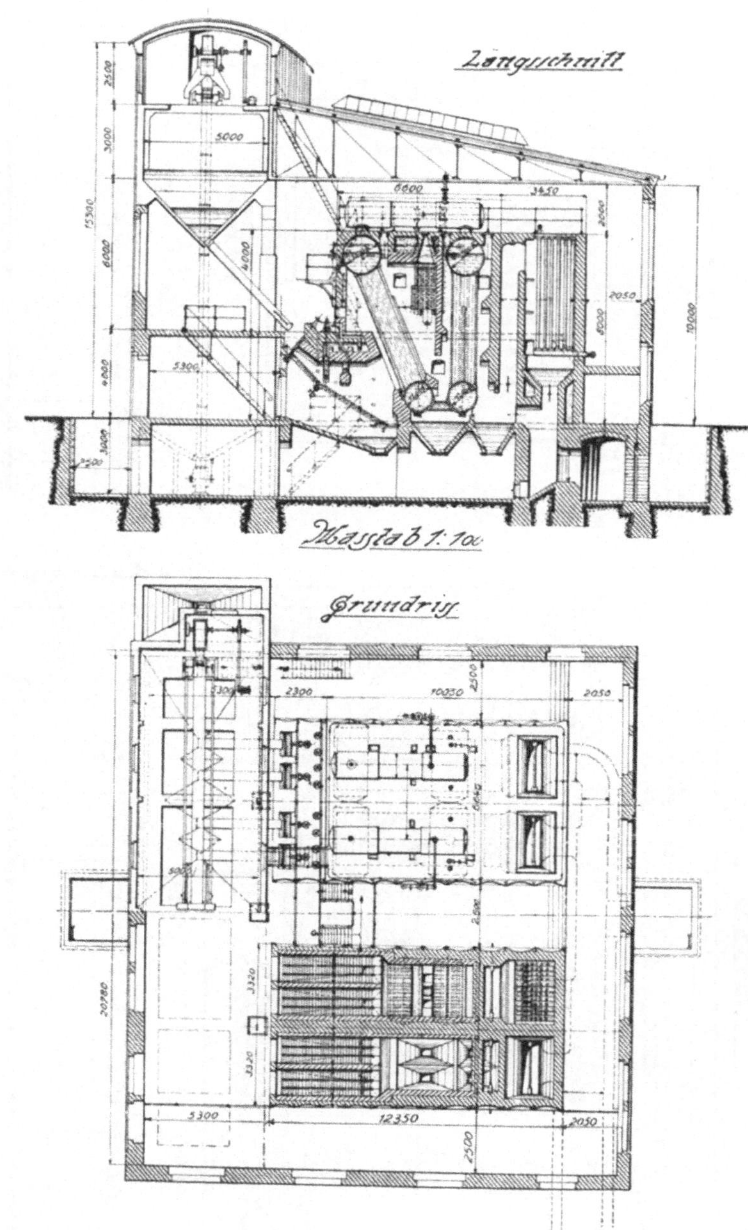

Abb. 31. Dampfkesselanlage für 4 Doppel-Garbekessel von je 250 qm Heizfläche, 16 Atm. Überdruck mit Überhitzer von 75 qm und Ekonomiser von 144 qm Heizfläche nebst Bekohlungsanlage.

durch weite Kammern, bisweilen durch außenliegende Rohre, derart, daß für die unterste wagerechte, am meisten beanspruchte Rohrreihe eine besondere Wassereinführung vorgesehen wird, etwa durch Vorlagerung einer besonderen zylindrischen Wasserkammer.

Die Oberkessel werden reichlich ausgeführt, um eine große Oberfläche für den Dampfdurchgang und einen größeren Wasservorrat zu bekommen. Ein wirksames Mittel gegen übermäßiges Mitreißen von Wasser sind große Dampfüberhitzer, welche das Wasser nachverdampfen, und zwischen Dampfdom und Überhitzer eingebaute größere Wasserabscheider und zylindrische Behälter oder Dampfsammler, welche einen beträchtlichen Teil des mitgerissenen Wassers und Schaumes abfangen.

Bei Steilrohrkesseln[1]), vgl. Abb. 30 u. 31, bildet man ebenfalls einen zwangläufigen Wasserumlauf durch Rohre und Kessel aus, derart, daß das kalte Wasser in der inneren Rohrgruppe hinabfällt in den unteren Kessel, und dann in die Verdampferrohre hochgenommen wird. Auch für möglichst ruhigen Wasserstand wird durch Ausgleichsrohre zwischen den beiden Oberkesseln gesorgt usw., falls zwei solche vorhanden sind.

Durch alle diese hier nur kurz angedeuteten Maßnahmen ist es gelungen, die mittlere Dampfleistung, für welche noch vor einigen Jahren 18—20 kg auf 1 m² und Stunde als normal, 25 kg als hoch galt, auf etwa 30—35 kg zu steigern, bei Wirkungsgraden ohne Rauchgasvorwärmer von 68—70%.

Grundbedingung für alle diese Hochleistungskessel ist ein weiches, möglichst gut vorgereinigtes Speisewasser[2]), um der Gefahr der Verschmutzung, die bei hoher Verdampfung naturgemäß früher eintritt, zu begegnen; der aus dem verdampften Wasser zurückbleibende Kesselstein setzt sich nämlich nicht allein im Unterkessel, dem Schlammfänger, ab, sondern zum großen Teil in den Rohren selbst, und am meisten in den vordersten der Hauptstrahlung ausgesetzten. Bei einigermaßen steinhaltigem Wasser, das für Flammrohrkessel noch als gut brauchbar bezeichnet werden muß, können sogar die vorderen Rohrreihen von Steilrohrkesseln ganz zuwachsen und daher leicht verbrennen, weil bei Steinbelag der Wärmeübergang an das Wasser geringer wird und die Blechtemperatur ansteigt, vgl. Abb. 51. Der Kesselsteinabsatz erscheint auf Ober- und Unterkessel ziemlich gleich verteilt; ist eine Speiserinne im Oberkessel vorhanden, so nimmt diese bereits einen reichlichen Teil der Kesselsteinbildner auf; das gleiche tut ein vorgeschalteter

---

[1]) Vgl. Münzinger, Untersuchungen an Steilrohrkesseln. Z. d. V. d. I. 1920, S. 393.

[2]) Destillieren von Kesselspeisezusatzwasser durch Unterdruckverdampfer zwischen Maschine und Kondensator, Josse, Z. d. V. d. I. 1919, S. 1102.

Rauchgasvorwärmer. Von Hand kann die Reinigung der Rohre wegen der langen Dauer der Arbeit und geringen Wirksamkeit nicht mehr bewältigt werden; es müssen vielmehr sogenannte Rohrreinigungsapparate, etwa solche, die aus einer kleinen Wasserturbine mit Fräsern bestehen, wobei das auf 8—10 at gespannte Betriebswasser nach Durchgang durch den Apparat zum Fortspülen des abgeschabten Kesselsteins benutzt wird, verwendet werden.

d) Rauchgasvorwärmer in Verbindung mit Kesseln.

Bei allen Kesseln für hohe Leistung betragen die Abgastemperaturen trotz guter Ausnutzung der Wärme stets etwa 300° und darüber. Wie besprochen und an dem Beispiele eines Garbekessels gezeigt, ist der letzte Teil der Kesselheizfläche ziemlich unwirksam; es werden nur etwa 2000—3000 WE/m²/st an die Heizfläche übergeführt. Dies kommt einmal von der Wärmeabgabe nur durch Berührung, dann aber auch von dem geringen Temperaturunterschiede zwischen Heizgasen und Wasserinhalt des Kessels; hat doch das Wasser z. B. bei 10 at Überdruck schon 183°, bei 14 at sogar 197° Temperatur.

Es ist deshalb vorteilhafter, an hoch belastete Kessel ausgedehnte Rauchgasvorwärmer anzuschließen, da sich bei diesen Apparaten das Quadratmeter Heizfläche wesentlich billiger stellt, als das Quadratmeter Kesselheizfläche (vgl. Abb. 30 u. 31).

Da das Speisewasser mit verhältnismäßig niedriger Temperatur, meist etwa 30—60°, in den Vorwärmer eintritt, so ist in demselben der mittlere Temperaturunterschied zwischen Gas und Wasser bedeutend höher als am Kesselende. Dadurch ist also die wirtschaftliche Überlegenheit der Vorwärmerheizfläche gegenüber der letzten Kesselheizfläche gewahrt, zumal unter Umständen durch Zuhilfenahme von künstlichem Zug eine ziemlich weitgehende Ausnutzung der Heizgase bis auf etwa 120° herab erzielt werden kann. Jedoch sind auch hier praktische Grenzen gesetzt, weil nämlich mit immer weiter getriebener Abkühlung der Gase im Rauchgasvorwärmer die Heizfläche desselben unverhältnismäßig größer werden muß, da ja der Temperaturunterschied immer weiter abnimmt.

Das Schaubild Abb. 39 zeigt, wie k, die Wärmedurchgangszahl, mit abnehmendem Temperaturunterschiede rasch sinkt; dementsprechend muß auch die nötige Heizfläche anwachsen. Z. B. beträgt für gußeiserne Vorwärmer für ca. 180° mittl. Temperaturunterschied $k = 13$ und der Wärmeübergang auf 1 m² Heizfläche und Stunde etwa 2350 WE, während bei 100° die entsprechenden Werte sich nur noch zu 10,7 und 1100 WE ergeben; somit wächst die Ersparnis durch den Vorwärmer ebenfalls wesentlich langsamer als die Zunahme der Heizfläche.

Eine genaue Wirtschaftlichkeitsberechnung muß daher entscheiden, ob über eine gewisse Wassererwärmung hinaus die Ersparnis durch weitere Wasservorwärmung noch in rechtem Verhältnis zu den Kosten für die vergrößerte Heizfläche steht.

Nur in seltenen Fällen wird man die anzuschließende gußeiserne Vorwärmerheizfläche größer als höchstens $^2/_3$ der zugehörigen Kesselheizfläche anlegen. Eine Steigerung der Ausnutzung der Kohle durch die Gesamtanlage von Kessel, Überhitzer und Abgasvorwärmer wesentlich über 84% hinaus dürfte mit den heutigen Mitteln der Technik vorerst nicht zu erreichen sein. Das Hauptaugenmerk ist also, den heutigen Anschauungen entsprechend, auf hoch beanspruchte Kessel zu legen, um das Anlagekapital, somit Verzinsungs- und Abschreibungskosten, sowie Bedienungskosten, umgerechnet auf die Tonne erzeugten Dampf, so niedrig wie möglich zu halten.

An einem Beispiele, aus dem Betriebe entnommen, sei diese Überlegung klargestellt.

Beispiel 23. Es sind fünf Kessel in einer Anlage vorhanden, mit zusammen 1110 m² Heizfläche; erzeugt werden in 1 Stunde 25 000 kg Dampf von 13 at Überdruck und 280°. Verfeuert werden in 1 Stunde 8950 kg Braunkohle von 2900 WE mit folgender Zusammensetzung: $C = 31\%$; Wasser $= 49,5\%$; Asche $= 6,3\%$; Wasserstoff $= 2,8\%$; Schwefel $= 1,3\%$; Sauerstoff und Stickstoff $= 9,1\%$; Erzeugungswärme für 1 kg Dampf $= 660$ WE. Die Gase treten mit $t'_2 = 330°$ C in den Vorwärmer ein; sie haben beim Eintritt $11,5\%$ CO_2, beim Austritt $10,0\%$ CO_2; im Mittel also $10,5\%$ CO_2; das Speisewasser wird mit $t'_1 = 55°$ C in den Vorwärmer hineingedrückt.

Aus der Zusammensetzung der Kohle und dem CO_2-Gehalte der Gase von $10,5\%$ berechnet sich die Gasmenge für 1 kg Kohle nach Formel 42 zu:

$$G_{\mathrm{m}^3}{}^0/_{760} = \frac{1,865\,C}{k} + \frac{9\,H + W}{0,804} = 6,43\ \mathrm{m^3}\,{}^0/_{760},$$

was bei einem spez. Gewicht von $\gamma = 1,27$, einer Menge von 8,20 kg entspricht; der Luftüberschuß beträgt dabei das 1,72fache. Die spez. Wärme zwischen 200 und 350° ergibt sich nach Zahlentafel 8 zu $c_p = 0,334$; es steht deshalb eine Gasmenge von $8950 \cdot 6,4 = 57\,500$ m³/st zur Verfügung.

Es soll die Größe des Rauchgasvorwärmers ermittelt werden, wenn die erforderliche Wassermenge von 25 000 kg/st von 55° Anfangstemperatur auf 90°, 110°, 120°, 130°, 140° vorgewärmt wird.

Zur Wassererwärmung sind nötig $25\,000 \cdot (90 - 55) = 875\,000$ WE/st.

Im Vorwärmer gehen davon durch Ausstrahlung 10% verloren, so daß den Gasen eine Wärmemenge von $1,1 \cdot 875\,000 = 962\,000$ WE/st entnommen werden muß. Für diese Leistung kühlen sich die Gase um $50°$ ab, entsprechend $962\,000 = 57\,500 \cdot 0,334 \cdot (t_2' - t_2'')$.

Es wird also die Gasaustrittstemperatur $t_2'' = 330 - 50 = 280°$. Der mittlere Temperaturunterschied zwischen Gasen und Wasser errechnet sich zu $232°$; damit ergibt sich aus Schaubild 39, S. 198, ein Wärmeübergang von 2800 WE/m²/st an den Vorwärmer, und die Heizfläche desselben ermittelt sich zu 310 m². Führt man dieselbe Rechnung mit den entsprechenden Werten für die höhere Wassererwärmung durch, so ergibt die Zusammenstellung auf S. 169, daß die Vergrößerung des Rauchgasvorwärmers über 850 m² und Wassererwärmung über 135° hinaus wirtschaftliche Vorteile nicht mehr zu bringen vermag; denn während die Kosten ziemlich im Verhältnis mit der Größe der Heizfläche wachsen, bleibt indes die Ersparnis bedeutend zurück und wird zuletzt durch den Mehraufwand, welchen die vergrößerte Anlage durch Zinsen, Abschreibung, Wartung und Instandsetzung erfordert, aufgezehrt. Da diese letzteren Beträge jedoch die gleichen bleiben, unabhängig von den Kohlenkosten, so ergibt sich hieraus auch, daß bei hohem Wärmepreis des Dampfes der Vorwärmer größer gewählt werden kann, da die Kohlenersparnisse mehr ins Gewicht fallen, als wenn man billigere Kohlen zur Verfügung hat. Andererseits steigen die Ersparnisse auch mit der Dauer der Betriebszeit innerhalb 24 Stunden, allerdings nicht in gleichem Maße, da wohl der Aufwand für Verzinsung der gleiche bleibt, derjenige für Abschreibung, Bedienung und Wartung jedoch entsprechend wächst (vgl. Abschn. 12h).

Noch wichtiger werden diese Erwägungen, sobald man in Verbindung mit großen Vorwärmern eine künstliche Zuganlage anzulegen gedenkt, weil bei derselben die Mehrkosten durch den dauernden Kraft- und Schmierölbedarf nebst Löhnen gegenüber den Besitzkosten eines Schornsteines, durch Ersparnis am Abgasverlust mittels möglichst weitgetriebener Wassererwärmung ausgeglichen werden muß. Allerdings kann dann infolge der gesteigerten Kesselbeanspruchung, welche erzielbar ist, eine weitere wesentliche Verringerung der Kesselheizfläche eintreten. Die Betriebskosten einer künstlichen Zuganlage verringern sich bedeutend, falls eine Dampfmaschine zum Antriebe benutzt werden kann, deren Abdampf zu Heiz- oder Trockenzwecken irgendwelcher Art Verwendung findet, weil dann der künstlichen Zuganlage tatsächlich nur der geringe Wärmewert des Druckgefälles des Dampfes in Rechnung zu setzen ist.

Im Vorwärmer anzuwärmen sind 52 000 kg Wasser in 1 Stunde		Wassererwärmung von 55° auf				
		90°	110°	120°	130°	140°
Gaseintrittstemp. in den Vorwärmer t'_2	°C	330	330	330	330	330
Verfügbare Gasmenge　m^3 von $^0/_{760}$	WE/st	57 500	57 500	57 500	57 500	57 500
Nötig zur Wassererwärmung	WE/st	875 000	1 380 000	1 630 000	1 880 000	2 120 000
Den Gasen sind zu entziehen	WE/st	962 000	1 518 000	1 793 000	2 070 000	2 340 000
Erforderliche Abkühlung der Gase	°C	50	79	94	108	122
Gasaustrittstemp. aus dem Vorwärmer t''_2	°C	280	251	236	222	208
Mittl. Temperaturgefälle zw. Gasen u. Wasser	°C	232	208	195	183	171
Wärmeübergang auf 1 m² Heizfl. u. Stunde	WE	2 800	2 500	2 350	2 250	2 140
Heizfläche des Rauchgasvorwärmers	m²	**310**	**555**	**695**	**835**	**990**
Wärmeersparnis durch den Vorwärmer	%	5,3	8,3	9,9	11,3	12,9
Kohlenersparnis in 1 Stunde	kg	470	740	890	1 015	1 150
„　im Jahr b. 300 Tag. je 10 St.	t	1 410	2 220	2 670	3 040	3 450
„　(10 t Braunk. fr. Kesselh. = 1000 M.	M.	141 000	222 000	267 000	304 000	345 000
Preis für den Rauchgasvorwärmer einschl. Zubehör, fertig montiert, einschl. Einmauerung und Fundamenten	M.	402 600	714 600	910 000	1 085 300	1 280 000
Jahreskosten f. Verzinsung u. Abschreibung sowie Bedienung und Ausbesserung 16%	M.	64 500	114 200	145 500	174 000	205 000
Wirkliche Ersparnis	M.	76 500	107 800	121 500	130 000	145 000
Vergrößerung der Kohlenersparnis	M.		81 000	45 000	37 000	41 000
Mehraufwand an Jahreskosten	M.		**49 700**	**31 300**	**28 500**	**31 000**
Vergrößerung der wirklichen Ersparnis	M.		**31 300**	**13 700**	**8 500**	**10 000**

V. Wärmewirtschaftliche Einrichtungen.

Große Gesichtspunkte müssen bei der Ausgestaltung einer rationellen Wärmewirtschaft walten. Diese umfaßt nicht nur die Feuerstätten im Kesselhause, sondern sie sucht bei allen Wärmeverbrauchern (wie Trockenapparaten, Spannrahmen, Schlichtmaschinen, Papiermaschinen usf.) mit dem geringsten Drucke und Wärmebedarfe auszukommen, greift grundlegend in den gesamten Fabrikbetrieb ein, ja bedingt sogar unter Umständen seine ganze Anlage und Führung und hat auf die Rentabilität den allergrößten Einfluß.

Drei Möglichkeiten ergeben sich für die Betriebsführung:

1. **Alle Verluste an Dampf, Wärme, Gasen, Luft, Wasser sowie an Zug müssen vermieden werden.** Zu diesem Zwecke sollen alle Feuerungen, Apparate und Einrichtungen, welche Kohle, Wärme oder Kraft verbrauchen, ständig überwacht werden und es muß nach einem Plane der Betrieb eine solche Führung erhalten, daß sich der Dampfverbrauch nicht gerade stoßweise häuft. Nicht geringe Mengen an Kohle, Wärme und Kraft können durch entsprechende Maßnahmen eingespart werden. (Nähere Einzelheiten siehe Abschn. 32 und 33.)

2. **Verwerten des Dampfes zur Kraftabgabe in der Oberstufe,** ehe er für Heizzwecke reduziert wird, unter Einschaltung von Dampfmaschinen mit Gegendruck in der Höhe, wie ihn die Heizung braucht bzw. Erzeugung von Kraft aus Abhitze und Abgasen. Die Dampfmaschine ist der beste Dampfdrosselapparat, da in ihm nicht der Druck wie im Reduzierventil vernichtet, sondern zur Arbeitsleistung nutzbar gemacht wird. Es ist grundsätzlich falsch, Kondensationsmaschinen zu verwenden und besonderen Frischdampf mit oder ohne Reduzierung für Heizung dem Kessel zu entnehmen. Man erzeugt nämlich auf diese Weise die Wärme doppelt. Die Begründung obigen Verfahrens liegt darin, daß zur Erzeugung von Dampf von höherer Spannung nur ein geringer Wärmemehraufwand benötigt wird gegenüber der Erzeugung von niedergespanntem Dampf. Z. B. sind erforderlich für 1 kg Dampf von 10 at 666 WE, für 1 kg Dampf von 2 at 647 WE. Der Mehraufwand beträgt also nur 3%. Aus 1000 kg Dampf von etwa 10 at können durch Kolbendampfmaschinen eine Stunde lang gewonnen werden:

150 PS, falls der Abdampf für Heizzwecke mit 50—70°,
100 PS, falls der Abdampf für Heizzwecke mit 100° (Auspuffspannung),
60—70 PS, falls der Abdampf mit etwa 140° (3 at) gebraucht wird.

3. **Verwerten der Abwärme,** die in verschiedenster Form auftritt. Der Abdampf der Maschinen, Pumpen usf. wird zweckmäßig zum

Heizen, Kochen, Trocknen, zur Heißwasserbereitung usf. an Stelle von Frischdampf benützt. Unter Umständen kann auch Zwischendampf zwischen Hoch- und Niederdruckzylinder für Heizzwecke entnommen werden, falls nicht der gesamte Abdampf der Maschine Verwendung finden kann und etwas höhere Spannung bzw. Temperatur benötigt wird.

Die Abgase werden bei Dampfkesseln zur Überhitzung des Dampfes, für Speisewasservorwärmung, Lufterhitzung od. dgl. verwertet. Bei Ofenanlagen aller Art ziehen die Gase mit sehr hohen Temperaturen etwa 500—1100° ab, so bei Gasanstalten, Schmelz- und Verzinkungsöfen, metallurgischen und keramischen Öfen aller Art usf. Man muß für diese oft sehr großen Wärmemengen Verwendung suchen z. B. zur Rekuperation, Luft- und Wassererwärmung, zur Dampferzeugung in besonderen Abhitzekesseln, für Luftheizung u. dgl.; je nach dem Umfange und der Temperatur der verfügbaren Wärmemengen. Selbst bei geringen Wärmemengen, wie z. B. von Schmiedeessen, lohnt sich oft noch der Einbau kleiner Heizkörper zur Bereitung von Gebrauchs- und Waschwasser.

Soweit man die Kraft und Wärme im eigenen Betriebe unterbringen kann, muß man es tun. Unter Umständen können entsprechende Ergänzungsbetriebe, welche die Überschüsse aufnehmen, an das Werk angegliedert werden. Nun ist für manche Industrien aber die Krafterzeugung maßgebend (Elektrizitätswerke, Maschinenfabriken, Mühlen, Spinnereien, Zechen), für andere der Wärmebedarf (Zuckerfabriken, chemische Fabriken, Färbereien, Badeanstalten, Gasanstalten, Brennereien, Wäschereien, Heizwerke). Hat daher das eigene Werk für Überschuß von Kraft oder Wärme keine Verwendung, so muß Absatz dafür gesucht werden. Entweder durch Lieferung der Überschußenergie in das Netz der Elektrizitätswerke, oder durch Lieferung an ein Nachbarwerk, das Kraft oder Wärme abnehmen kann. Hier muß das soziale Verständnis mitwirken (vgl. Einleitung) und es liegt ein großer Mangel in der heutigen Wirtschaftsführung vor, daß bei Neuanlagen keine Rücksicht darauf genommen wird, ob ein gegenseitiger Austausch von Kraft oder Wärme mit benachbarten Werken möglich ist. Es gehört, das zeigt sich an diesem Kapitel ganz besonders deutlich, eben mehr zu einem guten Wärmeingenieur als nur der Besitz rein technischer Kenntnisse. Diese müssen allerdings sehr umfassend sein. Hinzutreten aber muß ein hohes Maß von sozialem Verständnis, das nicht nur das Interesse des einzelnen Betriebes im Auge hat, sondern seine Maßnahmen in Rücksicht auf die gesamte Volkswirtschaft gestaltet.

Einige Einrichtungen, soweit sie im Rahmen des Kesselhausbetriebes liegen, sind nachstehend besprochen.

16. Der Dampfüberhitzer.

a) Der überhitzte Dampf.

Verwendung des überhitzten Dampfes.

Überhitzter Dampf wird für verschiedene Zwecke in der Technik verwendet, in erster Linie für den Betrieb von Dampfmaschinen und Dampfturbinen, seltener für Heizzwecke. Die durch die Fortleitung des Dampfes entstehenden Kondensationsverluste werden durch Überhitzung innerhalb gewisser Grenzen trotz der Zunahme des Temperaturgefälles zwischen Dampf und Außenluft verringert, und zwar durch die starke Abnahme des Wärmeüberganges α an die Rohrwandung bei Heißdampf gegenüber Sattdampf, weil sich überhitzter Dampf bei der Wärmeabgabe wie ein Gas verhält, daher ein schlechter Wärmeleiter ist: denn während die Wärmeübergangszahl von gesättigtem, kondensierendem Dampf $\alpha = 8000$ beträgt, stellt sich dieselbe bei überhitztem Dampf auf $\alpha = 4-8$, also ebenso niedrig wie für Luft und Gas.

Es ist daher zu beachten, daß die Verwendung von überhitztem Dampf zu Heizzwecken mittels Oberflächenheizung sich aus den gleichen Gründen als unwirtschaftlich erweist und nur bei direkter Heizung durch Einblasen, da zweckmäßig ist, wo es auf besonders hohe Temperatur ankommt. Es sind dann aber nur die Niederschlagsverluste in den Zuleitungen zu sparen. Wärme- bzw. Kohlenersparnisse können bei der Heizung selbst nicht oder nur in geringem Maße erzielt werden, da man ja die Mehrwärme, welche der überhitzte Dampf bringt, durch einen entsprechenden Mehraufwand an Heizstoff erzeugen muß, trotzdem ein Teil dieser Mehrwärme den Kesselheizgasen selbst entzogen werden kann; der Dampfpreis des überhitzten Dampfes ist teurer als der von Sattdampf.

Sollen Leitungsverluste vermindert werden, so ist die Überhitzung des Dampfes so zu bestimmen, daß an der Verwendungsstelle mindestens noch trockener Sattdampf oder gering überhitzter Dampf zur Verfügung steht; das ist besonders bei einem langen und verzweigten Leitungsnetze von Bedeutung.

Bei gemischtem Heiz- und Maschinenbetriebe, wie er meistenteils vorkommt, können, falls nicht genügend Abdampf dafür zur Verfügung steht, dem für Heizzwecke entnommenen Dampf zu diesem Zwecke geringe Mengen Heißdampf beigemengt werden.

Der Rauminhalt.

Der Rauminhalt des überhitzten Dampfes berechnet sich nach Zeuner aus:

$$P \cdot v = 50{,}933\, T - 192{,}5 \sqrt[4]{P} \quad\quad\quad . \quad . \quad . \quad . \quad . \quad 71)$$

oder nach Tumlirz aus:

$$p \cdot v = 0{,}00467\, T - 0{,}0084\, p \quad \dots \dots \dots \quad 71\,\text{a})$$

darin bedeuten:

$P =$ Druck in kg/m², $\qquad\qquad \gamma =$ Gewicht eines m³ in kg,

$p =$ Druck in kg/cm², $\qquad\qquad t =$ Temp.d.überhitzt.Dampf.in °C,

$v =$ Rauminhalt eines kg in m³ $\quad T = 273 + t.$

Der Rauminhalt ist also von Temperatur und Druck abhängig und für die Temperaturen von 200—400° nachstehend berechnet:

Zahlentafel 49.

Rauminhalt v = ¹/γ des überhitzten Dampfes.

kg/cm² absolute Spann.	$P=$kg/m² absoluter Druck	Temperatur des überhitzten Dampfes °C					Inhalt des gesättigten Dampfes v	Temperatur des gesättigten Dampfes C°
		200	250	300	350	400		
		Inhalt eines kg überhitzten Dampfes = v in m³						
1,0	10 000	2,215	2,47	2,71	3,007	3,23	1,722	99,1
2,0	20 000	1,089	1,217	1,34	1,487	1,600	0,900	119,6
3,0	30 000	0,718	0,803	0,884	0,961	1,055	0,616	132,8
4,0	40 000	0,534	0,597	0,659	0,719	0,788	0,471	142,8
5,0	50 000	0,424	0,475	0,526	0,573	0,628	0,382	151,0
6,0	60 000	0,350	0,394	0,436	0,476	0,520	0,322	157,9
7,0	70 000	0,299	0,336	0,372	0,409	0,440	0,278	164,0
8,0	80 000	0,268	0,296	0,326	0,356	0,384	0,246	169,5
9,0	90 000	0,237	0,263	0,289	0,315	0,341	0,220	174,4
10,0	100 000	0,212	0,235	0,259	0,282	0,305	0,199	178,9
11,0	110 000	0,192	0,214	0,235	0,256	0,277	0,182	183,1
12,0	120 000	0,175	0,195	0,214	0,234	0,253	0,168	186,9
13,0	130 000	0,162	0,179	0,197	0,216	0,233	0,155	190,6
14,0	140 000	0,149	0,166	0,182	0,199	0,216	0,145	194,0
15,0	150 000	0,139	0,154	0,170	0,186	0,201	0,136	197,2

In der vorstehenden Zahlentafel 49 sind für die absoluten Drücke von 1,0—15 kg/cm² und die Temperaturen von 200—400° die Rauminhalte berechnet. Diese Werte benötigt man zur Ermittlung der Dampfgeschwindigkeiten in Überhitzern, Rohrleitungen usw.

In der vorletzten Spalte ist der Rauminhalt des gesättigten Dampfes gleichen Druckes aufgeführt.

Man beobachtet, daß der Rauminhalt des Dampfes sich beim Überhitzen vergrößert, daß also z. B. die Dampfgeschwindigkeit innerhalb der Rohre eines Überhitzers mit fortschreitender Überhitzung zunimmt.

Nachstehende Zahlentafel 50 zeigt, daß die gleiche Raummenge überhitzten Dampfes mit weniger Wärmeeinheiten herzustellen ist als gesättigter Dampf, und zwar mit um so weniger, je niedriger die Dampfspannung und je höher die Überhitzung ist:

Zahlentafel 50.

Druck at abs.	Sättigungs-temp. ϑ °C	Gesamt-wärme i'' WE	v'' Rauminhalt in m³ von 1 kg	γ Gewicht eines m³ kg	Volumenzunahme von 1 kg überhitztem Dampfe in % des gesättigten Dampfes bei			Wärmeinhalt von 1 m³ Dampf, in WE			
					200°	300°	400°	gesät-tigter Dampf	bei Überhitzung auf 200°	300°	400°
2	119,6	647,2	0,900	1,110	24,2	53,5	82,5	718,6	624	538	483
11	183,1	667,1	0,1822	5,489	7,87	32	55,6	3661	3530	3110	2820
16	200,3	671,2	0,128	7,81	—	27,2	50,4	5245	—	4570	4140

Druck at abs.	Wärmeersparnis für 1 m³ überhitztem Dampf gegenüber gesättigtem Dampfe bei			Temperatur-unterschied bei 300° $300 - \vartheta$	i Wärmeinhalt eines kg überh. Dampfes von 300° WE	Mehraufwand für 1 kg überh. Dampfes von 300° $\dfrac{c_p\,(t-\vartheta)\cdot 100}{i''}$ in %
	200°	300°	400°			
2	13,15	25,1	32,8	180,4	733	13,25
11	3,58	15,05	22,9	116,9	729,6	9,36
16	—	12,85	21,1	99,7	727,2	8,33

·Beispiel 24. Bei 6 at Überdruck und 300° ist der Rauminhalt des überhitzten Dampfes = 0,372, der des gesättigten Dampfes bei gleichem Drucke = 0,278; die Raumvergrößerung beträgt also:

$$\frac{100 \cdot (0,372 - 0,278)}{0,278} = 33,8\,\% \;.$$

Diese Raumvermehrung wächst, wie aus der Zahlentafel hervorgeht, im allgemeinen mit der Überhitzung des Dampfes, am meisten jedoch bei den niedrigen Dampfdrücken.

Sie beträgt bei 300° Dampftemperatur:

bei 5 at abs. . . . . 38,5% bei 12 at abs. 27,5%
„ 8 „ „ . . . . 32,5% „ 15 „ „ 25,0%

Es werden z. B. gebraucht zur Erzeugung

von 1 kg gesättigtem Dampf von 6 at Überdruck 656,5 WE
von 1 m³ gesättigten Dampf von 6 at Überdruck 2400 WE mit $\gamma = 3,66$.

Wird der Dampf von 6 at Überdruck auf 300° überhitzt, so müssen ihm zugeführt werden (vgl. Formel 72)

für 1 kg (300 — 164) · 0,511 = 69,5 WE,
für 1 m³ 3,66 · 69,5 = 255 WE,

also um

$$\frac{100 \cdot 69,5}{656,5} = 10,6\,\%$$

mehr als bei 1 kg gesättigten Dampfes.

Dabei dehnt sich der Dampf auf das 1,338fache seines ursprünglichen Raumes aus; so daß 1 m³ überhitzter Dampf von 300° und 6 at Überdruck braucht zur Erzeugung:

$$\frac{2400 + 255}{1,338} = 1985 \text{ WE},$$

also:

$$\frac{2400 - 1985}{2400} \cdot 100 - 17,3\,\%$$

weniger als gesättigter Dampf.

Die spezifische Wärme des überhitzten Dampfes.

Die spezifische Wärme des Dampfes ändert sich wesentlich mit Temperatur und Druck.

Aus den Versuchen der verschiedenen Forscher, die in ihren Ergebnissen noch voneinander abweichen, gehen jedoch folgende Gesetzmäßigkeiten mit Sicherheit für das Gebiet der technischen Anwendung hervor.

1. Die spez. Wärme für konst. Druck für 1 kg Dampf nimmt mit wachsendem Drucke zu;

2. und für denselben Druck bei wachsender Temperatur vom Sättigungspunkte aus zunächst ab und nach Durchgang durch einen Tiefstwert wieder zu.

Für technische Zwecke der Überhitzerberechnung ist allein die mittlere spez. Wärme c_p für 1 kg zwischen Sättigungstemperatur ϑ und einer bestimmten Überhitzungstemperatur t von Wichtigkeit.

Um nun Rechnungen zu ersparen, sei nachstehend die Zusammenstellung für diese Werte gegeben.

Zahlentafel 51[1]).

Mittlere spezifische Wärme $[c_p]_{\vartheta}^{t}$ des überhitzten Wasserdampfes zwischen der Sättigungstemperatur ϑ und verschiedenen Überhitzungstemperaturen t bei verschiedenen Drücken p.

$p=$ $\vartheta=$	0,1 45,6	0,5 80,9	1 99,1	2 116,9	4 142,8	6 157,9	8 169,5	10 178,9	12 187,0	14 194,0	16 200,3
$t=100$	0,480	0,490	0,501	—	—	—	—	—	—	—	—
150	0,479	0,488	0,495	0,513	0,533	—	—	—	—	—	—
200	0,479	0,486	0,491	0,503	0,523	0,538	0,558	0,573	0,588	0,601	—
250	0,479	0,484	0,489	0,500	0,514	0,528	0,543	0,556	0,569	0,578	0,588
300	0,479	0,483	0,487	0,496	0,508	0,519	0,531	0,541	0,551	0,562	0,569
350	0,479	0,482	0,485	0,493	0,503	0,513	0,522	0.531	0,539	0,547	0,555
400	0,478	0,482	0,484	0,491	0,500	0,508	0,517	0,523	0,531	0,538	0,545

[1]) Hütte, 23. Aufl. S. 423.

Es ist nun die Gesamtwärme i eines Kilogramms trockenen überhitzten Dampfes zusammengesetzt aus der Erzeugungswärme i'' für 1 kg gesättigten Dampf und der Wärmemenge, welche für die Überhitzung erforderlich ist:

$$i = i'' + c_p\,(t - \vartheta) \quad\ldots\ldots\ldots\ldots\ldots \quad 72)$$

i'' wird aus der Dampftafel 91 am Ende des Buches entnommen, c_p aus vorstehender Zahlentafel.

Zum Beispiel ist für 1 kg überhitzten trockenen Dampf von 10 at Überdruck und 300° C

$$i = 667 + 0,535\,(300 - 183) = 729,7 \text{ WE.}$$

Nun führt aber gesättigter Dampf, der aus einem Dampfkessel entnommen wird, infolge des Wallens der Verdampfungsoberfläche stets etwas Feuchtigkeit in Form von mitgerissenen feinen Wasserbläschen mit sich (siehe S. 158), die je nach der Kesselbauart und der Kesselbeanspruchung sich verschieden hoch stellt. Nach Untersuchungen des Bayr. Dampfkessel-Revisionsvereins[1]) fällt der Feuchtigkeitsgehalt mit steigender Beanspruchung des Kessels.

Bei 10 at Überdruck wurden Messungen an zwei Kesseln ausgeführt, an einem Einflammrohrkessel von 40 m², 1600 mm Durchmesser und 850/950 mm Durchmesser der Flammrohre; und an einem Wasserrohrkessel von 50 m², der mit 42 Wasserrohren von 89 mm äußerem Durchmesser ausgestattet war und einen Oberkessel von 900 mm Durchmesser bei 5780 mm Länge besaß. Es ergaben sich folgende Werte der Dampffeuchtigkeit:

Kessel-beanspruchung kg/m²/st	Dampfnässe in % für den	
	Einfl.-Kessel 40 m² Heizfläche	Wasserrohrkessel 50 m² Heizfläche
10	0,80	1,90
15	0,74	1,35
20	0,69	1,07
25	0,67	0,93
30	0,67	0,85
35	0,68	0,80

Um auch sonstigen ungünstigen Verhältnissen Rechnung zu tragen, kann der Feuchtigkeitsgehalt schätzungsweise für mittlere Kesselbeanspruchungen gesetzt werden:

für Flammrohrkessel . . . . 1—3%,
„ Wasserrohrkessel . . . . 2—5%,
„ steh. Wasserrohrkessel . . . . . 3—6%

[1]) Z. d. Bayr. Revende Ver. 1913, S. 170; 1914, S. 204.

bei ungünstiger Dampfentnahme können diese Werte noch wesentlich höher werden.

Diese Feuchtigkeit muß beim Überhitzen des Dampfes nachverdampft werden.

Die Verdampfungswärme für 1 kg Wasser beträgt

$$r = 606,5 - 0,717\, t \text{ in WE} \quad\ldots\ldots\ldots\ldots\ldots 73)$$

Nennt man die Dampfmenge D und enthält 1 kg Dampf y kg Wasser, so sind zur Überhitzung von D kg Dampf von $\vartheta°$ auf $t°$ aufzuwenden:

$$Q = r \cdot y \cdot D + D \cdot c_p\,(t - \vartheta) \text{ WE} \quad\ldots\ldots\ldots 74)$$

oder

$$Q = D\,[y\,(606,5 - 0,717\, t) + c_p\,(t - \vartheta)] \text{ WE} \quad\ldots\ldots 74a)$$

Diese Wärmemenge ist den Kesselheizgasen zu entnehmen.

b) Die Berechnung der Heizfläche.

Zur Ermittlung der Überhitzerfläche ist die Kenntnis folgender Angaben erforderlich:

1. Die Wärmemenge Q, die zur Überhitzung und Trocknung einer Dampfmenge D von $\vartheta°$ auf $t°$ in 1 Stunde aufzuwenden ist.

2. Die Wärmedurchgangszahl k, d. h. die in 1 Stunde durch 1 m² Heizfläche hindurchgehende Wärmemenge bei 1° Temperaturunterschied zwischen Heizgasen und Dampf.

3. Der mittlere Temperaturunterschied ϑ_m zwischen überhitztem Dampfe und den Heizgasen, die mit t_e in den Überhitzer ein- und mit t_a aus dem Überhitzer austreten.

Es errechnet sich dann die mittlere Überhitzerheizfläche F in Quadratmetern aus

$$Q = k \cdot F \cdot \vartheta_m \quad\ldots\ldots\ldots\ldots\ldots\ldots 75)$$

In einfachster Form ist die Formel dann zu schreiben

$$Q = k \cdot F \left(\frac{t_e + t_a}{2} - \frac{\vartheta + t}{2} \right) \quad\ldots\ldots\ldots 76)$$

Für ϑ_m sind wieder die Verbesserungen auf S. 57 zu benutzen. Will man noch genauer verfahren, so wählt man die Formel 25 für ϑ_m.

Gastemperatur vor dem Überhitzer.

Alle Werte sind in dieser Formel bekannt, bis auf die Gaseintrittstemperatur; sie ist je nach Kesselbauart und Eintrittsstelle verschieden hoch.

Zahlentafel 52.

Temperatur der Gase vor Eintritt in den Überhitzer bei verschiedenen Kesselarten.

Kesselbauart	Beanspruchung des Kessels in kg/m²/st			Einbaustelle
	15—20	20—25	25—30	
Flammrohrkessel . .	450—500	500—550	550—630	Hinter den Flammrohren
Doppelkessel	550—600	600—650	650—700	„ „ „
Wasserrohrkessel lieg.	500—550	550—620	620—680	Zwischen Wasserrohren und Oberkessel je nach vorgeschalteter Heizfläche
Wasserrohrkessel steh.	380—420	420—500	500—560	Hinter $^2/_3$ der stehenden Rohre

Zahlentafel 53.

Messungen von Gastemperaturen vor dem Überhitzer.

Kesselgröße m²	Kessellänge m	Beanspruchung kg/m²/st	Temperatur hinter dem Flammrohre °C	Kohlenheizwert in WE	CO_2 am Flammrohrende	Kesselbauart
90	9,80	11,6	453	7600	10,5	
90	9,80	23,4	578	7600	12,0	
21	—	7,7	468	2680	8,2	
21	—	9,9	540	2680	10,3	
39	ca. 6,5	14,3	473	7200	12,5	
39	ca. 6,5	18,8	562	7200	12,3	Flammrohrkessel
39	ca. 6,5	15,5	581	7200	10,8	
39	ca. 6,5	24,4	640	4540	12,8	
39	ca. 6,5	24,7	696	4540	12,8	
110	ca. 12,0	17,8	529	7000	8,9	
47	ca. 7,0	12,9	584	—	—	
40	ca. 6,5	21,8	541	—	—	
40	ca. 6,5	26,2	575	—	—	
100	ca. 5,0	7,2	533	—	—	Kombinierte Kessel
131	6,6	20,2	748	2400	15,5	

Kesselgröße m²	Kesseldruck at.	Beanspruchung kg/m²/st	oberhalb der Rohre vor dem Überhitzer °C		CO_2 a. Fuchs %	Kesselbauart
91	8,1	11,6	480		—	
178	11,4	13,7	500		—	Wasserrohrkessel
310	14,0	19,9	551		—	
310	14,0	25,1	572		—	
204	6,7	18,7	598		—	
267	—	23,6	610	2019	12,1	
250	8,5	26,3	467	2400	—	Garbekessel mit 85 m² Überhitzer
250	8,5	23,6	489	2400	—	
250	14,0	22,0	409	2900	12,4	

Mittelwerte auf Grund von Versuchen für einige Kesselbauarten und Beanspruchungen sowie verschiedenen Heizwert der Kohlen und Kohlensäuregehalt der Gase enthalten Zahlentafel 52 und 53. Bei demselben Kessel hängt, wie auf S. 150 bereits ausgeführt wurde, die Gastemperatur hinter dem Flammrohr hauptsächlich von der Anstrengung des Kessels und dem Luftüberschusse ab, außerdem von der Art des verfeuerten Brennstoffes; sie liegt im allgemeinen bei Braunkohlenfeuerung höher als bei Steinkohlenfeuerung. Ferner ist naturgemäß bei kurzen Kesseln, z. B. hinter Doppelkesseln, die Gastemperatur höher als bei längeren Zweiflammrohrkesseln.

Soll der Überhitzer in eine bestehende Kesselanlage eingebaut werden, so läßt sich die Gastemperatur an der Einbaustelle mittels Thermometers leicht feststellen. Bei neuen Anlagen kann man sich an die obigen Erfahrungswerte halten unter Berücksichtigung der Betriebsverhältnisse.

Gastemperatur hinter dem Überhitzer.

Aus der Gastemperatur vor Eintritt in den Überhitzer, der Zusammensetzung des Brennstoffes und des Kohlensäuregehaltes der Rauchgase vor dem Überhitzer, also aus der Rauchgasmenge, kann auch die Gasaustrittstemperatur rechnerisch ermittelt werden, wenn man noch berücksichtigt, daß ein kleiner Betrag der Gaswärme, etwa 3%, durch Abkühlung des Überhitzermauerwerkes verlorengeht.

Die vom Dampfe im Überhitzer aufgenommene Wärmemenge Q [nach Gleichung (74)] + dem Abkühlungsverluste des Mauerwerkes ist nämlich gleich der Abkühlung der den Überhitzer durchströmenden Gase. Dabei ist vorausgesetzt, daß alle Gase den Überhitzer bestreichen und nicht etwa ein Teil derselben durch die geöffnete Absperrklappe des Überhitzers an den Rohren vorbeizieht.

Bezeichnet man:

$[C_p]_{t_a}^{t_e}$ = mittl. spez. Wärme der wasserdampfhaltigen Gase für 1 m³ von 0° zwischen Gaseintritts- und -austrittstemperatur,

G = Gasmenge in m³ $^0/_{760}$ für 1 kg Brennstoff einschl. Wasserdampf,

B = Brennstoffmenge in Kilogramm für 1 st,

t_e = Gaseintrittstemperatur ° C,

t_a = Gasaustrittstemperatur ° C,

Q' = Wärmemenge von den Gasen abgegeben in 1 st,

so ist:

$$Q' = G \cdot B \cdot [C_p]_{t_a}^{t_e}(t_e - t_a), \qquad \dots \dots \dots \quad 77)$$

daraus ist t_a zu ermitteln; $[C_p]_{t_a}^{t_e}$ kann aus Abschnitt 2d, S. 33/34 entnommen werden.

Es ist nach Formel 74 die vom Überhitzer aufgenommene Wärmemenge aus der Erwärmung und Trocknung der durchgeströmten Dampfmenge bekannt, und es gilt dann

$$Q' = 1{,}03 \cdot Q \, .$$

Mit Hilfe dieser Beziehungen kann die erreichbare Überhitzungstemperatur errechnet werden oder aus der angenommenen Überhitzungstemperatur auf die Gasabkühlung geschlossen werden; diese Formeln dienen auch zur Prüfung, ob mit der aus den Gasen verfügbaren Wärmemenge auch tatsächlich eine bestimmte Überhitzung erreicht werden kann.

Aus den Gas- und Dampftemperaturen kann dann entsprechend Formel 76 der mittlere Temperaturunterschied ermittelt werden.

Mittlerer Temperaturunterschied und Wärmeübergang.

Aus der Beziehung Formel 76 erkennt man, daß der Wärmeübergang durch die Überhitzerheizfläche hindurch mit dem mittleren Temperaturunterschiede ϑ_m anwächst. Trägt man nun auf Grund von Versuchen an ausgeführten Anlagen diese beiden Werte in einem Schaubilde in Abhängigkeit voneinander auf, so erhält man eine für die Berechnung von Überhitzern wertvolle Darstellung nach Abb. 32.

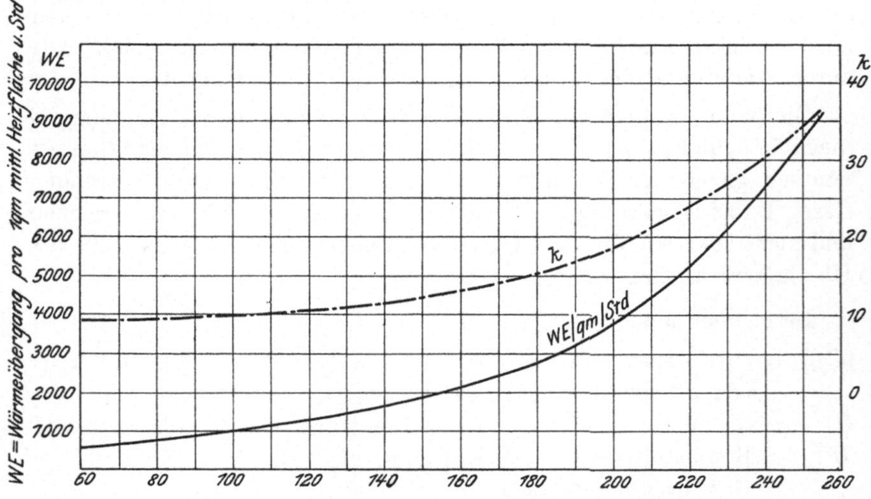

Abb. 32. Wärmeübergang bei Überhitzern abhängig, vom mittleren Temperaturunterschied ϑ_m zwischen Gasen und Dampf. Gerechnet mit steigender spez. Wärme.

Es ist ersichtlich, daß mit Zunahme von ϑ_m der Wärmeübergang für 1 m² Heizfläche und Stunde (ebenso k) ansteigt, und zwar wesentlich mehr als geradlinig. Während bei 100° Temperaturunterschied ein Wärmeübergang von 1000 WE/m²/st stattfindet, beträgt derselbe bei 200° schon 4000 WE und erhöht sich bei 240° auf 7500 WE.

Bei Berechnung der Überhitzerheizfläche verfährt man daher am besten so, daß man nach ähnlichen Fällen die Gaseintrittstemperatur annimmt, ebenso die Gasaustrittstemperatur; oder man berechnet sie nach Formel 77 für die beabsichtigte Kesselbeanspruchung unter Berücksichtigung, daß die Temperaturen mit steigender Inanspruchnahme des Kessels höher liegen. Sodann stellt man den mittleren Temperaturunterschied zwischen Gasen und Dampf fest, liest aus dem Schaubilde den Wärmeübergang für 1 m² Heizfläche und Stunde ab und erhält damit die Größe des Überhitzers; dabei genügt dann der Überhitzer für alle Kesselbeanspruchungen, also für alle verschiedenen Dampfmengen, die er zu bewältigen hat, weil eben mit Belastung die Gastemperaturen wachsen, der Wärmeübergang somit steigt.

Für ungefähre Bestimmung der Heizfläche bei Kesselbeanspruchungen von 22—25 kg/m²/st können folgende Erfahrungswerte dienen:

Überhitzung des Dampfes um °C	Überhitzerfläche: Kesselheizfläche
100—120	1 : 5
150—180	1 : 4
200—250	1 : 3

Die Zahl der Heizschlangen, gewöhnlich von 30—36 mm lichter Weite, wird so ermittelt, daß der Querschnitt der Dampfzuleitung gewahrt bleibt bzw. daß die Dampfgeschwindigkeit 25—35 m im Mittel, bezogen auf die mittlere Temperatur im Überhitzer, beträgt.

c) Ersparnis durch Einbau des Überhitzers.

Dampfersparnis.

Bei der Verwendung des überhitzten Dampfes zum Maschinenbetriebe sind es hauptsächlich zwei Wirkungen, die den Dampfverbrauch der Maschinen herabsetzen, und zwar:

1. Der theoretische Arbeitswert eines Kilogramm Dampfes steigt, wie sich aus dem Entropiediagramm aus dem Auseinandergehen der Druckkurven gegen das Überhitzungsgebiet hin ergibt, mit zunehmender Überhitzung schneller an als die Erzeugungswärme.

Daraus errechnet sich ein Arbeitsgewinn in der verlustlosen Maschine durch die Überhitzung von etwa 1%, wenn überhitzter Dampf von 300° von 2—16 at abs. bis auf atmosphärischen Druck entspannt wird.

Der tatsächliche Gewinn bei überhitztem Dampfe aber liegt ganz wesentlich höher, und zwar deshalb, weil

2. das Wärmeaustauschverhältnis zwischen Dampf und Wandung der Zylinder durch überhitzten Dampf eine Änderung erfährt. Der Abkühlungsverlust des Dampfes bei Eintritt wird bei überhitztem

Dampfe nämlich durch die Temperaturabnahme gedeckt, so daß die eingefüllte Dampfmenge ziemlich erhalten bleibt (etwas Dampf kondensiert allerdings stets); während bei gesättigtem Dampf, der überdies aus dem Kessel bereits mit einigen Prozent Feuchtigkeit austritt und auf dem Wege bis zur Maschine noch nässer wird, die Dampfmenge beim Eintritt in die Maschine infolge der Kondensation selbst geringer wird, da sich schon ein Teil des Dampfes niederschlägt. Hierin ist in erster Linie die Dampfersparnis beim Betriebe mit überhitztem Dampf zu suchen. Beim Arbeiten der Maschine drücken sich diese Beziehungen im thermodynamischen Wirkungsgrade η_{th} aus.

Der thermodynamische Wirkungsgrad ist das Verhältnis des der aufgewendeten Wärme entsprechenden Arbeitswertes zur theoretisch ausnutzbaren Wärme (im J.-S.-Diagramm von Mollier als senkrechte Strecke abgreifbar), oder auch das Verhältnis des Dampfverbrauches der vollkommenen Maschine zum Dampfverbrauch für eine $\mathrm{PS^i}$-Stunde der wirklichen Maschine.

Der Wert $1-\eta_{\mathrm{th}}$ ist ein Maß für die auftretenden Verluste durch Droßlung, Wärmeaustausch zwischen Dampf und Wand, Leitung und Strahlung, Undichtigkeiten sowie durch unvollkommene Ausdehnung und Kompression des Dampfes.

Der thermodynamische Wirkungsgrad bewegt sich bei Dampfmaschinen im Hochdruckzylinder zwischen 0,70—0,90, im Niederdruckzylinder zwischen 0,50—0,65.

Kohlenersparnis.

Bei Einbau eines Überhitzers wird aus zwei Gründen bei Maschinenbetrieb mit überhitztem Dampf an Kohlen gespart:

1. weil Dampf gespart wird in der Dampfmaschine bzw. Dampfturbine;

2. weil der Wirkungsgrad der Kesselanlage erhöht wird, und zwar durch verminderte Beanspruchung der Kesselanlage infolge geringerer Dampflieferung, und durch Vergrößerung der gesamten wärmeaufnehmenden Heizfläche des Kessels nach Einbau des Überhitzers.

Etwas vermindert wird die Ersparnis durch die Vermehrung der ausstrahlenden Fläche des Überhitzermauerwerkes.

Der Einfluß des Überhitzers auf den Wirkungsgrad des Kessels und die Ersparnis von Kohlen gestaltet sich verschieden. Bei sehr gering belastetem Kessel ist kaum ein Vorteil zu erreichen; bei mittelbelastetem Kessel kann die Erhöhung des Wirkungsgrades um wenige Prozent erwartet werden, bei starkbeanspruchtem Kessel kommt der Überhitzer voll zur Geltung, weil durch eine Verringerung der Schornsteinverluste eine Erhöhung des Wirkungsgrades der Kesselanlage, somit ein geringerer Kohlenverbrauch, bedingt wird.

Der Einbau eines Überhitzers ist also vornehmlich für den Maschinenbetrieb von Vorteil, für den Kessel selbst erst in zweiter Linie.

Die Zusammenstellung von Berner[1]) in Zahlentafel 54 gibt Aufschluß über den Wärmeverbrauch guter Dampfmaschinen bei gesättigtem und überhitztem Dampfe sowie über die Wärmeersparnis bei letzterer Betriebsart für je 50° Überhitzung.

Zahlentafel 54.

Wärmeverbrauch in WE für 1 PS$_i$/st für gute Dampfmaschinen.

Maschinengattung	Gesättigter Dampf	Überhitzter Dampf von			Wärmeersparnis für je 50° Temperaturerhöhung %
		250°	300°	350°	
	WE	WE	WE	WE	
Einzylinderauspuff	6300	5800	5300	4800	8
(indiz. Leistung)	(100—400)	(150—500)		(15—100)	
Einzylinderkondensation .	4800	4450	4150	3800	7
(indiz. Leistung)	(100—400)	(150—500)		(100—300)	
Zweizylinderkondensation.	3900	3650	3350	3100	6,5
(indiz. Leistung)	(200—1000)	(200—1000)	(200—1000)	(70—400)	
Dreizylinderkondensation .	3400	3200	3000		6,0
(indiz. Leistung)	(200—3000)	(700—3000)	(200—3000)		

Weitere Anhaltspunkte gibt nachstehende Zahlentafel 55 von Heilmann[2]), die indes etwas zu günstig rechnet.

Zahlentafel 55.

Einfluß der Dampfüberhitzung auf Dampfverbrauch und Gütegrad guter moderner Dampfmaschinen und Lokomobilen.

$$\text{Gütegrad} = \frac{\text{Dampfverbrauch der verlustlosen Maschine mit unvollständiger Expansion}}{\text{Dampfverbrauch der wirklichen Maschine}}$$

Temperaturgebiet	200—300°		300—400°		400—500°	
Zwischenüberhitzung	ohne	50°	ohne	50°	ohne	50°
	Kondensationsbetrieb					
Dampfersparnis für je 10° im Mittel %	2,9	2,61	2	1,68	1,7	1,56
Erforderliche Überhitzung für 1% Dampfersparnis	3,45	3,83	5	5,95	5,95	6,4
Zunahme des Gütegrades auf 100° Überhitzung	0,12	0,1	0,062	0,042	0,023	0,01

[1]) Z. d. V. d. I. 1905, S. 1113.
[2]) Heilmann, Magdeburg, Wärmeausnutzung der heutigen Kolbendampfmaschine. Z. f. Dampfk. u. M. 1912, S. 66.

Zwischen 10 und 20 at abs. Anfangsdruck, bei 0,1 at abs. Gegendruck und 200—300° Dampftemperatur nimmt der Dampfverbrauch um 1% ab bei etwa 7,5° Mehrüberhitzung. Der theoretische Gewinn an Wärmeverbrauch beträgt in den gleichen Grenzen 0,4% auf je 10° Temperaturerhöhung. Im allgemeinen kann man für je 6—10° Überhitzung 1% Dampfersparnis ansetzen. Die Ersparnis ist bei Auspuff- und Gegendruckmaschinen etwas größer als bei Kondensationsmaschinen, und bei Anwendung der Überhitzung auf bereits ausgeführte Sattdampfmaschinen um so größer, je unwirtschaftlicher die Maschine vorher mit Sattdampf gearbeitet hat. Es ist jedoch zu berücksichtigen, daß bei Maschinen, die ursprünglich für Sattdampfbetrieb bestimmt waren mit der Überhitzung in der Regel nicht auf die bei eigentlichen Heißdampfmaschinen üblichen Werte gegangen werden kann, insbesondere wegen der Steuerungsorgane. Bei Gegendruckmaschinen muß Rücksicht auf die Verwendung des Abdampfes genommen werden. Sobald dieser noch beträchtlich überhitzt aus der Maschine austritt, wird die Entölung empfindlich beeinträchtigt und verteuert.

Alte Maschinen, auch die ältesten Einzylindermaschinen, vertragen unbedenklich eine Überhitzung auf 220° Eintrittstemperatur. Es sei noch darauf hingewiesen, daß sich die Vorzüge des Heißdampfes bei Dampfturbinen in noch stärkerem Maße geltend machen als bei Kolbendampfmaschinen.

Der Einbau von Überhitzern auf Kessel, die für Maschinenbetrieb Dampf abgeben, ist sonach stets von Vorteil, selbst noch dann, wenn z. B. infolge von sehr viel aus dem Kessel mitgerissenen Wassers nur eine geringe Dampfüberhitzung erzielt wird, der Dampf also gewissermaßen bloß eine Trocknung erfahren sollte.

d) Kosten der Dampfüberhitzung.

Die Vorteile des höherwertigen Heißdampfes können nicht allein durch konstruktive Verbesserungen erreicht werden, sondern bedingen stets einen größeren Aufwand an Brennstoffen. Es ist deshalb bei Einführung von Überhitzung immer mit einer Erhöhung des Dampfpreises zu rechnen. Die Ausnützung der Brennstoffwärme in der Gesamtanlage (Kessel, Überhitzer und Ekonomiser) wird durch den Einbau eines Überhitzers zwar stets erhöht, jedoch nicht um den vollen Betrag der im Überhitzer allein nutzbar gemachten Wärme. Die Rauchgase kühlen sich im Überhitzer naturgemäß ab. Die Temperaturspannung zwischen Rauchgasen und Kesselinhalt ist im zweiten Teile der Heizfläche, die hinter den Überhitzer geschaltet ist, geringer wie bei Sattdampfbetrieb; deren Nutzeffekt nimmt deshalb ab. Ebenso muß auch die Wirkung des Ekonomisers infolge der etwas geringeren Eintrittstemperatur der

Rauchgase zurückgehen. Der Kaminverlust wird durch die ebenfalls etwas niedrigere Gasaustrittstemperatur allerdings auch ein wenig geringer, doch nimmt dafür im allgemeinen der Restverlust durch die Wärmeabgabe des Überhitzermauerwerkes zu, was sich ungefähr ausgleichen dürfte.

Es kann angenommen werden, daß die Ausnützung im Kessel um ungefähr $^1/_3$ bis $^2/_5$ der im Überhitzer ausgenützten Wärme zurückgeht. Da sich unter sonst gleichen Verhältnissen die Erzeugungswärme im Kessel selbst durch den Einbau eines Überhitzers nicht ändert, geht dabei die Verdampfungsziffer herab und dementsprechend der Dampfpreis hinauf.

Beispiel 25. Es habe eine Dampfkesselanlage bei Erzeugung von Dampf von 12 at Überdruck und 300° und einer Eintrittstemperatur des Speisewassers in den Rauchgasvorwärmer von 30° einen Gesamtwirkungsgrad von 82% bezogen auf den Heizwert des Brennstoffes, wenn Steinkohlen von 6800 WE/kg verfeuert werden, für die ein Preis von 450 M. je Tonne frei Kesselhaus angesetzt werden soll.

Der Wärmeinhalt des Dampfes beträgt bei 13 at abs. und 300° für 1 kg 729 WE, die Verdampfung somit $\dfrac{0,82 \cdot 6800}{729 - 30} = 8,0$.

Die Verteilung der Wärmeausnützung stellt sich dann im einzelnen wie folgt:

Im Ekonomiser	$(115- 30) \cdot 8,0 =$	680	WE entsprechend	10,0%
„ Kessel	$(669-115) \cdot 8,0 = 4432$		„ „	65,0%
„ Überhitzer	$(729-669) \cdot 8,0 =$	480	„ „	7,0%
Insgesamt	$(729- 30) \cdot 8,0 = 5592$		WE entsprechend	82,0%
Heizwert des Brennstoffes		6800	„ $=$	100,0%

Bei Ausschaltung des Überhitzers würde der Gesamtwirkungsgrad um rd. $0,6 \cdot 7,0 = 4,2\%$, also auf 77,8% zurückgehen. Dadurch stiege die Verdampfungsziffer auf

$$\frac{0,778 \cdot 6800}{669 - 30} = 8,3 .$$

Es ergäbe sich folgende Wärmebilanz:

Nutzbar gemacht

im Ekonomiser	$(115- 30) \cdot 8,20 =$	700	WE entsprechend	10,3%
„ Kessel	$(669-115) \cdot 8,20 = 4600$		„ „	66,5%
Insgesamt	$(669- 30) \cdot 8,20 = 5300$		WE entsprechend	77,8%
Heizwert des Brennstoffes		6800	„ $=$	100,0%

Während die Tonne Heißdampf bei 8,0facher Verdampfung auf $\dfrac{450}{8,0} = 56,3$ M. zu stehen kommt, würde der Preis des Sattdampfes je

Tonne nur $\dfrac{56,3 \cdot 8,0}{8,3} = 54,4$ M. betragen. Die Mehrkosten des Heißdampfes gegenüber Sattdampf belaufen sich somit auf 1,90 M. je Tonne oder rd. 3,5 %. Demgegenüber würden in der Maschine, wenn vor der selben noch 270° Dampftemperatur zur Verfügung stehen, Dampfersparnisse von

$$\frac{270 - 191}{10} = \text{rd. } 8 \%$$

erzielt werden. Die gesamte, durch die Überhitzung des Arbeitsdampfes erreichte Ersparnis beträgt, bezogen auf die zu seiner Erzeugung bei Sattdampf erforderliche Kohlenmenge,

$$100 \cdot \frac{1000 \cdot 54,4 - 1000 \cdot 56,3}{1000 \cdot 54,4} = 4,9 \% .$$

Eine einfache und streng gültige allgemeine Beziehung läßt sich bei der außerordentlichen Verschiedenheit der jeweiligen Verhältnisse nicht aufstellen. Es empfiehlt sich vielmehr, jeden einzelnen Fall an Hand des vorstehenden Beispieles einzeln durchzurechnen.

Für den wirtschaftlichen Wert einer schwachen Überhitzung für die Fortleitung von Heißdampf lassen sich allgemeine Regeln nicht aufstellen. Er ist wesentlich von der Länge der Leitung, ihrer Belastung und dem zulässigen Druckverluste abhängig und muß in jedem Falle unter Berücksichtigung aller einzelnen Umstände besonders geprüft werden.

Beim Fortleiten des überhitzten Dampfes kann infolge des geringeren spez. Gewichtes gegenüber dem gesättigten Dampfe auch die Fortleitungsgeschwindigkeit größer gewählt werden, etwa 30—40 m im Mittel. Sie ist unter dem Gesichtspunkte zu bestimmen, daß bei höheren Drücken ein Spannungsabfall meist einen geringeren Verlust bedeutet als ein Wärmeabfall. Letzterer wird aber kleiner, während der Spannungsabfall dagegen anwächst, wenn der Rohrleitungsdurchmesser kleiner gewählt wird, somit auch die Abkühlungsoberfläche geringer wird. Die Leitungsanlage wird dabei ebenfalls billiger. Aus diesem Grunde ist bei neuen Dampfzentralen bereits eine Strömungsgeschwindigkeit bis zu 70 m/sek zugelassen worden. Für Hilfsleitungen oder Ringleitungsteile, die nur selten in Betrieb kommen, wird eine höhere Dampfgeschwindigkeit wie in dem stets in Gebrauch befindlichen Strange immer von Vorteil sein.

e) Wirkungsgrad des Überhitzers.

Derselbe ist für den Überhitzer entsprechend dem des Kessels, vgl. S. 137, aus dem Verhältnis der zur Dampfüberhitzung aufgewendeten Wärme, $D \cdot c_p (t - \vartheta)$, und der von den durchziehenden Gasen abgegebenen Wärmemenge,

$$G_{\text{m}^3\,0/_{760}} \cdot B \cdot c_p \cdot (t_e - t_a),$$

zu bestimmen; ein Teil der Gaswärme geht naturgemäß durch Abkühlung des Mauerwerks, der Sammelkammern usf. verloren.

Beispiel 26. Für einen Garbekessel (stehender Wasserrohrkessel) von 250 m² Heizfläche und 14 at Überdruck, der in einer Stunde etwa 5200 kg Dampf erzeugen soll, ist ein Überhitzer zu berechnen, der den Dampf auf 280° C überhitzt. Verfeuert wird Braunkohle von 2800 WE mit 49% Wasser, 31% Kohlenstoff und 2,8% Wasserstoff; das Speisewasser ist 75° warm. Die Gase treten ein mit 490° bei 13,0% CO_2.

Es entspricht einem Drucke von 14 at eine Temperatur von 197° und eine Erzeugungswärme von 670 WE. Der Dampf soll also um $280 - 197 = 83°$ überhitzt werden. Bei einer spez. Wärme von 0,55 sind daher aufzuwenden für die Überhitzung in 1 Stunde bei 3% Dampfnässe:

$$83 \cdot 0,55 \cdot 5200 = 237\,000 \text{ WE}$$
$$0,03 \cdot 5200 \cdot 470 = \underline{73\,000 \text{ WE}}$$
$$\text{insgesamt } 310\,000 \text{ WE}$$

für die Abkühlung des Überhitzermauerwerkes sei noch ein Zuschlag von 15% gemacht, so daß die Gase abgeben müssen insgesamt:

$$1,15 \cdot 310\,000 = 356\,000 \text{ WE/st.}$$

Aufzuwenden sind für 1 kg Dampf an Erzeugungswärme:

$$670 - 75 + 0,55 \cdot 83 = 641 \text{ WE.}$$

Es ist also eine Verdampfung der Kohle zu erwarten bei einem Wirkungsgrade der Anlage von 67%:

$$\frac{2800 \cdot 0,67}{641} = 2,92$$

und ein Kohlenbedarf von

$$\frac{5300}{2,92} = 1820 \text{ kg/st.}$$

Im Überhitzer sind vorhanden im Durchschnitt 13,0% CO_2, so daß zur Verfügung steht für 1 kg Kohle eine Gasmenge bezogen auf 0° und 760 mm von:

$$\frac{1,86 \cdot 31,0}{13,0} + \frac{9 \cdot 0,028 + 0,49}{0,804} = 5,40 \text{ m}^3 \,{}^0\!/_{760}.$$

Bei einer spez. Wärme der Gase von 0,34 je Kubikmeter wird eine Abkühlung der Gase beim Durchströmen des Überhitzers eintreten, die sich berechnet aus:

$$0,34 \cdot 1820 \cdot 5,40 \, (t_e - t_a) = 356\,000 \,,$$
$$t_e - t_a = 106°.$$

Es wird also die
$$\text{Gaseintrittstemperatur} = 490°,$$
$$\text{Gasaustrittstemperatur} = 384°$$
und der mittlere Temperaturunterschied zwischen Heizgasen und Dampf
$$\frac{490 + 384}{2} - \frac{197 + 280}{2} = 199°.$$

Nach Schaubild 32 ist also ein Wärmeübergang für 1 m² Überhitzerheizfläche und Stunde zu erwarten von 3700 WE entsprechend einem $k = 18{,}6$.

Daraus errechnet sich der Überhitzer zu

$$\frac{310\,000}{3700} = 84\,\text{m}^2.$$

f) Ausführung und Anordnung.

Der Dampfüberhitzer besteht in der heutigen üblichen Bauart gewöhnlich aus zwei gegossenen oder geschweißten Sammelkammern, zwischen denen nahtlos gezogene, schlangenförmig hin und her gewundene Rohre von 30—36 mm lichte Weite und $3^1/_2$ bis $4^1/_2$ mm Wandstärke angeschlossen sind. Meist werden die Verbindungsstellen zweier Rohre autogen geschweißt. Diese Schweißstellen besitzen eine solche Festigkeit, daß man die Rohre sogar in den Verbindungsstellen biegen kann. Der Dampf gelangt in die eine Sammelkammer, durchströmt die Rohre alle zu gleicher Zeit und tritt als überhitzter Dampf aus der zweiten Sammelkammer aus. Eine Umführungsleitung vom Dampfdom aus und Ventile gestatten sowohl den Dampf in den Überhitzer zu leiten, als auch sofort in die Rohrleitung zu bringen, so daß man mit und ohne Überhitzung arbeiten, bzw. auch nur einen Teil des Dampfes überhitzen kann. Der eine Sammelstutzen ist mit Thermometer, Sicherheitsventil, Kondenswasserableitung und Flugaschenabblaseventil nebst Schlauch ausgestattet, der ein Reinigen der Überhitzerrohre von Flugasche ermöglicht. Für manche Fälle, wenn die Dampfgeschwindigkeit erhöht werden soll, erscheint auch eine Führung des Dampfes in der Form zweckmäßig, daß der Dampf erst die untere Hälfte des einen durch eine senkrechte zur Rohrachse eingesetzte Scheidewand in zwei Kammern geteilten Sammelrohres durchquert, sodann die untere Hälfte der Rohre und nach Durchströmen der zweiten Sammelkammer, durch die andere Hälfte der Rohre in die erste Sammelkammer zurückgelangt, so daß sich bei dieser Bauart Dampfeintritt und -austritt an derselben Sammelkammer befinden. Der Abstand der einzelnen Schlangen wird durch zwischengelegte Eisen gesichert, die Rohre selbst werden auf dem Chamottemauerwerk gelagert. Sämtliche Verbindungsstellen der Rohre mit dem Sammelrohr liegen außerhalb des Mauerwerks, sind also der Hitze entzogen.

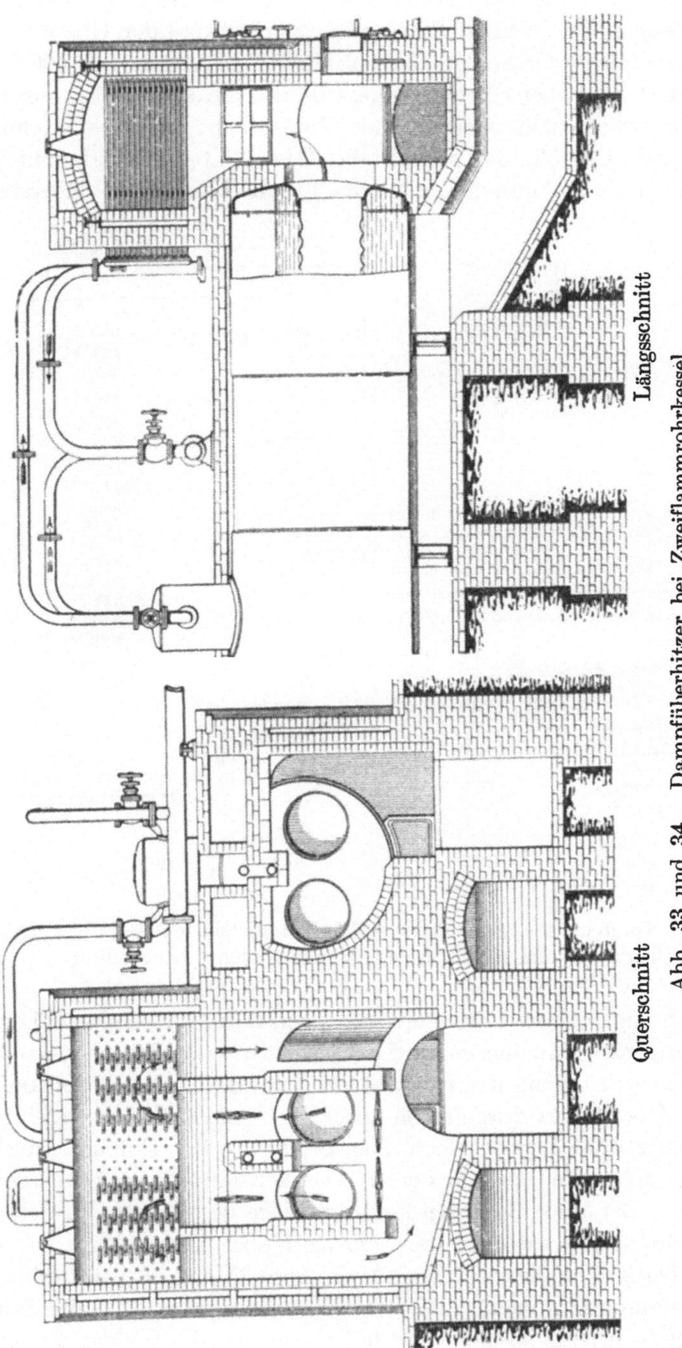

Abb. 33 und 34. Dampfüberhitzer bei Zweiflammrohrkessel.

Die Einmauerung des Überhitzers richtet sich nach der Kesselbauweise. Gemeinsam ist allen Einmauerungsarten, daß der Überhitzer im Wirkungsbereiche der heißen Gase in einer Temperatur von 500—700° eingemauert wird; bei Flammrohrkesseln also hinter den Flammrohren, bei Wasserrohrkesseln oberhalb der Rohrreihen; bei Zweiflammrohrkesseln (vgl. Abb. 33, 34) steigen die Gase hinter den Flammrohren senkrecht in die Höhe in den mittleren Teil des Überhitzers, übersteigen

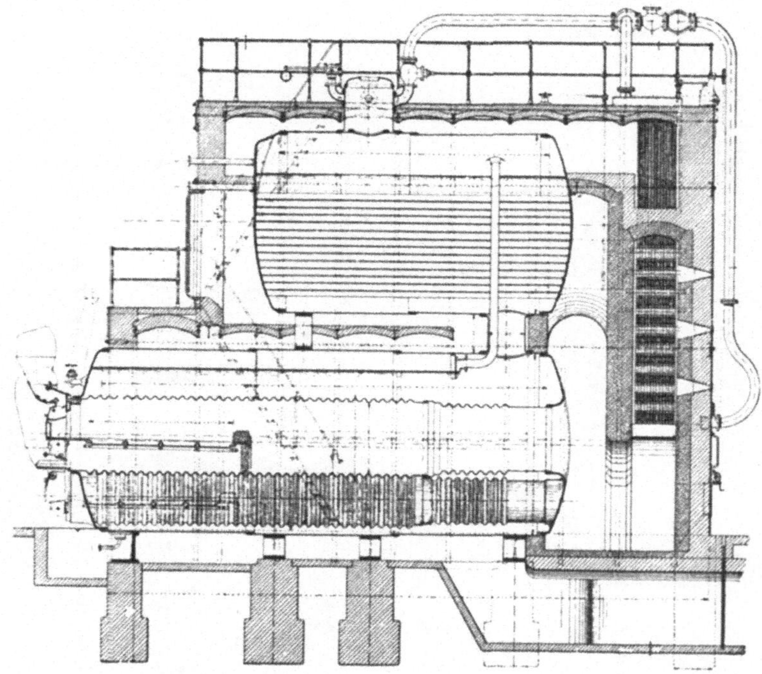

Abb. 35. Kombinierter Flammrohr-Röhrenkessel von 500 m² Heizfläche mit Überhitzer und mechanischer Wurffeuerung. Längsschnitt.

die beiden angebrachten Scheidewände nach rechts und links und ziehen bei Schlangenzugeinmauerung auf der einen Seite des Überhitzers sofort in den einen Seitenzug des Kessels, während die Gase von der anderen Seite des Überhitzers durch einen unter der Gaskammer durchgeführten Umführungskanal in denselben Zug gelangen; bei Einmauerung mit Unterzug treten die Gase aus dem Überhitzer unmittelbar in die Seitenzüge über. Bei allen Bauarten sind die Wege der Heizgase durch gußeiserne Drosselklappen oder Schamotteschieber absperrbar. Die Gasführung bei kombinierten Kesseln (vgl. Abb. 35 und 36) ist ähnlich der bei Zweiflammrohrkesseln. Bei Wasserrohrkesseln werden die Schlangen des Überhitzers so gebogen, daß sie in den dreieckigen Zwischen-

raum zwischen Wasserrohren und Oberkessel hineinpassen oder neben
den Oberkessel zu liegen kommen (Abb. 26—29). Bei Garbekesseln
liegen sie dort beim Oberkessel, wo die Gase wieder nach unten streichen
(Abb. 30). Die Sammelrohre werden je nach Bedarf vorn oder hinten
an den Überhitzern, bisweilen seitlich oder bei besonders ungünstigen
Platzverhältnissen, wenn z. B. bei Flammrohrkesseln die Rohrschlangen
nicht wagerecht liegend, sondern senkrecht hängend angebracht sind,
auch auf den Überhitzern angeordnet.
Die Schlangen sind versetzt angeschlossen
und liegen dicht aneinander, damit die
Heizgase in viele feine Strahlen zerteilt
werden.

Für manche Zwecke ist die Anordnung des Überhitzers in der Form zweckmäßig, daß derselbe auf einen Kessel
gemeinsam für den Dampf zweier nebeneinander liegenden Kessel aufgesetzt
wird; diese Anordnung wird etwas billiger,
als wenn man für jeden Kessel einen besonderen Überhitzer verwendet, hat allerdings den Nachteil, daß beim Außer-
dienststellen des mit dem Überhitzer
ausgerüsteten Kessels, dessen Gase allein
den Überhitzer beheizen, der Dampf
beider Kessel nicht überhitzt wird.

Die Dampfleitung beider Kessel vereinigt sich vor dem Eintritt in den gemeinsamen Überhitzer. Für einen Zweiflammrohrkessel von 100 m² reicht dann
ein Überhitzer von 40—45 m².

Sind mehrere Kessel vorhanden, so
braucht man nur einen Teil von ihnen
mit Überhitzern zu versehen und führt
den Sattdampf aller Kessel in eine

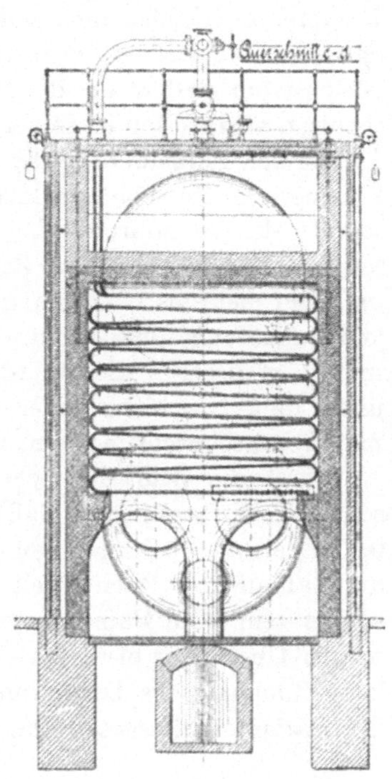

Abb. 36. Kombinierter Flammrohr-Röhrenkessel von 500 m²
Heizfläche mit Überhitzer und
mechanischer Wurffeuerung,
Querschnitt durch Überhitzer.

Sammelleitung, von der Abzweige in die Überhitzer gehen; aus
denselben führt man den überhitzten Dampf in eine zweite Sammelleitung, von der dann die Gebrauchsstellen gespeist werden; man muß
dabei die Leitungsabzweige der Dampfmenge je zweier Kessel anpassen.

Auf jeden Fall ist die Dampfleitung so zu verlegen, daß der Dampf
unter Ausschaltung der Überhitzer in die Verbrauchsleitung geführt
werden kann; der Überhitzer wird dann durch zwei Ventile vorn und
hinten abgesperrt (vgl. Abb. 33 und 34). Zu beachten ist noch, daß alle
Ventile, welche mit überhitztem Dampfe über 200° in Berührung kom-

men, am vorteilhaftesten verwendet man Stahlgußventile, mit Nickelsitzen versehen sein müssen, da Rotguß und Gußeisen bei diesen Temperaturen brüchig werden. Die Sammelkammern der Überhitzer müssen aus einem besonderen hitzebeständigen Spezialguß oder am besten aus Stahlguß bei Drücken über 8 at bestehen; neuerdings verwendet man möglichst geschweißte Sammelkammern.

Die Gasführung geschieht bei Überhitzern im Gegenstrome mit dem Dampfe, im Gleichstrome und im kombinierten Verfahren, derart dann, daß die heißesten Gase zuerst einige Rohrreihen mit Sattdampf im Gleichstrom treffen, um die Rohre zu schonen, ehe auf Gegenstrom geschaltet wird; selten ist reiner Gleichstrom oder Gegenstrom ausgeführt.

Bei der Einmauerung der Überhitzer ist darauf zu achten, daß die Zugquerschnitte nicht zu knapp sind, möglichst größer als der Querschnitt der Flammrohre bei Flammrohrkesseln, damit der Zug, der schon durch die vermehrte Zahl der Ablenkungen Widerstände erfährt, um nicht mehr als 1—2 mm, geschwächt wird, weil besonders bei Braunkohlenfeuerung sonst leicht Asche in den Zügen liegen bleibt; zweckmäßig ist deshalb die Anordnung von Türen an den Sammelräumen unter dem Überhitzer, oder von darunter gebauten Sammelkammern mit Abzugseinrichtungen nach den Aschengängen.

Durch die Wahl der richtigen Anzahl Heizschlangen ist der Querschnitt so zu bestimmen, daß der Druckabfall im Überhitzer nicht über 0,3 at beträgt; bei niedrigen Kesseldrücken, wobei jeder kleine Spannungsabfall von Wichtigkeit ist, soll der Druckabfall möglichst noch kleiner sein. Die Dampfgeschwindigkeit darf bei Eintritt des Dampfes in den Überhitzer etwa 20—25 m/sek betragen, so daß bei einer mittleren Zunahme des Dampfinhaltes bei der Überhitzung um etwa 30% die Dampfaustrittsgeschwindigkeit um den gleichen Betrag gesteigert wird.

17. Der Rauchgasvorwärmer (Ekonomiser).

a) Anordnung.

Der größte wärmewirtschaftliche Verlust im Kesselbetriebe wird durch die abziehenden Gase verursacht; er ist bis zu einem gewissen Grade unumgänglich (vgl. S. 226), da er ja die Zugarbeit zur Fortbewegung der Gase durch die Kesselzüge und die Inbrandhaltung des Feuers sowie die Luftzuführung für das Feuer zu bewältigen hat; gewöhnlich ziehen die Abgase mit 200—300° ab und verursachen je nach dem CO_2-gehalt, z. B. von 8—12%, einen Verlust von 26—13%; bei stark beanspruchten Kesselanlagen jedoch und ungünstiger Einmauerung verlassen die Gase den Kessel auch oft mit Temperaturen von 400—500° (vgl. Abb. 21). Deshalb hat man sich stets bemüht, diese Wärme noch nutzbar zu machen, zur Vorwärmung des Speisewassers, zur Dampfüberhitzung oder bei höheren Temperaturen auch zur Dampferzeugung in besonderen Abhitzekesseln.

Wie groß der Einfluß der Wasservorwärmung auf die Wirtschaftlichkeit der Kesselanlage ist, möge folgende Berechnung zeigen; es sei gelungen durch Ausnutzung der Gase das Speisewasser von 15 auf 85° zu erwärmen, in einem Rauchgasvorwärmer, durch den das Wasser unter dem Kesseldruck von 10 at hindurchgedrückt wird. Zur Bildung von Dampf aus 15° warmem Speisewasser werden gebraucht $667 - 15 = 652$ WE. Wird das Speisewasser dagegen mit 85° in den Kessel gebracht, so sinkt der Wärmeaufwand zur Dampfbildung je 1 kg auf $667 - 85 = 582$ WE; es wird dabei eine Ersparnis an Wärme, also auch an Kohle, erzielt von $\dfrac{85 - 15}{652} = \dfrac{652 - 582}{652} = 10,7\%$, oder mit anderen Worten: der Dampf wird je Tonne um 10,7% billiger erzeugt. Außer diesen wärmetechnischen Vorteilen tritt noch eine Schonung der Dampfkessel ein, besonders bei kesselsteinhaltigem Wasser, weil eine Reihe von Kesselsteinbildnern sich schon bei 50—60° absetzen und im Vorwärmer zurückbleiben, ohne in den Kessel zu gelangen. Der Vorwärmer wird in den Fuchskanal hinter dem Schieber eingebaut. Das Speisewasser wird, bevor es in den Kessel gelangt, in den Vorwärmer hineingedrückt und durchfließt denselben im gleichmäßigen langsamen Strome. Der Rauchgasvorwärmer steht somit unter Kesseldruck. Da das Speisewasser gewöhnlich so kalt in den Apparat hineingelangt, daß sich an dessen Außenwänden, die kälter als 100° sind, die in den Verbrennungsgasen enthaltenen Wasserdämpfe niederschlagen können, sobald der Taupunkt unterschritten wird (die Rohre schwitzen), so ist Gefahr vorhanden, daß sich am Vorwärmer außen eine feste Kruste von Staub und Asche ansetzt und die Rohre durch Rosten von außen sowie durch Schwefelsäurebildung zerstört werden, ein Übelstand, der um so größer wird, je kälter das eintretende Speisewasser ist. Aus diesem Grunde erhalten die üblichen gußeisernen Vorwärmer Schaber, die an Zugketten dauernd langsam auf und ab gehen und den entstehenden Ansatz abkratzen. Die Wasserabscheidung aus den Gasen tritt überall da ein, selbst im heißen Gasstrome, wo die mit den kalten Heizflächen in Berührung kommenden Gasteile die Taupunktstemperatur (vgl. S. 39) unterschreiten. Das ist also der Fall, wenn die Wandtemperatur unter dem Taupunkte liegt. Man kann die Wandtemperatur etwa 2° heißer annehmen als die Wassertemperatur. Die Taupunktstemperatur der Gase hängt ganz von dem Wassergehalte des Brennstoffes ab und von ihrem CO_2-Gehalte. Nasse Kohlen bringen viel Feuchtigkeit in die Gase, so daß deren Sättigung schneller erreicht ist, als bei trockeneren Brennstoffen.

Nachstehende Zahlentafel[1]) 56 zeigt die Verhältnisse für verschiedene Kohlensorten.

Zahlentafel 56.

Taupunkts-Temperaturen für verschiedene Brennstoffe abhängig vom Kohlensäuregehalt der Verbrennungsgase.

Kohlensorte	Wasser-gehalt %	Temperatur des Taupunktes bei CO_2-Gehalt der Rauchgase von %			
		12	10	8	6
Junge Braunkohlen . . .	62	65	62	58	53
Sächsische „	40	51	49	46	42
Schles. u. Westfäl. Kohlen .	5—6	38	37	34	31
Koks	2	24	23	22	21

Die Wärmeeintrittstemperatur sollte also mindestens gleich dieser Taupunktstemperatur sein, wenn das Schwitzen sicher vermieden werden soll.

Man baut die Apparate meist aus stehenden gußeisernen Röhren von 85—98 mm lichte Weite und 1,0, 1,25 und 1,5 m² Heizfläche bei Längen von 2,7, 3,5 und 4,0 m, die oben und unten in gemeinsame Wasserkammern münden. Die Breite beträgt meist 8, 10 oder 12 Rohre. Sämtliche Gruppen sind leicht auswechselbar, und Verschlußstücke gestatten eine bequeme innere Reinigung der Rohre. Die Schaltung der einzelnen Rohre untereinander ist verschieden. Man schaltet vielfach so, daß das Wasser an allen unteren Kammern zugleich eingeführt wird, alle Rohre zugleich von unten nach oben durchströmt und in die oberen Kammern eintritt; die Gase ziehen dabei senkrecht zu allen Rohren durch den Apparat, der nur eine erweiterte Rohrleitung darstellt. Andere wählen den Gegenstrom, indem sie das Wasser durch alle Rohrreihen nacheinander auf- und absteigend, entgegengesetzt dem Heizgasstrome führen. (Vgl. Abb. 37 und 38.) Eine dritte Schaltungsweise führt das Wasser gleichzeitig durch eine Anzahl Rohrreihen hoch, durch ein Rohr herab in die zweite Rohrgruppe, wieder herauf, herab und so fort.

Außer den gußeisernen Vorwärmern baut man auch solche mit schmiedeeisernen Rohren, ähnlich wie Dampfüberhitzer; dieselben sind indes Anfressungen leichter ausgesetzt und werden vorteilhaft bei knappen Raumverhältnissen angewendet, da sie bei gleicher Leistung wesentlich geringere Heizflächen beanspruchen; denn infolge der größeren Unterteilung der Wasserfäden wird ein erheblich höheres K erzielt.

In jedem Falle ermöglichen Umführungsleitungen, den Vorwärmer für Ausbesserung oder Reinigung außer Betrieb zu setzen. Bei kessel-

---

[1]) Nach Dr.-Ing. Hillinger, Z. d. V. d. I. 1921, S. 270, entsprechend Abb. 3.

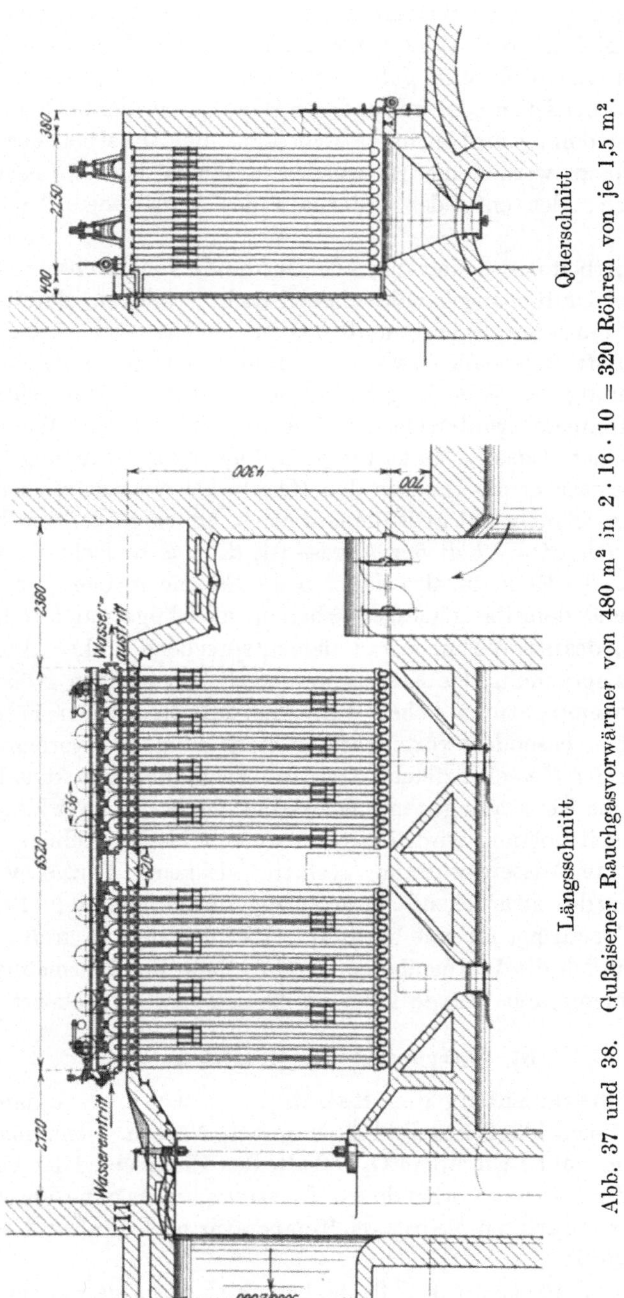

Abb. 37 und 38. Gußeisener Rauchgasvorwärmer von 480 m² in 2·16·10 = 320 Röhren von je 1,5 m².

steinhaltigem Wasser hat man mit starkem Kesselsteinansatze in den Rohren zu rechnen, eine Wasserreinigung ist daher zu empfehlen. Die Gase durchziehen den Vorwärmer senkrecht zu den Rohren und sollen dabei alle Rohrteile gut bestreichen, so daß keine Gasströme ungenutzt vorbeiziehen oder mit anderen Worten: der lichte Querschnitt für die Gasströmung darf nicht zu weit sein. Bei Außerbetriebsetzung des Vorwärmers werden die Heizgase von einem Umführungskanale aufgenommen, der entweder unterhalb des Vorwärmers liegt oder neben ihm.

Auf die Arbeitsweise sind folgende Umstände von Wichtigkeit. Die Schieber der Umführungskanäle müssen dicht schließen, damit keine Gasverluste eintreten, ebenso muß das Mauerwerk dicht sein, damit keine kalte Luft, welche die Gastemperatur herabsetzen könnte, einzieht. Die Erwärmung des Wassers geht um so leichter vor sich, einmal je höher der Temperaturunterschied zwischen Heizgasen und Wasser ist, und dann je mehr Gase im Verhältnis zum Wasser zur Verfügung stehen; oder auch je rascher die Gase an den Heizflächen vorbeistreichen. Bei derselben Kesselanlage ist aber die Gasmenge um so größer und heißer, je niedriger der CO_2-Gehalt der Abgase ist, d. h. je schlechter die Verbrennung wird. Es kann also dabei mehr Wärme in den Vorwärmer übergehen und derselbe günstiger arbeiten, allerdings nur auf Kosten des Kessels, dessen Wirkungsgrad dementsprechend sinkt. Auch bei starker Beanspruchung des Kessels werden die Gasmengen größer und die Abgangstemperaturen höher (vgl. Abb. 24); in solchen Fällen ist ein Vorwärmer besonders vorteilhaft; er stellt dann gewissermaßen die Fortsetzung der Kesselheizfläche dar: In Verbindung mit künstlichem Zuge geben die Kesselanlagen mit Vorwärmer die höchste Wirkung, weil die Möglichkeit geboten wird, die Gase so weit herabzukühlen, wie es die gewünschte Wassererwärmung gestattet, da keine Wärme mehr für die Erzeugung des natürlichen Schornsteinzuges benötigt wird (vgl. S. 227).

Ist ein Vorwärmer für eine bestimmte Wärmemenge zu groß gebaut, so wird natürlich die Wärmeübergangszahl k bzw. der Wärmeübergang je Quadratmeter und Stunde klein erscheinen bzw. umgekehrt.

b) Berechnung der Heizfläche.

Für die Berechnung des Rauchgasvorwärmers erhält man bereits ein überschlägliches Bild über seinen Nutzen, wenn man aus Abb. 21 bei einem bestimmten CO_2-Gehalte den Unterschied der Verluste entnimmt, der bei einer vorhandenen Fuchstemperatur ohne Vorwärmer und bei einer erwarteten niedrigeren Temperatur nach Einbau desselben entstehen würde.

Ehe man die Größe der Heizfläche bestimmt, wird man zweckmäßig eine Berechnung anstellen über die von den Gasen einer Kesselanlage abgeführte Wärmemenge, die man noch für einen Vorwärmer verwenden kann, am raschesten unter Benutzung von Abb. 8, S. 35; vorher muß indes noch eine Annahme getroffen werden über die Temperatur, bis zu welcher man die Kesselgase noch ausnutzen will; in Rücksicht auf einen guten Zug, somit eine genügende Anstrengung der Anlage, darf man die Temperatur nicht zu niedrig bemessen, vgl. Abschnitt 23 b. In Durchschnittsfällen, wenn der Schornstein nicht sehr hoch ist, wird man nicht unter 160° gehen; auch ist zu beachten, daß durch den Einbau des Vorwärmers eine Zugschwächung um 1—4 mm eintritt.

Der Nutzen des Vorwärmers stellt sich bei den verschiedenen Kesselarten verschieden hoch, je nach den Abgastemperaturen der Gase. Im allgemeinen gilt für die verschiedenen Kesselbauarten, daß Flammrohrkessel und mehrfache Walzenkessel bei sonst gleichen Beanspruchungen die höchsten Abgastemperaturen haben, dann folgen Wasserrohrkessel, und die niedrigsten Temperaturen weisen kombinierte Kessel auf. Die heutigen Bestrebungen nach hoher Beanspruchung der Kesselanlagen, um das Anlagekapital möglichst geringzuhalten, sowie die Anwendung hoher Überhitzungsgrade, zwei Ziele, die beide höhere Abgastemperaturen bedingen, begünstigen die Anwendung von Vorwärmern (vgl. Abschnitt 15a).

Sehr wichtig ist die richtige Größenbemessung des Vorwärmers, da ein Zuviel an Heizfläche einen größeren wirtschaftlichen Verlust als Nutzen bringt. Über diesen Punkt wurde eingehend unter Abschnitt 15d, S. 184, gesprochen, unter Durchrechnung eines Beispieles aus dem Betriebe.

Die gesamte, aus den Gasen verfügbare Wärme kommt nicht ganz dem Vorwärmer zugute, sondern nur etwa 80—90% davon; denn ein Teil geht durch Strahlung des Mauerwerkes und der Rohre nach außen verloren, ein Teil durch Ableiten in den Erdboden, ein Teil durch Anwärmen derjenigen Menge kalter Luft auf die Rauchgastemperatur, welche durch Undichtigkeiten des Mauerwerkes und durch die Löcher, durch welche die Kratzerketten treten, einzieht.

Die Vorwärmerheizfläche F ergibt sich aus folgender Formel für den Wärmeübergang:

$$Q = k \cdot F \cdot z \left(\frac{t_1' + t_1''}{2} - \frac{t_2' + t_2''}{2} \right), \quad \ldots \ldots \quad 78)$$

hierin bedeutet:

F = äußere Heizfläche in Quadratmetern, Q = Wärmemenge in Wärmeeinheiten, z = Stundenzahl, t_1' = Gaseintrittstemperatur in °C, t_1'' = Gasaustrittstemperatur, t_2' = Wassereintrittstemperatur, t_2'' = Wasseraustrittstemperatur.

k ist der Wärmeübergang in Wärmeeinheiten je 1 m² Heizfläche und Stunde bei einem mittleren Temperaturunterschiede zwischen Gas und Wasser von 1° C (Wärmedurchgangszahl).

Für mittlere Verhältnisse gilt $k = 8-14$, so daß die niedrigen Zahlen für einen geringeren Temperaturunterschied und verschmutztere Heiz-

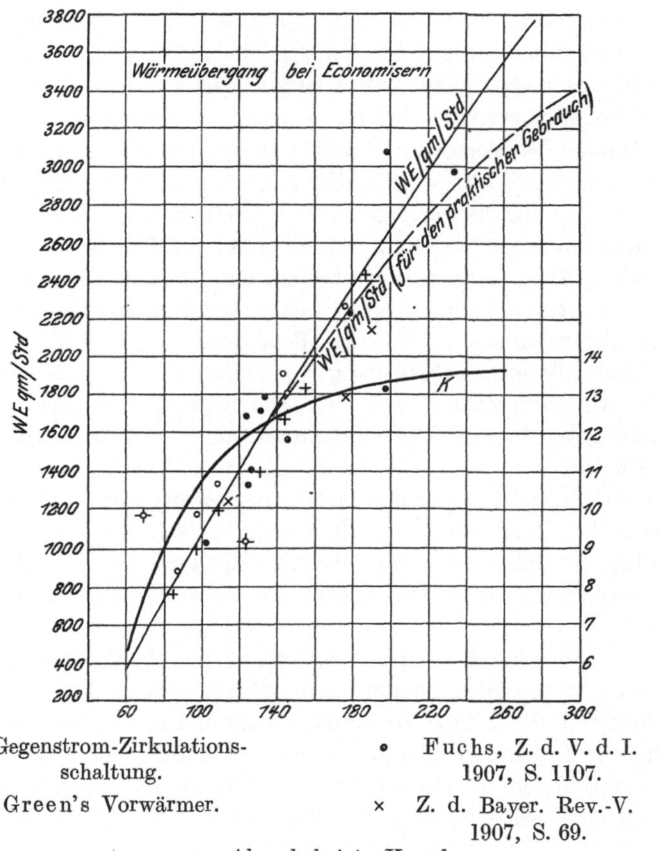

o Gegenstrom-Zirkulations-schaltung.

+ Green's Vorwärmer.

● Fuchs, Z. d. V. d. I. 1907, S. 1107.

× Z. d. Bayer. Rev.-V. 1907, S. 69.

+ Abgasbeheizte Kessel.

Abb. 39. Wärmeübergang bei gußeisernen Rauchgasvorwärmern, abhängig vom mittleren Temperaturunterschied ϑ_m zwischen Heizgasen und Wasser.

flächen nach längerem Betriebe gelten, die höheren für größere Temperaturunterschiede und saubere Heizflächen.

Wünscht man etwas genauer zu rechnen, so kann man an Stelle der sonst zu verwendenden unbequemen logarithmischen Formel 25 eine Verbesserung[1]) anfügen unter Verwendung der Zahlentafel auf S. 57.

____

[1]) Hütte, 20. Aufl., S. 309.

Als Überschlagswert kann man auch für k setzen, je nach der Reinheit der Heizfläche:

$$k = 2 + 5\sqrt{v} \text{ bis } 2 + 10\sqrt{v},$$

wobei v die Geschwindigkeit der Heizgase innerhalb der Rohrreihen in Meter je Sekunde bedeutet.

Aus einer größeren Anzahl Versuche, die sich in der Literatur vorfinden[1]), wurden die Hauptwerte entnommen und in Abb. 39 verarbeitet, indem die Wärmeübergangszahl k und die Wärmeübergänge je 1 m² Heizfläche und Stunde in Abhängigkeit von dem mittleren Temperaturunterschied zwischen Heizgasen und Wasserinhalt des Vorwärmers aufgetragen wurden. Man erhält eine Linie, die mehr ansteigt als der Temperaturunterschied.

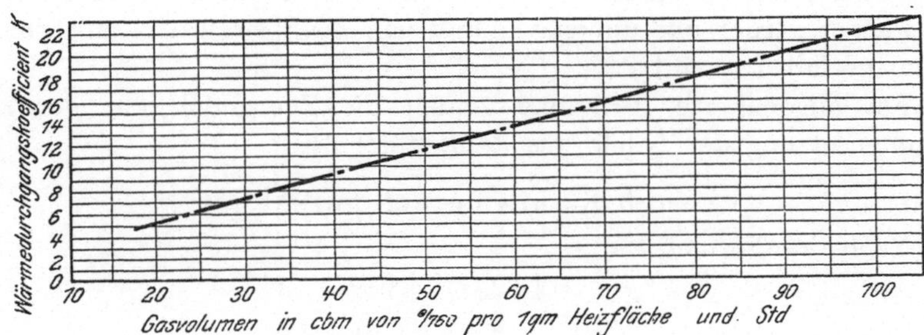

Abb. 40. Wärmedurchgangszahl k bei Rauchgasvorwärmern, in Beziehung zur durchströmenden Rauchgasmenge.

Daß die einzelnen Versuchspunkte nicht so genau auf der Kurve liegen, ist durch die verschiedene Herkunft der Versuche bedingt, die naturgemäß nicht unter gleichen Verhältnissen vorgenommen wurden. Doch kann man die Werte gut für mittlere Verhältnisse zugrunde legen; der Wärmeübergang je 1 m² Heizfläche und Stunde wächst von etwa 1000 WE bei 100° Temperaturunterschied bis etwa 3200 WE bei 240° Temperaturunterschied.

Aus den Versuchen ergibt sich des ferneren, daß für 1° Wassererwärmung die Gase eine Abkühlung von 1,50—3,0° erfahren, im Mittel 1,8—2,4°.

Diese Angaben genügen für die Berechnung der Rauchgasvorwärmer, nachdem man noch die Temperatur und den Kohlensäuregehalt der aus dem Kessel abziehenden Gase festgestellt hat.

Eine neuere Untersuchung von A. Dosch[2]) (vgl. Abb. 40) hat ergeben, daß sich die Wärmedurchgangszahl k in sehr einfache Beziehung

---

[1]) Z. d. V. d. I. 1907, S. 1107, von Fuchs zusammengestellt; Z. f. Dampfk. u. M. 1910, S. 315ff., 1911, S. 456; Z. d. Bayer. Rev.-V. 1907, S. 69 usw.

[2]) Z. f. Dampfk. u. M. 1910, S. 57.

bringen läßt zu der Gasmenge in $m^3\,^0/_{760}$, welche je 1 m^2 Heizfläche und Stunde durch den Rauchgasvorwärmer geströmt ist; in dieser Zahl ist nämlich der Einfluß der Strömungsgeschwindigkeit der Gase und der Einfluß des mehr oder weniger großen Luftüberschusses beim Verbrennungsvorgange enthalten. Es empfiehlt sich deshalb, für die Berechnung von Rauchgasvorwärmern beide Schaubilder 39 und 40 zu Rate zu ziehen.

Beispiel 27. Für das auf S. 124 aufgeführte Beispiel eines Zweiflammrohrkessels von 100 m^2 Heizfläche, unter dem in 1 Stunde 300 kg schlesische Steinkohle verbrannt werden, soll die Größe der für Vorwärmerzwecke verfügbaren Wärmemenge ermittelt werden, wenn die Gase von 310° bis 200° herabgekühlt werden; es sei dabei der mittlere CO_2-Gehalt im Vorwärmer 9%. Welche Vorwärmerfläche kann dann verwendet werden und um wieviel läßt sich das Speisewasser anwärmen, wenn es mit 25° eintritt?

Für angenäherte Rechnung genügt die Zugrundelegung der Zusammensetzung der Kohle aus Zahlentafel 34.

1. Nach Kubikmetern gerechnet:

Nach der Formel 42

$$G_{m^3} = \frac{1,865\,C}{k} + \frac{9\,H + W}{0,804}$$

entstehen

$$\frac{1,865 \cdot 0,73}{0,09} = 15,12 \ m^3 \ \text{trockene Gase} \ ^0/_{760}$$

und

$$\frac{9 \cdot 0,045 + 0,038}{0,804} = 0,55 \ m^3 \ \text{Wasserdampf,}$$

zusammen 15,67 m^3 Gase $^0/_{760}$.

Bei 110° Gasabkühlung ergibt sich also mit der mittleren spez. Wärme für 1 m^3 c_p zwischen 200 und 250°, vgl. Zahlentafel 8, eine verfügbare Wärmemenge in der Stunde von:

$$300 \cdot 15,12 \cdot 110 \cdot 0,331 = 165\,000 \ \text{WE}$$
$$300 \cdot \ \ 0,55 \cdot 110 \cdot 0,437 = \ \ \ \ 7\,930 \ \ \text{,,}$$
$$\overline{\hspace{4.5cm} 172\,930 \ \text{WE.}}$$

2. Nach Kilogramm gerechnet:

Man kann auch nach Abb. 8 rechnen und erhält mit geringer Abweichung

$$300 \cdot 5,2 \cdot 110 = 171\,500 \ \text{WE.}$$

Der Luftüberschuß beträgt nach Formel 45 oder nach Abb. 15 und 17 bzw. Zahlentafel 36 bei 9% CO_2 in den Gasen $v = 2,03$.

Nach Zahlentafel 34 ist für schlesische Steinkohle der Luftbedarf $= 9,65$ kg

$$9,65 \cdot 2,03 \quad\quad = 19,600 \text{ kg}$$

Kohle — Aschengehalt $= \underline{0,923 \text{ ,,}}$

also werden erzeugt $= 20,523$ kg Gase von 1 kg Kohle,

oder wenn man die Zusammensetzung der Kohlensorte genau kennt, wird nach der Formel 42a für G_{kg} von S. 94:

$$G_{kg} = 3,667 \cdot 0,73 + 1,43 \cdot 1,865 \cdot 0,73 \frac{10,2}{9,0}$$

$$+ 1,254 \cdot 1,865 \cdot 0,73 \frac{80,3}{9,0} + 9 \cdot 0,045 + 0,038 \,,$$

$$G_{kg} = 20,55 \text{ kg Gase je 1 kg Kohle.}$$

Also die verfügbare Wärmemenge in 1 Stunde unter Benutzung der mittleren spezifischen Wärmen nach Zahlentafel 7 und 8 zwischen 200° und 350° ergibt:

für die trockenen Gase

$$300 \cdot 20,105 \cdot 110 \cdot 0,249 = 165\,200 \,,$$

für den Wasserdampf

$$300 \cdot 0,443 \cdot 110 \cdot 0,543 = \underline{7\,930}$$

$$173\,130 \text{ WE in 1 St.}$$

[Man kann natürlich an Stelle dieser bequemeren und genügend genauen Rechnungsweise, welche die mittleren spezifischen Wärmen (Zahlentafel 8) für das Abgasgemisch zugrunde legt, auch das auf S. 34 angegebene Verfahren benutzen, bei welchem die spezifische Wärme jeder einzelnen Gasart des Verbrennungsgasgemisches berücksichtigt ist oder Abb. 7.]

Unter der Annahme, daß 75% dieser verfügbaren Wärmemenge im Vorwärmer zur Wirkung gelangen, wird dann, wenn 2200 kg Wasser in 1 Stunde zu erwärmen sind, aus $0,75 \cdot 173\,000 = 2200 \cdot x$ die mögliche Erwärmung des Speisewassers zu $x = 59°$ C gefunden. Aus Abb. 39 findet man für den mittleren Temperaturunterschied von

$$\frac{t_1' + t_1''}{2} - \frac{t_2' + t_2''}{2} = 200°$$

einen Wärmeübergang von 2600 WE für 1 m² Heizfläche und st.

Damit ergibt sich eine Heizfläche von $\dfrac{0,75 \cdot 173\,000}{2600} = \mathbf{20\,m^2}$ und eine Wärmeübergangszahl

$$k = \frac{173\,000 \cdot 0,75}{200 \cdot 50} = 13,0 \,.$$

Der Temperaturabfall der Heizgase würde demnach $\dfrac{110}{59} = 1{,}87°$ für 1° Wassererwärmung betragen.

c) Ersparnis durch den Rauchgasvorwärmer.

Der Wärmegewinn = Kohlenersparnis durch Einbau des Vorwärmers errechnet sich wie folgt aus der im Speisewasser wiedergewonnenen Wärme: Zur Erzeugung von 1 kg Dampf von 8 at Überdruck aus Wasser von 25° sind erforderlich $665 - 25 = 640$ WE; wird das Wasser im Vorwärmer von 25° auf 84°, also um 59° erwärmt, so ist der hierdurch erzielte Wärmegewinn ausgedrückt durch $\dfrac{59}{640} = 9{,}2\%$, oder allgemein:

$$\text{Kohlenersparnis} = \frac{t_2'' - t_2'}{i} \cdot 100 \quad\ldots\ldots\ldots \text{79)}$$

$t_2'' - t_2' =$ Wassererwärmung im Vorwärmer. $i =$ Wärmemenge erforderlich zur Erzeugung von 1 kg Dampf aus Wasser von Temperatur t_2' (vor Eintritt in den Vorwärmer).

Über die Veränderung des Wirkungsgrades der ganzen Kesselanlage siehe Abschnitt 12 h, S. 137, Formel 69.

Eine Überschlagrechnung für den Nutzen des Vorwärmers würde sich unter Berücksichtigung der besseren Ausnutzung der Heizgase auch nach Formel $0{,}65\,\dfrac{(T - t)}{k}$ (oder nach Schaubild 21) anstellen lassen. Ohne Vorwärmer beträgt der Abgasverlust bei 20° Kesselhaustemperatur und $9\%\ CO_2$:

$$\frac{0{,}65\,(310 - 20)}{9} = 21{,}0\,\%.$$

Da in den Vorwärmer stets etwas Luft eintritt, so seien hinter demselben nur noch $8\%\ CO_2$ vorhanden, und da die Abgastemperatur 200° beträgt, so wird der Abgasverlust nach Einbau des Vorwärmers, alle Verhältnisse sonst gleich vorausgesetzt:

$$0{,}65\,\frac{(200 - 20)}{8} = 14{,}6\,\%.$$

Der Unterschied $21{,}0 - 14{,}6 = 6{,}4\%$ ist der Mehrgewinn aus Ausnutzung der Rauchgase durch den Vorwärmereinbau. Es hatte nun der Wirkungsgrad ohne Vorwärmer betragen: $\dfrac{2200 \cdot 634}{300 \cdot 6900} = 67{,}3\%$; demnach wird die Ersparnis nach dem Einbau $\dfrac{6{,}4}{67{,}3} \cdot 100 = 9{,}5\%$ und der Wirkungsgrad der Anlage $= 67{,}3 + 6{,}4 = 73{,}7\%$. (Dasselbe ergibt die Berechnung nach Formel 69.)

Über die Kohlenersparnis in Hundertsteln gibt nachstehende Zahlentafel 57 Aufschluß unter Zugrundelegung eines Betriebsdruckes von 10 at Überdruck entsprechend 667 WE, wenn das Wasser verschieden hoch angewärmt wird.

Zahlentafel 57.

Die durch Einbau eines Rauchgasvorwärmers zu erzielende Kohlen· ersparnis (in Hundertsteln).

Wasserwärme bei Austritt aus dem Vorwärmer	Betriebsdruck 10 at 667 WE						
	Wasserwärme beim Eintritt in den Vorwärmer in °C						
in °C	30	35	40	45	50	55	60
60	4,74	4,00	3,21	2,43	1,63	0,82	—
70	6,32	5,58	4,82	4,05	3,26	2,47	0,165
80	7,90	7,17	6,42	5,67	4,90	4,11	3,29
90	9,50	8,76	8,03	7,29	6,53	5,76	4,94
100	11,00	10,30	9,65	8,90	8,16	7,40	6,58
110	12,65	11,95	11,24	10,53	9,81	9,05	8,23
120	14,23	13,55	12,85	12,15	11,40	10,70	9,88
130	15,51	15,14	14,46	13,76	13,06	12,35	11,52
140	17,39	16,73	16,07	15,39	14,70	14,00	13,17
150	18,98	18,33	17,67	16,03	16,33	15,64	14,81

Der Wirkungsgrad des Rauchgasvorwärmers selbst ist wie bei den Kesseln (vgl. S. 137) bestimmt durch das Verhältnis der vom Wasser aufgenommenen Wärmemenge und der von den Heizgasen abgegebenen, also

$$\text{Wirkungsgrad} = \frac{D\,(t_2'' - t_2')}{B \cdot G \cdot c_p\,(t_1' - t_1'')} \cdot 100 \text{ in } \% \ \ldots \ 80)$$

Der Rest der Gaswärme geht durch Abkühlung des Mauerwerkes, der Sammelkästen, Umführungsrohre, Anwärmung der eintretenden falschen Luft usw. verloren. Benutzt wird diese Beziehung bei der Berechnung des Vorwärmers (vgl. Beispiel 27, S. 200).

Der Wirkungsgrad der Kesselanlage durch die Wasservorwärmung von t_2' auf t_2'' ist entsprechend S. 138, Formel 69:

$$\eta_v = \frac{D\,(t_2'' - t_2')}{B \cdot H} \cdot 100 \text{ in } \% \ \ldots \ 81)$$

Weitere Rechnungsbeispiele siehe S. 167.

18. Abgasbeheizte Kessel.

Ganz bedeutende Wärmemengen gehen der Industrie durch heiße abziehende Gase verloren, welche den verschiedensten Ofenarten wie Porzellanöfen, Gasanstaltsöfen, Härteöfen, Schmelzöfen usw. entströmen. So belaufen sich die Temperaturen der abziehenden Gase auf:

Bei Gasanstaltsöfen . . . . 400— 650°
„ Flammöfen, Glühöfen, Rollöfen, Stoßöfen,
　Schmelzöfen . . . . 800—1200°
„ Porzellanöfen mit dem Fortgange des Brennpro-
　prozesses, ansteigend bis . . . . 1000°
„ Siemens-Martin-Regenerativöfen . . . . 600— 750°
„ Abgasen der Dieselmotoren je nach Belastung . 300— 500°.

Diese Wärme läßt sich oft in besonderen Abhitzekesseln noch nutzbar machen, solange sie in Temperaturen von über 350—400° zur Verfügung steht; und zwar zur Erzeugung von heißem Wasser und von nieder- oder hochgespanntem Dampfe. Auch zur Lufterhitzung zwecks Beheizung von Räumen kann man die Gase verwenden. Unter der angegebenen Temperaturgrenze tut man besser, die Auswertung der Gase durch Rauchgasvorwärmer (s. Abschnitt 17) vorzunehmen, weil die Kesselheizflächen zu groß und daher zu teuer werden. Bisweilen bietet sich auch in Betrieben Gelegenheit, billige Wasservorwärmer oder Abhitzekessel für Abgasausnutzung zu schaffen durch Verwendung alter, vorhandener Kessel. Günstig liegt der Fall, wenn, wie auf Hüttenwerken oder Braunkohlengruben z. B., von Schweißöfen, Puddelöfen oder aus Schwelereien heiße Abgase in der Nähe von bereits eingemauerten Kesseln zur Verfügung stehen. Man kann dann die Gase durch besondere Kanäle in den früheren Feuerungsraum leiten und sie die vorhandenen Züge bestreichen lassen, ehe sie nach dem Schornstein geführt werden. Ist auf einen dauernden Strom heißer Gase zu rechnen, der aus einer oder besser aus mehreren Abhitzequellen fließt, wobei die eine oder andere dieser Abgabestellen nicht dauernd in Betrieb zu sein braucht oder in der Temperatur schwanken kann (z. B. eine größere Anzahl Porzellanöfen, Glühöfen, Flammöfen usf.), so lohnt es sich stets, besondere Abhitzekessel aufzustellen, in denen Dampf von niederer oder höherer Spannung bis 10 at und mehr erzeugt wird. Man kann dazu jeden alten Kessel beliebigen Systems verwenden. Sind solche nicht vorhanden, so baut man besondere Abhitzekessel. Diese sollen genügend großen Querschnitt für die Gasführung besitzen (6—8 m/sk Gasgeschwindigkeit), um den Zug der bestehenden Öfen nicht zu sehr zu schwächen; sie müssen sich bequem reinigen lassen, von sich absetzender Flugasche, von mitgerissenem Metallstaub u. dgl., und sie müssen kurz gebaut sein, da gewöhnlich nicht viel Platz in den bestehenden Anlagen vorhanden ist, die meist leider ohne Rücksicht auf Abhitzeverwertung angelegt sind. Oft ist es auch zweckmäßig, die Rohre ausziehbar zu machen. Bevorzugt werden bei verunreinigten Gasen Flammrohrkessel, sonst meist Rauchrohrkessel mit gruppenweise angeordneten Rohren, so daß die Rohre sich leichter außen reinigen lassen, in liegender oder stehender Anordnung; auch liegende und stehende Wasserrohrkessel werden verwendet. Rauchrohrkessel braucht man, da der Gasstrom innerhalb des Wassers verläuft, nicht einzumauern; es genügt für sie eine gute Isolierung. Hat man reichlich Platz verfügbar, so mauert man die Kessel ein und gewinnt die äußere Mantelfläche; oft geschieht dies der geringeren Zugschwächung wegen so, daß die Gase zu gleicher Zeit durch die Rohre und an dem Kesselmantel entlangstreichen, also den Längsweg nur einmal machen. Ein Umführungskanal zum Ausschalten und Reinigen der Kessel mit Rauchkanalschiebern muß stets vorgesehen sein. Man kann die Kessel so anordnen, daß sie, je nach dem verfügbaren Platz, einzeln über die Flammöfen gelegt, hinter denselben angeordnet werden; oder über dem Fuchskanale für eine Gruppe von Öfen dienen. Letzterer Fall ist dann vorzuziehen, wenn die einzelnen Wärmeabgabestellen einen ungleichmäßigen Wärmestrom liefern. Die Gelegenheit ist sehr mannigfaltig und erfordert jeweilig besonderes Studium, zumal in solchen Fällen, wo die Abhitze des einzelnen Ofens nur mit Unterbrechung zur Verfügung steht, wie z. B. in der keramischen Industrie. Auf jeden Fall tut man gut, die Abhitzekessel so nahe wie möglich an die Wärmeabgabestelle heranzurücken, oder bei weiterer Entfernung davon alle Schieber und Kanäle, sowie das Ofenmauerwerk sorgfältig abzudichten, um die Gase so heiß als möglich zu erhalten.

Wie hoch der erzielbare Nutzen ist und ob sich die Einrichtung lohnt, hängt von der Menge und Temperatur der verfügbaren Gase, von den Zugverhältnissen sowie sonstigen Umständen ab und muß von Fall zu Fall sorgfältig rechnerisch geprüft werden. Abgesehen von den Tilgungs- und Zinskosten der Anlage, dem Wasserverbrauch, sowie geringen Ausbesserungen arbeiten solche Kessel nahezu umsonst, da die Bedienung sich nur auf Speisung und Reinigen erstreckt. Die Abhitzekessel unterliegen in allen Fällen der gleichen Konzessionspflicht wie andere Dampfkessel; sie müssen auch eine ähnliche Ausrüstung erhalten. Da noch wenig Angaben in der Literatur darüber vorhanden sind, so seien einige eigene Messungen in Zahlentafel 58 angeführt.

Interessant ist die Verteilung der Wärme auf die einzelnen Kesselteile und die Temperaturabnahme der Gase, die etwas rascher erfolgt als die Zunahme der Heizfläche.

Versuche 1 bis 4 wurden an einem Zweiflammrohrkessel von insgesamt 47,3 m² Heizfläche vorgenommen; er war 8,50 m lang, hatte einen Durchmesser von 1570 mm und einen Flammrohrdurchmesser von 470 mm; er war so eingemauert, daß die Gase erst die Flammrohre durchzogen, dann in dem einen Seitenzuge nach vorn strichen und nach Umkehr unter dem Kessel im zweiten Seitenzuge nach dem Fuchse zurückströmten. Die beiden Flammrohre und ein Teil des Hinterbodens hatten zusammen 24,5 m² = 52%; der andere Teil des Hinterbodens und erster Seitenzug nebst Umkehrstück zusammen 12,8 m² = 27%; der zweite Seitenzug 10,0 m² Heizfläche = 21%.

Eine Überschlagsrechnung ergab die Abkühlung der Gase an den Mauerwänden und dem Fußboden zu etwa 9000 WE je Stunde.

Es wurde der mittlere Temperaturunterschied zwischen Heizgasen und Wasserinhalt des Kessels für die gesamte Heizfläche ermittelt und daraus die Wärmedurchgangszahl $k = 14,3 - 17,0$; für die einzelnen Heizflächenteile konnte k leider nicht ermittelt werden, weil die Gasmenge sowie deren Zusammensetzung nicht bestimmbar war. Der Wärmeübergang für 1 m² Heizfläche und Stunde stellt sich auf 3400 bis 3700 WE. Da die Heizgase, welche aus Koksschwelöfen kamen, viel Ruß und Salz an den Kesseln absetzten, so nahm k und der Wärmeübergang allmählich ab um etwa 20% bis auf $k = 12,8$ und 2775 WE nach einer

Zahlen-

Gastemperaturen und Wärmeübergang an einem abgasbeheizten Dampfkessel

Ver-suchs-Nr.		Gastemperatur °C				Tempe-ratur-abfall insgesamt °C	Wasser-eintritt °C	Dampf- oder Wasser-tempe-ratur °C	Dampf-überdruck at
		Eintritt	hinter den Flamm-rohren	Anfang letzter Zug	hinter dem Kessel				
1		462	400	346	340	122	74,5	151	3,98
2	Zweifl.-Kessel von 47,3 m²	434	359,6	316	300	134,4	78,5	150,2	3,83
3		436	363	314	297	139	83,9	151	4,00
4	70 Tage und Nächte in Betrieb	421	346	332	313	108	79	151	3,95
5	Zweifl.-Kessel von 60 m² über Glühöfen	1100	—	—	516	584	38	173,5	7,8
6	Zweifl.-Kessel von 123,5 m²	272	—	—	209	61	51,8	Wasser 62,3	—

dauernden Betriebszeit von 70 Tagen und Nächten (Versuch 4); nachdem die Gase etwa 52% der Heizfläche, also die Flammrohre bestrichen haben, erniedrigte sich ihre Temperatur ebenfalls um etwa 51—55%, nach 79% der Heizfläche um 88—95%, worin also der Betrag für Wärmeabgabe an das Mauerwerk enthalten ist.

Der Wärmegewinn durch Ausnutzung der Heizgase ist also ein nicht unbedeutender; er ist etwa ebenso hoch wie bei gußeisernen Vorwärmerohren, entsprechend den Werten der Abb. 39.

Versuch 5 gibt die Werte für einen Zweiflammrohr-Abhitzekessel von 60 m² wieder, der über einem Glühofen für schwere Schmiedestücke aufgebaut und eingemauert ist. Die Gase durchziehen erst das Flammrohr von 750 mm l. Ø, kehren um, bestreichen die eine Kesselseite, dann die andere und ziehen oben in den Schornstein von 20 m Höhe und 0,6 m ob. l. Ø. Der Kesselmantel ist 6,6 m lang, der Durchmesser beträgt 1,9 m. Der erzeugte Hochdruckdampf dient mit noch einem ähnlichen Abhitzekessel zusammen zum Betriebe von Dampfhämmern.

In Zahlentafel 58a sind noch Versuche aus dem Gaswerk Schw.-Gmünd[1]) an Abhitzedoppelkesseln von je 12 m² Heizfläche aufgeführt,

[1]) Wenger, J. f. Gasbeleuchtung. 1918. S. 495.

tafel 58.

von 47,3 m² und einem Vorwärmer von 123,5 m² und anderen Abhitzekesseln.

Erzeugter Dampf kg/m²/st bezogen auf Wasser $^0/_{100}$	Wärmeübergang für 1 m² und Stunde WE	CO_2-Gehalt der Gase bei Eintritt %	Wärmedurchgangszahl k	Mittlerer Temperaturunterschied zwischen Gasen und Wasser °C	Übergegangene WE insgesamt für 1 st	Von Gasen bestrichene Heizfläche in %	Abkühlung der Gase in %	Zug vor Kessel mm	Zug hinter Kessel mm
			nach Formel 26			52	50,8		
5,65	3590	—	14,3	250	169 200	79	95,3		
						100	100		
						52	55		
5,83	3720	11,5	17,1	217,5	176 200	79	88		
						100	100		
						52	55		
5,37	3430	11,4	15,9	216	162 200	79	88		
						100	100		
						52	69,5		
4,35	2775	—	12,8	216	131 200	79	82,5		
						100	100		
		bei Austritt				Brennstoff kg/st			
8,65	5520	12,8	9,3	595	331 200	163 (Koks)		4,5	7,0
—	923	7,9	5,02	184	114 000	—	—	—	—

Zahlentafel 58a.

Abhitzekessel von 12 m² hinter einem Gasanstalts- Vollgenerator
mit 9 Retorten von je 4 m Länge.

	Warm-wasser	Nieder-druckdampf 0,5 at Üb	Hochdruck-dampf 2,7 at Üb
Kesselheizfläche, Doppelkessel . . . . m²	12	12	12
Temperatur des Speisewassers . . . . °C	12,5	12	12
Temperatur des Dampfes oder Wassers . °C	62	110	138
Rauchgastemperatur vor Kessel . . . . . °C	870	830	850
Rauchgastemperatur hinter Kessel. . . . °C	220	270	260
CO_2-Gehalt der Rauchgase . . . . %	14	13	12
O_2-Gehalt der Rauchgase . . . . %	—	6	—
Zugstärke vor dem Schornstein . . . . mm	13	13	13
Mittlerer Temperaturunterschied zwischen Rauchgasen und Dampf C	450	461	460
Dampf oder Wasserleistung . . . . kg/m²/st	160	9,45	7,6
Generatorunterfeuerung, Koks . . . . kg/st	45	48	45
Wärmeübergang . . . . WE/m²/st	7950	5970	4850
k = Wärmedurchgangszahl . . . WE/m²/st/1°	17,5	12,8	10,8

die hinter die Vollgeneratoröfen mit 9 Retorten von 4 m Länge so
eingebaut sind, daß die Gase den Abhitzekessel mit etwa 800—850°
erreichen.

Es werden für k innerhalb des Temperaturbereichs folgende Werte
angegeben:

Für Warmwassererzeugung von etwa 60° $k = 17,5$

„   Niederdruckdampf   „   0,5 at Üb $k = 12,8$

„   Hochdruckdampf   „   2,7 at Üb $k = 10,8$,

es fällt also k mit steigender Spannung des Dampfkessels.

Einige weitere Versuchswerte[2]) enthält Zahlentafel 58b. Sie umfaßt
eine Beobachtungsreihe an stehenden Garbekesseln mit Überhitzer,
welche zu je 2 Stück hinter einem Siemens-Martin-Ofen mit künstlicher
Zuganlage aufgestellt sind. Bei einer Temperaturausnutzung von 720°
auf 350° werden etwa 6,20 kg Dampf von 7,7 at Üb und 350° je m² Heizfläche und Stunde erzeugt. Verfeuert wurde Steinkohle mit 71,2 bis
72,3% C.

Die von den Abhitzekesseln aufgenommene Wärmemenge betrug also
44 bis 45% der gesamten in den Kessel eintretenden. Rechnungswerte
für k entnimmt man den Zahlentafeln 58—58b oder für niedrigere
Temperaturen und Bereitung von warmem Wasser aus Abb. 39. Es sei
die Rechnungsweise am besten an einem Beispiel klargelegt:

---

[1]) Stahl & Eisen, 1913, S. 111. Schreiber: Über die Abhitzeverwertung bei
Siemens-Martin-Öfen.

Zahlentafel 58 b.

Abhitzekessel hinter Siemens-Martin-Regenerativöfen mit künstlicher Zuganlage.

	50 t-Ofen	50 t-Ofen	50 t-Ofen	40 t-Ofen
2 stehende Garbekessel, zus. . . m²	500	500	500	400
Mit 2 Überhitzern, zusammen . m²	130	130	130	100
Stahlerzeugung. . . . . t	54,2	57,8	52,2	46,0
Temperatur des Speisewassers . . °C	19,5	19,5	16,0	17,0
Kesselüberdruck . . . . atm	7,7	7,6	7,1	7,2
Dampftemperatur . . . . °C	344	348	350	342
Wärmeinhalt je kg Dampf-W.-E. . .	727	729	734	729
Rauchgastemperatur vor Kessel . °C	719	686	604	623
Rauchgastemperatur hinter Kessel °C	349	346	348	310
Kohlensäuregehalt vor Kessel . . %	15,5	15,5	14,8	14,6
Kohlensäuregehalt hinter Kessel . %	12,7	13,2	12,9	12,0
Erzeugter Dampf . . . . kg/m²/st	6,20	6,00	4,66	6,04
A. d. Kessel übergeg. Wärme WE/m²/st	4000	3870	3015	3920
A. d. Überhitzer übergeg. Wärme „	1960	1890	1542	1930
Kohlenverbrauch . . . . . kg/st	1910	1935	1938	1605
Heizwert der Steinkohle . . . WE	6893	6893	6736	6660
Gasmenge, feucht vor Kessel m²/st/°/₇₆₀	20250	19750	20350	17710
Wärmeinhalt der Gase vor Kessel WE/st	5100000	4880000	4395000	4030000

Beispiel 28: Es sind die Gase eines Flammofens, in dem Metalle geschmolzen werden, verfügbar. Der Abhitzekessel soll auf den Flammofen aufgesetzt werden und Dampf von 10 at Üb liefern aus Wasser von 50°. Verfeuert werden stündlich 125 kg oberschlesische Steinkohle, Gasaustritt 1150° bei 10% CO_2. Die Gase sollen den Abhitzekessel mit 300° verlassen. Nach Zahlentafel 34 erzeugt 1 kg Steinkohle bei 10% CO_2, also bei $v = 1{,}85$fachem Luftüberschuß, 14,7 m³ Gas. Damit ergibt sich, wenn der Wärmeverlust zu 10% angesetzt wird und die mittlere spezifische Wärme der Abgase $[Cp]_{300}^{1150} = 0{,}35$, die verfügbare Wärmemenge $= 0{,}9 \cdot 125 \cdot 0{,}35 \,(1150 - 300)\, 14{,}7 = 490\,000$ WE/st. Die mittlere Temperaturdifferenz berechnet sich nach Formel 25, wenn $t_2' = t_2'' = 183° =$ Dampftemperatur gesetzt wird, zu $\vartheta_m = 470°$. Setzt man erfahrungsgemäß an

$$\text{für den sauberen Kessel} \qquad k = 12,$$
$$\text{für den verschmutzten Kessel} \quad k = 9,$$

so ermittelt sich der stündliche Wärmeübergang zu

$$12 \cdot 470 = 5600 \text{ WE/m}^2\text{/st}, \quad \text{bzw.} \quad 9 \cdot 470 = 4300 \text{ WE/m}^2\text{/st}.$$

Da die aufzuwendende Wärmemenge für 1 kg Dampf 617 WE beträgt, so können im Kessel je nach seinem Reinheitszustande erzeugt werden:

$$\frac{4300}{617} = 7{,}0 \text{ bis } \frac{5600}{617} = 9{,}1 \text{ kg Dampf}$$

je m² Kesselheizfläche und Stunde.

Aus der verfügbaren Wärmemenge wird man also imstande sein, einen Kessel von

$$\frac{490\,000}{5600} = 88\,\text{m}^2 \text{ bis } \frac{490\,000}{4300} = 114\,\text{m}^2 \text{ Heizfläche}$$

zu versorgen. Man entscheidet sich für einen mittleren Kessel von 100 m² Heizfläche und wird mit demselben etwa $100 \cdot 7{,}0 = 700$ bis $100 \cdot 9{,}0 = 900$ kg Dampf von 10 at Üb stündlich liefern können.

19. Abdampfverwertung.
a) Röhrenapparate.

Zur Ausnutzung der im Auspuffdampfe von Maschinen noch enthaltenen großen Wärmemenge dienen Abdampfvorwärmer; dies sind Apparate, meist in zylindrischer Form, mit eingebauten kurzen Röhren von 1—3 m Länge und etwa 40—60 mm l. ∅. Der Dampf strömt um die Rohre, das Wasser durch dieselben, eine Konstruktion, bei der sich die Rohre innen leichter von angesetztem Kesselstein reinigen lassen als bei umgekehrter Anordnung. Das Wasser wird unter Kesseldruck durch den Vorwärmer hindurchgedrückt; dabei kondensiert der Dampf an den Wänden und gibt in sehr wirksamer Weise seine Wärme an das Wasser ab. Es sind zwei Wirkungen zu unterscheiden, die erste, während welcher der Dampf kondensiert, die zweite, während der sich das Kondensat kühlt; indessen verlaufen beide Vorgänge meist zu gleicher Zeit.

Die Wirkungsweise der Apparate ist um so besser, je kürzer und enger die Rohre sind, weil dann der Wasser- bzw. Dampfstrom in um so dünnere Strahlen zerlegt wird; außerdem wächst die Wirkung mit der Geschwindigkeit des Dampf- und Wasserdurchflusses; bei Heizschlangen ist der vordere Teil wirksamer als der hintere. Es ströme z. B. Abdampf von 0,2 at Überdruck in den Vorwärmer ein, und das Kondensat verlasse ihn mit 90°, so sind für 1 kg Dampf nutzbar gemacht worden $638 - 90 = 548$ WE; es können damit also etwa 8,4 kg Wasser von 15—80° angewärmt werden; für die Speisung eines Dampfkessels läßt sich also mit Abdampf ein hoher Wärmegewinn erzielen.

Im allgemeinen können mit 1 kg Dampf 5—9 kg Wasser erwärmt werden, da 1 kg kondensierender Dampf etwa 530 WE abgibt.

Die genaue Berechnung eines Abdampfvorwärmers müßte eigentlich gemäß dem Abkühlungsvorgange des Dampfes nach obigen zwei angegebenen Vorgängen erfolgen, entsprechend der Kondensation (vgl. Zahlentafel 59) und Abkühlung (vgl. Zahlentafel 61) des Kondensates, doch ist dieses Verfahren umständlich und nicht ganz sicher, deshalb führt man die Berechnung am besten nach nachstehendem Verfahren aus.

Zahlentafel 59.

Wärmedurchgangszahl k_ε zwischen nichtgespanntem Dampfe und nichtsiedendem Wasser bei kupfernen Rohren.
(Kondensationsvorgang.)

Geschwindigkeit des Wassers m/sek v_f	Geschwindigkeit des nichtgespannten Dampfes beim Eintritt in die Rohre v_d m/sek				
	6	12	20	30	42
0,001	375	525	675	825	975
0,008	448	655	843	1030	1218
0,020	563	788	1013	1238	1463
0,056	750	1050	1350	1650	1950
0,117	937	1312	1687	2062	2437
0,210	1110	1575	2025	2475	2925
0,335	1325	1837	2362	2987	3412
0,505	1500	2100	2700	3300	3900
1,000	1925	2625	3375	4125	4875

Da das Wasser gleichmäßig durch den Vorwärmer gedrückt wird, so ist seine Geschwindigkeit v_f in m/sek an der Heizfläche bekannt, ebenso diejenige (v_d), mit welcher der Dampf in die Heizrohre eintritt. Wird, wie oft der Fall, nicht aller Dampf kondensiert, so setzt man als Dampfgeschwindigkeit v_d die **Summe der Eintritts- und Austrittsgeschwindigkeit** ein; dann gilt als Erfahrungswert für die Wärmedurchgangszahl k_ε (d. h. die stündlich durch 1 m² Heizfläche bei 1° Wärmeunterschied zwischen Dampf und Wasser hindurchgehende Wärmemenge für Kupfer- oder Messingheizflächen)

$$k_\varepsilon = 750 \sqrt{v_d}\,\sqrt[3]{0{,}007 + v_f} \ldots \ldots \ldots \text{82)}$$

Einige hiernach berechneten Angaben über k_ε enthält nachstehende Zahlentafel[1]) für kupferne Rohre; für eiserne Rohre, die sich stärker mit Kesselstein belegen, werde k_ε etwa 15% geringer angesetzt (vgl. auch S. 279 und Zahlentafel 60 für Sattdampf-siedendes Wasser).

Aus den gleichbleibenden Temperaturunterschieden der beiden Flüssigkeiten bei der Eintrittsseite und Austrittsseite ergibt sich dann der **mittlere Temperaturunterschied** ϑ_m der Flüssigkeit und des Dampfstromes aus Formel 25) (vgl. S. 56 und Zahlentafel 22)

$$\vartheta_m = \frac{\vartheta_a \left(1 - \dfrac{n}{100}\right)}{\log \text{nat} \cdot \dfrac{100}{n}} \ldots \ldots \ldots \ldots \text{83)}$$

---

[1]) Nach Hausbrand, Verdampfen, Kondensieren, Kühlen. 4. Aufl. Zahlentafel 53.

14*

Zahlentafel 60.

Wärmedurchgangszahl k für 1 st, 1 m² Heizfläche und 1° Temperaturunterschied zwischen Dampf und siedendem Wasser für kupferne

Heizschlangen $k = \dfrac{1900}{\sqrt{1 \cdot d}}$.

Lichter Rohrdurchm. in m d	Rohrlänge in m = l								
	1	2	4	6	8	10	15	20	30
	Wärmedurchgangszahl k für kupferne, innen geheizte Dampfrohre, außen siedendes Wasser								
0,010	19 000	13 470	9500	7716	6730	6012	4912	4290	3570
0,015	15 580	11 000	7713	6333	5495	4910	3950	3408	2833
0,020	13 470	9 500	6730	5490	4750	4220	3408	3007	2455
0,025	12 000	8 520	6012	4910	4250	3800	3100	2687	2190
0,030	11 000	7 714	5490	4510	3875	3408	2835	2455	2004
0,040	9 500	6 730	4750	3875	3363	3007	2455	2110	1743
0,050	8 520	6 012	4253	3408	3007	2687	2190	1900	1558
0,060	7 714	5 490	3875	3170	2740	2455	2004	1743	1415
0,070	7 200	5 080	3600	2930	2540	2270	1890	1610	1310
0,080	6 730	4 750	3363	2740	2375	2125	1711	1490	1225
0,090	6 333	4 510	3170	2580	2245	2004	1610	1410	1157
0,100	6 012	4 290	3007	2455	2135	1900	1558	1364	1100
0,125	5 714	3 800	2687	2191	1820	1700	1390	1202	982
0,150	4 910	3 408	2455	2004	1743	1555	1266	1100	905

Zu gleichen Ergebnissen führt die im Abschnitt 3 d gegebene Formel 26) für die übertragene Wärmemenge, wenn man die dort angegebene Verbesserungstafel benutzt.

Aus der Erwärmung der kälteren Flüssigkeit von t_2' auf t_2'' ergibt sich die zu übertragende Wärmemenge für 1 st zu

$$Q = W \cdot (t_2'' - t_2') \quad\quad\quad\quad\quad\quad\quad 84)$$

in Wärmeeinheiten, wenn W die je Stunde zu erwärmende Wassermenge in Kilogramm bedeutet, und die erforderliche Heizfläche F wird in Quadratmetern

$$F = \frac{Q}{k_\varepsilon \cdot \vartheta_m} .$$

Der Verbrauch an Heizdampf wird in Kilogramm für 1 st

$$D = \frac{W \cdot (t_2'' - t_2')}{640 - \left(\dfrac{t_2'' + t_2'}{2}\right)} \quad\quad\quad\quad\quad 85)$$

Für viele Fälle wird es genügen, wenn man für die Berechnung der Heizfläche einen Erfahrungswert für den Wärmeübergang für 1 m² Heizfläche und 1 st einsetzt. Für einen Wärmedurchgang von Dampf an siedendes Wasser bei Heizschlangen gibt die vorstehende Zahlentafel[1]) 60 entsprechende Werte, für den Wärmeübergang zwischen zwei Flüssigkeiten Zahlentafel[1]) 61.

Zahlentafel 61.

Wärmedurchgangszahl k_k zwischen zwei Flüssigkeiten, die an Kupfer- oder Messingwand mit den verschiedenen Geschwindigkeiten v_{f1} und v_{f2} in m/sek entgegengesetzt strömen. Für Eisenrohre 15% weniger. Berechnet nach

$$k_k = \frac{200}{\dfrac{1}{1 + 6\sqrt{v_{f_1}}} + \dfrac{1}{1 + 6\sqrt{v_{f_2}}}}$$

v_{f_2} m/sek	Geschwindigkeit der wärmeren Flüssigkeit v_{f_1} in m/sek										
	0,002	0,006	0,01	0,04	0,08	0,10	0,20	0,6	0,8	1,0	2,0
0,002	128	136	142	160	172	176	188	206	212	214	225
0,006	136	145	153	173	188	194	208	232	238	240	253
0,010	142	153	160	185	200	206	224	250	256	259	274
0,040	160	175	185	210	242	250	274	316	328	336	358
0,080	172	188	200	242	270	276	312	362	376	392	420
0,100	176	194	206	250	276	289	328	384	400	408	443
0,20	188	208	224	274	312	328	370	454	464	486	531
0,60	206	232	250	316	362	384	454	570	606	624	709
0,80	212	238	256	328	376	400	464	606	644	666	782
1,00	214	240	259	336	392	408	486	624	666	700	810
2,00	225	253	274	358	420	443	531	709	782	810	947

Beispiel 29. Zur Verfügung steht Abdampf von 0,2 at Überdruck, der nur zum Teil im Gegenstromvorwärmer kondensiert. Es sollen damit stündlich 8000 kg Wasser von 15° auf 80° erwärmt werden, der Heizdampf trete mit $v_d = 20$ m Geschwindigkeit in die Rohre ein und noch mit 15 m aus. Er ist also

$$t_1' = 104° = t_1'' = \text{Dampftemperatur,}$$
$$t_2'' = 80; \quad t_2' = 15°;$$
$$\vartheta_\alpha = 104 - 15 = 89°; \quad \vartheta_\varepsilon = 104 - 80 = 24°;$$
$$\frac{\vartheta_\varepsilon}{\vartheta_\alpha} = \frac{24}{89} = 0,256.$$

Nach der Zahlentafel 22 wird also aus Spalte 4 der Wert 0,549 entnommen, demnach errechnet sich der mittlere Temperaturunterschied

$$\vartheta_m = \vartheta_\alpha \cdot 0{,}549 = 89 \cdot 0{,}549 = \mathbf{48{,}9°.}$$

Der Vorwärmer sei nun so gebaut, daß das zu erwärmende Wasser mit im Mittel $v_f = 0{,}12$ m Geschwindigkeit durch den Vorwärmer von der Speisepumpe gedrückt werde.

---

[1]) Nach Hausbrand, Verdampfen, Kondensieren und Kühlen. 4. Aufl. Zahlentafel 12 u. 64.

Dann ist nach Formel 82 für k_ε

$$k'_\varepsilon = 750 \sqrt{20 + 15} \sqrt[3]{0{,}007 + 0{,}12} = 750 \cdot 5{,}92 \cdot 0{,}503 = 2230 \,.$$

Davon sind 15% abzuziehen, da eiserne Heizrohre verwendet werden sollen; also wird $k_\varepsilon = 0{,}85 \cdot 2230 = 1995$. Die Heizfläche wird also:

$$F = \frac{520\,000}{1995 \cdot 48{,}9} = 5{,}34 \text{ m}^2,$$

da die gesamte für 1 st zu übertragende Wärmemenge war:

$$Q = 8000 \cdot (80 - 15) = 520\,000 \text{ WE}.$$

Die für die Wassererwärmung nötige Dampfmenge ist dann:

$$D = \frac{520\,000}{640 - \left(\dfrac{80 + 15}{2}\right)} = 880 \text{ kg Dampf je Stunde}.$$

Dabei ist angenommen, daß das Kondensat des verbrauchten Dampfes mit einer Temperatur abfließt, die etwa dem Mittelwerte der Wassertemperatur zwischen Eintritt und Austritt entspricht.

b) Beheizte Behälter.

Sind ältere Gefäße vorhanden, z. B. alte Flammrohrkessel usf., die sich mit geringen Kosten zu Abdampfvorwärmern umbauen lassen, indem man z. B. den Abdampf in die Flammrohre leitet und dann durch die Seitenzüge, die man in Mauersteinen, welche mit Zement gefugt sind, ähnlich wie bei Dampfkesseleinmauerungen üblich, ausgeführt hat, so gilt für die Wärmedurchgangszahlen natürlich obige Gleichung nicht mehr, da der Dampf nicht durch viele enge Rohre in feine Strahlen zerlegt wurde, sondern in breitem Strome an den Heizflächen vorbeiströmt; ebenso ist der Wasserinhalt zur heizbaren Oberfläche ein sehr großer, daher wird der Wärmeübergang wesentlich kleiner; doch lohnt es sich immer noch, solche Kessel, falls billig verfügbar, aufzustellen, da ein hoher Wärmegewinn erzielbar ist und in den Kesseln ein großer angewärmter Wasservorrat zur Verfügung steht; dies ist z. B. dann von Vorteil, wenn, wie beim Bergwerksbetriebe, der Kesselbetrieb Tag und Nacht durchgeht, während oft die Fördermaschine, die den Abdampf liefert, nicht die ganze Kesselbetriebszeit arbeitet, oder in ähnlichen Fällen, z. B. Brauereien für Anschwänzwasser usf. Hier können nur Erfahrungswerte eine Grundlage für die Berechnung bieten. Einige im Betriebe vorgenommene Messungen an vom Verfasser ausgeführten Anlagen seien nachstehend aufgeführt:

Beispiel (Versuch) 30. Ein alter Einflammrohrkessel von 31,0 m² dampfberührter Oberfläche wird mit unter Atmosphärendrucke stehendem Abdampfe einer Anzahl Dampfmaschinen und Pumpen gespeist, von denen die eine als Fördermaschine stoßweise Dampf abgibt. Der Abdampfvorwärmer ist 6,2 m lang, hat einen Durchmesser von 1330 mm bei 500 mm Flammrohrdurchmesser und steht unter vollem Kesseldrucke von 3,9—4,0 at, da das Speisewasser dem Bedarfe entsprechend hindurchgedrückt wird. Der Wasserinhalt beträgt 7400 kg.

Er ist so eingemauert, daß der Dampf erst das Flammrohr, dann die eine Seite, sodann die andere Seite bestreicht. Der gesamte durchgeleitete Abdampf, der zum Teil schon sehr naß und mit ziemlich viel Kondensat ankommt, hat sich beim Durchströmen fast ganz kondensiert; es fließt 428—474 kg Kondensat von etwa 80° in 1 st ab, das, mit frischem Wasser vermengt, wieder verspeist wird.

Das Betriebsergebnis zeigt nachstehende Zusammenstellung. Erzielt wurde ein Wärmeübergang je 1 m² Vorwärmerfläche und Stunde von 3360—4000 WE entsprechend der verspeisten und erwärmten Wassermenge bei einem $k = 75—91$; doch wurde dabei der Vorwärmer nicht bis zu seiner Höchstleistung beansprucht; derselbe ist imstande, bedeutend mehr zu liefern.

Die Ersparnis rechnet sich wie folgt, z. B. bei Versuch III: Ohne Vorwärmer wurden aufgewendet für 1 kg Dampf bei 4,00 at 658,2 — 26,2 = 632,0 WE; bei Einschaltung des Vorwärmers wird das Wasser von 26,2—83,1, also um 56,9° erwärmt; es werden also zur Erzeugung eines Kilogramm Dampfes gespart $\dfrac{56,9}{632,0} \cdot 100 = 9,0\%$ an Wärme, also auch an Kohle.

Man sieht, die Ersparnisse sind nicht unbedeutend.

Versuchs-Nr.	Heizfläche m²	Wassertemperatur °C		Wassermenge für 1 st insgesamt kg	Wärmeübergang insgesamt für 1 st WE	Wärmeübergang für 1 m² Heizfläche und st WE	k	Ersparnis an Wärme in %
		Eintritt	Austritt					
III	31,0	26,2	83,1	2173	123 670	4000	91	9,0
I	31,0	30,3	77,5	2170	103 600	3360	74,5	7,7
II	31,0	23,4	77,9	2117	113 600	3680	83,6	8,4

Leicht kann auch durch Einbauen von Rohrschlangen oder eines sonstigen Heizrohrsystemes, durch welches der auspuffende Dampf geschickt wird, das Wasser eines Vorratsbehälters auf hohe Temperaturen, 80—95°, erwärmt werden. Die Schlange muß mit Gefälle liegen, so daß das entstehende Kondenswasser frei ablaufen und nach Reinigung wieder verspeist werden kann, während in dem Wasserbehälter, aus welchem die Speisepumpe saugt, durch ein Schwimmerventil das verbrauchte Wasser selbsttätig wieder ergänzt wird. Diese Ausführungsart kann den verschiedensten Bedürfnissen bequem angepaßt werden.

c) Wärmespeicher.

Sind verschiedene Abgabestellen für Abdämpfe vorhanden, die aber ungleichmäßig und stoßweise den Abdampf hergeben, z. B. Dampfhämmer, Fördermaschinen und Gruppen von Maschinen, die zeitweilig aussetzen; oder umgekehrt: ist der Bedarf an Abdampf schwankend, so ist es oft von großem Vorteile, Wärmespeicher aufzustellen. Diese Apparate bewirken die Aufspeicherung von Dampf in Wasser unter Drucksteigerung bzw. gestatten Abgabe von Dampf unter Druckverminderung. Sie bestehen aus einer Wasserfüllung mit verschiedenen Einbauten, so daß das Wasser die Wärme des eintretenden Dampfes aufnimmt und seine Temperatur sowie den Druck steigert. Bei der Abgabe erfolgt dann der umgekehrte Vorgang. Die Wärmespeicher ermöglichen also eine gleichmäßige Dampfabgabe und einen Druckausgleich. Der Dampf kann so entnommen werden, wie er gebraucht wird, und so aufgenommen werden, wie er anfällt, so daß also überschüssiger Dampf nicht verloren geht und bei den Verbrauchsstellen kein Dampfmangel eintritt. Es besteht also die Möglichkeit, ungleichmäßig anfallenden Wärmestrom in einen gleichmäßigen zu verwandeln.

d) Verschiedene Verwendungsmöglichkeiten.

Auch sonst gibt es noch sehr viele Gelegenheiten, den Abdampf zu verwerten. Man faßt zu dem Zwecke alle Abgabestellen zusammen in einer gemeinsamen Abdampfleitung (evtl. unter Zwischenschaltung eines Dampfspeichers) und führt den Dampf den einzelnen Verbrauchsstellen zu. Solche sind z. B. die Heizkörper für die Erwärmung von Fabrikräumen oder von Trockenkammern, um feuchte Ware zu trocknen, von Trockenzylindern (Spannrahmen, Schlichtmaschinen, Papiermaschinen, Trockenapparate usf.); oder man kann den Dampf zum Kochen verwenden in Doppelwandgefäßen, zum Schmelzen von leicht flüssigen Stoffen wie Naphthalin, Wachs, zum Eindicken und zum Verdampfen von Flüssigkeiten, zum Dörren, zum Anwärmen von Wärmeplatten, zur Bereitung von heißem Wasser für Bade- und sonstige Gebrauchszwecke usf. Die Verwendungsmöglichkeiten sind ungezählte[1]). Jedenfalls ist es die Aufgabe des Wärmeingenieurs, keine Abdampfquelle unbenützt zu lassen und dafür zu sorgen, daß an keiner Stelle der Fabrik Abdämpfe entweichen.

Die Verwertung des Dampfes zur Krafterzeugung in besonderen Niederdruckmaschinen soll nur angedeutet sein.

---

[1]) Vgl. Hausbrand: „Das Trocknen", Ztschr. d. V. D. I. 1921, S. 864.

Neuerdings werden auch die Schwadendämpfe[1]), die bei kochenden und dampfenden Lösungen entstehen, für Kraftzwecke nutzbar gemacht. Die Dämpfe werden aufgesammelt, in besonderen Maschinen komprimiert und zur Arbeit in Dampfmaschinen geleitet.

20. Kondensatrückgewinn.

Daß sämtliche Kondensate aufgefangen werden, sollte eigentlich eine selbstverständliche Forderung sein. Sehr oft findet man indessen noch Kondensate unbenutzt ablaufen. Das ist aus mehrfachen Gründen eine Verschwendung; denn erstens sind Kondensate immer warm, und dann bestehen sie ja aus gereinigtem Wasser, aus dem sämtliche Kesselsteinbildner bereits entfernt sind; es wird also Wärme, d. h. Kohle bei ihrer Verwendung gespart, und es wird der Aufwand für Kesselreinigung vermindert. Man verbindet deshalb, wenn viele Kondensatabflüsse gleichen oder auch verschiedenen Druckes vorhanden sind, diese untereinander durch eine gemeinsame Rohrleitung, in welche die Kondenstöpfe, Wasserabscheider usf. entwässern und führt diese Wässer dem Speisewasserbehälter zu. Ölhaltige Kondensate werden getrennt gesammelt und durch eine Koksschicht nochmals gefiltert. Allerdings läßt sich die im Wasser gelöste Ölemulsion schlecht vom Wasser trennen; besser ist deshalb eine Entölung des Abdampfes, bevor er kondensiert; dies wird oftmals sehr zweckmäßig dadurch bewerkstelligt, daß man allen Abdampf in eine gemeinsame, reichlich weite Abdampfleitung sammelt und dann einen gemeinsamen Dampfentöler einbaut, ehe der Abdampf z. B. in Trockenapparate usf. einströmt; vielfach empfiehlt sich auch der Einbau von Einzelentölern vor Eintritt des Abdampfes in die gemeinsame Abdampfleitung. Nur stark ölhaltige Kondensate, z. B. aus Dampfmaschinenzylindern, läßt man manchmal fortlaufen.

Noch besser aber wird das Kondensat wärmewirtschaftlich ausgenutzt, wenn man es unter dem Druck, unter dem es sich bildet, z. B. bei Auspuffleitungen mit 0,2—0,7 at Überdruck, sofort in den Kessel speist. Während das druckfreie Kondensat selten mit höherer Temperatur als 85—90° in den Speisewasserbehälter gelangt, kann das Kondensat mit z. B. 0,5 at Überdruck, also mit einer Temperatur von 113°, fast noch ebenso heiß in den Kessel verspeist werden. Es bedeutet dies einen Wärmegewinn von etwa 25° WE auf 1 kg Dampf. Dies geschieht durch sogenannte Kondensatrückspeiseanlagen; bei diesen werden sämtliche Kondensate des vorher entölten Abdampfes in einer gemeinsamen Leitung, die also unter dem Drucke der Abdampfleitung steht, aufgesammelt; sind verschiedene Drucke vorhanden, so müssen Kondenstöpfe vor die gemeinsame Abdampfleitung eingefügt

---

[1]) Wirth, Erfahrungen an Eindampfanlagen mit Wärmepumpe. Ztschr. d. V. D. I. 1921, S. 1183.

werden; dasselbe empfiehlt sich, wenn die Kondensat abgebenden Heizkörper nicht alle gleichzeitig ein- und ausgeschaltet werden, um rück-
wärtiges Eindringen des Heizdampfes in die abgestellten Heizkörper
zu verhindern. Aus der Sammelleitung fließen die Kondensate einem
geschlossenen Sammelbehälter zu, der ein Wasserstandsglas enthält.
Der Wasserspiegel in diesem Behälter hebt und senkt einen Schwimmer,
welcher den Dampfzutritt zu einer unter dem Behälter stehenden
Pumpe öffnet und schließt. Diese Pumpe drückt das heiße Kondensat
in den Kessel, und zwar in der Menge, wie es ihr zufließt. Da die Rohrleitungen zum Auffangen des Kondensates sowieso gelegt werden müssen
und Kondenstöpfe durch die Rückspeiseanlage vielfach überflüssig
werden, machen sich die Ausgaben für Pumpe und Sammelbehälter stets
rasch bezahlt. An Stelle der Rückspeisepumpe kann auch eine automatische Rückspeiseeinrichtung zur Verwendung gelangen. Nur müssen
dann, wenn die Kondensate tiefer zulaufen als etwa 2 m über Kessel-
oberkante, zwei Rückspeiser aufgestellt werden; der untere, welchem
die Kondensate zulaufen, drückt dieselben dann dem über dem Kessel
stehenden zu.

21. Dampfentölung.

Öl soll nach den Vorschriften, weil es leicht Anfressungen im Kessel
hervorruft, feste Ölkrusten bildet, den Wärmedurchgang sehr hindert
(vgl. Abschnitt 30) usf., nicht in die Dampfkessel gebracht, also aus dem
Kondensate für Speisung in die Kessel ferngehalten werden. Wenn Abdampf noch weiter verwendet wird, z. B. für Heizungen, Trocken-
zwecke usf., so empfiehlt sich eine Entölung des Abdampfes auch schon
deshalb, damit keine Verschmutzung der Heizflächen eintritt; an einer
Stelle scheidet sich doch das dem Abdampfe bei Maschinenbetrieb bei-
gemengte Öl ab, deshalb erzwingt man diesen Vorgang am besten in
gesonderten Vorrichtungen, den Dampfentölern; das abgeschiedene Öl
ist, falls es nicht durch besondere Beimengungen, wie aus dem Kesselwasser mitgerissene Alkalistoffe, die aus falsch bedienter Speisewasser-
reinigung entstammen und das Öl verseifen, verunreinigt wird, in den
allermeisten Fällen wieder zur Schmierung brauchbar; die Ölfänger machen
sich also selbst bezahlt, abgesehen von Vermeidung der Unzuträglichkeiten
bei Verwendung ölhaltigen Abdampfes. Solche Entöler sind Gefäße, die in
die Dampfleitung eingeschaltet werden, so daß der Dampf sie auf seinem
Wege durchströmen muß. In diese Gefäße sind meist eine große Zahl
von sogenannten Fangblechen eingebaut, an die sich die vom Dampfe
mitgeführten Öltröpfchen absetzen, sich zu Tropfen vereinigen und
dem Dampfstrome entzogen werden; sie fließen an den Fangblechen
herab und sammeln sich am Boden des Entölers, von wo dann das Öl
abgelassen wird. Vielfach wird auch die Ölabscheidung dadurch bewerkstelligt, daß der Dampf innerhalb der Entöler einen spiralförmigen Weg

macht und infolge der auftretenden Schleuderwirkung die schwereren
Öltröpfchen an die mit Drahtgeflecht ausgekleidete Außenwand wirft,
wo sie sich ansammeln. Auch rotierende Entöler gibt es, die nach demselben Grundsatze arbeiten. Wichtig ist bei allen Bauarten eine rasche
Abführung der Öltröpfchen aus dem Dampfstrome. Wie nun auch die
Arbeitsweise sein mag, es wird bei guten Entölern nach eingehenden
Versuchen[1]), die vom Bayrischen Revisionsvereine in München gemacht
worden sind, 85—96% des gesamten, vom Dampfe mitgeführten Öles
abgeschieden, so daß eine Entölung bis auf 10—15 g Öl auf 1000 kg
Wasser erzielt wird.

Reine Mineralöle lassen sich besser aus dem Dampfe ausscheiden
als solche mit Fettgehalt, weil sich die Fettsäuren leichter im Dampfe
halten, da sie selbst in Dampfform übergehen.

Je höher der Flammpunkt des Öles liegt, desto geringer
ist die Ölaufnahme des Dampfes, weil das Öl selbst schwerer
in Dampfform übergeht. Bei Gegendruck findet die Entölung am leichtesten statt, schwerer geht sie bei Auspuffbetrieb vonstatten, noch ungünstiger liegen die Verhältnisse
bei Kondensationsbetrieb, weil bei diesem der Dampf infolge seines
großen Inhaltes sehr rasch durch den Entöler strömt. Überhitzter
Dampf läßt sich unter sonst gleichen Umständen wiederum schwerer
entölen als gesättigter Dampf. Z. B. ergab die Untersuchung eines
Stoßkraftentölers ein Ausscheiden von 94,5% des gesamten im Dampfe
enthaltenen Öles bei überhitztem Dampfe von 249° und Gegendruck
von 1,04 at, ein Ausscheiden von 91,3% bei Auspuffbetrieb und von
80,8% bei Kondensationsbetrieb; verwendet wurde Heißdampföl mit
einem Flammpunkt von 272°, von dem 1 g für freie Säure und Neutralfettverseifung 8,6 mg Kalihydrat verbraucht.

Der Druckabfall beträgt beim Strömen des Dampfes durch den
Entöler etwa 0,05 at; ist also technisch sehr gering. Die Ölabscheidung
an Heizflächen, an denen der ölhaltige Dampf vorbeistreicht, ändert
sich mit der Temperatur, wie sich bei Vorwärmern leicht beobachten
läßt; geht ein Vorwärmer kalt, so setzt sich mehr Öl an seinen Wänden
ab als bei warmem Gange, das Kondensat erscheint also ölärmer.

Die Bestimmung des Ölgehaltes von Kondensat wird am
besten nach folgendem Verfahren[2]) vorgenommen:

Das Kondensat wird mit schwefelsaurer Tonerde und Sodalösung
gemischt, der Niederschlag mit verdünnter Schwefelsäure gelöst und
mit Äther ausgeschüttelt; der ölhaltige Äther wird dann mit geglühtem
Natriumsulfat entwässert, filtriert und abdestilliert, der Rückstand
getrocknet und gewogen.

---

[1]) Z. d. V. D. I. 1910, S. 1969.
[2]) Vgl. Z. d. Bayr. Rev.-V. 1907, S. 107 ff.

VI. Die Einmauerung der Kessel und der Schornstein.

22. Das Kesselmauerwerk und Zubehör.

a) Größe der Feuerzüge.

Die Einmauerung dient dazu, den Kessel in einen Strom heißer Gase einzubetten. Sie hat deshalb nicht nur den Zweck zu erfüllen, die Kanäle für die Gase zu schaffen, die an den Kesselwänden und Heizrohren entlang streichen sollen, sondern sie muß auch zugleich einen guten Wärmeschutz des Kessels und der Heizgase gegen Abkühlungsverluste bilden und so ausgeführt sein, daß die beim Brennvorgange sich bildende Flugasche an geeigneten Stellen zur Ablagerung gebracht und leicht entfernt werden kann.

Die Art der Einmauerung, also die Führung der Kanäle, richtet sich nach der Kesselbauart; es soll möglichst viel Heizfläche bestrichen werden, und die Berührung der Gase mit den Wänden des Kessels muß eine innige sein. Bei langen geraden Kanälen ist daher durch zeitweilige Verengungen dafür zu sorgen, daß sich die Gase immer wieder mischen und durchwirbeln, damit immer neue Gasteile die Kesselheizflächen berühren; die Kanäle dürfen nicht zu weit sein, damit die Gase auch die Kanäle ganz ausfüllen und nicht etwa bloß an der Decke entlangstreichen. Die Richtungswechsel dürfen nicht zu scharf und die Kanalquerschnitte nicht zu eng sein, um unnötige Zugverluste zu vermeiden. Die Querschnitte sind so zu bemessen, daß die Gasgeschwindigkeit bei natürlichem Zuge

$$v = 6\text{—}8 \text{ m/sek}$$

beträgt; ist der Schornstein reichlich hoch, d. h., beträgt der Zug, gemessen am Fuße des Schornsteins, mehr als etwa 28 mm, so kann auch bis auf 10 m Gasgeschwindigkeit und darüber gegangen werden.

Für Steinkohlenfeuerungen sind für mittlere Verhältnisse, also für 80—120 kg Verbrand auf 1 m² Rostfl./st folgende Querschnitte erprobt:

über der Feuerbrücke etwa . . . 0,15 R,
im 1. Zuge . . . . 0,38—0,43 R
im 2. Zuge . . . . 0,31—0,37 R
im 3. Zuge . . . . 0,25—0,30 R
im Fuchse . . . . 0,20—0,25 R

wobei R die Rostfläche in Quadratmetern bedeutet.

Für Braunkohlenbetrieb sind die größeren Werte zu wählen; denn obwohl die Heizwerte von Steinkohlen : Braunkohlen sich etwa verhalten wie 2,7 : 1,0, verhalten sich die Gasmengen in Kubikmetern für 1 kg Kohle wie 2,0 : 1,0, daher sind die Gasmengen verhältnismäßig größer. Da die Gase sich beim Durchströmen der Heizzüge abkühlen von etwa 1200° bei Steinkohlenfeuerungen und etwa 1000° bei Braunkohlenfeuerungen auf etwa 250—300° am Fuchsschieber, so müssen sich auch zwecks gleichmäßiger Strömungsgeschwindigkeit die Kanäle langsam verengen. Der Schornsteinquerschnitt wird bei Steinkohlenbetrieb bei kleinen Anlagen etwa $^1/_4—^1/_5$ der Rostfläche gewählt, bei größeren $^1/_5—^1/_{10}$ (vgl. Abschnitt 23 c).

Die Geschwindigkeit der Rauchgase in den Zügen ergibt sich zu:

$$v = \frac{G_{\mathrm{m^3}} \cdot B}{3600\,f} = \frac{G_{\mathrm{m^3}} \cdot B}{3600 \cdot R \cdot a} \text{ in m/sek,} \quad \dots \dots \quad 86)$$

dabei ist f der Querschnitt des Kanales in m², $B =$ kg Kohle für 1 st, $G_{\mathrm{m^3}} =$ m³ Rauchgase in 1 st von der Temperatur im Rauchkanale, $a =$ Verhältnis des Zugquerschnittes zur Gesamtrostfläche.

Einen Anhalt für die Größe der Rauchgastemperaturen an verschiedenen Stellen bieten die Angaben auf S. 154 und 249 und unter Überhitzer S. 178.

b) Ausführung der Einmauerung.

Das Mauerwerk muß dicht und wärmeschützend sein; denn die infolge des Unterdruckes von 8 bis 35 mm Wassersäule durch Undichtigkeiten einziehende kalte Luft setzt die Gastemperatur herab, somit auch den mittleren Temperaturunterschied zwischen Gasen und Kesselinhalt; dadurch wird der Wärmeübergang geringer, ebenso die Kesselleistung; außerdem wird die eingesaugte Luft angewärmt, die von ihr aufgenommene Wärme ist verloren, und der Schornstein wird unnötig belastet. Der Abgasverlust (vgl. Abb. 21) wird größer; besonders schädlich sind undichte Mauerstellen, wenn Überhitzer oder Rauchgasvorwärmer hinter dem Kessel angebracht sind. Über die Größe des Verlustes durch einziehende kalte Luft gibt folgende Überlegung Aufschluß: Es sei bei einem Kessel, unter dem in 1 st 300 kg schlesische Steinkohle verbrannt werden (vgl. Beispiel S. 124), durch eintretende kalte Luft der CO_2-Gehalt am Ende des Kessels von 11% auf 9%, also um 2% herabgesetzt worden, so ist, wie man aus Zahlentafel 36 in Verbindung mit Schaubild Abb. 15 entnehmen kann, dadurch das 0,4fache der theoretisch nötigen Verbrennungsluft an kalter Luft mehr eingesaugt worden, also 300 · 8,0 · 0,4 = 960 m³ Luft in 1 st. Wird diese Luft nun von 20 auf 300° erwärmt, so ergibt dies bei einer spezifischen Wärme von 0,34 einen Verlust von 960 · 0,34 · 280 = 94 500 WE in 1 st, das sind umgerechnet auf den Heizwert 4,5% Verlust.

Man mauert deshalb mit ganz engen Fugen und verwendet beim

roten Ziegelmauerwerk Kalkmörtel in Mischung 1:3 bis 1:4; von dem früher oft verwendeten Lehm, manchmal mit Zusatz von Sirup, ist man ganz abgekommen, weil Lehm leicht reißt und herausbröckelt; außen werden die Fugen etwa 1 cm tief mit Zement ausgestrichen und etwa auftretende Ritze werden sofort gefüllt; will man etwas mehr anwenden, so belegt man das Außenmauerwerk mit glasierten Steinen.

Schamottesteine.

Innen werden die Heizkanäle mit einer $^1/_2$—1 Stein starken Schamotteschicht ausgekleidet (man kann einen niedrigwertigen Schamottestein, etwa Segerkegel 30, verwenden), soweit wie die Temperaturen über 500° sind (vgl. Zahlentafel 62). Sollen die Kessel stark beansprucht werden, also die Gase den Fuchsschieber mit etwa 350—400° verlassen, so belegt man am besten alle Kanalinnenflächen bis zum Fuchsschieber mit Schamotte. Gewöhnliches Ziegelmauerwerk, das dauernd Temperaturen über 450° ausgesetzt ist, wird im Laufe der Jahre so mürbe, daß man die Ziegel zwischen den Fingern zerreiben kann; es wird von der Hitze fortgefressen. Die Schamottesteine werden selbstverständlich mit Schamottemörtel vermauert; dort, wo das Mauerwerk die Kesselwand berührt, wird Schamottemörtel oder Lehm verwendet; Kalkmörtel zerfrißt das Eisen. Die Feuerungsgewölbe werden mit hochwertigen Schamottesteinen, etwa von Segerkegel 35 (1770°) an aufwärts, 1 Stein stark ausgekleidet; dabei ist darauf zu achten, daß bei basisch wirksamer Flugasche, wie es bei Braunkohlenfeuerungen meist der Fall ist, auch basische Steine verwendet werden, weil bei Verwendung von sauren Steinen sich an denselben ein glasiger Salzüberzug bildet und der Stein ins Abfließen kommt, oft schon nach wenigen Wochen, und die Asche sich in den Stein hineinfrißt, so daß der Stein allmählich verschwindet. In zweifelhaften Fällen tut man gut, eine Probe der Asche auf den in Aussicht genommenen Schamottestein aufzubringen und mit demselben zusammen zu glühen. Man wird dann beobachten, ob die Asche den Stein angreift und sich hineinfrißt oder nicht. Die Feuergewölbe sind so auszuführen, daß sich die entstehenden Gase und die Flammen frei entwickeln können, daß die am vorderen Rostteile sich bildenden schweren Kohlenwasserstoffe und sonstigen brennbaren Gase, nachdem sie noch eine glühende Brennschicht bestrichen haben, gut mit der Flamme mischen, und mit ihr gemeinsam zwecks inniger Durchwirbelung durch eine Querschnittsverengung geführt werden, ehe sie die rasch Wärme aufnehmenden Heizflächen berühren; ist dies nicht erreicht, so tritt, wie in Abschnitt 5c ausgeführt, leicht ein Rußen ein, und ein Teil der schweren Kohlenwasserstoffe sowie des Kohlenoxydes zieht unverbrannt ab.

Zahlentafel 62.

Schmelztemperaturen der Segerkegel (Silikatgemische).

Rote Segerkegel Nr.	°C	Segerkegel Nr.	°C	Segerkegel Nr.	°C	Segerkegel Nr.	°C
010	900	017a	730	8	1250	27	1610
09	930	015a	790	9	1280	28	1630
08	970	013a	835	10	1300	29	1650
07	1000	011a	880	11	1320	30	1670
06	1020	09a	920	12	1350	31	1690
05	1040	07a	960	13	1380	32	1710
04	1060	05a	1000	14	1410	33	1730
03	1080	03a	1040	15	1435	34	1750
02	1100	02a	1060	16	1460	35	1770
01	1120	1a	1100	17	1480	36	1790
1	1140	2a	1120	18	1500	37	1825
2	1155	4a	1160	19	1520	38	1850
3	1170	6a	1200	20	1530	39	1880
		7	1230	26	1580	40	1920

Wärmeschutz.

Für die Ausführung des Mauerwerkes muß außer der Festigkeit auch die Rücksicht auf hinreichenden Wärmeschutz maßgebend sein (vgl. Zahlentafel 42 über Wärmedurchgang auf S. 134). Man macht Seitenmauern, die von Gasen unter 600° bestrichen werden, z. B. bei Flammrohrkesseln, $1^1/_2 - 2^1/_2$ Stein stark; Stellen, auf die besonders hohe Hitze trifft, wie die Rückseite von Flammrohrkesseln dort, wo die Gase aus den Flammrohren aufprallen und dann umkehren, wählt man $2 - 2^1/_2$ Stein stark, um die Wärmestrahlung möglichst zu verringern. Demselben Zwecke dienen eingelegte Isolierschichten. Die oft noch angewendeten Luftschichten sind schädlich, wenn nicht dafür gesorgt ist, daß auch die eingeschlossene Luft völlig stillsteht; meist ist dies aber nicht erreichbar, weil Ziegelmauerwerk stets etwas durchlässig ist und weil auch beim besten Mauerwerke sich Risse nicht immer ganz vermeiden lassen, die infolge der Hitzewirkung, durch ungleiches Setzen des Mauerwerkes und durch die Ausdehnung und Bewegung des Kessels verursacht werden; dann zieht an der einen Stelle die Luft ein und bewegt sich durch die Hohlräume, um an anderer Stelle in die Feuerzüge überzutreten; diese Luft wirkt kühlend. Man erkennt solche Risse daran, daß eine Flamme, mit der man das Mauerwerk ableuchtet, in die Ritzen hineingezogen wird; auch machen sie sich beim Auflegen der Hand durch Kältegefühl bemerkbar, während das danebenliegende Mauerwerk sich warm anfühlt. Diese Ritzen müssen ausgestemmt und mit Zementmörtel verstrichen werden. Es werden auch zuverlässige Mittel für eine innere Verfugung und Anstrich des Mauerwerkes auf den Markt gebracht, welche die Porösität des Mauerwerkes durch Glasurbildung aufheben und zugleich durch Rückstrahlung die Wärmestauung im Mauerwerke mildern. Wesentlich besser ist es, die beim Bogensystem gebildeten Hohlräume zwischen Bogen und gerader Wand mit gänzlich ausgebrannter Asche (nicht ganz ausgebrannte verglüht noch und treibt das Mauerwerk) mit der gut isolierenden Schlackenwolle, oder mit Kieselgurerde oder Diatomeenschalenbruch zu füllen; auch Flugasche ist verwendbar; man erhält dann einen vorzüglichen Wärmeschutz. Neuerdings werden auch besondere Isolierschichten hinter die Schamotteverkleidung eingelegt, bestehend aus $^1/_4$—1 Stein, starken gebrannten Kieselgursteinen; dieselben sind allerdings teuer, doch lohnt sich diese Ausführung der Wärmeersparnis wegen sehr. Man belegt mit diesen Steinen die besonders der Hitze ausgesetzten Rückseiten der Flammrohrkesseleinmauerung, die Überhitzerräume, wölbt die oberen Teile der Kessel damit ab, verwendet sie in den Seitenmauern bei Wasserrohr- und Flammrohrkesseln usw. Die Temperatur der Mauerwerkaußenseiten wird damit wesentlich herabgezogen, somit auch der Ausstrahlungsverlust, der ja nach der Beziehung $S_2 = \alpha \cdot F\,(\vartheta - t)$, vgl. S. 135, mit dem Unterschiede zwischen Wand- und Raumtemperatur wächst. Dieser Mehraufwand für ein gutes Mauerwerk macht sich um so mehr bezahlt, weil ja die Wärmestrahlung eine dauernde ist, solange überhaupt der Kessel im Betrieb steht, während die Ausgabe eine einmalige ist (vgl. auch Beispiel S. 136). Von einer guten Einmauerung ist zu verlangen, daß der CO_2-Abfall vom 1. Zuge bis zum Rauchschieber nicht mehr als 2% beträgt.

Verankerung.

Die Rücksicht auf gute Haltbarkeit des Mauerwerkes, auf die man besonders viel Wert legen muß, weil schlechtes Mauerwerk eine Quelle fortwährender Ausbesserungskosten ist und den Wirkungsgrad der Kesselanlage dauernd herabsetzt, hat zu besonderen Ausführungen für das Mauerwerk und zu gut ausgebildeten Verankerungen genötigt. Es wird um den ganzen Kessel ein kräftiges Eisengerippe aus Walzeisen aufgeführt, das in sich durch Längs- und Queranker fest verbunden ist; oft unter Anschluß an das Traggerüst für die Kessel selbst, z. B. bei stehenden Wasserrohrkesseln. Zwischen dieses Eisengerippe wird das Mauerwerk aufgerichtet, am haltbarsten in Bogenform, vgl. Abb. 1, 2, 33; das heißt, es werden stehende Gewölbebogen ausgeführt, die dem inneren Gasdrucke und den Schiebungen, die durch die Hitze entstehen, einen festen Widerstand entgegensetzen; ein Herausdrücken einzelner Teile oder ein Reißen derselben ist nahezu ausgeschlossen; dies ist besonders wertvoll bei den bis 8 m hohen Bauwerken, welche die neuen Doppelkessel, Wasserrohr- und Steilrohrkesselanlagen darstellen. Dabei muß man sorgfältig darauf achten, daß der Kesselkörper selbst, der beim

Heißwerden sich auszudehnen anfängt und demnach etwas schiebt, wie die langen Zweiflammrohrkessel, sich frei ausdehnen kann, ohne auf das Mauerwerk zu drücken. Beachtet man dies nicht, so ist ein Ausbeulen des Mauerwerkes an den betreffenden Stellen, wie man es an den oft ganz schiefen Rückseiten bei Flammrohrkesseln beobachten kann, die Folge davon. Die Anschübe des Mauerwerks an die Kessel sind deshalb besonders sorgfältig auszuführen, ebenso die Stellen, wo Kesselteile das Mauerwerk durchdringen, z. B. die Vorderseiten von Flammrohrkesseln mit Innenfeuerung usw.; man bildet diese Stellen stopfbüchsenartig aus, indem man z. B. eine dicke Schnur aus Asbest um den Kesselteil herumlegt, oder die Anschubstellen mit Schlackenwolle unterstopft usw. Läßt es sich nicht vermeiden, daß Mauerwerk an den Kesseln gestützt wird, so macht man dies durch schräg augelehnte Bogen, die etwas nachgeben; an die Stützseite dieser Bogengewölbe legt man auch wohl eine Eisenschiene ein, die sich selbst wieder an passende Verankerungseisen stützt. Die Fugen sind so eng wie möglich zu machen, 13 Schichten auf 1 m, besonders im Schamottemauerwerk und den Teilen des roten Mauerwerkes, welche die Begrenzung der Zugkanäle bilden, damit die Rißbildung erschwert wird; man bettet deshalb den Stein gut in Mörtel und quetscht ihn an die Nachbarsteine fest an.

c) Zubehörteile und Ausstattung.

Zu erwähnen ist noch, daß genügend Treppen auf die Kessel hinaufführen müssen, damit auch ein zweiter Fluchtweg vorhanden ist, und daß der Kesselblock oben mit einem leichten herumführenden Geländer versehen werden muß. Hochgelegene Wasserstände erhalten eine besondere Bedienungsbühne.

Sehr wichtig ist eine gute Ausrüstung mit passendem Zubehör; dazu rechnen gehobelte, luftdichte Einsteigetüren, durch welche man in die Züge hineingelangen kann, und die zum Herausziehen der Flugasche dienen, Einsteigedeckel über den Kanälen sowie Fuchsschieber, am besten mit luftdichten Führungshülsen; das sind Kappen aus Blech, in welche der Schieber beim Hochziehen hineinragt, und welche den sonst unvermeidlichen Mauerschlitz nach außen abschließen, so daß keine kalte Luft einziehen kann; die Fuchsschieber sind nicht als einfache Gußplatten auszuführen, weil diese sich leicht verziehen und dann ungangbar werden, sondern in Rippenguß herzustellen,

Sämtliche Aschenschieber, auch die für Asche und Schlacke unter den Schüttfeuerungen, sollen von unten in den Kanälen bedienbar sein und nicht von oben vom Heizerstande aus, damit nicht durch eine Achtlosigkeit vom oberen Raume aus glühende Asche herabgelassen werden kann, während sich Aschefahrer im Kanale unter den Auslaßöffnungen befinden. Wichtig sind auch Vorkehrungen zum bequemen

Abziehen der Flugasche aus den Sammelkammern (vgl. darüber S. 14—18).

Es sei nur hier darauf aufmerksam gemacht, daß gewaltige Flugaschen- und Schlackenmengen bei Braunkohlenanlagen zu bewältigen sind.

Bei einer Kesselanlage von 2000 m² Heizfläche, die etwa 50 000 kg Dampf stündlich erzeugt, werden dafür etwa 20 000 kg Braunkohle verfeuert. Dieselben liefern bei 6% Aschengehalt also stündlich 1200 kg Flugasche und Schlacke, bei 24 stündigem Betrieb demnach am Tag 29 000 kg. Werden viel unverbrannte Kohlen von den Schlackenrosten mit abgezogen, so steigt die Rückstandmenge noch weiter an. Der leichteste Flugstaub indes wird vom Schornstein ins Freie mitgenommen.

Nicht zu vergessen sind Schaurohre, welche einen Einblick in die Flamme gestatten, außerdem Rohre, die zum Einführen von Thermometern und Zugmessern, sowie zur Entnahme von Gasen für Untersuchungen dienen. Man stattet eine Kesselanlage reichlich damit aus, bringt die Rohre also in der Feuerung an, hinter den Flammrohren, an den Umkehrstellen der Gase, vor und hinter den Überhitzern, dicht vor dem Fuchsschieber, innerhalb der Röhrenbündel bei Wasserrohrkesseln, kurz, an solchen Stellen, die irgendeine Aufklärung über den Verbrennungsvorgang bieten, und zur Überwachung dienen können. Verwendet werden, dazu Gasrohre von $1^1/_2$—2″ Weite, die mit einer abnehmbaren Blechkappe verschlossen sind. Mit geringen Mitteln kann oft die wissenschaftliche Aufklärung gefördert werden, wenn gleich bei dem Neubaue Rücksicht auf spätere Untersuchungen genommen wird.

23. Der Schornstein.

a) Allgemeines.

Die wichtige Aufgabe des Schornsteins besteht in der Herbeischaffung der Verbrennungsluft, der Unterhaltung des Feuers sowie in der Abführung der Verbrennungsgase. Diese Arbeitsleistung erfordert einen gewissen Kraftaufwand, der aus der Abwärme der Kesselanlage gedeckt wird; der Schornstein verwendet also die Wärme zur Arbeitslieferung, aber nur zu einem kleinen Teile. Die für den Kesselbetrieb unter den heutigen Verhältnissen verlorene Abwärmemenge beträgt je nach der Güte der Anlage 10—25%, eine Energiemenge, die nicht im entferntesten im Verhältnis zu der durch den Schornstein zu leistenden Arbeit besteht. Wenn auch durch Überhitzer und Rauchgasvorwärmer noch ein Teil der Abwärme wiedergewonnen werden kann, so bleibt doch ein nicht unbeträchtlicher Rest stets verloren, weil zur Arbeitsleistung des Schornsteins immer noch eine bestimmte Temperatur erforderlich ist, die 120—130° nicht unterschreiten sollte.

Die Arbeitsweise des Schornsteins beruht auf dem verschiedenen Gewichte heißer Gase und kalter Luft. Die warmen Gase steigen, weil sie leichter sind als die Außenluft, im Schornstein hoch; es bildet der Schornstein gewissermaßen mit der Außenluft eine kommunizierende Röhre, deren einer Schenkel mit den leichten Rauchgasen gefüllt ist. Die schwere Außenluft drückt auf den Schenkel mit der leichten Füllung durch die Lufteintrittsstelle an der Feuerung und treibt die Gase in die Höhe: „der Schornstein zieht". Ein Ruhezustand kann deshalb nicht eintreten, weil immer neue Gase auf dem Roste erzeugt werden. Der Unterschied im Gewichte beider Luftsäulen drückt sich meßbar aus, indem in einem U-förmigen Rohre, das mit Wasser gefüllt ist und dessen einer Schenkel mit dem Schornsteininneren verbunden wird, während der andere offen bleibt (Zugmesser), das Wasser auf der Schornsteinseite hochsteigt; es wird also ein Unterdruck angezeigt, und zwar ein statischer Unterdruck, wie hier nebenbei bemerkt sei.

Man mißt ihn am genauesten, wenn bei einem im Betriebe befindlichen Schornsteine der Schieber oder die Feuerung geschlossen wird. Der dann gemessene Unterdruck ist der bei der betreffenden Gastemperatur höchst erreichbare; er heißt die „Zugstärke", eine Bezeichnung, die recht unglücklich gewählt ist.

Auf die Größe dieses Unterdruckes des „Zuges" ist von Einfluß die Temperatur und das spezifische Gewicht der eintretenden Gase, die Temperatur der Außenluft und deren spezifisches Gewicht, der Barometerstand und die Höhe des Schornsteines über dem Roste oder dem Fußboden; denn je wärmer die Gase gegenüber der Außenluft sind und je höher der Schornstein, desto größer ist der Unterschied des Gewichtes zwischen Gassäule und Luftsäule. Damit wächst auch die Kraft zum Bewegen der Gase, somit die erzeugbare Strömungsgeschwindigkeit. Letztere steht wieder in enger Beziehung zu den Widerständen, welche sich dem Gasstrome bieten. Sind die Widerstände beim Durchziehen der Kanäle und des Schornsteines infolge von scharfen Biegungen, Verengungen, Reibung usw. hoch, so bleibt wenig Druckhöhe, gemessen in Millimetern Wassersäule, übrig zur Bewältigung der Strömungsarbeit.

Alle diese Vorgänge können noch beeinflußt werden in der Reinheit ihrer Erscheinung, durch Windströmungen auf den Schornsteinkopf und durch Sonnenbestrahlung; beide können die Zugwirkung verringern, die heiße Luft „drückt" auf den Schornstein, er „zieht schlecht".

Wind kann, in geeigneter Richtung auf den Schornsteinkopf blasend, mitsaugen helfen; er kann aber auch in vielen Fällen, und sie sind nicht so selten, den Zug schwächen; besonders Schornsteine, die an Berglehnen stehen, haben oft darunter zu leiden und müßten deshalb höher sein.

Für die Berechnung können diese Einflüsse nicht berücksichtigt werden, man muß vielmehr windstilles Wetter voraussetzen.

Notwendig ist die Kenntnis der Zugstärke, welche für eine vorhandene Anlage oder eine zu erbauende erforderlich ist; dieser Wert ist durch Erfahrung festzulegen, da seine rechnerische Ermittlung, durch zu viele Umstände beeinflußt, zu unsicher ist. Heute besteht das Bestreben, aus einer Kesselanlage möglichst viel Dampf herauszuholen und durch Einbau von Überhitzern und Rauchgasvorwärmern die Ausnutzung der heißen Gase zu erhöhen, unter Umständen auch Belästigungen durch Flugaschenauswurf mittels eingebauter Flugaschenfänger zu vermeiden. Es ist also im Gegensatze zu früher ein stärkerer Zug, also auch ein höherer Schornstein erforderlich.

Schädlich auf den Schornsteinzug wirken ein: undichte Schieber und undichtes Mauerwerk, weil sie kalte Luft einlassen, welche die Temperatur herabsetzt und den Schornstein mehr belastet. Zu vermeiden sind zu enge Fuchskanäle und unnötige Widerstände in den Kanälen, wie Querschnittsverengungen, scharfe Biegungen usw. Auch soll der Schornstein nicht weiter vom Kesselhaus abgerückt werden, wie es der Einbau eines Rauchgasvorwärmers, Lufterhitzers, Flugaschenfängers, eines Überhitzers im Fuchse usw. erfordert, weil mit längerem Zugkanale die Reibungs- und Abkühlungsverluste wachsen; man kann im allgemeinen für ein laufendes Meter Fuchskanal 1—5° Abkühlung der Gase rechnen. Zur Verringerung der Abkühlung tut man gut, den Fuchskanal mit einer Schicht Isoliersteinen zu versehen und stets darauf zu achten, daß die meist tief gelegene Kanalsohle nicht in das Grundwasser zu liegen kommt, da sonst die heißen Gase einen Teil ihrer Wärme zum Verdampfen der eindringenden Nässe abgeben müssen; in solchen Fällen empfiehlt sich eine wasserdichte Aufmauerung des Kanales über einer Betonsohle, etwa unter Verwendung von einer Teerpappeneinlage.

Bei feinkörnigem und aschen- sowie schlackenreichem Brennstoffe ist der Schornstein etwas höher zu nehmen.

Vielfach tritt bei Erweiterung einer bestehenden Anlage an den Ingenieur die Aufgabe heran, zu prüfen, ob der vorhandene Schornstein eine Erhöhung seiner Belastung verträgt.

Da der Schornstein in seiner Arbeitsweise ein sehr elastisches Element ist, so läßt sich diese Frage nicht immer mit Sicherheit lösen, da ja nach den jeweiligen Verhältnissen ein gegebener Schornstein für eine größere oder kleinere Rostfläche ausreicht; es sind Fälle bekannt, wo ein Schornstein noch hinreichend zieht, dessen oberer lichter Querschnitt etwa $^1/_{15}$ der gesamten Rostfläche bei Steinkohlenfeuerung besitzt, während an anderer Stelle ein Schornstein schon bei $^1/_5$ Rostfläche versagt.

Man wird in allen solchen Fällen sorgfältige Messungen des Zuges und der Zugunterschiede, anfangend von der Stelle über der Feuerung bis Schornsteinfuß, sowie der Temperaturen am Fuchsschieber (vor und hinter Rauchgasvorwärmer) und am Schornsteinfuße vornehmen müssen unter Berücksichtigung der Außentemperatur, des Barometerstandes, der Windstärke, Sonnenbestrahlung sowie der Lage des Schornsteines bezüglich Behinderung durch Windströme, die über nahe Berglehnen blasen usw. Zu berechnen ist ferner aus der Menge der verbrannten Kohle, dem CO_2-Gehalte der Gase und ihrer Temperatur die Menge und Geschwindigkeit der Rauchgase im gemeinsamen Fuchskanale vor dem Schornstein und in Schornsteinmitte oder am Kopfe; denn erst aus dieser Zahl in Verbindung mit den Zugmessungen und Zugverlusten kann man einen richtigen Einblick in die Arbeitsweise gewinnen. Zu prüfen ist auch durch Differenzmessungen von CO_2 (vgl. Seite 221) ob unverhältnismäßig viel kalte Luft eingesaugt wird.

Man kann auch zur direkten Messung der Gasgeschwindigkeit die Stauscheibe nach Brabbée oder Prandl (vgl. Z. d. V. D. I. 1912, S. 1840, Normen für Leistungsversuche an Ventilatoren und Kompressoren) oder Recknagel verwenden; dieser letztere Apparat ermittelt aus dem Zugunterschiede auf der Vorder- und Rückseite einer senkrecht in den Gasstrom gehaltenen Scheibe und der Temperatur der Gase sofort die Geschwindigkeit, ohne daß man erst die Gasmenge aus dem Kohlenverbrauche errechnen muß.

Nennt man:

ω = Gasgeschwindigkeit m/sek,

h = Druckhöhe in mm Wassersäule, oder kg/m^2,

$g = 9{,}81$,

γ = spez. Gewicht des Gases kg/m^3 bei der Temperatur t,

so gilt für die Stauscheibe von Prandl und Brabbée:

$$\omega = \sqrt{2g\frac{h}{\gamma}} = 4{,}43\sqrt{\frac{h}{\gamma}} \quad \ldots \ldots \quad 87)$$

und für die Stauscheibe nach Recknagel

$$\omega = \sqrt{\frac{2gh}{1{,}37\cdot\gamma}} = 3{,}78\sqrt{\frac{h}{\gamma}} \quad \ldots \ldots \quad 87a)$$

Es ist durchaus nicht allein die Zugstärke, gemessen am Schornsteinfuße, maßgebend dafür, daß die Anlage eine Erweiterung erträgt; denn Z ist, wie aus den Formeln 88 ersichtlich, allein bedingt unter sonst gleichen Verhältnissen von der Schornsteinhöhe und der Gaseintrittstemperatur sowie der Lufttemperatur. Der Zug kann vorzüglich erscheinen, doch würde die Weite des Schornsteines für eine erhöhte Gasmenge nicht mehr hinreichen. In solchem Falle gibt allein die Rechnung auf Grund der verbrannten Kohlenmengen unter Berücksichtigung des CO_2-Gehaltes der Gase einen Aufschluß. Zu beachten ist auch, daß die Zuführungskanäle zu dem Schornsteine oftmals zu eng sind und erweitert werden müssen; man wird gut tun, dieselben daraufhin zu prüfen, auch auf Verengungen, scharfe Richtungsänderungen usw. und ob die Gasgeschwindigkeit nicht höher wie 5—6 m/sek ist. Bisweilen läßt sich durch Zuschmieren aller Stellen, durch welche kalte Luft einzieht und Ausrüsten der Zugschieber mit Blechkappen u. dgl. einfache Hilfsmittel der Zug um mehrere Millimeter erhöhen, wobei auch die Temperatur am Schornsteinfuße ansteigt, so daß die Leistung der Anlage verbessert wird.

Einfacher ist der Fall, wenn man beobachten kann, daß bei hinreichender Kesselleistung mit ziemlich gedrosseltem Fuchsschieber gearbeitet wird; ein weiteres Anhängen von Heizfläche ist dann meist möglich.

In vielen Fällen genügt nachträglich ein weiteres Erhöhen des Schornsteines, vorausgesetzt, die obere Wandstärke ist größer wie $1/_2$ Stein und der Schornstein bleibt in allen Teilen stabil; doch ist dann darauf zu achten, daß die Öffnung nicht verkleinert, sondern daß das neue Stück innen möglichst zylindrisch aufgesetzt wird, denn sonst wird leicht die Wirkung des erhöhten Zuges durch die Querschnittsverminderung aufgehoben.

Besonders sorgfältige Prüfung erfordert die Erweiterungsmöglichkeit einer Anlage dann, wenn ein Rauchgasvorwärmer bzw. noch ein Flugaschenfänger eingebaut werden soll (vgl. Beispiel 31, S. 244ff.). Solche Apparate bedingen einen zusätzlichen Zugverlust durch ihren Strömungswiderstand; sie setzen also die verfügbare Geschwindigkeitshöhe der Anlage, die ja als Restbetrag zwischen Schornsteinzug und Widerständen übrigbleibt, somit die Gasgeschwindigkeit herab; außerdem aber werden die Gase erheb-

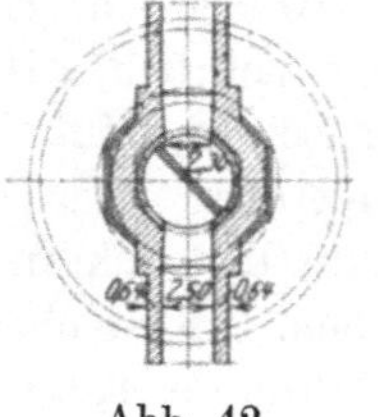

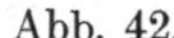

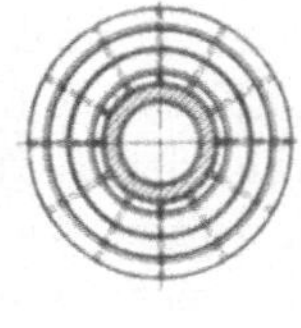

Abb. 41.　　　　　Abb. 42.　　　　　Abb. 43.　　　　　Abb. 44.

lich abgekühlt in den Schornstein geführt, wodurch wiederum eine wesentliche Zugschwächung eintritt. Unter Umständen kann bei

Nichtbeachtung dieser Verhältnisse der Vorwärmer gar nicht in Betrieb genommen werden, weil der Zug nicht mehr genügend Dampf schafft, und es muß erst ein neuer Schornstein gebaut oder eine künstliche Zuganlage aufgestellt werden.

Auf jeden Fall tut man gut, den Schornstein etwas reichlicher zu nehmen, sowohl in Höhe und Weite; man kann dann die Anlage später stärker beanspruchen und ist in Einbauten nicht beschränkt; eine Erhöhung des Schornsteines von vornherein um einige Meter macht auf den Preis desselben nur wenig aus und schützt später vor Schaden. Über die Bauausführung eines Schornsteines vgl. untenstehende Abb. 41 bis 44, die mehrere Schnitte durch einen 100 m hohen Schornstein darstellen, der im untersten Teile ein Schutzfutter hat und einen Wasserbehälter trägt.

Die Berechnung gliedert sich in zwei Abschnitte, in Ermittlung der Schornsteinhöhe auf Grund des erforderlichen Unterdruckes und in die Ermittlung der Schornsteinweite auf Grund der erzeugten Gasmenge bzw. der verbrannten Kohlen sowie der verfügbaren Gasgeschwindigkeit im Schornstein.

b) Berechnung der Zugstärke und der Schornsteinhöhe.

Es bezeichnet:

Zugstärke am Schornsteinfuße in mm Wassersäule . . . $= Z$

Geschwindigkeitshöhe in mm Wassersäule . . . . $= Z_W$

Zugverlust durch Abkühlung in mm Wassersäule . . . . $= Z_A$

Zugverlust durch Reibung in mm Wassersäule . . . . . $= Z_R$

Schornsteinhöhe in m . . . . $= H$

Temperatur der Außenluft °C . . . . $= t_a$

Gewicht eines m³ Außenluft bei t_a ° in kg . . . . $= \gamma_a$

Gewicht eines m³ Außenluft bei $^0/_{760}$ in kg . . . . $= \gamma_0$

Temperatur der Gase in Schornsteinmitte °C . . . . . . $= t_m$

Gewicht eines m³ der wasserdampfhaltigen Gase bei t_m, kg $= \gamma_m$

Gewicht eines m³ d. wasserdampfhaltigen Gase bei $^0/_{760}$ kg $= \gamma_1$

Gaskonstante . . . . $= R$

Gasdruck in kg/m² oder mm Wassersäule . . . . $= P$

Mittlere Gasgeschwindigkeit im Schornstein in m/sek . . $= w$

Absolute Temperatur $273 + t$ . . . . °C $= T$

Mit Hilfe der Beziehungen $\gamma = \dfrac{P}{RT}$ und aus der Formel für die Änderung des Gasdruckes P mit dem Höhenunterschiede $d\,h$

$$d\,h \cdot \gamma = d\,P = d\,h \cdot \frac{P}{R\,T}$$

ergibt sich unter Voraussetzung, daß die mittlere Gastemperatur im Schornstein eingesetzt werden kann, die Zugstärke am Schornsteinfuße:

$$Z = H \cdot (\gamma_a - \gamma_m) \quad \dots \dots \dots \quad 88)$$

in mm Wassersäule; oder aus anderer Ableitung ist das Gewicht der Rauchgassäule in kg für 1 m² Grundfläche, wenn das Gewicht eines m³ Außenluft bei 0° γ_0 ist und das der Rauchgase $= \gamma_1$ bei $^0/_{760}$

$$H \cdot \gamma_1 \cdot \frac{273}{273 + t_m},$$

und das der gleichen Säule Außenluft:

$$H \cdot \gamma_0 \cdot \frac{273}{273 + t_a}.$$

Daraus folgt der Druckunterschied beider Säulen oder die Zugstärke Z in Millimeter Wassersäule zu:

$$Z = 273 \cdot H \left(\frac{\gamma_0}{273 + t_a} - \frac{\gamma_1}{273 + t_m} \right), \quad \dots \dots \quad 88a)$$

da
$$\gamma_a = \gamma_0 \cdot \frac{273}{273 + t_a} \quad \text{ist und} \quad \gamma_m = \gamma_1 \cdot \frac{273}{273 + t_m},$$

so geht durch Einsetzen dieser Werte die Formel in obige unter 88 über.

Man pflegt in dieser Formel gewöhnlich $\gamma_0 = \gamma_1 = 1{,}29$ zu setzen, da beide Werte für mittlere Verhältnisse ziemlich gleich sind, und erhält dann angenähert:

$$Z = H\gamma_0 \cdot 273 \cdot \left(\frac{1}{273 + t_a} - \frac{1}{273 + t_m} \right) \quad \dots \dots \quad 88b)$$

Es ist zu setzen für das Gewicht γ_1 der wasserdampfhaltigen Verbrennungsgase bei 0° und 760 mm und etwa 9—12% Kohlensäuregehalt (bezogen auf trockene Gase):

für mitteldeutsche Braunkohle $\gamma_1 = 1{,}270$ kg/m³,
für Steinkohle . . . . $= 1{,}325$　　,,

Zahlentafel 63.

Gewicht γ_a mittelfeuchter Luft (Gewicht eines m³ in kg).

Baro-meter-stand mm/QS	Lufttemperatur t_a °C							
	−5	±0	+5	+10	+15	+20	+25	+30
760	1,314	1,288	1,266	1,243	1,221	1,200	1,180	1,161
750	1,293	1,273	1,250	1,228	1,206	1,185	1,167	1,147
740	1,278	1,252	1,232	1,211	1,190	1,170	1,149	1,130
730	1,260	1,239	1,216	1,194	1,172	1,152	1,132	1,118
720	1,242	1,220	1,199	1,178	1,158	1,138	1,119	1,100
710	1,228	1,205	1,182	1,160	1,141	1,121	1,106	1,083
700	1,211	1,188	1,166	1,146	1,127	1,106	1,088	1,070
690	1,191	1,170	1,150	1,130	1,110	1,090	1,071	1,054
680	1,175	1,152	1,131	1,111	1,092	1,074	1,058	1,040

Die Werte für γ_a, γ_0 für mittelfeuchte Luft kann man der Zahlentafel 63 entnehmen, die für verschiedene Barometerstände ausgerechnet ist (vgl. Zahlentafel 11, S. 41).

Will man ganz genau rechnen, so muß man den wirklichen Feuchtigkeitsgehalt der Luft berücksichtigen nach S. 39 bzw. nach der Formel 11 für das spezifische Gewicht der Luft γ_a bei t_a°:

$$\gamma_a = 342 \cdot \frac{p}{T} - 0,176 \cdot \varphi \cdot \frac{h'}{T};$$

hierin ist p = Luftdruck in kg/cm²; $T = 273 + t_a$; h' = Spannung des Wasserdampfes in Millimeter Quecksilber bei der Temperatur t_a (vgl. Zahlentafel 11 und Dampftabelle 91) und φ die relative Feuchtigkeit der Luft $1 > \varphi > 0$ (vgl. Abschnitt 2f, S. 39).

Aus den Formeln erkennt man, daß der Schornsteinzug im einfachen Verhältnis zur Schornsteinhöhe wächst und zum Unterschiede der spezifischen Gewichte von Außenluft und innerer Gassäule; außerdem sieht man, daß der Zug mit zunehmender Lufttemperatur (Sommer) schlechter wird, ebenso mit abnehmender Temperatur der in den Schornstein eintretenden Gase; deshalb ist bei knappen Schornsteinen darauf zu achten, daß nicht durch undichtes Mauerwerk kalte Luft eingesaugt wird, welche die Temperatur herabsetzt und die Gasmenge vermehrt.

Dabei ist zu bemerken, daß die von einem Schornsteine abführbare Gasmenge in Kilogramm bei allen Schornsteintemperaturen nahezu konstant ist.

Es bedeutet t_m die Schornsteintemperatur mitten in der Säule; da dieselbe nicht bekannt ist, so kann man für ein laufendes Meter Schornstein eine Abkühlung von 1° zugrunde legen und von der am Schornsteinfuße gemessenen Temperatur den entsprechenden Abzug machen. Nach Formel 88 kann man allen Gaszusammensetzungen je nach Brennstoff, Kohlensäuregehalt usw. Rechnung tragen sowie den Barometerstand und die Luftfeuchtigkeit usw. berücksichtigen.

Die Zugstärke, die nach den Formeln berechnet ist oder aus Zahlentafel 66 entnommen wurde, tritt jedoch bei einer Zugmessung am Schornsteinfuße bei offenem Schieber nicht ganz in Erscheinung; sie stellt den erreichbaren Höchstwert dar, der nur bei geschlossenem Schieber gemessen werden kann; denn es treten beim Strömen der Gase durch den Schornstein einige Verluste ein, die den Wert Z herabsetzen:

1. Ein gewisser Betrag der Zugstärke wird aufgebraucht zur Erzeugung der Strömungsgeschwindigkeit der Gase im Schornstein, genannt die Geschwindigkeitshöhe Z_w.

2. Da die Gase sich beim Durchziehen des Schornsteines abkühlen, wird entsprechend Formel 88 auch die Zugkraft geringer um einen Betrag Z_A; dieser Abkühlungsverlust ist in der Formel 88 und Zahlen-

tafel 66 bereits berücksichtigt, da dort die mittlere Schornsteintemperatur zugrunde gelegt wurde; die Werte stellen also $Z_{th} - Z_A$ dar.

3. Durch die **Reibungswiderstände** der Gase an den Wänden des Schornsteins wird ein Betrag Z_R an Zughöhe aufgezehrt.

Es verbleibt also für die Nutzwirkung des Schornsteins nur noch der Betrag an Zughöhe.

$$Z_n = Z_{th} - Z_A - Z_w - Z_R \quad \ldots \quad \ldots \quad 89)$$

Dabei ist $Z = Z_{th} - Z_A$ der in der Formel 88 angegebene Wert.

1. Zugverlust Z_w durch Erzeugung der Gasgeschwindigkeit w.

Bei kleinen Druckunterschieden gilt allgemein:

$$\frac{w^2}{2g} = \frac{\varphi^2 Z_w}{\gamma_m}.$$

Daraus wird mit $\varphi = 1$:

$$w = \sqrt{\frac{2g \cdot Z_w}{\gamma_m}} \quad \ldots \quad \ldots \quad 90)$$

oder auch

$$Z_w = \frac{\gamma_m w^2}{2g} \quad \ldots \quad \ldots \quad 90\,\text{a})$$

in Millimeter Wassersäule; genannt die Geschwindigkeitshöhe oder der Gasüberdruck, der erforderlich ist, um einem Gase vom spezifischen Gewichte γ_m die Geschwindigkeit w zu erteilen.

Beispiel 31. Es sei $w = 6$ m/sk bei 760 mm Barometerstand und die Temperatur am Fuße eines 50 m hohen Schornsteins 320°; verbrannt sei eine Steinkohle, deren Verbrennungsgase bei $^0/_{760}$ ein Gewicht je m³ von $\gamma_0 = 1{,}32$ besitzen. In der Schornsteinmitte beträgt die Gastemperatur nur noch etwa 300°; es wird also $\gamma_m = \gamma_0 \cdot \dfrac{273}{273 + 300} = 0{,}63$; damit rechnet sich $Z_w = \dfrac{0{,}63 \cdot 6^2}{19{,}6} = 1{,}15$ mm als zur Erzeugung und dauernden Erhaltung der Geschwindigkeit notwendige Druckhöhe.

Wird bei offenem Fuchsschieber gemessen, so mißt man den nach Formel 88 errechneten Wert von Z vermindert um Z_w.

In nachstehender Zahlentafel sind nun die Geschwindigkeitshöhen Z_w für verschiedene mittlere Strömungsgeschwindigkeiten der Gase im Schornstein und für verschiedene Gastemperaturen berechnet. Zugrunde gelegt ist ein Barometerstand von 730 mm und $\gamma_0 = 1{,}31$, bezogen auf $^0/_{760}$.

Zahlentafel 64.

Geschwindigkeitshöhe Z_w in Millimeter Wassersäule für verschiedene
Gasgeschwindigkeiten in Schornsteinmitte und Gastemperaturen.

Geschwindigkeit w m/sk	Mittlere Gastemperatur t_m im Schornstein °C			
	100	200	300	400
2	0,19	0,15	0,12	0,10
4	0,75	0,59	0,49	0,42
6	1,69	1,34	1,10	0,94
8	3,01	2,38	1,96	1,67
10	4,72	3,72	3,07	2,60

Es ist z. B. für $w = 4$ m/sk; $t_m = 200°$

$$Z_w = \frac{4^2 \cdot 1,31 \cdot 730}{19,62 \cdot 760} \cdot \frac{273}{273 + 200} = 0,59 \text{ mm Wassersäule.}$$

An einer vorhandenen Anlage kann w entweder errechnet werden
aus der Gasmenge, oder gemessen werden mit der Stauscheibe, die in
den geraden Fuchskanal eingeführt wird.

2. Zugverlust durch Reibung Z_R.

Zur Ermittlung dieses Wertes kann die später in Abschnitt 27, S. 275,
für Reibung an Rohrleitungswänden gegebene Formel 100 benutzt
werden.

Es ist demnach in Millimeter Wassersäule:

$$Z_R = \frac{\beta \cdot \gamma_m \cdot w^2 \cdot H}{\delta}, \quad \ldots \ldots \ldots \quad 91)$$

worin bedeutet $\delta = $ mittl. Schornsteindurchmesser in Millimetern, β ist
aus Zahlentafel 84, S. 276, zu entnehmen, die zwar für Reibung an glatten
Rohrwänden festgestellt ist, aber in Ermangelung anderer Werte auch
hier verwendet werden kann. Z_R wächst also mit w^2, dem Quadrate
der Belastung und fällt bei engen Schornsteinen mehr ins Gewicht, so
daß unter Umständen bei schwacher Belastung der Anlage der gemessene
Zug am Schornsteinfuße größer ist als bei voller Belastung.

Für einen Schornstein von $H = 50$ m sind für eine mittlere Schornsteintemperatur von $t_m = 250°$ und einen Barometerstand von 730 mm
die Reibungsverluste zusammengestellt in nebenstehender Zahlentafel 65.

Zahlentafel 65.

Schornstein- durchmesser m	Mittlere Gasgeschwindigkeit m/sk		
	5	10	15
0,5	1,5	5,4	11,3
1,0	0,6	2,2	4,7
1,5	0,4	1,3	2,8

Zahlentafel 66.

Zugstärke in Millimeter Wassersäule für 1 m Schornsteinhöhe berechnet nach $Z = H(\gamma_a - \gamma_m)$, gültig für 750 mm Barometerstand (vgl. S. 238).

Mittlere Gastemperatur im Schornstein t_m	Außenlufttemperatur t_e										Gewicht γ_m eines m³ der wasserdampfhaltigen Gase für		$\varDelta$ Zuzählen zu den Tabellenwerten für Braunkohle
	-20	-10	-5	± 0	$+5$	$+10$	$+15$	$+20$	$+25$	$+30$	Braunkohle	Steinkohle	
	Spezifisches Gewicht der Luft bei 70% Feuchtigkeitsgehalt												
	1,375	1,327	1,300	1,276	1,252	1,228	1,206	1,182	1,160	1,137			
160	0,550	0,502	0,475	0,451	0,427	0,403	0,381	0,357	0,335	0,312	0,791	0,825	0,034
180	0,585	0,537	0,510	0,486	0,462	0,438	0,416	0,392	0,370	0,347	0,756	0,790	0,034
200	0,620	0,572	0,545	0,521	0,497	0,473	0,451	0,427	0,405	0,382	0,724	0,755	0,031
220	0,650	0,602	0,575	0,551	0,527	0,503	0,481	0,457	0,435	0,412	0,694	0,725	0,031
240	0,678	0,630	0,603	0,579	0,555	0,531	0,509	0,485	0,463	0,440	0,667	0,697	0,030
260	0,705	0,657	0,630	0,606	0,582	0,558	0,536	0,512	0,490	0,467	0,642	0,670	0,028
280	0,728	0,680	0,653	0,629	0,605	0,581	0,559	0,535	0,513	0,490	0,620	0,647	0,027
300	0,751	0,703	0,676	0,652	0,628	0,604	0,582	0,558	0,536	0,513	0,598	0,624	0,026
320	0,772	0,724	0,697	0,673	0,649	0,625	0,603	0,579	0,557	0,534	0,578	0,603	0,025
340	0,792	0,744	0,717	0,693	0,669	0,645	0,623	0,599	0,577	0,554	0,558	0,583	0,025
360	0,810	0,762	0,735	0,711	0,687	0,663	0,641	0,617	0,595	0,572	0,532	0,565	0,023
380	0,827	0,779	0,752	0,728	0,704	0,680	0,658	0,634	0,612	0,589	0,525	0,548	0,023
400	0,844	0,796	0,769	0,745	0,721	0,697	0,675	0,651	0,629	0,606	0,508	0,531	0,023
420	0,860	0,812	0,785	0,761	0,737	0,713	0,691	0,667	0,645	0,622	0,493	0,515	0,022
440	0,874	0,826	0,799	0,775	0,751	0,727	0,705	0,681	0,659	0,636	0,480	0,501	0,021
460	0,888	0,840	0,813	0,789	0,765	0,741	0,719	0,695	0,673	0,650	0,467	0,487	0,020

Die Verlustgröße wird für die meisten Fälle zwischen 0,5 bis 2,0 mm liegen.

3. Zugverlust Z_A durch Abkühlung der Gase im Schornstein.

Aus dem Wärmedurchgangswert k, dem mittleren Temperaturunterschiede zwischen Gasen im Schornsteine und Außenluft ϑ_m, und der mittleren Mantelfläche des Schornsteins O in m² ergibt sich die Abkühlung der Gase in Wärmeeinheiten in 1 st zu:

$$Q = k \cdot \vartheta_m \cdot O.$$

Diese verlorengegangene Wärme entspricht der von den Gasen abgegebenen Wärmemenge, so daß man auch setzen kann:

$$Q = G \cdot c_p \, (t_e - t_o), \quad \dots \dots \dots \quad 92)$$

wenn G die stündliche Gasmenge in kg bedeutet, und die Gase sich von t_e beim Eintritt auf t_o beim Austritt aus dem Schornsteine abkühlen bei einer spezifischen Wärme der Gase c_p für 1 kg. Aus diesen beiden Formeln kann dann der Wärmeverlust der Gase im Schornsteine berechnet werden. Für k kann man etwa 1,1—1,4 setzen, je nach der Wandstärke. Einige Werte enthält die Zahlentafel 42 nach Untersuchungen von Rietschel.

Berücksichtigt man, daß $\vartheta_m = \dfrac{t_e + t_o}{2} - t_a$ ist, so läßt sich auch die Schornsteinaustrittstemperatur t_o berechnen.

Nachstehend sind in einer kleinen Zahlentafel 67 für Schornsteine von 40 m Höhe bei $d_o = 0,5$, 1,0 und 1,5 m lichtem oberen Durchmesser,

Zahlentafel 67.

Einfluß der Abkühlung der Gase im Schornstein auf den Schornsteinzug bei einem gemauerten Schornstein von 40 m Höhe.

Gasgeschwindigkeit w in m/sk	d_o	2	4	6	8
Gastemperatur an der Schornsteinmündung t_o	0,5	128	179	200	211
	1,0	200	223	231	236
	1,5	218	232	239	242
Mittlere Gastemperatur t_m	0,5	189	215	225	230
	1,0	225	237	240	243
	1,5	234	241	245	246
Zugstärke, gerechnet für mittlere Gastemperatur, Z	0,5	17,9	19,6	20,2	20,4
	1,0	20,2	20,8	21,0	21,1
	1,5	20,6	21,0	21,2	21,3
Zugverlust Z_A durch Abkühlung	0,5	3,6	1,9	1,3	1,1
	1,0	1,3	0,7	0,5	0,4
	1,5	0,9	0,5	0,3	0,2

bei 730 mm Barometerstand, 250° Gastemperatur beim Eintritt und 15° Lufttemperatur, berechnet die Gasaustrittstemperatur t_o, die mittlere Temperatur im Schornstein und der Zugverlust infolge der Gasabkühlung gegenüber der Gaseintrittstemperatur.

Die Zahlentafel[1]) 67 erweist, daß der Zugverlust durch Abkühlung um so geringer wird, je höher die Gasgeschwindigkeit wird, oder mit anderen Worten, je höher der Schornstein belastet ist und je größer der Schornsteindurchmesser ist; schon bei $H = 40$ m; $d = 1,5$ m und $w = 6$ m ist der Zugverlust nur noch 0,3 mm. Am einfachsten berücksichtigt man diesen Wert, indem man, wie auch in den Formeln 88 geschehen, an Stelle der Gaseintrittstemperatur in den Schornstein die mittlere, geschätzte Temperatur in demselben einsetzt, also sofort $Z = Z_{th} - Z_A$ berechnet.

Zur rascheren Ermittlung der Verhältnisse ist in Zahlentafel 66 für mittlere Werte und verschiedene Lufttemperaturen die Zugstärke für 1 m Schornsteinhöhe berechnet; es sind also nur die dortigen Werte mit der Schornsteinhöhe H zu multiplizieren, um den Höchstwert des erreichbaren Zuges, gemessen am Schornsteinfuße bei geschlossenem Schieber, zu erhalten. Zugrunde gelegt wurde Formel 88, S. 232, ein Luftdruck von 750 mm, eine Luftfeuchtigkeit von 70%, also ein spezifisches Gewicht der Luft $\gamma_0 = 1,276$ bei 0°; ferner wurde das spezifische Gewicht von wasserdampfhaltigen Verbrennungsgasen bei 10% CO_2 angesetzt für mitteldeutsche Braunkohlen mit $\gamma_1 = 1,27$, bezogen auf $^0/_{760}$, für deutsche Steinkohlen mit $\gamma_1 = 1,325$, bezogen auf $^0/_{760}$.

Die Tafel 66 ist berechnet für Steinkohlen; und zwar für die Temperatur in der Schornsteinmitte. Kennt man die Temperatur am Fuße des Schornsteins, so ist von diesem Werte ein Abzug vorzunehmen, und zwar für das laufende Meter Schornsteinhöhe etwa 1°. Mit dieser Temperatur kann dann die erreichbare Zugstärke Z des Schornsteins ermittelt werden. Soll der Schornstein für Braunkohlenfeuerung gebaut werden, so ist den in der Zahlentafel enthaltenen Werten noch der in der letzten Spalte aufgeführte Betrag Δ zuzuzählen, ehe die Multiplikation mit der Schornsteinhöhe vorgenommen wird. Die Tabellenwerte entsprechen den Messungen bei geschlossenem Schornsteinschieber am Fuße des Schornsteines unter bereits erfolgter Berücksichtigung der Abkühlung der Gase in der Schornsteinsäule.

Nimmt man an einem Schornsteine bei offenem Schieber eine Messung vor, so ist die gemessene Zugstärke um den Betrag der Geschwindigkeitshöhe (vgl. Formel 90a) kleiner als in der Zahlentafel steht.

---

[1]) Vgl. Dr. Deinlein, Z. d. Bayer. Rev.-V. 1912, S. 12ff.

c) Berechnung der Schornsteinweite.

Die Weite des Schornsteines ist nach der Gasmenge zu bestimmen, welche der Schornstein herausbefördern muß. Erfahrungsgemäß arbeiten die Schornsteine mit Ausströmungsgeschwindigkeiten an der oberen Mündung von $v = 4-10$ m in der Sekunde; im allgemeinen setzt man:

$$\begin{array}{lll}
\text{für } 1 \text{ bis } 3 \text{ Kessel} & w = 4 \text{ bis } 5 \text{ m/sk,} \\
4 \text{ bis } 6 \text{ Kessel} & w = 5 \text{ bis } 7 \text{ m/sk,} \\
7 \text{ und mehr Kessel} & w = 7 \text{ bis } 9 \text{ m/sk}
\end{array}$$

als zweckmäßige Geschwindigkeit an.

Dieselbe richtet sich natürlich nach den Widerständen, welche die Gase auf ihrem Wege vom Eintritt in den Rost an zu überwinden haben. Sind für eine Anlage der Widerstand der Kanäle sowie die Zugverluste durch Gasabkühlung und der Reibungsverlust im Schornstein selbst bekannt, so bleibt als Rest die für die Erzeugung der Geschwindigkeit verfügbare Geschwindigkeitshöhe übrig. Der Zugverlust bis zum Fuße des Schornsteins beträgt im Mittel bei gewöhnlichen Anlagen 60—75%.

Liegt nun der Fall so, daß für eine bestimmte zu errichtende Anlage der Zugbedarf bekannt ist, gemessen am Schornsteinfuße oder vor dem Rauchgasvorwärmer, so läßt sich die erforderliche Höhe der Esse unter Berücksichtigung der Temperatur am Eingang der Gase in den Schornstein leicht berechnen, wenn man mit einer bestimmten Gasgeschwindigkeit arbeiten will; man muß dabei dann auch die Verluste durch Abkühlung und Reibung berücksichtigen sowie Widerstände durch Rauchgasvorwärmer, Flugaschenfänger usw. Aus der Gasmenge, die von dem Schornstein abgezogen werden soll, und der Geschwindigkeit w ergibt sich die erforderliche Weite des Schornsteines.

Bedeutet:

$B =$ Brennstoff verbrannt in 1 st in kg,

$V_0 =$ Gasmenge $^0/_{760}$ für 1 kg Brennstoff in m³,

$V_t =$ Gasmenge bei $t°$ für 1 kg Brennstoff in m³,

$F =$ Querschnitt des Schornstein an der oberen Mündung in m²,

$1 + v L_o =$ Gasmenge in kg für 1 kg Brennstoff bei v-fachem Luftüberschuß,

$\gamma_1 =$ Gewicht eines m³ der wasserdampfhaltigen Rauchgase bei $0°$ und 760 mm,

$t =$ Temperatur der Gase am Schornsteinkopfe.

Für 1 kg Brennstoff ist dann zu rechnen eine Gasmenge in m³ bei $t°$ und 760 mm Barometerstand:

$$V_t = \frac{1 + v L_o}{\gamma_1} \cdot \frac{273 + t}{273};$$

der Schornsteinquerschnitt in m² wird dann, wenn B kg Brennstoff verbrannt werden in 1 st:

$$F = \frac{B \cdot V_t}{3600 \cdot w} = \frac{B\,(1 + v\,L_0) \cdot (273 + t)}{\gamma_1 \cdot 3600 \cdot 273 \cdot w} \quad \ldots \ldots \quad 93)$$

V_t, L_0 sind aus Abschnitt 5 und 6, Formel 42 bzw. Zahlentafel 34, zu entnehmen; γ_1 ist zu berechnen nach Abschnitt 2c oder nach S. 232 zu wählen.

Man kann auch durch Einsetzen der entsprechenden Werte für Temperatur und Gasmenge in obige Formel den unteren oder mittleren Schornsteinquerschnitt ermitteln; da der Schornstein sich nach oben verjüngt, so ist infolge der Zusammenziehung der Gase beim Abkühlen, die Strömungsgeschwindigkeit an allen Stellen des Schornsteines ungefähr die gleiche.

Zusammengefaßt ergeben sich aus obigen Besprechungen folgende Verhältnisse:

1. Die Zugstärke $Z = Z_{th} - Z_A$ wächst im geraden Verhältnis zu der Schornsteinhöhe.
2. Die Zugstärke wächst mit steigender Temperatur.
3. Je weiter der Schornsteinquerschnitt, desto größer die Gasmenge, die abgesaugt werden kann.
4. Es lassen sich viele verschiedene Schornsteine mit verschiedener Höhe und Weite bauen, welche denselben Zug hervorrufen und die gleiche Gasmenge abführen bei gleicher Temperatur; dies ist bedingt durch verschiedene Zugverluste nach Formel 89 infolge Abkühlung, Strömung und Reibung, welche die verschiedenen Schornsteine erfahren.
5. Unter einer gewissen Schornsteinweite wachsen Z_w, Z_A, Z_R sehr stark an; es wird dann sehr viel Zugkraft im Schornstein selbst verbraucht, und es kann nur wenig nutzbar abgegeben werden; unter einer gewissen Größe zieht der Schornstein überhaupt nicht mehr (etwa 0,3 m ob. l. $\oslash$).
6. Die Abkühlung im Schornstein hat bei einer gewissen Weite den kleinsten Wert; darüber und darunter wächst sie an.
7. Für jeden Schornstein gibt es eine günstigste Höhe und Weite bei jeder Gastemperatur, bei der ein Höchstwert des Zuges erreicht wird; dabei wird eine bestimmte Gasmenge bewältigt. Mit steigender oder zunehmender Gasmenge nimmt die Zugstärke ab.

Sämtliche Verhältnisse lassen sich zeichnerisch darstellen, indem man über verschiedenen Schornsteinweiten auf der Wagerechten die Schornsteinhöhe, die Gasaustrittstemperatur und die einzelnen Zugverluste Z_A, Z_R, Z_w als Senkrechte einträgt für eine bestimmte Gasmenge und Temperatur und eine bestimmte nutzbare Zugstärke Z_n, berechnet nach Formel 89.

Oder man zeichnet ein Schaubild für eine bestimmte Schornsteinhöhe und Weite, indem man verschiedene Rauchgasgewichte und Rauchgastemperaturen wagerecht, die sich daraus ergebenden nutzbaren Zugstärken auf der Senkrechten aufträgt.

d) Erfahrungsformeln und Erfahrungswerte.

Für die rasche Ermittlung eines Schornsteines und die oberflächliche Nachrechnung einer vorhandenen Anlage seien noch einige, aus der Erfahrung abgeleitete Formeln angegeben. Sie gelten alle für Anlagen ohne Rauchgasvorwärmer. Ist ein solcher vorhanden, so kann die obere lichte Weite des Schornsteines kleiner gewählt werden, weil die Gase kälter sind, also einen geringeren Rauminhalt einnehmen; dagegen muß die Höhe größer werden, weil ein größerer Widerstand zu überwinden ist; der Betrag für die Vergrößerung der Höhe wird etwa 10—20% betragen, und zwar ist bei kleineren Schornsteinen der größere Wert zu nehmen; am sichersten berücksichtigt man die Verhältnisse, wenn man von den Temperaturen ausgeht, also Formel 88 und Zahlentafel 66 benutzt.

Pietzsch gibt folgende umgestaltete Formel von Péclet an für die Rauchgasmenge Q in kg, die in 1 sk von einem Schornsteine abgesaugt werden kann:

$$Q = \varphi \sqrt{\frac{d_o^5 \cdot H}{L + H + 260\, d_o}} \quad \ldots \ldots \ldots \quad 94)$$

Darin bedeutet:

$\varphi = 10{,}11$ für runde Schornsteine,

$d_o = $ ob. l. Schornsteindurchmesser in Metern,

$H = $ Höhe des Schornsteines über der Feuerung in Metern,

$L = $ Zuglänge in Metern vom Rost bis Schornstein, gemessen an einem Kessel, der die längsten Kanäle hat,

$Q = $ Rauchgasmenge in kg/sk.

Man kann auch annäherungsweise folgende Formel von Strupler für Steinkohlen verwenden. Sie ergibt die Schornsteinhöhe in m:

$$H = 5{,}6 \sqrt[3]{\text{Heizfläche in m}^2} \quad \ldots \ldots \ldots \quad 95)$$

Unter Heizfläche ist die Summe der Heizflächen von Kessel, Überhitzer und Rauchgasvorwärmer zu verstehen.

Ferner kann man nach Heinicke für Anlagen ohne Rauchgasvorwärmer die Mindesthöhe H bei Kesselbeanspruchungen von etwa 25 kg/m²/st ermitteln aus:

$$H = 18 + 2{,}6 \sqrt[3]{\text{Heizfläche}}, \quad \ldots \ldots \ldots \quad 95\text{a})$$

dabei ist ein Zuschlag zu machen für Überhitzer 4—6 m, für erdige Kohle 9—13 m, für komplizierte Kessel bis 10 m. Für Anlagen mit Rauchgasvorwärmern:

$$H = 30 + 3{,}2 \sqrt[3]{\text{Heizfläche}} \quad \ldots \ldots \ldots \text{95b)}$$

mit Zuschlägen: für Überhitzer 6—8 m, für erdige Kohle 12—17 m, für komplizierte Kessel bis 14 m, Abzug für Unterwind 9 m.

Alle diese Formeln dienen nur für rohe angenäherte Bestimmungen des Schornsteines als ersten Überschlag. Für genaue Bestimmungen und in Zweifelsfällen wird man gut tun, die eingangs besprochene Rechnungsweise zu benutzen.

Das Verhältnis von oberem Schornsteindurchmesser zur Höhe wird ausgeführt:

$$d_o = \frac{1}{20} \text{ bis } \frac{1}{30} H.$$

Für Steinkohlen wird gewählt:
oberer Schornsteinquerschnitt bei kleineren Anlagen von 1—3 Kesseln:

$$F = \frac{1}{4} \text{ bis } \frac{1}{6} \text{ Rostfläche},$$

bei größeren Anlagen bis 12 Kesseln:

$$F = \frac{1}{6} \text{ bis } \frac{1}{10} \text{ Rostfläche}.$$

Für Braunkohlen:
oberer Schornsteinquerschnitt bei kleineren Anlagen von 1—3 Kesseln:

$$F = \frac{1}{5{,}5} \text{ bis } \frac{1}{8} \text{ Rostfläche},$$

bei größeren Anlagen bis 12 Kesseln:

$$F = \frac{1}{8} \text{ bis } \frac{1}{14} \text{ Rostfläche}.$$

Für den erforderlichen Zug können folgende Mittelwerte gelten, gemessen am Schornsteinfuße bei offenen Fuchsschiebern:

Für Kesselanlagen	bis 100 m²	etwa 13—18 mm Wassersäule
,, ,,	100— 400 ,,	,, 18—23 ,, ,,
,, ,,	400— 800 ,,	,, 23—28 ,, ,,
,, ,,	800—1200 ,,	,, 28—35 ,, ,,
,, ,,	1200—1800 ,,	,, 35—40 ,, ,,
,, ,,	1800—2500 ,,	,, 40—48 ,, ,,

Es sind Zuschläge für Zugverluste zu machen:

Für Dampfüberhitzer 1—3 mm,
,, Flugaschenfänger 1—3 ,,
,, Rauchgasvorwärmer 1—4 ,,

Beispiel 32. Nachstehend seien einige Meßwerte an ausgeführten Anlagen gegeben, welche mit deutschen Braunkohlen von etwa 2600 bis 3000 WE arbeiten. (Nach Messungen des Verf.)

Kesselheizfläche in Betrieb. . . m²	1292	633	527
Kesselbauart	5 Garbekessel	8 Zweifl.	6 Zweifl.
Schornsteinhöhe. . . . . m	63,7	50	40
Obere lichte Weite . . . . . . m	2,2	2,0	1,4
Untere lichte Weite. . . . . . m	2,58	2,4	1,6
Oberer Querschnitt . . . . . . m²	3,80	3,14	1,54
Rostfläche in Betrieb . . . . . m²	51,9	26,7	24,8
Oberer Schornsteinquerschnitt:			
Rostfläche	1 : 13,7	1 : 8,5	1 : 16,1
Feuerungsart	Treppenrost	Treppenrost	Muldenrost
Überhitzer . . . . m²	340	—	135
Rauchgasvorwärmer . . . . . . m²	—	—	240
Verfeuerte Kohle . . . . . . kg/st	11 700	8300	6700
Kohlenheizwert . . . . WE	2 660	2885	2580
Kohlenstoffgehalt der Kohle . . %	31,2	31,0	29,2
Wasserstoffgehalt . . . . %	2,77	2,8	2,5
Wassergehalt . . . . %	54,44	48,0	52,6
Aschegehalt. . . . . %	6,66	5,3	6,6
Gasmenge in m³ º/₇₆₀ für 1 kg Kohle	7,32	6,20	5,27
Temperatur der Gase am Schornsteinfuße . . . . °C	303	450	366
Kohlensäuregehalt. . . . . . . %	9,2	11,0	12,5
Zug bei offenem Schieber . . . mm	31	30	19,5
Gasgeschwindigkeit am Schornsteinkopfe . . . . m/sk	12,00	11,3	14,0
Gasgeschwindigkeit in Schornsteinmitte . . . . m/sk	10,60	—	12,5
Außenlufttemperatur . . . . . °C	+ 11	+ 27	+ 6

Zu den Versuchen ist zu bemerken, daß bei dem ersten der Schornstein gut zieht und seinen Dienst völlig verrichtet, wenn die angeschlossene Kesselheizfläche noch um etwa 250 m² vergrößert wird; darüber hinaus versagt der Schornstein.

Der mittlere Schornstein arbeitet infolge der sehr hohen Gastemperatur sehr gut, mit scharfem Zuge und fördert die Gase mit 11 m Geschwindigkeit hinaus.

Der dritte Schornstein von 40 m Höhe ist knapp und kann nur mühsam die Dampf- und Kohlenleistung schaffen; bei heißem Wetter arbeitet er noch schlechter. Der Schornstein ist zu niedrig und zu eng. Bei dem Versuche zog ein Teil (nur etwa $^1/_5$) der Rauchgase durch den Rauchgasvorwärmer; mehr konnte nicht hindurchgelassen werden, weil sonst die Kesselleistung rasch sank. Falls alle Gase unmittelbar nach dem Schornstein ziehen und dann etwa 430° am Fuße besitzen, arbeitet der Schornstein besser; der Zug steigt ein wenig und die Aus-

16*

strömungsgeschwindigkeit in Schornsteinmitte steigt auf 13,3 m/sk an. Es wird aber trotz des erhöhten Reibungsverlustes durch die Temperatursteigerung ein besserer Zug erreicht. Gerade dieses Beispiel ist lehrreich, weil die Anlage allmählich vergrößert wurde, zugleich unter Einbau der Überhitzer und des Rauchgasvorwärmers, bis sie an die Grenze der Leistungsfähigkeit kam. Der eingebaute Rauchgasvorwärmer kann nicht voll ausgenützt werden; erst nach Erhöhung des Schornsteins wird eine Besserung eintreten.

Zu der Berechnung sei noch nachgetragen: Gasmenge für 1 kg Kohle bei 12,5% CO_2 nach Formel 42

$$G_{m^3\,^0/_{760}} = \frac{29,2 \cdot 1,86}{12,5} + \frac{0,025 \cdot 9 - 0,526}{0,804} = 5,275\ m^3$$

einschließlich Wasserdampf.

Erzeugt werden also bei 345° in Schornsteinmitte

$$6700\ kg \cdot 5,275 \cdot \left(\frac{273 + 345}{273}\right) 80\,000\ m^3$$

Gase von 345°; bei einem mittl. Schornsteinquerschnitte von 1,77 m² ist also

$$w = \frac{80\,000}{1,77 \cdot 3600} = 12,5\ m/sk.$$

Nach Zahlentafel 66 wird für 345° und 6° Lufttemperatur

$$Z = 0,66 \cdot H = 26,4\ mm.$$

Strömungsverlust. Es ist $\gamma_1 = 1,27$; $\gamma_m = 0,665$; damit wird:

$$Z_w = \frac{0,665 \cdot 12,5^2}{19,62} = 4,4\ mm.$$

Der Reibungsverlust sei nach Zahlentafel 65, S. 235, geschätzt zu $Z_R = 2,0$ mm, so daß wird:

$$Z_n = 26,4 - 4,4 - 2,0 = 20,0\ mm;$$

gemessen wurde 19,5 mm, so daß sich zwischen Rechnung und Messung eine vorzügliche Übereinstimmung ergibt.

Beispiel 33, aus dem Betrieb. In einer Kesselanlage von sechs Zweiflammrohrkesseln von je 115 m² Heizfläche und 12 at Überdruck, in welcher Braunkohle von 2650 WE auf Fränkel-Muldenrosten verfeuert wird, steht ein Schornstein von 60 m Höhe und 2,5 m oberer und 2,70 m unterer l. Weite. Die Anlage soll um vier weitere Zweiflammrohrkessel von je 130 m² Heizfläche erweitert werden. Außerdem sollen Überhitzer auf die Kessel gesetzt und an Stelle des dicht vor dem Schornstein befindlichen Flugaschenfängers nach dessen Abbruch ein gußeiserner Rauchgasvorwärmer in den Fuchs eingebaut werden. Es wird auf eine Dampfleistung der Anlage nach dem Ausbau auf 10 Kessel von stündlich im Mittel 25 000 kg, höchstens 33 000 kg, gerechnet mit einer Temperatur von 300 °C. Es ist zu ermitteln, ob der vorhandene Schornstein, der bereits auf Vergrößerung der Anlage hin gebaut war, den gesteigerten Anforderungen genügen wird.

Folgende Messungen wurden vor der Vergrößerung vorgenommen:

> Zug über den Feuerungen 9—11 mm = Verlust beim Strömen der Luft durch den Rost,
> Zug hinter den Flammrohren 16—20 mm,
> Zug vor den Kesselschiebern 21—24 mm,
> Zug dicht vor dem Flugaschenfänger 28—29 mm,
> Temperatur der Luft 25°,
> Gastemperatur an den Kesselschiebern 375—425°,
> Gastemperatur dicht vor dem Flugaschenfänger 340°,
> Kohlensäuregehalt vor dem Flugaschenfänger 12—13%.

Infolge der stärkeren Beanspruchung der Anlage wird die Temperatur hinter den Füchsen etwas steigen; es ist hinter dem Rauchgasvorwärmer, der 600 m² groß werden soll, eine Temperatur von 260° zu erwarten bei 11% CO_2.

Der Schornstein wird für die Höchstleistung von 33 000 kg Dampf in der Stunde berechnet unter Zugrundelegung nachstehender Werte:

Die Kohle mit 30,6% Kohlenstoff, 2,7% Wasserstoff und 52% Wasser ergibt eine Gasmenge von 6,12 m³ bei $^0/_{760}$ für 1 kg und einer Verbrennung mit 11% CO_2, gemessen am Schornsteinfuße. Das entspricht einer Gasmenge von rund 11,5 m³ bei 240 °C.

Da bei einer künftigen Speisewassertemperatur von 135° und einer Überhitzung auf 300° eine 2,9fache Verdampfung bei 65% Wirkungsgrad zu erwarten ist, so muß mit einem stündlichen Kohlenverbrauche von $\dfrac{33\,000}{2,9} = 11\,300$ kg gerechnet werden. Es gelten also folgende Werte:

Gastemperatur am Schornsteinfuße . . . . °C		260
Gastemperatur in Schornsteinmitte	t_m	240
CO_2-Gehalt der Gase in Schornsteinmitte . . . . %		11
Außenlufttemperatur	t_a	25
Spez. Gewicht der Luft bei + 25° und 750 mm .	γ_a	1,165
Spez. Gewicht der Verbrennungsgase $^0/_{760}$	γ_1	1,27
Spez. Gewicht der Verbrennungsgase bei 750 mm und bei 240°	γ_m	0,675
Dampfmenge in 1 st . . . . kg		33 000
Kohlenmenge in 1 st . . . . kg		11 300

Der Schornsteinzug.

Nach der Formel 88 (oder Zahlentafel 66) $Z = H(\gamma_a - \gamma_m)$ wird $Z = 60 \,(1,165 - 0,675) = 29,4$ mm bei $25°$ Lufttemperatur, der höchst erreichbare Zug unter Berücksichtigung des Abkühlungsverlustes im Schornstein; davon geht ab der **Zugverlust zur Erzeugung der Geschwindigkeit:**

Es ist die Gasmenge $= 11\,300 \cdot 11,5 = 130\,000$ m³/st; bei einem mittleren Schornsteindurchmesser von 2,60 m ergibt sich eine mittlere Gasgeschwindigkeit $w = 6,8$ m/sk, und damit wird nach der Formel 90a die Geschwindigkeitshöhe

$$Z_w = \frac{\gamma_m \cdot w^2}{2\,g} = \frac{0,675 \cdot 6,8^2}{19,62} = \mathbf{1,6\ mm.}$$

Der **Zugverlust durch Reibung** wird nach der Formel 91

$$Z_R = \frac{\beta \cdot \gamma_m \cdot w^2 \cdot H}{\delta} = \frac{0,53 \cdot 0,675 \cdot 6,8^2 \cdot 60}{2700} = 0,36\ \text{mm},$$
$$= \text{etwa } 0,4\ \text{mm},$$

wenn nach Zahlentafel 84 gesetzt wird $\beta = 0,53$ bei einer Gasmenge in 1 st von $11\,300 \cdot 1,27 \cdot 6,12 = 88\,000$ kg.

Es ermittelt sich also der nutzbare Zug Z_n zu

$$Z_n = 29,4 - 1,6 - 0,4 = 27,4\ \text{mm}.$$

Dies ist der bei geöffnetem Fuchsschieber wirklich meßbare Wert des Schornsteinzuges. Beim Strömen der Gase durch den Rauchgasvorwärmer tritt ein weiterer Zugverlust auf, den man erfahrungsgemäß auf 2 mm bewerten darf; vom Rauchgasvorwärmer bis zu den Schiebern hinter den Kesseln wurde der Verlust mit etwa 4 mm gemessen, so daß an den Kesselschiebern nur noch zur Verfügung bleibt:

$$27,4 - 2,0 - 4,0 = \mathbf{21,4\ mm}.$$

Dieser Wert ist für eine Anlage, welche mit etwa 25—30 kg Dampf auf das Quadratmeter Heizfläche und Stunde belastet werden soll, nicht hoch; er wird nur knapp ausreichen; es empfiehlt sich deshalb, den Schornstein zu erhöhen; im vorliegenden Falle könnten 7 m aufgesetzt werden; damit würde man einen Zug erhalten von

$$Z = 68\,(1,165 - 0,675) = \mathbf{33,3\ mm},$$

also um etwa 4 mm mehr als vorher; an den Kesselfüchsen würde der Zug dann auf etwa 25—26 mm ansteigen, was als ausreichend bezeichnet werden kann.

Der Schornstein ist für ungünstige Verhältnisse, und zwar für einen heißen Sommertag, berechnet worden; im Winter zieht er besser, z. B. bei $5°$ Kälte wird bei $H = 60$ m der Zug

$$Z = 60\,(1,293 - 0,675) = \mathbf{37\ mm},$$

da das spezifische Gewicht der mittelfeuchten Luft dann $\gamma = 1{,}293$ ist bei 750 mm Barometerstand; es tritt also eine Zugverbesserung um 7,6 mm ein.

e) Die Zugmessung.

Jeder Brennstoff bedarf, wie aus Zahlentafel 34 ersichtlich ist, zur wirtschaftlichen Verbrennung eine bestimmte Luftmenge; um dieselbe durch die Rostschicht und die Züge der Kesselanlage zu saugen, ist ein gewisser Zugunterschied zwischen dem Brennraume und der Außenluft nötig.. Da man aus Preisrücksichten an eine nicht zu große Schornsteinhöhe gebunden ist, so haben sich gewisse mittlere Verhältnisse herausgebildet für die angewendete Zugstärke; dieselbe beträgt im Durchschnitt am Schornsteinfuße, gemessen bei geschlossenem Fuchsschieber, etwa 20—35 mm. Die Widerstände beim Strömen der Gase durch die Kanäle und Rohrreihen, Rauchgasvorwärmer und Überhitzer usw. verbrauchen einen Teil dieses verfügbaren Unterdruckes, so daß über dem Roste im Mittel der Unterdruck noch 6—15 mm beim Betriebe beträgt. Je höher der Rost bedeckt wird, desto geringer wird die durch den Rost gesaugte Luftmenge, desto höher aber der Unterdruck über dem Roste, da dann der gesamte Raum über dem Roste und in den Zügen mehr und mehr ein von der Außenluft abgeschlossener Raum wird, der in seinem Unterdrucke sich dem Höchstwerte des vom Schornstein erzeugten Unterdruckes nähert. Diese Erscheinung macht sich nicht nur mit steigender Schichthöhe bemerkbar, sondern auch bei Bedeckung des Rostes mit feinkörnigem Brennstoffe, mit zunehmender Verschlackung des Rostes, mit Abdrosselung des Luftzutrittes usw. Man sieht also, das angewendete Verfahren der einfachen Zugmessung bietet keinen einwandfreien Hinweis für die Regulierung der Verbrennungsvorgänge.

Einen besseren Anhalt gibt das Verfahren, bei dem man den Zugunterschied zwischen Kesselende und Brennraum mißt; denn je höher dieser ist, desto mehr Luft tritt durch den Rost entsprechend der Beziehung $v = \sqrt{2\,g\,h}$ und desto mehr Kohle wird verbrannt, während beim Sinken des Unterschiedes ein abnehmender Lufteintritt angezeigt wird, entweder bei zu hoher Schichthöhe, bei zunehmender Verschlackung oder beim Schließen der Aschenfalltür. Man wird dann stets, um zu hohen Luftüberschuß zu vermeiden, mit dem geringsten Zugunterschiede arbeiten, mit dem der Betrieb gehalten werden kann; bei derselben Kesselanlage ist die durchgesaugte Luftmenge annähernd proportional der Wurzel aus diesem Zugunterschiede. Das einwandfreieste Bild würde geboten durch unmittelbare Messung und Anzeige der erzeugten Gasmengen, etwa durch Messen mit einer Stauscheibe, weil unter annähernd gleichen Verbrennungsverhältnissen die Gasmenge gleichmäßig mit der verbrannten Kohlenmenge ansteigt (vgl. S. 229).

Zum Feststellen der Höhe des Zuges, also des Unterdruckes an einer bestimmten Stelle der Zugkanäle, verwendet man eine U-förmig gebogene, beiderseitig offene, mit Wasser gefüllte Glasröhre, deren eines Ende man durch ein senkrecht zum Gasstrome gestelltes Rohr mit dem betreffenden Gaskanale verbindet. Zu feineren Messungen benutzt man geneigt liegende Glasrohre oder Zugmesser, die mit zwei verschiedenen, im spezifischen Gewichte sehr nahe aneinanderliegenden, sich aber nicht mischenden Flüssigkeiten gefüllt sind, oder ähnliche Instrumente, deren heute eine ganze Zahl zuverlässig arbeitende zur Verfügung stehen, sog. Differenzzugmesser.

Beispiel 34. Es sei ein Beispiel für eine Zugmessung gegeben, die an einem Zweiflammrohrkessel von 82,6 m² Heizfläche und 10,0 m Länge ausgeführt wurde. Die Kesselbeanspruchung betrug 31,8 kg/m²/st, bezogen auf Wasser von 0° und Dampf von 100°. Der Kessel besitzt eine Schüttfeuerung von 3,70 m² zur Verfeuerung von deutscher Braunkohle von 2800 WE; er ist so eingemauert, daß die Gase nach Durchströmen der beiden Flammrohre von 650—750 mm ⌀ rechts und links vom Kessel durch Seitenzüge gemeinsam nach vorn ziehen, sich unter dem Kessel vorn vereinigen und in einem gemeinsamen Unterzuge unter dem Kessel entlang wieder nach hinten in den Fuchs streichen. Ein gemeinsamer Abzugskanal führt die Gase von noch vier anderen gleichgroßen, ebenso eingemauerten Kesseln nach einem gemeinsamen Flugaschenfänger, der 8 m hinter dem Kessel dicht vor dem Schornstein steht; der Schornstein ist 50,0 m hoch und besitzt einen oberen lichten Durchmesser von 2,0 m. Die Querschnitte sind folgende: In der engsten Stelle der zwei Flammrohre zusammen 0,665 m², in den beiden Seitenzügen zusammen 0,96 m², im Unterzuge 0,685 m², im Fuchskanale 0,80 m², im gemeinsamen Fuchse aller fünf Kessel etwa 5,0 m², an der oberen Mündung des Schornsteines 3,14 m²; nachstehende Aufstellung gibt Zug- und Temperaturmessung an.

	Über der Feuerung	Am Flammrohrende	Mitte des Seitenzuges		Umkehr von den Seitenzügen in den Unterzug	Fuchs vor dem Schieber	Gemeinsamer Fuchs aller Kessel	Im Schornstein in 15 m Höhe
			oben	unten				
Zug mm . . .	13	17,5	21	22	22	26,5	29,5	30,5
Temperatur °C	—	—	—	—	—	491	465	445

Die niedrigere Temperatur im gemeinsamen Fuchse erklärt sich dadurch, daß die anderen Kessel etwas niedrigere Temperaturen besaßen und durch die undichten Schieber Luft eingetreten ist.

Beispiel 35. Als weiteres Beispiel seien noch einige Messungen gleicher Art an dem auf S. 156 beschriebenen Garbekessel von

254 m² Heizfläche für 14 at Überdruck angeführt für zwei Versuchsreihen.

Beanspruchung kg Dampf auf m² Heizfläche und st $^o/_{100}°$	Zug über dem Rost	Zug hinter dem Überhitzer	Zug vor dem Fuchsschieber	Dampftemperatur hinter Überhitzer	Gastemperaturen			CO₂-Gehalt vor dem Fuchsschieber
					vor	hinter	vor dem Fuchsschieber	
					dem Überhitzer			
	mm	mm	mm	°C	°C		°C	%
19,3	12,3	13,1	16,2	253	362	253	273	12,4
22,05	13,0	14,0	19,0	263	409	263	293	12,4

VII. Rohrleitungen.

24. Wärmeabgabe geheizter nackter Rohre an Luft.

Die durch Berührung eines Körpers von der Oberflächentemperatur $\vartheta°$ mit der Luft von $t°$ abgegebene Wärmemenge wird ausgedrückt durch (Formel 29, S. 58)

$$S_2 = \alpha \cdot F \cdot z \, (\vartheta - t) \,.$$

Wamsler[1]) fand für wagerechte nackte Rohre, die in einem Raume ohne Luftbewegung gelegt waren, daß α nicht konstant ist, sondern vom Temperaturunterschied und dem Stoff sowie vom Durchmesser der wärmeabgebenden Rohre abhängig ist. Er gibt folgende Werte an für ruhende Luft, neben die die Werte von Eberle[2]) gestellt sind.

Zahlentafel 68.

Wärmeabgabe in WE/m²/st für 1° Temperaturunterschied durch Berührung.

| Material | mm äußerer Rohrdurchmesser | a beim Temperaturunterschied von | | | äußerer Rohrdurchm. mm | a beim Temperaturunterschied von | |
		50°	100°	150°		120°	160°
	Nach Wamsler				Nach Eberle		
Schmiedeeisen	33	7,0	7,8	8,7	70	6,16	6,30
„	59	6,6	7,4	8,3			
„	89	4,7	5,5	6,3	150	5,90	6,30
Gußeisen	59	5,8	6,6	7,4			
Kupfer	59	6,1	6,8	8,1			

---

[1]) Forschungshefte 98/99, S. 42/45. Als Erfahrungsformel gibt Wamsler an:

$$\alpha = \frac{p\,(\vartheta - t)^{0,233}}{d^{0,3}} \,.$$

d ist äußerer Rohrdurchmesser in Metern,
$p = 0,97$ für Gußeisen, $\qquad \vartheta =$ Rohroberflächentemperatur,
$\quad = 0,91$ für Schmiedeeisen, $\qquad t =$ Lufttemperatur.
$\quad = 1,04$ für Kupfer.

[2]) Z. d. V. d. I. 1908, S. 539, Zahlentafel 5.

Die durch Strahlung abgegebene Wärmemenge S_1 beträgt etwa 40—60% der Gesamtwärmeabgabe und nimmt mit der Temperatur des Rohres mehr zu als die durch Berührung abgegebene Wärmemenge.

Die Gesamtwärme, die von 1 m² Rohroberfläche abgegeben wird, ist zu setzen:

$$Q = k \cdot F \cdot z \cdot (\vartheta - t).$$

Für die Wärmeabgabe k für 1 m² Rohroberfläche für 1 st und 1° Temperaturunterschied zwischen Heizmittel und stiller Luft kann man die Werte aus Zahlentafel 69 entnehmen (vgl. auch S. 50).

Der Anstrich beeinflußt die Wärmeabgabe nur sehr wenig, sie wird etwa 4,0% geringer bei einer Rohroberflächentemperatur von 25—125°.

Zahlentafel 69.

Wärmedurchgangszahl k in WE/st für 1° Temperaturunterschied zwischen Heizmittel und Außenluft und 1 m² Rohroberfläche.

Äußerer Rohr-durchmesser mm	Temperaturunterschied zwischen Luft und Heizmittel °C										
	Wasser an Luft					Dampf an Luft					
	40	60	70	80	über 80	50	90	100	120	150	190
Schmiedeeisen											
bis 33	10,5	11,5	12,0	12,5	12,5	11,9	13	13,5	14	16,0	—
33 bis 60	9,0	10,0	10,5	10,5	11,0	11,6	12	12,5	13,8	14,5	16,0
60 bis 100	8,5	9,0	10,5	10,5	10,5	9,9	—	—	—	—	—
über 100	8,0	8,5	8,5	8,5	8,8	—	11,5	12	12,5	—	—
Gußeisen 59						10,9	—	13,0	—	16,0	—
Kupfer 59						6,8	—	8,0	—	9,6	11,5

Bei vorstehenden Zahlen ist ruhende Luft und wagerechte Rohrführung angenommen, bei senkrechter Rohrführung wachsen die k-Zahlen um ca. 4%. Wenn die Geschwindigkeit des wärmenden Mittels (Luft), die bei vorstehenden Zahlen zu $v \leqq 0,8$ m/sk anzunehmen ist, größer wird, so werden die Wärmedurchgangszahlen wesentlich größer.

Ferner gelten für:

	Niederdruck bei 0,5 at	Hochdruck
Rippenheizrohrstränge	$k = 5,5$	6,5
Rippenöfen	$k = 4,5$	5,5
Einsäulige Radiatoren von 500 bis 1000 mm Bauhöhe	$k = 8,2\text{—}9,0$	—
Zweisäulige Radiatoren von 500 bis 1000 mm Bauhöhe	$k = 7,7\text{—}8,5$	8,5—12,0

Versuchsergebnisse an Dampfleitungen enthält der nächste Abschnitt.

25. Abkühlungsverlust (durch Berührung und Strahlung) beim Strömen von gesättigtem und überhitztem Dampfe durch nackte und umhüllte Leitungen.

a) Gesättigter Dampf.

1. Nackte Rohre.

Beim ruhigen Stehen von Dampf in Rohrleitungen, ebenso beim Durchströmen derselben entstehen Wärmeverluste, die ein Niederschlagen eines Teiles des eingeschlossenen Dampfes hervorrufen; dieses Niederschlagwasser bedeutet einen Verlust und muß abgeführt werden, wenn es nicht Störungen in den Maschinen und Apparaten hervorrufen soll. Der Wärmeverlust einer Rohrleitung wird in Wärmeeinheiten für 1 m² Rohroberfläche und Stunde gemessen, dabei sind die Flanschenoberflächen mit ihrer vollen Fläche einzusetzen. Genaue Versuche, die Eberle[1]) an Rohrleitungen vornahm, zeigten folgende allgemein gültige Verhältnisse:

Sowohl bei gesättigtem wie überhitztem Dampfe ist die Temperatur im Querschnitte einer Rohrleitung an allen Stellen praktisch gleich groß; sie ist bei gesättigtem Dampfe am Rande nur etwa 1° geringer als in der Mitte, bei überhitztem Dampfe von etwa 250° nur etwa 2° niedriger.

Die Temperatur der nackten Rohroberfläche ist praktisch bei gesättigtem Dampfe gleich derjenigen des im Rohre befindlichen Dampfes (nur etwa 1° geringer); die der nackten Flanschen dagegen 16—17° niedriger; ist der Flansch ebenfalls umhüllt, so ist der Temperaturunterschied nur noch 3—5°.

Der Wärmeübergang an die umgebende Luft erfolgt durch Berührung und Strahlung; dabei ist festgestellt:

daß der Wärmeverlust eines nackten Ventils demjenigen von etwa 1,0 m der zugehörigen Rohrleitung entspricht;

daß der Wärmedurchgangsverlust k, gemessen in Wärmeeinheiten auf 1 m² Rohroberfläche (einschl. Flanschenoberfläche) und 1 st bei 1° Temperaturunterschied zwischen Dampf (t_1) und Luft (t_2) nach der Beziehung

$$Q = k\,(t_1 - t_2)$$

wächst mit dem Temperaturunterschiede zwischen Dampf und Luft, außerdem mit der zunehmenden Dampftemperatur sowie mit zunehmender Lufttemperatur, mit ersterer jedoch wesentlich mehr;

daß k in den Grenzen von 70—150 mm lichtem Rohrdurchmesser von diesem unabhängig ist;

daß k von der Strömungsgeschwindigkeit des Dampfes unabhängig ist.

---

[1]) Z. d. V. d. I. 1908, S. 481 ff.

Zahlentafel 70.

Wärmedurchgangszahl k bei nackten Rohrleitungen von 70—150 mm lichtem Durchmesser. Für gesättigten Dampf und 20—30° Lufttemperatur.

Dampftemperatur t_1 °C	Wärmedurchgangszahl k in WE für 1 m² und 1° Temperaturunterschied	Dampftemperatur t_1 °C	Wärmedurchgangszahl k in WE für 1 m² und 1° Temperaturunterschied
100	11,59	160	14,23
110	12,03	170	14,68
120	12,47	180	15,12
130	12,92	190	15,56
140	13,36	200	16,00
150	13,80		

Zahlentafel 70 gibt k in Abhängigkeit von der Dampftemperatur bei Lufttemperaturen von 20—30° und nackten Rohrleitungen von 70 bis 150 mm l. ∅.

Dargestellt sind diese Werte in Abb. 45 und 46, woselbst sowohl k als auch der Abkühlungsverlust in Wärmeeinheiten auf 1 m² nackter Rohroberfläche und Stunde eingetragen sind.

Der Abkühlungsverlust, welchen der gesättigte Dampf beim Durchströmen der Leitung erfährt, äußert sich darin, daß ein gewisser Teil des Dampfes kondensiert, und zwar hat das Dampfwasser, das nach dem Ende der Leitung fließt, die Temperatur und den Druck des Dampfes an der betreffenden Stelle, wo es entnommen wird.

Man kann die Kondensatmenge aus folgender Überlegung erhalten: Der Druck des in die Leitung einströmenden Dampfes nimmt infolge der Strömungswiderstände der Leitung der Ventile, Krümmer usw. ab; man bestimmt diesen Druckabfall nach der Formel 99, somit ist für jede Stelle der Leitung der Druck und die zugehörige Sättigungstemperatur bekannt. Der Abkühlungsverlust ist nach vorstehendem (vgl. auch Beispiel 37, S. 266) berechenbar; dann gilt, daß der Wärmeinhalt des einströmenden Dampfes $G_1 \cdot \lambda_1$ den Druckabfall zu decken hat, den Wärmeinhalt des Kondensates $(G_1 - G_2)\,q_2$, der aus Kondensatmenge mal Flüssigkeitswärme besteht, und den Abkühlungsverlust W. Wenn nun G_2 die am Ende der Leitung noch in 1 st abströmende Dampfmenge bedeutet, so ergibt sich:

$$G_1 \cdot \lambda_1 = G_2 \lambda_2 + (G_1 - G_2)\,q_2 + W \quad\ldots\ldots\ldots \quad 96)$$

Beispiel 36: 5000 kg Dampf strömen stündlich durch eine Leitung von 100 m Länge und 100 mm l. ∅; sie treten mit 10,0 kg/cm² Druck ein (179°) und mit 9,34 kg/cm² Druck aus (176°); die Leitung hat 10 Flanschenpaare und eine Gesamtoberfläche von 36,0 m² einschl. Flanschen; sie ist nicht umhüllt. Der Gesamtwärmeverlust beträgt demnach bei 20° Lufttemperatur für die mittlere Dampftemperatur nach Zahlentafel 70 bzw. Abb. 46 mit $k = 14,8$

$$36,0 \cdot 14,8 \cdot 157,5 = 83\,700 \text{ WE für 1 st}.$$

Daraus ergibt sich die Kondensatmenge aus:

$$5000 \cdot 661 = G_2 \cdot 660,2 + (5000 - G_2) \cdot 178,2 + 83\,700 \text{ zu } G_2 = 4840\,\text{kg},$$

mithin eine Kondensatmenge von 160 kg für 1 st.

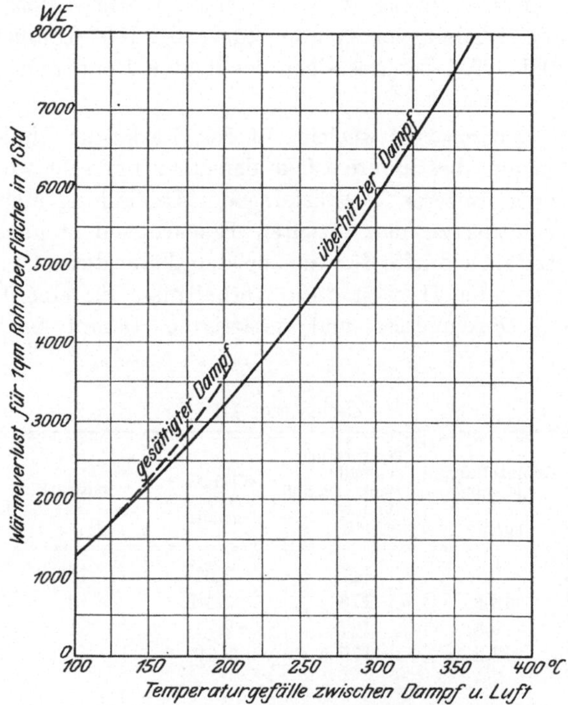

Abb. 45. Stündlicher Wärmeverlust bei nackten Leitungen für gesättigten und überhitzten Dampf.

2. Umhüllte Rohre.

Die im vorigen Abschnitt angegebenen Werte für die Abkühlung nackter Rohre vermindern sich sehr stark, wenn die Rohre mit einer Schutzschicht umkleidet werden; die Ersparnisse an Wärmeverlusten betragen je nach der Güte, Stärke usw. der Umhüllung 71—83%, wenn die Flanschen nicht umhüllt sind, und steigen auf 80—89% bei umhüllten Flanschen bei 100—200° Temperaturgefälle zwischen Dampf und Luft (vgl. Schaubild 46 und 47).

Dabei gilt folgendes:

1. Die Wärmeersparnis wächst bei allen Schutzmitteln ganz wesent-lich mit dem Temperaturgefälle zwischen Dampf und Luft.

2. Bei umhüllten Rohren ohne Flanschenumhüllung wächst k mit steigender Dampftemperatur ein wenig an; sind jedoch die Flanschen ebenfalls umkleidet, so wird k für den ganzen Temperaturbereich nahezu konstant.

3. Der Wirkungsgrad der Umhüllung wächst mit der Zunahme des Rohrdurchmessers ebenfalls, z. B. für einen Wärmeschutz, bestehend aus gebrannten Schalen, von 60 mm Stärke bei 100° Temperaturunter-schied von 80,6—89% bei Ansteigen des lichten Rohrdurchmessers von 45—300 mm.

4. Die Wärmeersparnis wächst mit der Stärke der Umhüllung an; allerdings über eine bestimmte Dicke derselben nur sehr wenig, so daß die Kosten einer weiteren Verstärkung der Umhüllung nicht mehr im richtigen Verhältnis zu den erzielten Ersparnissen stehen; bei etwa 50 mm Schutzstärke dürfte für die meisten Fälle diese Grenze liegen. Folgende Zahlentafel 71 zeigt diese Verhältnisse für eine Rohrleitung von 70 mm l. Durchmesser und gesättigten Dampf bei umhüllten Flanschen.

Zahlentafel 71.

Stärke der Umhüllung mm	Absolute Dampf-spannung kg/cm²	Temperatur-gefälle zwischen Dampf und Luft °C	k WE/m²/st 1° Temperatur-gefälle	Wärme-ersparnis in %	Wärme-ersparnis WE
30	6,7	147	3,61	75	—
	13,2	178	3,46	78	2200
60	6,8	147	2,81	81	—
	13,2	175	2,79	82	2312

Für zweckmäßige Stärke der Umhüllung gibt Zahlentafel 72 einen guten Anhalt; Schichtstärken von 60 mm und mehr wendet man erst für Rohre von etwa 200 mm und darüber an.

Zahlentafel 72.

Dampftemperatur . . . . °C	150	200	250	300	350	400
Stärke der Schutzschicht . . . . mm	30	40	50	60	70	80

Ganz wesentlich hängt die Höhe der Ersparnis von der Art der Um-hüllung und den verwendeten Schutzmitteln ab. Dieselben setzen dem Wärmedurchgange nämlich ein Hindernis entgegen, das um so größer ist, je kleiner die Wärmeleitungszahl λ (vgl. S. 53) ist. Für Isolierstoffe ist dieses λ nicht konstant, sondern wie neuere Versuche von Nusselt[1]), Gröber[1]) und Poensgen[2]) gezeigt haben, steigt λ mit der Temperatur an und bei losen Stoffen mit der Dichte, auf welche sie gepreßt werden. Die Zahlentafeln 73 und 74 geben darüber Aufschluß.

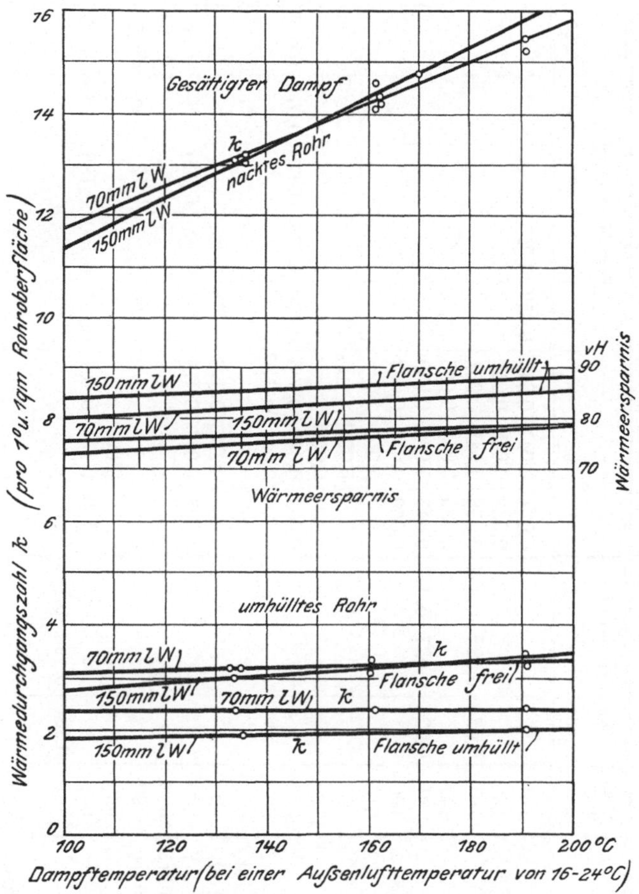

Abb. 46. Wärmedurchgangszahl k an nackten und umhüllten Rohrleitungen für gesättigten Dampf sowie die Wärmeersparnisse.

Eberle[3]) hat mit vielen Wärmeschutzmitteln, die nach verschiedenen Verfahren auf Dampfrohre aufgebracht wurden, eingehende Versuche angestellt, von denen eine Anzahl wesentlicher Ergebnisse in Zahlentafel 75 wiedergegeben sind; sie umfassen Rohre mit und ohne Um-

---

[1]) Z. d. V. d. I. 1908, S. 1006, und ebenda 1910, S. 1323.
[2]) Z. d. V. d. I. 1912, S. 1656.
[3]) Eberle, Z. d. Bayer. Rev.-V. 1909, Nr. 11 usw.

Zahlentafel 73.

Wärmeleitungszahl λ bei Isolierstoffen[1]).

λ steigt mit der Temperatur und bei losen Stoffen mit der Dichte, auf die sie gepreßt werden.

Material	Spez. Gew. kg/m³	Nach Groeber			Nach W. Nusselt									
		-150°	-100°	-50°	0°	50°	100°	150°	200°	250°	300°	350°	400°	500°
Korkmehl 1—3 mm	161				0,031	0,041	0,048	0,052	0,055					
Schafwolle	136				0,033	0,042	0,050							
Seide	101	0,026	0,032	0,037	0,038	0,045	0,051							
Seidenzopf	147				0,039	0,047	0,052							
Baumwolle	81	0,033	0,037	0,042	0,047	0,054	0,059							
Blätterholzkohle aus Krautblättern .	190				0,050	0,056	0,063							
Sägemehl	215					0,055								
Torfmull (getrocknet)	{160 190					0,055} 0,052} bei25°								
Kieselgur, lose	350				0,052	0,060	0,066	0,070	0,074	0,076	0,078	0,079		
Asphaltierter Korkstein	200					0,061	bei18°							
Isoliermasse a.Korkstückchen, Asbest, Kieselgur, Stroh und Bindemittel	405				0,06	0,07	0,076	0,079	0,081					
Gebrannter Kieselgurstein	200				0,064	0,071	0,078	0,085	0,092	0,099	0,106	0,113	0,120	
Kieselgur, geb., m. Wasser angerührt	580							0,083				0,123		
Isoliermasse, geb., m.Wasser angerührt	690							0,100		0,12	bei	220°		
Hochofenschaumschlacke.	360					0,095								
Asbest	{576 702		0,180	0,190	0,195	0,130 0,20	0,153	0,167	0,175	0,180	0,183	0,186	0,189	0,192	0,198
Hochofenschlackenbeton: 9 R.-T. Schlacke, 1 R.-T. Zement	550													
Rheinischer Bimskies, haselnußgroß	292					0,20								
Patentgurit (Gichtstaubmasse) . . .			Nach Groeber					0,072	0,08	0,088	0,096			

[1]) Weitere Versuchswerte nach van Rinsum siehe Z. d. V. d. I. 1918, S. 640 und Abb. 6.

Zahlentafel 74.
Versuchswerte für λ nach Poensgen.

	Gewicht kg/m³	Temperatur °C	λ
Maschinenziegel	1672	15	0,44
		40	0,46
		80	0,47
Ziegelmauerwerk	1850	20	0,35
		47	0,38
Hohlziegelmauerwerk		20	0,28
		59	0,31
Natursandstein, 6 Monate getrocknet	2251	10	1,08
		20	1,11
		30	1,14
Beton 1 : 4, ½ Jahr getrocknet	2180	20	0,65
		23	0,66
Schamotte.	1716	10	0,49
		25	0,50
		40	0,51
		60	0,53
Gipsplatten mit eingeschl. Korkstückchen. . .	685	30	0,24
Kiefernholz, senkrecht zur Faser	546	15	0,13
		30	0,14
Kiefernholz, parallel zur Faser	551	20	0,30
		25	0,32
Eichenholz, senkrecht.	825	15	0,18
		50	0,17
Eichenholz, parallel zur Faser	819	20	0,31
		50	0,37
Linoleum, 7,3 mm stark	1183	20	0,16
Asphalt zum Straßenbau	2120	10	0,56
		30	0,64
Korkplatten	61	20	0,035
	154	50	0,044
	180	50	0,042
	254	45	0,051
	350	10	0,056
		60	0,058
Kieselgursteine, gebrannte.	333	15	0,068
		50	0,072
		100	0,078
		150	0,084
Kieselgursteine, gebrannte.	451	20	0,075
		50	0,080
		100	0,087
		200	0,100
Gewachsener Erdboden[1]			2,00

[1] Hencky, Z. f. Kälte-Ind. 1915, S. 79.

Zahlen-

Versuche von Eberle über Wärmeverluste mit Wärme-

Ausführung der Umhüllung eines Rohres von 70 mm l. $\varnothing$	Schicht-stärke insgesamt	Dampf-überdruck	Tempera-turgefälle zwischen Dampf und Luft
	mm	at	°C
1	2	3	4
Kieselgurmasse mit Bandage; Flanschen mit doppelten Blechkappen, dazwischen Kieselgur (Versuch Nr. I) . . .	58	3,4—13,0	130—184
Gebrannte Schalen. 5 mm Kieselgurmörtelbänder, darüber gebrannte Schalen von 50 mm Dicke, darüber ebenso geglättet und Nesselbänder mit Ölfarbenanstrich; Flanschen mit Asbestschläuchen bewickelt, darüber Blechmantel (Versuch Nr. III).	60	3,2—13,0	117—172
Seidenisolierung. Spiraldraht von 6 mm $\varnothing$, darauf Weißblechmantel; darüber 22 mm Remanitseide, Wellblechpappe und Nesselumwicklung; Flanschen mit doppelten Blechkappen mit Luftzwischenraum, Seidenpolster, Nessel (Versuch Nr. V).	33	1,3—6,7	85—142
Korkisolierung. 10 mm Kieselgurmasse, darüber 35 mm starke Korkschalen; mit Gips geglättet und Nesselumhüllung; Flanschen mit doppelten Blechkappen, dazwischen Luft, darüber Seidenpolster und Nessel (Versuch Nr. XII)	48	1,3—6,7	88—143
Patentgurit (Gichtgasstaub). 20 mm Patentgurit, dann 10 mm Luftschicht (Spiraldraht), darüber Blechmantel mit 25 mm Patentgurit und Nesselumwicklung. Flanschen mit doppelwandigem Blechmantel mit Asbestkissen und Schlakkenwolle (60 mm) (Versuch Nr. XIV)	65	3,4—13,0	120—175
Glaswolle. Glaswollenschicht von 30 mm, darüber Wellpappe und Juteumwicklung mit Ölfarbenanstrich; Flanschen mit Asbestpappe, darüber Glaswolle u. Blechmantel (V. Nr. XVI)	33	3,35—13,2	108—166

kleidung der Flanschen. Es wurde gesättigter Dampf von 1,3—13,3 at Spannung für die Untersuchung verwendet; die Wärmedurchgangszahl k, Spalte 7 und 8, ergab sich je nach der Güte des Isolierstoffes zu 1,6 bis 3,2 WE.

Für eine Rohrumkleidung mit Kieselgurschalen[1]), 60 mm stark mit 5 mm Luftschicht, sind die wichtigsten Werte in Abb. 46 eingetragen. Sie geben ein gutes Bild aller Verhältnisse und können den Bestimmungen für Abkühlungsverluste als Mittelwerte zugrunde gelegt werden, solange man nicht bestimmte Werte für eine besondere Isolierung hat.

Eine weitere Zahlentafel 76 nach Rietschel gibt die Wärmeersparnis

---

[1]) Eberle, Z. d. V. d. I. 1908, S. 570.

Tafel 75.

schutzmitteln an Rohrleitungen (l. $\varnothing = 70$ mm) bei Sattdampf.

Stdl. Wärmeverl. in WE für 1° Temperaturgefälle zwischen Dampf und Luft und 1 m² Rohroberfläche (einschl. Flanschen) k		Wärmeersparnis in % gegenüber nacktem Rohre		Wärmeverlust ür 1 m² Rohroberfläche und st WE		Lufttemperatur
Flanschen frei	Flanschen umhüllt	Flanschen frei	Flanschen umhüllt	Flanschen frei	Flanschen umhüllt	°C
5	6	7	8	9	10	11
3,30—3,49	2,85—3,10	75,6—78	77,1—82	430—636	406—526	6—9
3,22—3,40	2,27—2,35	76,2—78,9	83,2—85,6	376—570	278—300	11—24
2,55—2,93	1,87—1,97	79,3—79,8	84,7—86,3	217—415	156—277	18—21
3,36—3,64	2,44—2,65	72,8—75	80,2—81,7	294—518	214—379	18—20
2,88—3,03	1,66—1,72	78,8—80,7	87,8—89,1	347—528	202—299	15—17
2,82—3,06	1,86—2,02	79,2—80,6	86,2—87,2	303—586	205—335	25—28

in Hundertsteln für verschiedene Wärmeschutzmittel an bei verschiedener Stärke der Umhüllung, geordnet nach der Güte der Schutzstoffe.

Es ist zu bemerken, daß die organischen Stoffe, wie Seide und Filz, die an sich vorzügliche Wärmeschutzmittel sind, mit sehr niedriger Wärmeleitungszahl λ höhere Temperaturen als etwa 150° nicht vertragen; sie müssen gegen unmittelbare Einwirkung der Wärme, z. B. bei überhitztem Dampf, durch Luftschichten oder unverbrennbare Stoffe gegen Verkohlung geschützt werden. Trotzdem liegt die oberste Verwendungsgrenze, abgesehen von ihrem hohen Preise, etwa bei 300°. Von der Anwendung der Luftmäntel kommt man indes heute immer mehr ab; denn falls die Luft im Mantel nicht völlig dicht eingeschlossen ist, zieht die-

Zahlentafel 76.

Versuchsergebnisse der gebräuchlichsten Wärmeschutzmittel nach Rietschel.

Nr.	Art der Umkleidung	Wärmeersparnis in Prozenten der Wärmeabgabe des unbekleideten Rohres bei einer Umhüllung von:			
		15 mm	20 mm	25 mm	30 mm
1.	Strohseil mit Lehm	31	36	40	43
2.	Asbest, Schnur aus Asbestklöppelung mit Asbest faserfüllung	41	44	46	48
3.	Kieselgur:				
	a) Kieselgur mit Lederspänen.	41	43	44	45
	b) Kieselgur mit Schwammteilchen bandagiert und schwarz gestrichen	52	56	58	60
	c) Desgl., nicht bandagiert u. nicht gestrichen	57	60	63	65
	d) Asbestschlauch mit Kieselgurfüllung . .	54	58	60	61
	e) Aufrollbare Kieselgur-Rippen-Platten mit Hohlräumen und Luftschichten.	57	61	63	64
	f) Kieselgur mit Malzkeimen und Brauereiabfällen, bandagiert u. mit Dextrin gestrichen	53	61	67	72
	g) Kieselgur m. Korkteilchen, nicht bandagiert	65	69	72	74
	h) Kieselgurschalen	66	70	73	75
	i) Kieselgur ohne Fremdkörper, kalziniert, d. h. die organischen Bestandteile verbrannt	68	74	77	80
4.	Kunsttuffsteinschalen.	62	67	70	72
5.	Korkschalen.	56	65	71	76
6.	Rohseide:				
	a) Seidenpolster mit Luftschicht, Luftschicht durch reibeisenartige auf das Rohr gewickelte Blechstreifen hergestellt. Die Stärke der Luftschicht etwa 30% der Gesamtstärke der Umwickelung	73	76	78	79
	b) Seidenpolster ohne Luftschicht in Gestalt eines Leinenschlauches mit Seidenfüllung	73	76	78	79
	c) Seidenzöpfe ohne Luftschicht.	75	78	80	81
	d) Seide, darunter eine Schicht Kieselgur:				
	20% der Umhüllung ist Seide	72	76	79	80
	40% der Umhüllung ist Seide	75	78	80	81
	60% der Umhüllung ist Seide	75	78	80	81
	e) Remanit, karbonisierte Seide, Zöpfe. . .	75	78	80	81
	f) Remanitpolster zwischen weitmaschigem aus dünnem Eisendraht bestehenden Gewebe	77	80	82	83
7.	Filz, weiches, braunes Material ohne Bandage oder bandagiert und mit Dextrin gestrichen	81	84	86	87

selbe hindurch und es findet ein vermehrter Wärmeverlust statt; außerdem wird durch eine gute Schutzmasse dieselbe Wirkung erzielt. Ebenso ist bei Anwendung von Flanschenkappen auf durchaus dauernden dichten Abschluß zu achten und darauf, daß weder die Rohrmanschette noch die Flanschenkappe an irgendeiner Stelle metallische Verbindung mit dem Dampfrohre hat, weil sonst von Eisen zu Eisen Wärme fortgeleitet wird.

b) Überhitzter Dampf.

1. Allgemeines.

Der überhitzte Dampf kann beim Strömen durch eine Leitung seinen Wärmeinhalt ändern durch Verminderung der Temperatur, durch Druckabfall und durch teilweisen Niederschlag, sobald die Temperatur der Rohrwand unter die Sättigungsgrenze sinkt.

Zahlentafel 77.

Temperaturen der **nackten** Rohrwand bei **überhitztem** Dampfe bei $\alpha = 150$ und 25 m Dampfgeschwindigkeit in der Sekunde. Rohrdurchmesser 70 mm i. L. Lufttemperatur = 20°.

Dampf-temperatur	Temperatur-gefälle zw. Dampf und Luft	Wärme-durchgangs-ziffer	Wärme-durchgang auf 1 st und 1 m² Rohrober-fläche	Äußere Wandungs-temperatur	Temperatur-gefälle zw. Dampf und Wandung
°C	°C	k	WE	°C	°C
100	80	11,6	930	94	6
125	105	12,5	1310	116	9
150	130	13,4	1740	138	12
175	155	14,4	2230	160	15
200	180	15,3	2760	182	18
225	205	16,2	332?	203	22
250	230	17,1	3930	224	26
275	255	18,0	4600	244	31
300	280	18,9	5300	265	35
325	305	19,8	6050	285	40
350	330	20,8	6860	304	46
375	355	21,7	7700	324	51
400	380	22,6	8590	343	57

Auf diese Erscheinung stützt sich auch die Verwendung von überhitztem Dampfe bei Fortleitung auf längere Strecken und die vorteilhafte Benutzung für Dampfmaschinen (vgl. S. 181). Der überhitzte Dampf kühlt sich erst ab, ohne sich niederzuschlagen, so lange, bis er die Sättigungstemperatur erreicht hat; oberhalb dieser Grenze verhält er sich wie ein Gas.

Im Gegensatze zu gesättigtem Dampfe, bei dem die äußere Wandungstemperatur der nackten Rohrwand praktisch gleich der Dampftemperatur ist, zeigt sich, daß die Wandungstemperatur von nackten Rohrleitungen, durch welche überhitzter Dampf strömt, ganz wesentlich unter der Dampftemperatur liegt. Es wächst nämlich die Wärmeübergangsziffer α[1]) zwischen Dampf und Wand aus der Gleichung $Q = \alpha\,(t - \vartheta)$, vgl. Formel 13, mit der Dampfgeschwindigkeit in hohem Maße, dabei ist α aber für überhitzten Dampf ganz bedeutend geringer als für gesättigten, bei dem α etwa 2000 beträgt. Eberle fand für ein nacktes Rohr von 150 mm l. $\varnothing$ bei etwa 300° Dampftemperatur, 11° Lufttemperatur und einer Strömungsgeschwindigkeit von 30 m in der Sekunde bei 6,7 at abs. ein Temperaturgefälle zwischen Dampf und Außenwand von etwa 34° bei einem $\alpha = 166$.

Die oft verwendete Formel $\alpha = 2 + 10\,\sqrt{v}$ ist für überhitzten Dampf nicht brauchbar.

Der absolute Wärmeverlust ist bei rasch strömendem Dampf höher als bei langsamer strömendem, und das Temperaturgefälle zwischen Dampf und Außenwand nimmt mit der Dampftemperatur zu, wie aus Aufstellung (S. 261) ersichtlich.

2. Wärmeverluste bei nackter Leitung.

Für den Wärmeverlust eines nackten Rohres von 70 mm l. $\varnothing$, das von überhitztem Dampfe durchströmt wird, sind die in nachstehender Zahlentafel 78 aufgeführten Werte ermittelt worden; dabei ist als Wärmeübergangszahl zwischen Dampf und Wand $\alpha = 150$ zugrunde gelegt worden und eine mittlere Dampfgeschwindigkeit von $v = 25$ m/sk. Wie ersichtlich, steigt k und der Wärmeverlust auf ein Quadratmeter Oberfläche und Stunde mit der Dampftemperatur an. Diese allgemein gültigen Werte sind in Abb. 45 und 46 eingetragen, für überhitzten und für gesättigten Dampf übereinander. Man beobachtet, daß der Wärmeverlust für überhitzten Dampf nur unwesentlich geringer ist als für gesättigten Dampf, und zwar ist dies eine Folge der niedrigeren Wandtemperatur bei überhitztem Dampfe (α ist kleiner). Indessen sind die Gesamtverluste bei Fortleitung des überhitzten Dampfes infolge der höheren Temperaturgefälle doch höher als bei Sattdampf. Für eine andere Dampfgeschwindigkeit v' kann man den Abkühlungsverlust durch Multiplikation mit $\dfrac{v}{v'}$ erhalten, d. h. derselbe ist etwa umgekehrt proportional der Dampfgeschwindigkeit.

Kurz zusammengefaßt ergibt sich also für nackte Rohre und überhitzten Dampf folgendes: Die äußere Wandtemperatur ist niedriger als die Dampftemperatur, und zwar um so niedriger, je höher die Überhitzungstemperatur und je geringer die

---

[1]) Vgl. Poensgen, Die Wärmeübertragung von strömendem überhitzten Wasserdampfe an Rohrleitungen (Z. d. V. d. I. 1916, S. 49), wo genaue Werte für α für beliebige Rohrdurchmesser angegeben sind.

Dampfgeschwindigkeit ist. Deshalb steigt der Wärmeverlust für 1 m² Oberfläche und Stunde, ebenso die Wärmedurchgangszahl k mit der Dampfgeschwindigkeit an bei gleicher Dampftemperatur.

Zahlentafel 78.

Wärmeverlust für eine **nackte** Dampfleitung von 70 mm bis 150 mm i. L.; für überhitzten Dampf bei 20° Lufttemperatur, $\alpha = 150$; Dampfgeschwindigkeit $v = 25$ m/sk.

Temperaturgefälle zwischen Dampf und Luft ° C (Lufttemperatur = 20°)	Wärmedurchgangsziffer k	Wärmeverlust auf 1 m² Rohroberfläche und Stunde WE
80	11,8	945
105	12,4	1300
130	13,2	1720
155	14,0	2170
180	14,8	2660
205	15,7	3220
230	16,5	3800
255	17,5	4460
280	18,5	5180
305	19,5	5950
330	20,5	6750
355	21,7	7700
380	23,0	8740

3. Wärmeverluste bei umhüllten Rohren.

Etwas anders gestalten sich die Verhältnisse, sobald die Dampfrohre umkleidet werden. Die Dampfgeschwindigkeit übt auf den Wärmeverlust zwischen 5 und 55 m/sk keinen Einfluß mehr aus. Die Wärmedurchgangsziffer liegt zwischen 100 und 200° bei nackten Leitungen für überhitzten Dampf nur wenig unter der für gesättigten Dampf; bei umhüllten Leitungen ist k bei der gleichen Isolierung zwischen 100 und 200° ebenfalls für beide Dampfarten etwa gleich groß; über 200° hinaus wächst k jedoch für überhitzten Dampf weiter an. Die Wärmeersparnis durch Umhüllung steigt bei überhitztem Dampfe wesentlich langsamer als bei gesättigtem Dampfe; es bleibt nämlich die Wandungstemperatur bei überhitztem Dampfe hinter der Dampftemperatur zurück, also wächst auch der Wärmeverlust langsamer als bei gesättigtem Dampfe.

In nachstehender Zahlentafel 79 und Abb. 47 sind diese Werte dargestellt für überhitzten Dampf nach Versuchen an einer Dampfleitung von 70 mm l. ⌀, sowohl für das nackte Rohr als für ein umkleidetes.

Die Dampfgeschwindigkeit beträgt dabei 25 m/sk und die Wärmeübergangszahl α ist = 150 gesetzt.

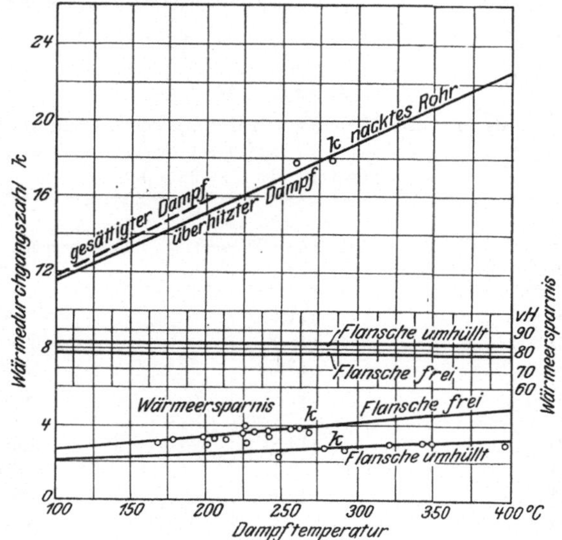

Abb. 47. Wärmedurchgangszahlen k an nackten und umhüllten Leitungen für überhitzten Dampf.

Zahlentafel 79.

Wärmeverluste, Wärmeersparnis und Wärmedurchgangsziffer k für überhitzten Dampf in Abhängigkeit vom Temperaturgefälle (Rohrdurchmesser im Lichten = 70 mm; Dampfgeschwindigkeit = 25 m/sk; $\alpha = 150$; Umkleidung mit 50 mm gebrannten Schalen).

Temperaturgefälle zwischen Dampf und Luft	Wärmeverlust für 1 m² Rohroberfläche und Stunde			Wärmeersparnis durch Umhüllung		Wärmeverl. für 1 m² Rohroberfl. 1 st u. 1° Temperaturgefälle = k		
		umhüllte Leitung					umhüllte Leitung	
	nackte Leitung	Flansche frei	Flansche umhüllt	Flansche frei	Flansche umhüllt	nackte Leitung	Flansche frei	Flansche umhüllt
° C	WE	WE	WE	%	%	WE	WE	WE
100	1225	295	212	75,9	82,7	12,3	2,95	2,12
125	1640	393	279	76,0	83,0	13,1	3,14	2,23
150	2090	495	352	76,3	83,2	13,9	3,30	2,35
175	2625	610	434	76,7	83,5	15,0	3,49	2,48
200	3200	740	520	76,9	83,7	16,0	3,67	2,60
225	3770	870	610	76,9	83,8	16,8	3,87	2,71
250	4425	1015	705	77,0	84,1	17,8	4,06	2,82
275	5160	1170	820	77,3	84,1	18,8	4,25	2,98
300	5925	1330	930	77,5	84,3	19,8	4,43	3,10
325	6750	1500	1040	77,8	84,6	20,7	4,62	3,20
350	7580	1680	1160	77,8	84,7	21,7	4,80	3,31
375	8475	1870	1294	77,9	84,7	22,6	4,99	3,45
400	9440	2065	1432	78,1	84,8	23,6	5,16	3,58

Die Umkleidung bestand aus schmalen Bändern aus Kieselgurmasse, auf welche 50 mm starke Schalen aus poröser gebrannter Masse von 0,3—0,35 spez. Gewicht aufgelegt waren, so daß zwischen Rohr und Schale etwa 5 mm Luftschicht blieb, die Fugen zwischen den Schalen waren mit Kieselgurmasse gedichtet, und über die Schalen war mit Asphaltlack gestrichener Nessel gewickelt. Da diese Umhüllung eine gute mittlere Ausführung bedeutet, so haben die Zahlen und die Angaben des Schaubildes allgemeine Gültigkeit.

Für die Praxis ist in erster Linie maßgebend der Abkühlungs-verlust in °C für 1 laufendes Meter Rohrlänge; diese Zahl umfaßt die obigen Werte mit und läßt sich an verschiedenen Stellen der Rohr-leitung durch Thermometer, welche bis in die Mitte der Dampfleitung hineinragen, am leichtesten feststellen; sie ist auch für die Abgabe einer Garantie am geeignetsten.

Nachstehend einige Angaben für Abkühlungsverluste in °C für über-hitzten Dampf für 1 laufendes Meter Rohrleitung bei mittelguter und besonders guter Umhüllung; beide etwa in Stärke von 50 mm bis 200 mm Rohrdurchmesser, darüber von 60 mm; dazu ist noch zu bemerken, daß der Temperaturabfall je laufendes Meter abhängig ist von der Dampf-geschwindigkeit; er ist um so größer, je langsamer die Dampfgeschwindig-keit ist, oder, was dasselbe ist, je geringere Dampfmengen durch das Rohr strömen; ebenso nimmt der Temperaturabfall zu bei gleicher Dampfgeschwindigkeit mit der Abnahme des Rohrdurchmessers (vgl. Abschnitt 16 d).

Die Flanschen werden heute vielfach derart umhüllt, daß man 20—30 mm starke Asbestschläuche, die mit Isoliermasse gefüllt sind, um die Flanschen legt und ein dünnes offenes Tropfröhrchen einwickelt, welches ein Undichtwerden des Flansches durch Dampf- oder Wasser-austritt anzeigt. Über diese Wickelschnur kommt entweder eine zwei-teilige Blechkappe oder eine Schicht Isoliermasse, die durch Nessel- oder Jutebinden gehalten wird.

Zweckmäßig verwendet man auch besondere Flanschenkappen aus doppelten Blechwänden mit Kieselgurfüllung in zweiteiliger, bequem abnehmbarer Ausführung. Die Auflagestellen auf der Umkleidung müssen auf Dichthalten gut überwacht werden.

Die Stärke der Umhüllung kann man für überhitzten Dampf bis 350° etwa wählen wie folgt:

bis   50 mm Rohrdurchm. im Lichten 30 mm Umhüllungsstärke
„   100 „   „   „   „   40 „   „
„   200 „   „   „   „   50 „   „
über 200 „   „   „   „   60 „   „

Zahlentafel 80.

**Abkühlung des Dampfes von etwa 350° für 1 laufendes Meter Rohr
in °C beim Strömen durch Rohrleitungen.**

Lichter Rohr-durch-messer mm	Mittl. Dampf-geschw. m/sk	Abkühlung des Dampfes in ° C auf 1 lfd. m Rohr		Lichter Rohr-durch-messer mm	Mittl. Dampf-geschw. m/sk	Abkühlung des Dampfes in ° C auf 1 lfd. m Rohr	
		mittelgute Isolierung	sehr gute Isolierung			mittelgute Isolierung	sehr gute Isolierung
125		0,75	0,39	125		0,57	0,15
150		0,70	0,32	150		0,47	0,14
175		0,63	0,26	175		0,41	0,13
200	10	0,57	0,23	200	30	0,33	0,11
250		0,50	0,18	250		0,21	0,10
300		0,40	0,16	300		0,15	0,09
350		0,36	0,13	350		0,13	0,08
125		0,72	0,22	125		0,45	0,13
150		0,66	0,20	150		0,36	0,12
175		0,54	0,17	175		0,28	0,10
200	20	0,48	0,15	200	40	0,23	0,09
250		0,35	0,13	250		0,15	0,07
300		0,26	0,10	300		0,11	0,06
350		0,22	0,09	350		0,10	0,06

Beispiel 37. Es sollen für den Betrieb einer Dampfmaschine für
12 at absol. bei einer Anfangstemperatur des Dampfes von $t_d = 320°$
durch eine Leitung von 62 m Länge mit einem Ventile im Mittel
$G = 5000$ kg/st Dampf geschickt werden; während der Einströmzeit
steigt diese Menge auf 22000 kg/st; es soll der Leitungsdurchmesser
berechnet werden, so daß bei der höchsten Dampfmenge der Druckverlust in der Leitung nicht mehr als 0,75 kg/cm² beträgt. Lufttemperatur 20°

1. Nach Formel 99 gilt als Druckverlust:

$$Z_d = \frac{0,00105 \cdot \gamma \cdot l \cdot v^2}{10000 \cdot d} \; ;$$

es ist für eine mittlere Temperatur von 310° und den mittleren Druck
von 11,65 kg/cm², $\gamma = 4,28$.

Da nun ein Ventil einem Leitungsverluste von 16,0 m entspricht,
so ergibt sich, da $v = \dfrac{22000}{3600 \cdot \dfrac{\pi d^2}{4}}$ ist, mit $l = 62 + 16 = 78$ m

$$0,75 = \frac{0,00105}{10000} \cdot 4,28 \cdot \frac{78}{d} \cdot \left(\frac{22000}{3600 \cdot \dfrac{\pi d^2}{4} \cdot 4,28} \right)^2$$

$$d = 175 \text{ mm},$$

damit wird die mittlere Dampfgeschwindigkeit $v = 13,5$ m/sk.

2. Diese Leitung enthält 16 Flanschen; sie hat $d_i = 175$ mm, $d_a = 191$ mm, Flanschen $\varnothing = 330$ mm und besitzt je laufendes Meter $= 0,60$ m² Oberfläche; während 1 Flanschenpaar $= 0,41$ m² Oberfläche hat. Gesamtoberfläche des Rohres und der Flanschen 38,85 m²; 1 Ventil hat etwa $= 0,6$ m² Oberfläche $= 1$ m Leitungslänge. Es soll der Wärmeverlust dieser nackten Leitung ermittelt werden.

Die Gesamtoberfläche beträgt $F = 38,85 + 0,6 = 39,45$ m²; es gilt nun

$$F \cdot k \left(t_d - \frac{\delta}{2} - t_l \right) = G \cdot c_{\mathrm{pm}} \cdot \delta,$$

worin $t_l =$ Lufttemperatur bedeutet. $\delta =$ Temperaturabfall des Dampfes in der Leitungsstrecke, $c_{\mathrm{pm}} =$ mittl. spez. Wärme zwischen t_d und $t_d - \delta$.

Man muß nun zuerst am besten eine Annahme machen für den Temperaturabfall x; er sei nach anderen Erfahrungen $= 70°$ gesetzt; man entnimmt nun der Abb. 47 für die mittlere Dampftemperatur von $285°$ ein $k = 18,3$ und aus der Zahlentafel 51 ein $c_{\mathrm{pm}} = 0,52$; mit diesen Werten ergibt sich:

$$39,45 \cdot 18,3 \left(320 - \frac{\delta}{2} - 20 \right) = 5000 \cdot 0,52 \cdot \delta$$

$$\delta = 73°; \quad \text{für} \quad 1 \text{ lfd. m} = 0,94°.$$

Es beträgt also die Dampftemperatur am Ende der Leitung noch $320 - 73 = 247°$ und der Gesamtwärmeverlust in 1 st:

$$5000 \cdot 0,52 \cdot 73 = 189\,500 \text{ WE.}$$

Man könnte auch, falls die mittlere Temperatur einer Rohrleitungsstrecke bekannt ist, aus der Abb. 45 den Wärmeverlust für 1 m² Oberfläche und Stunde entnehmen und daraus den Gesamtverlust bestimmen, also im vorliegenden Falle wird für die mittlere Temperatur von $284°$ bzw. $264°$ Temperaturunterschied zwischen Dampf und Luft der Wärmeverlust $= 4800$ WE; also der Gesamtverlust $4800 \cdot 39,45 = 189\,000$ WE in 1 st.

3. Wärmeverlust dieser Leitung, wenn sie einschließlich Flanschen vollständig umhüllt ist.

Nach Abb. 47 ist für eine Umhüllung mittlerer Güte in den Temperaturgrenzen von 320 bis ca. 280° die Wärmeersparnis etwa 83% (für eine andere Isolierung ein entsprechender Wert). Für obiges Beispiel angewendet ist also der Wärmeverlust $= 189\,500 \cdot 0,17 = 32\,200$ WE/st; bzw. 816 WE/m²/st, daraus ergibt sich wieder das gesamte Temperaturgefälle aus $32\,200 = 5000 \cdot 0,52 \cdot x$

$$\delta = 12,4°, \quad \text{für 1 lfd. m also} \quad \frac{12,4}{78} = 0,15°.$$

Man kann dasselbe Ergebnis erhalten, wenn man, wie oben, aus Erfahrungswerten etwa nach Zahlentafel 80 einen Temperaturabfall schätzungsweise annimmt, dafür k aus dem Schaubilde wählt und auf das wirklich eintretende Temperaturgefälle nachrechnet.

4. Wärmeverlust der umhüllten Leitung mit nackten Flanschen, aber umkleidetem Ventil.

Es möge für jedes Flanschenpaar eine Leitungsstrecke von 200 mm ohne Umhüllung bleiben; es sind also nicht umhüllte Leitungsstrecken von insgesamt vorhanden:

$$8 \text{ Flanschenpaare} = 8 \cdot 0{,}41 \quad = 3{,}28 \text{ m}^2$$
$$8 \cdot 0{,}15 \text{ blanke Leitungsstrecken} = \underline{1{,}20 \text{ ,,}}$$
$$4{,}48 \text{ m}^2$$

wenn das Flanschenpaar zusammen etwa 5 cm dick ist.

Bei einer mittleren Dampftemperatur, die etwas kleiner ist wie bei völlig umhüllter Leitung, also bei etwa 310°, beträgt für diese nackte Leitung $k = 19$ bzw. der Abkühlungsverlust $= 5500$ WE/m²/st, der Gesamtverlust der nackten Teile also

$$5500 \cdot 4{,}48 = 24\,600 \text{ WE/st.}$$

Für die umhüllte Fläche von $39{,}45 - 4{,}48 = 35$ m² ist nach obigem der Abkühlungsverlust

$$35 \cdot 816 = 28\,600 \text{ WE/st}$$
$$\text{Flanschenverlust} = \underline{24\,600 \quad \text{,,}}$$
$$\text{Gesamtverlust} = 53\,200 \text{ WE/st.}$$

Der Temperaturverlust beläuft sich auf

$$x = \frac{53\,200}{5000 \cdot 0{,}52} = 20{,}5°, \quad \text{also auf} \quad \frac{20{,}5}{78} = 0{,}26° \text{ für 1 lfd. m.}$$

Der Gesamtwärmeverlust ist also bei nackten Flanschen nahezu doppelt so groß als bei völlig umkleidetem Rohre. Die Wärmeersparnis gegenüber völlig nackter Leitung beträgt demnach nur noch

$$\frac{189\,500 - 53\,200}{189\,500} = 72\%,$$

also um 11 Hundertteile bzw. 13% weniger als bei ganz umhüllter Leitung; oder, wenn man will, der Verlust durch die Flanschen allein ermittelt sich zu $\frac{24\,600}{189\,500} = 13{,}0\%$ des gesamten Verlustes bei nackten Rohren.

Zusammengestellt zeigt sich folgendes Bild:

Art der Umhüllung der 175-mm-Leitung	Temperatur-verlust °C	Wärmever-lust in 1 st WE	Temperatur-verlust für 1 m in °C	Wärme-ersparnis in %
Nackte Leitung 78 m	73	189 500	0,94	—
Leitung umhüllt, Flanschen nackt	19,6	53 200	0,26	72
Leitung völlig umhüllt	12,4	32 200	0,16	83

Der Wärmeverlust durch nackte Flanschen berechnet sich im Jahr bei 300 Arbeitstagen zu je 10 st zu

$$24\,600 \cdot 300 \cdot 10 = 73\,800\,000 \text{ WE},$$

oder er kostet eine Dampferzeugung von rund 110 000 kg; oder, wenn man für 100 000 WE im Mittel 6,5 M. Kohlenkosten rechnet, ergibt sich ein Kohlenmehrverbrauch von 4800 Mark.

Die Kosten für die Umhüllung von 8 Flanschenpaaren werden bereits durch die Kohlenersparnisse von 2 Monaten gedeckt. In Wirklichkeit ist indes bei zehnstündigem Betrieb der Wärmeverlust durch nackte Flanschen noch bedeutend größer, da jeden Tag durch Anwärmen der Leitung noch eine weitere Wärmemenge verloren geht.

Beispiel 38: Messung des Verfassers an einer Dampfleitung von 300 mm $l \cdot \varnothing$ ($F = 0,0705$ m²), die 60 mm stark mit Patentguritmasse umhüllt ist, einen Unterstrich mit Asbestfaserbeimengung besitzt, darüber Haarbeimengung, Jutebandage und Anstrich; die Flanschen sind umwickelt mit Asbestschnur mit Kieselgurfüllung, darüber ist eine Blechkappe gelegt. Die Leitung führt von der ersten Meßstelle im Kesselhause etwa 9 m durch dasselbe und läuft dann völlig in einem unterirdischen abgeschlossenen begehbaren Kanale, in dem eine Temperatur von 54 °C herrscht, ohne Ventile od. dgl. nach der zweiten Meßstelle vor einem Wasserabscheider (insges. 105 m Länge). Mittels eines Wassermessers wurde ein Dampfdurchgang in der Versuchszeit festgestellt von 18 000 kg in 1 st von 11,5 at Überdruck und im Mittel 230° (Vol. eines Kilogramms = 0,178). Verwendet wurden untereinander verglichene Glasthermometer, die in Eintauchhülsen, die mit Öl gefüllt bis in die Rohrmitte reichten, so eingehängt waren, daß die Quecksilberkuppe mit der Öloberfläche abschnitt. Die Ablesungen erfolgten $^{1}/_{4}$ Stunde lang halbminutlich; die Schwankungen blieben unter 1%. Nach Abgabe von etwa 5000 kg Dampf/st führt die Leitung durch einen offenen, etwas zugigen Rohrkanal von 22 °C Lufttemperatur weiter; die glatte Meßstrecke, die keine Ventile usf. enthält, beträgt 36 m. Die Temperatur der Außenluft war 18°. Die Dampfabkühlung betrug 0,15 bis 0,19° je 1 laufendes Meter Rohrleitung, was als durchaus günstig betrachtet werden muß. Die anderen Angaben sind nachstehend zusammengestellt.

Dampf-überdruck at	Rohrlänge zwischen den Meß-stellen m	Luft-temperatur neben der Dampfleitg. °C	Dampftemperatur der Maßstrecke am		Temperatur-abfall auf 1 lfd m °C	Dampfge-schwindig-keit m/sk
			Anfang °C	Ende °C		
11,5	105	54	238,7	223,0	0,150	12,65
11,3	36	22	216,6	209,8	0,189	ca. 9,5

26. Berechnung von Dampfleitungen.

Das in 1 st ein Rohr durchströmende Dampfgewicht D in Kilogrammen erhält man aus folgender Beziehung:

$$D = v_d \cdot \gamma \cdot \frac{\pi \cdot d^2}{4} \cdot 3600 \quad \ldots \ldots \ldots \quad 97)$$

d = Rohrdurchmesser in Metern,
v_d = Dampfgeschwindigkeit in Metern in 1 sk,
γ = spez. Gewicht des Dampfes in kg/m³.

Man geht dann bei Rohrberechnungen zweckmäßig davon aus, daß man einen gewissen Druckverlust z_d für zulässig erachtet und daraus Dampfgeschwindigkeit, Dampfmenge und Rohrleitungsquerschnitt ermittelt.

Nach neueren Untersuchungen können auch die im nächsten Abschnitt für Strömung von Luft gefundenen Werte für Berechnung des Druckabfalles bei gesättigtem und überhitztem Dampf benutzt werden. Das stündliche Dampfgewicht in Kilogrammen, welches bei 1 m Geschwindigkeit in 1 sk durch eine Rohrleitung strömt, kann aus Zahlentafel 81 entnommen werden, man kann also die Dampfmenge bei v_d m Geschwindigkeit durch Multiplikation der Tafelwerte mit v_d erhalten.

Für überhitzten Dampf sind die Werte noch im Verhältnis der spezifischen Gewichte, vgl. Zahlentafel 49, S. 173, zu multiplizieren.

Beispiel 39. Durch eine Leitung von 125 mm ∅ soll Dampf mit 25 m/sk strömen bei 9 at Überdruck.

Aus Zahlentafel 81 ermitteln sich:

$$25 \cdot 221,8 = \mathbf{5530} \text{ kg}$$

gesättigter Dampf; ist der Dampf auf 250° C überhitzt, so ist nach Zahlentafel 49 der Rauminhalt eines kg Dampfes $v = 0,235$, also

$$\gamma = \frac{1}{0,235} = 4,25;$$

für gesättigten Dampf war $\gamma = 5,010$, also strömt durch die Leitung eine Menge von

$$5530 \cdot \frac{4,25}{5,01} = \mathbf{4690} \text{ kg}.$$

Für die Dampfgeschwindigkeit wählt man zweckmäßig folgende Werte:

für gesättigten Dampf $\quad v_d = 20{-}30$ m/sk,
für überhitzten Dampf $\quad v_d = 30{-}50$ m/sk,

für hochüberhitzten Dampf etwa über 350° kann man auf noch höhere Werte gehen; man findet Anlagen mit $v_d = 60-70$ m.

Zahlentafel 81.

Stündliches Dampfgewicht in Kilogrammen bei 1 m Geschwindigkeit in 1 ks.
Dampfgewicht $= F \cdot \gamma \cdot 3600 \cdot v_d$ für gesättigten Dampf.

Dampf-druck in at abs.	Rohrdurchmesser in mm												
	50	60	65	70	75	80	90	100	125	130	150	175	200
5	18,4	26,6	31,2	36,2	41,6	47,2	59,9	73,6	115,1	124,6	166,0	226,5	295,2
6	21,9	31,6	37,2	43,1	49,4	56,2	71,1	87,6	137,0	148,2	197,2	269,2	351,8
7	25,4	36,6	42,9	49,8	57,1	65,0	82,2	101,2	158,5	171,3	228,0	311,3	405,8
8	28,8	41,5	48,5	56,4	64,7	73,6	93,1	114,8	179,5	194,0	258,1	352,8	460,0
9	32,1	46,3	54,2	63,0	72,2	82,1	104,0	128,0	201,0	216,8	288,2	394,0	514,4
10	35,4	51,2	59,8	69,5	79,8	90,8	115,0	141,8	221,8	239,7	319,0	435,0	567,3
11	38,8	56,0	65,5	76,0	87,3	99,4	125,8	154,8	242,2	262,1	348,5	475,8	621,6
12	42,1	60,8	71,1	82,6	94,8	108,0	136,8	168,1	263,2	284,9	379,1	516,3	675,0
13	45,5	65,5	76,6	89,1	102,1	116,2	147,2	181,2	284,0	307,0	408,0	556,0	727,5
14	48,6	70,2	82,1	95,5	109,6	124,8	157,9	194,0	304,0	329,2	437,0	596,8	779,5
15	52,0	75,1	87,7	101,8	117,0	133,0	168,7	207,0	324,8	351,0	466,5	637,5	832,5

Dampf-druck in at abs.	Rohrdurchmesser in mm											
	225	250	275	300	325	350	375	400	425	450	475	500
5	374,0	462,6	557,5	664,9	749,8	689,0	1073	1180	1332	1498	1668	1845
6	444,7	548,9	663,0	789,9	925,0	1074	1276	1402	1585	1778	1980	2190
7	513,2	635,0	765,8	911,5	1070	1240	1475	1620	1831	2058	2287	2532
8	582,0	718,9	868,5	1032	1211	1405	1670	1838	2077	2328	2590	2868
9	650,0	802,6	969,2	1151	1351	1570	1867	2050	2318	2600	2895	3200
10	718,0	887,5	1071	1278	1502	1738	2062	2265	2565	2878	3200	3540
11	779,5	971,0	1170	1395	1636	1898	2238	2480	2800	3142	3500	3870
12	852,7	1058	1272	1520	1780	2062	2452	2693	3048	3420	3800	4210
13	919,5	1136	1370	1635	1917	2221	2640	2918	3280	3680	4100	4540
14	985,1	1200	1470	1750	2057	2382	2830	3115	3518	3940	4380	4858
15	1051,0	1300	1570	1871	2192	2542	3021	3222	3758	4218	4680	5190

Dabei sind folgende Gesichtspunkte maßgebend: Je höher die Dampfgeschwindigkeit, desto kleiner werden die Rohrdurchmesser, desto geringer die Kosten für die Rohre, Umhüllungen, Ventile usw. und desto kleiner die Abkühlungsverluste, die ja unter sonst gleichen Verhältnissen mit der Rohroberfläche wachsen; desto größer wird aber auch der Druckabfall; sehr oft wird ein größerer Druckabfall lieber in Kauf genommen wie ein größerer Wärmeverlust.

Für Dampfzuleitungen zu den Maschinen wähle man eine mittlere Dampfgeschwindigkeit $v_d = 15-20$ m/sk.

27. Druckverlust beim Strömen von Dampf durch Rohrleitungen.

a) Gerade Rohre.

Vom wirtschaftlichen Standpunkte aus wünscht man aus Preisrücksichten den Dampfrohren einen so geringen Querschnitt zu geben, wie irgend zulässig, jedoch ohne zu große Spannungsverluste zu erhalten; dieselben hängen ab vom lichten Durchmesser der Rohre, von der Länge, vom spezifischen Gewichte der Dämpfe oder Gase (γ) und von der Strömungsgeschwindigkeit in m/sk.

Zahlentafel 82.

Druckverluste z_d in Meter Wassersäule (10 m = 1 kg/cm^2), welche Wasserdampf in Rohrleitungen von 50—300 mm lichtem Durchmesser und 20 m Länge erleidet bei Geschwindigkeiten von 20, 30, 50 m/sk; berechnet nach Fischer und Gutermuth (F) und Eberle (E).

Abs. Druck, at		3		1,5		0,75		0,25	
Vak. mm Quecksilb.		—		—		210		564,5	
Rohrdurchmesser mm	Geschwindigkeit m/sk	F	E	F	E	F	E	F	E
50	20	0,408	0,273	—	—	—	—	—	—
	30	0,919	0,613	—	—	—	—	—	—
	50	2,554	1,703	—	—	—	—	—	—
70	20	0,292	0,194	0,152	0,101	—	—	—	—
	30	0,656	0,438	0,342	0,227	—	—	—	—
	50	1,824	1,223	0,951	0,634	—	—	—	—
150	20	0,132	0,088	0,071	0,047	0,037	0,024	0,013	0,009
	30	0,307	0,204	0,161	0,107	0,083	0,055	0,030	0,020
	50	0,854	0,536	0,444	0,299	0,229	0,153	0,085	0,056
300	20	0,068	0,045	0,035	0,237	0,018	0,012	0,007	0,005
	30	0,153	0,102	0,079	0,053	0,041	0,027	0,015	0,010
	50	0,425	0,285	0,222	0,148	0,115	0,077	0,042	0,025

d = Rohrdurchmesser in Metern,

l = Leitungslänge in Metern,

v_d = Strömungsgeschwindigkeit in m/sk (mittlere),

z_d = Spannungsverlust in kg/cm^2,

γ = spez. Gewicht des Dampfes (als Mittelwert zwischen Anfangs- und Endzustand).

Bekannt sind folgende Gleichungen:

1. Nach Fischer und Gutermuth[1]) für Rohre von 70/300 mm Durchmesser und Geschwindigkeiten unter 20 m

$$z_d = \frac{0,0015 \cdot \gamma \cdot l}{10\,000 \quad d} \cdot v_d^2 \quad \ldots \quad \ldots \quad 98)$$

2. Nach Eberle[2]) für überhitzten und gesättigten Dampf von 3—10 at nach neuesten Versuchen

$$z_d = \frac{0,00105\,\gamma \cdot l}{10\,000 \cdot d} \cdot v_d^2 \quad \ldots \quad \ldots \quad 99)$$

Die Ergebnisse beider Formeln weichen ziemlich stark voneinander ab und sind in Zahlentafel 82 nebeneinander gestellt.

b) Spannungsverlust beim Durchgang von gesättigtem und überhitztem Dampf durch ein Ventil und Krümmer.

Bei der Anlage von Dampfleitungen wird man ebenso wie bei Leitungen für Flüssigkeiten und für Luft scharfe Krümmungen, Eckstücke usw., die zu Druckverlusten Anlaß geben, möglichst vermeiden; Absperrventile sind nicht zu umgehen; sie stellen stets einen nicht unbedeutenden Druckverlust dar, und zwar ermittelt sich derselbe nach Eberle gleich dem Leitungsverluste eines zugehörigen Rohres von 16,4 m Länge; die Verlustgröße selbst ist nachstehend für zwei Dampfgeschwindigkeiten von 9,4 und 14,2 m/sk angegeben, für Rohre von 70 mm l. ⌀.

Absoluter Dampfdruck vor dem Ventil kg/cm²	Spannungsverlust durch das Ventil kg/cm²	Dampfgewicht in 1 st kg	Dampfgeschwindigkeit m/sk	Ventilwiderstand, ausgedrückt in m Rohrlänge m
10,09	0,0109	668	9,37	16,1
10,86	0,0277	1081	14,14	16,7

Der Druckverlust beim Durchströmen eines Krümmers entspricht dem Widerstande von etwa 12 m Rohrleitung.

Für ein Ventil von 100 mm l. ⌀ können die Druckverluste[3]) in Abhängigkeit von der Dampfgeschwindigkeit wie folgt angesetzt werden.

Dampfgeschwindigkeit m/sk . .	15	20	25	30	40	50	60
Druckverlust kg/cm²	0,037	0,066	0,10	0,148	0,264	0,408	0,59

[1]) Z. d. V. d. I. 1887, S. 718.
[2]) Eberle, Z. d. V. d. I. 1908, S. 664.
[3]) Nach Seiffert & Co., Berlin.

c) Strömungswiderstand überhitzten Dampfes bei glatten und gewellten Ausgleichrohren.

Nach Formel 98 und 99 gilt für den Spannungsverlust:

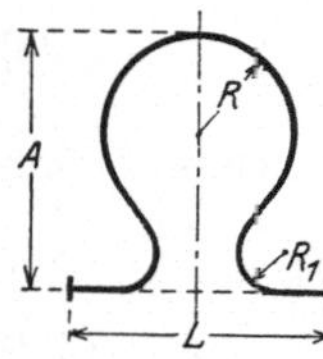

Abb. 48.

$$z_d = \frac{\beta \cdot \gamma \cdot l}{10\,000 \cdot d} \cdot v_d^2 \, .$$

Von C. Bach und R. Stückle[1]) wurden glatte und gewellte Ausgleichrohre (sog. Lyrabögen) gleicher Abmessungen auf ihren Strömungswiderstand untersucht; die Rohre hatten folgende Maße (vgl. Abb. 48):

Lichter Rohrdurchmesser	mm	55	100
Baulänge L	mm	1090	1145
Ausladung A	mm	1060	990
Krümmungshalbmesser R	mm	325	350
Krümmungshalbmesser R_1	mm	275	225
Länge der Rohrmittellinie	mm	3165	2960
Wellentiefe im Lichten	mm	8 bis 8,5	13,75
Anzahl der Wellen		100	69
Äußerer Durchmesser der mit Kieselgur umhüllten Rohre	mm	160	210

Die Untersuchungen wurden für die Ausgleichrohre von 55 mm l. $\varnothing$ für Dampftemperaturen von 350—364° vorgenommen bei Dampfdrücken von 5,0—12,8 at Überdruck und Dampfgeschwindigkeiten von 51 bis 121 m/sk. Innerhalb dieser Grenzen ergaben sich ziemlich unveränderliche Zahlen für den Wert β des Rohrleitungswiderstandes. Es gilt für:

Gewellte Ausgleichrohre von 55 mm l. $\varnothing$ umhüllt:

$$\beta = 0{,}0032 - 0{,}0036.$$

Glatte Ausgleichrohre von 55 mm l. $\varnothing$, umhüllt:

$$\beta = 0{,}001\,63.$$

Für nicht umhüllte gewellte Rohre sind die Werte 4—5% höher. Für nicht umhüllte glatte Rohre sind die Werte 8—9% höher.

Das gewellte Ausgleichrohr von 100 mm $\varnothing$ wurde bei einer Dampftemperatur von 354° innerhalb der Grenzen von 3—9 at Überdruck und bei Dampfgeschwindigkeiten von 25—55 m untersucht.

Gewellte Ausgleichrohre von 100 mm l. $\varnothing$, umhüllt:

$$\beta = 0{,}004\,92.$$

Die Durchflußwiderstände gewellter Ausgleichrohre von 55 mm $\varnothing$

---

[1]) Z. d. V. d. I. 1913, S. 1136.

sind also etwa doppelt so groß als diejenigen entsprechend gebauter glatter Rohre.

Legt man den von Eberle für gerade Rohre gemessenen Wert $\beta = 0,00105$ (Formel 99) zugrunde, so entspricht der Widerstand eines Meters glatten Ausgleichrohres von 55 mm $\varnothing$ dem von 1,55 m gerader Rohrstrecke, der eines gewellten Rohres einer Strecke von 3,1—3,5 m; während das Ausgleichrohr von 100 mm $\varnothing$ einen entsprechenden Wert von 4,7 m ergab.

Der diesen erhöhten Widerständen entgegenstehende Vorteil der gewellten Ausgleichbögen ist ihre erheblich größere Federung; sie ergibt unter Einwirkung einer Kraft P senkrecht zu den beiden Flanschen, also in der Richtung der schiebenden Rohrleitung, nachstehende Werte:

	Rohrdurchmesser mm	Belastungsstufe kg	Federung mm
Gewelltes Ausgleichrohr	55	0/20	35,5
„ „	55	0/40	73,2
Glattes „	55	0/20	6,5
„ „	55	0/40	12,9
Gewelltes „	100	50	22
Gewelltes Ausgleichrohr $L = 1135;\quad A = 1420;$ $R = 485;\quad R_2 = 305$	100	50	48
Glattes Ausgleichrohr (gleicher Maße)	100	50	8,8

28. Druckverlust[1]) beim Strömen von Luft durch Rohrleitungen.
(Auch gültig für gesättigten und überhitzten Dampf.)

Beim Strömen von Luft durch Rohrleitungen unterscheidet man zwei Fälle:

1. Die Geschwindigkeit ist kleiner als eine gewisse kritische Geschwindigkeit, vgl. Zahlentafel 83, dann bleibt eine geordnete schichtenweise Stromlinienbewegung erhalten.

2. Die Geschwindigkeit ist größer als die kritische, dann tritt eine wirbelnde Strömung ein.

Bei allen technisch wichtigen Fällen liegt die Geschwindigkeit über der kritischen; es gilt dann:

$$G = \text{Kilogramm Luft in 1 st,}$$
$$\gamma = \text{spez. Gewicht in kg/m}^3 \text{ im Mittel,}$$

---

[1]) Mitteilungen über Forschungsarbeiten Fritsche, Heft 60.

w = Strömungsgeschwindigkeit in m/sk im Mittel,
δ = Rohrdurchmesser in Millimetern,
l = Leitungslänge in Metern,
dP = Druckverlust in kg/m² oder in mm Wassersäule,
dp = Druckverlust in Atmosphären (kg/cm²).

$$dP = \frac{\beta \cdot \gamma \cdot w^2 \cdot l}{\delta} \text{ in mm Wassersäule} \ldots \ldots 100)$$

oder

$$dp = \frac{\beta \cdot \gamma \cdot w^2 \cdot l}{10000 \cdot \delta} \text{ in kg/cm}^2 \ldots \ldots \ldots 100\,\text{a})$$

Diese Formeln können auch für gesättigten und überhitzten Dampf verwendet werden.

Zahlentafel 83.

Kritische Geschwindigkeit für Luft von 20° in m/sk.

Rohrdurchmesser mm	25	50	100	250	500
Ausflußdruck kg/cm²					
0,2	6,0	3,0	1,5	0,6	0,3
1,0	1,2	0,6	0,3	0,12	0,06
10	0,12	0,06	0,03	0,012	0,006

Die Werte von G und β können aus Zahlentafel 84 entnommen werden.

Zahlentafel 84.

Widerstandszahlen für Rohrleitungen.

G kg/st	β	G	β	G	β	G	β
10	2,03	100	1,45	1 000	1,03	10 000	0,73
15	1,92	150	1,36	1 500	0,97	15 000	0,69
25	1,78	250	1,26	2 500	0,90	25 000	0,64
40	1,66	400	1,18	4 000	0,84	40 000	0,595
65	1,54	650	1,10	6 500	0,78	65 000	0,555
100	1,45	1000	1,03	10 000	0,73	100 000	0,520

Beispiel 40. Durch eine gerade Rohrleitung von 200 mm l. ⌀ und 60 m Länge strömen in einer Stunde 3000 kg Luft von 20° und 755 mm Barometerstand bei 75% Luftfeuchtigkeit ($\gamma = 1,190$). Wie groß ist der Druckabfall?

Der Rauminhalt der Luft ist $\dfrac{3000}{1,190} = 2520$ m³, daraus ergibt sich

die Geschwindigkeit der Luft zu $\dfrac{2520}{3600 \cdot 0,0314} = 22,3$ m/sk.

Nach obiger Zahlentafel wird bei $G = 3000$ kg/st, $\beta = 0,88$, dadurch wird der Druckverlust in mm Wassersäule

$$dP = \frac{0,88 \cdot 1,190 \cdot 22,3^2 \cdot 60}{200} = \textbf{156 mm Wasser.}$$

VIII. Unreine Heizflächen.

29. Einfluß des Kesselsteinbelages der Heizflächen auf den Wärmedurchgang.

Viel umstritten ist die Frage über den Einfluß des Kesselsteins auf die Wirtschaftlichkeit von Heizvorrichtungen; der Einfluß wurde meist überschätzt bei Dampfkesseln und bei Vorwärmern usw. u. nicht richtig beurteilt. Geklärt wurde diese Frage durch die sorgfältigen Versuche von Reutlinger[1]), die nachstehend im Auszuge mitgeteilt sind.

a) Einfluß des Kesselsteins auf die Durchgangszahl k bei Heizung durch Gasberührung.

Reutlinger fand für den Wärmeübergang von heißen Gasen an eine Wand $\alpha = 20 =$ konstant innerhalb weiter Temperaturgrenzen.

Besitzt die Wand einen Kesselsteinbelag mit folgender Zusammensetzung:

	Steinbelag I %	Steinbelag II %	Steinbelag III %
Kohlensaurer Kalk . .	15,2	2,7	—
Schwefelsaurer Kalk. .	80,8	82,2	—
Kohlensaure Magnesia .	2,4	14,6	—
Steinstärke δ mm . .	1,48	5,5	5,5
Leitungsfähigkeit λ . .	1,91	2,96	1,0
Beschaffenheit	hart u. fest	hart u. fest	

so kann die Beziehung 20 (S. 53)

$$\frac{k'}{k} = \frac{1}{1 + \dfrac{\delta'}{\lambda'} \cdot k}$$

zur Berechnung der Verminderung des Wärmedurchgangs dienen.

Beispiel 41. Es errechnet sich für Steinbelag II, wenn für die gleiche Wand ohne Steinbelag $k = 19,52$ war, die Wärmedurchgangszahl zu

$$k' = \frac{19,52}{1 + \dfrac{0,0055}{2,96} \cdot 19,52} = \textbf{18,84.}$$

---

[1]) Z. d. V. d. I. 1910, S. 545 ff.

Dann ergibt sich folgendes Bild bei reiner und verunreinigter Heizfläche für die Wärmedurchgangszahl k, wenn der Wärmeübergang von Gas an Wasser zu beiden Seiten einer Heizfläche nur durch Berührung des Gases mit der zu beheizenden Wand erfolgt, wenn also Strahlungserscheinungen ausgeschlossen sind (z. B. also innerhalb von Heizrohren bei Kesseln). Es sei

$$\delta \text{ der Wand} = 0{,}020 \text{ m}, \quad \lambda = 56{,}2 \quad \text{und} \quad \alpha = 20$$

zugrunde gelegt als Übergang von Gas an die Wand.

Zustand der Heizfläche	Wärmedurchgangszahl k	Verminderung der Wärmeübertragung ζ in %
Rein	19,52	—
Steinbelag I . .	19,24	1,4
„ II . .	18,84	3,5
„ III . .	17,63	9,7

k ist für Berührung allein innerhalb weiter Temperaturgrenzen als konstant zu betrachten.

Also bei einem sehr harten und schlecht leitenden Steine von 5,5 mm Stärke beträgt die Verminderung der Wärmeübertragung nur durch Berührung bis 9,7%.

Einfluß der Veränderung von α auf die Größe der Wärmedurchgangszahl k, wenn nur ein Wärmedurchgang von Heizgas an Wasser durch Berührung angenommen wird. α selbst ist nur abhängig von der Art der Flüssigkeiten und ihrem Bewegungszustande.

Übergangszahl α	Wärmedurchgangszahl k			ζ in % Verminderung von k	
	reine Heizfläche	Steinbelag II	Steinbelag III	Steinbelag II	Steinbelag III
10	9,88	9,70	9,37	1,8	5,2
15	14,73	14,34	13,63	2,6	7,7
20	19,52	18,84	17,63	3,5	9,7
25	24,14	23,21	21,40	3,9	11,4

Ändert sich also die Wärmeübergangszahl α, z. B. bei Verringerung der Strömungsgeschwindigkeit des Heizgases von 10 auf 25, so tritt nur eine Verminderung der Wärmedurchgangszahl k von 5,2% auf 11,4% ein bei sehr hartem 5,5 mm starkem Kesselsteine (III).

b) Einfluß des Kesselsteins auf die Durchgangszahl k, wenn mit Sattdampf oder heißem Wasser geheizt wird.

Sehr ungünstig wirkt Kesselstein an Heizflächen, die durch heißes Wasser oder kondensierenden Dampf, also nur durch Berührung beheizt werden; wächst α, z. B. für ruhendes Wasser von $\alpha = 1000$ bis $\alpha = 6000$

(lebhaft bewegtes Wasser), so kann der Wärmedurchgang k bis um 80% sich verringern, je nach der Dicke und Leitungsfähigkeit der Verunreinigung.

Folgende Zahlentafel gibt darüber Aufschluß, bei der für den Übergang von einer wagerechten, ebenen Eisenwand an wenig bewegtes siedendes Wasser $\alpha_w = 1154$ bewertet ist, während für den Übergang der Wärme vom Heizdampf an die Wand α_l verschieden hoch angesetzt ist (vgl. Zahlentafel 20). Die Werte am Ende der Zahlentafel sind für den Betrieb benutzbar, z. B. für Dampfkochung durch Doppelböden.

Für den Wärmeübergang von gesättigtem Dampfe an siedendes Wasser stellt Hausbrand[1]) für kupferne Rohre vom Durchmesser d in Metern und der Länge l in Metern die Beziehung auf

$$k = \frac{1900}{\sqrt{d \cdot l}}, \qquad \dotsc \dotsc \dotsc \quad 101)$$

für schmiedeeiserne Rohre ist $k = 0,75$, für gußeiserne Rohre ist $k = 0,50$ derjenigen von Kupferrohren (vgl. Zahlentafel 60, S. 212, Formel 82 und Zahlentafel 59 für Sattdampf/kaltes Wasser).

Zahlentafel 85.
Wärmedurchgangszahl k für Sattdampf an siedende Flüssigkeit.

Übergangszahl vom Heizmittel α_l	Wärmedurchgangszahl k			Verminderung ζ in %		
	reine Heizfläche	Steinbelag II	Steinbelag III	Steinbelag II	Steinbelag III	
1000	449	245	129	45	71	Wasser ruhend
2000	579	279	138	52	76	
3000	642	293	142	54	78	
4000	678	300	143	55	79	
5000	702	305	144	56	79	
6000	718	308	145	57	80	Wasser stark bewegt

c) Einfluß des Kesselsteins auf die Durchgangszahl k bei Wärmeübertragung durch Berührung, Leitung und Strahlung bei Beheizung von Wasser durch Gas.

k ist veränderlich.

Alle Untersuchungen und Berechnungen ergeben, daß im Gegensatze zur Wärmeübertragung durch Berührung allein k nicht mehr gleich bleibt, sondern sich mit der Heizgastemperatur verändert, wenn Strahlungsheizung mitwirkt. Für einen Wärmedurchgang von Gas an siedendes Wasser von 180° ist für Steinbelag II (III) die Wärmedurchgangszahl k bei 480° Temperatur der strahlenden Fläche um 6,5% (19,1%), bei 980°

---

[1]) Hausbrand, Verdampfen, Kondensieren und Kühlen 1909, S. 46.

um 11,2% (33,4%) kleiner als bei reiner Heizfläche. Bei einem 0,2 mm starken Teeranstrich ist die Verringerung des Wärmedurchganges bereits größer als die des Steinbelages III.

Dieser Fall tritt bei Kesseln auf, soweit die Heizflächen einer Berührung und Strahlung der heißen Gase ausgesetzt sind, also für den ersten Teil von Flammrohrkesseln, von Wasserrohrkesseln usw.

Es ist z. B. bei einer Heizgastemperatur

$$t_1 = 500° \qquad 600° \qquad 800°$$
$$k = 55 \qquad 67 \qquad 98$$

bei reiner Heizfläche; und bei Steinbelag II ist entsprechend $k' = 52$, 63 und 90.

d) Einfluß des Kesselsteines auf die Wärmeausnutzung in Heizvorrichtungen, Wärmedurchgang nur durch Berührung.

1) t_1 = Temperatur der heizenden Flüssigkeit = unverännerlich.
   t_2 = Temperatur der geheizten Flüssigkeit = veränderlich.

Heizvorrichtungen, bei denen die Temperatur der wärmeliefernden Flüssigkeit t_1 konstant ist und die der wärmeaufnehmenden Flüssigkeit t_2 während des Durchströmens veränderlich, sind dampfbeheizte Röhrenvorwärmer, Oberflächenkondensatoren usw., bei denen also die Wärmeübertragung in der allergrößten Hauptsache durch Berührung vor sich geht; es ist dabei also k vom Temperaturunterschied unabhängig.

Führt man die Berechnung der Wärmeübertragungsverluste bei Steinbelag für verschiedene Heizflächenabschnitte einer Heizvorrichtung, in welcher Wasser durch Dampf beheizt (bzw. Dampf durch Wasser niedergeschlagen) wird, durch, so finden sich gewisse, allgemeingültige Ergebnisse: Der Wärmeausnutzungsverlust ζ erreicht nie die Höhe der Abnahme der Wärmedurchgangszahl k, sondern nimmt mit dem Bestreichen größerer Heizflächenteile ab. Der Grund dafür wird durch folgende Überlegung klar. Bei dem verunreinigten Bleche nimmt das zu erwärmende Wasser wegen der kleineren Durchgangszahl k' weniger Wärme auf als bei reinem Bleche; das Wasser erwärmt sich also bei gleichem Wege weniger, und der Temperaturunterschied ϑ_m zwischen Heizdampf und Wasser wird größer als bei reinem Bleche, verhältnismäßig um so mehr, je mehr die bestrichene Heizfläche anwächst. Durch den höheren Temperaturunterschied also wird die Wirkung der schlechteren Übergangszahl k' zum Teile ausgeglichen, so daß der Wärmeausnutzungsverlust ebenfalls kleiner wird.

Bei mittleren normalen Heizflächen und mittlerem Steinbelag wird bei solchen dampfbeheizten Vorrichtungen der zu erwartende Wärmeausnutzungsverlust $\zeta = 15-30\%$ betragen; bei kleinen Heizflächen und sehr günstigen Wärmedurchgangszahlen k (kurze und enge Heizrohre) kann indessen ζ auch bis auf etwa 50% anwachsen.

Wird das Flüssigkeitsgewicht G in 1 st von t_2' auf t_2'' erwärmt, besitzt dasselbe eine spezifische Wärme c für 1 kg und beträgt der mittlere Temperaturunterschied zwischen Heizdampf und erwärmtem Wasser ϑ_m, so gilt für die von der erwärmten Flüssigkeit aufgenommene Wärmemenge, wenn $z = $ Zeit in Stunden und $F = $ Heizfläche in Quadratmetern bedeuten:

$$Q = F \cdot z \cdot k \cdot \vartheta_m = G \cdot c \, (t_2'' - t_2') \quad \ldots \ldots \ldots \quad 102)$$

darin ist ϑ_m ausgedrückt durch

$$\vartheta_m = \frac{t_1' + t_1''}{2} - \frac{t_2' + t_2''}{2}$$

oder genauer aus

$$\vartheta_m = \frac{\vartheta_a - \vartheta_e}{\log \operatorname{nat} \left(\dfrac{\vartheta_a}{\vartheta_e}\right)}$$

oder

$$\vartheta_m = \frac{\vartheta_a \left(1 - \dfrac{n}{100}\right)}{\log \operatorname{nat} \left(\dfrac{100}{n}\right)}$$

(vgl. Formel 25 und Zahlentafel 22 S. 56).

Beispiel 42. Setzt man für einen bestimmten Fall des Wärmeüberganges, z. B. von Dampf an Wasser $\alpha = 6000$ (Zahlentafel 85), das k ein in die Gleichung für Q, so kann man berechnen, wieviel Heizfläche nötig ist, um eine bestimmte Wassermenge G in 1 st von einer bestimmten Eintrittstemperatur, z. B. 10°, bis auf 40° zu erwärmen; G sei $= 3000$ kg, es wird dann für diesen Fall bei reiner Heizfläche und $k = 718$, wobei $\vartheta_m = 74,3$ sich ergibt, wenn mit Dampf von 100° geheizt wird:

$$Q = F \cdot 718 \cdot 74,3 = 3000 \cdot (40 - 10) = 90\,000 \text{ WE,}$$
$$F = 1,69 \text{ m}^2,$$

d. h. es sind für vorliegenden Fall 1,69 m² saubere Heizfläche erforderlich, um 3000 kg Wasser von 10° auf 40° zu erwärmen. Ist nun die Heizfläche mit einem Stein III von $\delta = 0,0055$ m Dicke und $\lambda = 1$ belegt, so wird $k' = 145$ aus Zahlentafel 85, und bei der gleichen bestrichenen Heizfläche $F = 1,69$ m² wird dann eine andere niedrigere Endtemperatur des Wassers erreicht, die sich aus derselben Gleichung für Q ermittelt, wenn man diese Werte einsetzt, also

$$1,69 \cdot 145 \cdot \vartheta_m = 3000 \, (t_2'' - 10),$$

dabei ist ϑ_m aus der Gleichung $\vartheta_m = \dfrac{\vartheta_a - \vartheta_e}{\log\mathrm{nat}\left(\dfrac{\vartheta_a}{\vartheta_e}\right)}$ oder der einfacheren

durch t_2'' auszudrücken; es errechnet sich dann $t_2'' = 17{,}0\,°$ und $\vartheta_m = 87{,}0\,°$; oder mit anderen Worten: die erzielte Endtemperatur des Wassers nach Bestreichen der Fläche $F = 1{,}69$ m² wird bei verunreinigter Heizfläche nur $17{,}0\,°$, und die übergegangene Wärmemenge verringert sich von $90\,000$ WE bei reiner Fläche auf $1{,}69 \cdot 145 \cdot 87 = 21\,300$ WE; der Wärmeausnutzungsverlust ζ wird also $\dfrac{90\,000 - 21\,300}{90\,000} \cdot 100 = 76{,}5\%$.

Sind $F = 16{,}25$ m² Heizfläche bestrichen, so wird bei reiner Heizfläche die Temperatur des erwärmten Wassers $t_2'' = 98\,°$; der mittlere Temperaturunterschied zwischen Dampf und Wasser $\vartheta_m = 22{,}6$, und bei Steinbelag III wird $t_2'' = 58{,}9\,°$, dagegen $\vartheta_m = 62{,}7\,°$; ϑ_m hat sich also um $177{,}5\%$ erhöht, dagegen ist der Wärmeausnutzungsverlust ζ durch den Steinbelag bis auf $44{,}5\%$ gefallen. Bei noch größerer Heizfläche würden sich die Werte in gleichem Sinne noch weiter ändern.

2) t_1 = **Temperatur der heizenden Gase = veränderlich,**
    t_2 = **Temperatur der geheizten Flüssigkeit = unveränderlich.**

Dieser Fall tritt hauptsächlich bei **Kesseln mit siedendem Wasser auf, die durch Gase oder feste Brennstoffe beheizt werden,** und zwar an den Heizflächenteilen, die nicht mehr durch Strahlung, sondern durch Gasberührung getroffen werden; also z. B. bei Oberkesseln innerhalb der Rauchrohre oder Flammrohre, bei Flammrohrkesseln mit Vorfeuerung kurz nach Eintritt der Gase in die Flammrohre, bei abgasbeheizten Kesseln usw. (gültig für Temperaturen bis etwa $550\,°$).

Sind die in 1 st vorbeistreichenden Gasmengen G in Kilogramm mit der spez. Wärme c_p bekannt, sowie der Temperaturunterschied ϑ_a zwischen Heizgasen und Wasserinhalt zu Beginn einer Heizfläche F_α, so kann der Temperaturunterschied ϑ_F zwischen Gasen und Wasser, der sich nach Bestreichen einer Heizfläche F_1 eingestellt hat, berechnen werden aus[1]):

$$\vartheta_{F_1} = \vartheta_\alpha \cdot e^{\frac{(F_1 - F_\alpha) \cdot k}{G \cdot c_p}} \quad \ldots \ldots \ldots \quad 103)$$

worin e die Basis der nat. Logarithmen $e = 2{,}718$ bedeutet, k ist nach S. 278 innerhalb weiter Temperaturgrenzen (bei Berührung allein) als unveränderlich anzusehen.

Auch hier findet man, wie im Falle vorher, daß mit dem Anwachsen der von den Gasen bestrichenen Heizfläche an derselben Stelle der Heizfläche die Temperatur der Gase bei verschmutzter Kesselblechfläche

---

[1]) **Lorenz**, Technische Wärmelehre 1904, S. 450.

höher bleibt als bei reiner; dadurch wird aber der mittlere Temperaturunterschied zwischen Gasen und Wasser ϑ_m (vom Beginn der Heizfläche an gerechnet) ebenfalls höher, und der Wärmedurchgang vom Gas an das Wasser wird verhältnismäßig größer, als er in Rücksicht auf das wesentlich verringerte k werden sollte. Der Wärmeausnutzungsverlust bleibt also in kleinen Grenzen, die für mittlere Verhältnisse 3—5% nicht übersteigen.

Dabei ist noch zu berücksichtigen, daß ja nicht alle von den Heizgasen berührten Flächenteile gleich stark mit Kesselstein belegt sind.

Beispiel 43. Es durchziehen ein Heizrohrsystem in 1 st $G = 4000$ kg Gase von der spez. Wärme c_p für 1 kg $= 0{,}25$; sie sei als konstant gesetzt für den Temperaturbereich (der Fehler durch steigende spez. Wärme beträgt zwischen 500 und 250° etwa 1%); der Wärmeübergang von Gas an Heizfläche sei $\alpha = 20$; für reine Heizfläche ist nach Zahlentafel, S. 278, $k = 19{,}5$; für Steinbelag III ($\lambda = 1{,}0$; $\delta = 5{,}5$ mm) ist $k' = 17{,}6$. Die Gase seien am Heizflächenbeginn 500° warm. Das Wasser habe 100°. Wie stellen sich die Temperaturen und der Wärmeausnutzungsverlust ζ nach 15 und 50 m² Heizfläche? In die Formel eingesetzt ergibt sich:

$$\vartheta_F = (500 - 100) \cdot e^{-\frac{15 \cdot 19{,}5}{4000 \cdot 0{,}25}},$$

$$\vartheta_F = 400 \cdot 2{,}718^{-0{,}2925}; \quad \frac{400}{\vartheta_F} = \log \mathrm{nat}\ 0{,}2925 \cdot 0{,}434).$$

$\vartheta_F = 300{,}2°$; also die Gastemperatur am Ende der Heizfläche von 15 m² ist $300{,}2 + 100 = 400{,}2°$.

Die anderen Werte zeigt diese Zusammenstellung:

Bestrichene Heizfläche m²	Heizgastemperaturen am Ende der Heizfläche		Gesamte übertragene Wärme von Anfang an		Mittlerer Temperaturunterschied von Anfang der Heizfläche an °C ϑ_m		Verminderung der Wärmeausnutzung ζ in %
	reine Heizfläche	mit Steinbelag III	reine Heizfläche	mit Steinbelag III	reine Heizfläche	mit Steinbelag III	
	°C		WE				
5	463	466	36 500	33 700	374	383	7,7
15	400	407	99 800	92 800	341	351	7,0
50	253	266	246 400	234 100	253	266	5,0

3) **Temperatur t_1 der heizenden Flüssigkeit**
 Temperatur t_2 der beheizten Flüssigkeit } **veränderlich.**

Zu dieser Gruppe gehören Warmwasserapparate, Vorwärmer, Rauchgasvorwärmer, Rieselkondensatoren usw. Dabei genügt die Annahme einer Wärmeübertragung durch Berührung, so daß die Annahme gleichbleibender Wärmedurchgangszahlen $k\,k'$ berechtigt ist. Der mittlere Temperaturunterschied ϑ_m ist aus einer der Gleichungen 25 oder 26 nach S. 56 zu errechnen, und der Temperaturunterschied ϑ_e am Ende der Heizfläche aus der Gleichung[1])

$$\vartheta_e = \vartheta_a \cdot e^{\, - \, F \cdot k \left(\frac{1}{G_1 \cdot c_{p_1}} \pm \frac{1}{G_2 \cdot c_{p_2}} \right)}, \quad \ldots \ldots \quad 104)$$

das $+$-Zeichen bezieht sich auf Gleichstrom, das $-$-Zeichen auf Gegenstrom. $G_1\, G_2$ sind Gasmengen, $c_{p_1}\, c_{p_2}$ die spez. Wärmen am Anfang und Ende.

Für Apparate, die mit überhitztem Dampfe oder Gasen beheizt sind, ist ein Wärmeausnutzungsverlust von 5—15% zu erwarten, für enge Heizrohre sowie für zwei bewegte Flüssigkeiten mit $k \sim 700$ (vgl. Zahlentafel 85, S .279) ein solcher nach früheren Angaben bis 50%.

Beispiel 44. Bei einem Rauchgasvorwärmer von 144 m² Heizfläche, einer Gaseintrittstemperatur $= 300°$ und einer Wärmedurchgangszahl $k = 12$ können in 1 st 3237 kg Wasser von 10° auf 100° erwärmt werden, wenn die Gasmenge von 7770 kg mit $c_p = 0{,}25$ auf 150° herabgekühlt wird. Bei einem Steinbelag von 5,5 mm Dicke und $\lambda = 1$ wird nach S. 278: $k = 11{,}4$ und die Gase kühlen sich von 300° auf 163° ab, während das Wasser von 10° auf 92° erwärmt wird. Der Wärmeausnutzungsverlust beträgt also 8,7%.

e) Einfluß des Kesselsteins auf die Wärmeausnutzung in Heizvorrichtungen bei Wärmeübertragung durch Berührung und Strahlung.

$t_1 =$ **Temperatur der heizenden Gase** $=$ **veränderlich.**
$t_2 =$ **Temperatur der beheizten Flüssigkeit** $=$ **unveränderlich.**

Unter diese Betrachtung fallen solche Heizflächen (bzw. Teile derselben) bei Dampfkesseln, welche vom Roste, von den Flammen oder erhitztem Mauerwerke auf ihrer ganzen Ausdehnung bestrahlt werden; also bei Innenfeuerung bei Flammrohrkesseln die Flammrohrfläche, soweit die Flamme reicht; bei Wasserrohrkesseln ebenfalls der von der Flamme bestrichene Teil usw.

Die Verhältnisse des Wärmeüberganges α, der Durchgangszahl k usw. sind für den Fall einer Dampfkesselheizfläche, an welche die Gase mit 1000° herantreten, für eine Wassertemperatur von 180° und $\alpha = 20 =$ konstant in nachstehender Zahlentafel 86 und im Schaubild 49 dargestellt (vgl. auch Abschn. 15 und Abb. 25).

Für den Verlauf des Wärmeausnutzungsverlustes, des Temperaturabfalles usw. gilt das gleiche wie im vorhergehenden Falle der Berührung allein. Dagegen ist die Wärmedurchgangszahl k sehr wesentlich von der Gastemperatur abhängig. Die von 1 m² Heizfläche und Stunde vom

---

[1]) Lorenz, Technische Wärmelehre 1904, S. 450.

Wasser aufgenommene Wärmemenge ist anfänglich bei der bestrahlten Fläche sehr hoch, annähernd 100 000 WE; sie sinkt aber sehr rasch ab, wenn die Gase nur noch durch Berührung heizen, und es zeigt sich dabei die merkwürdige Erscheinung, daß im vorliegenden Falle bereits nach 7 m² der Einfluß des höheren Temperaturunterschiedes den der verminderten Wärmedurchgangszahl k überwiegt, so daß die Leistung der unreinen Heizfläche (Steinbelag $\delta = 5{,}5$ mm stark mit $\lambda = 2{,}96$, entsprechend $\delta = 1{,}9$ mm und $\lambda = 1{,}0$) von hier ab größer wird als die der reinen; es wird deshalb der zuerst höhere Verlust an Wärmeausnutzung von etwa 10% später wesentlich vermindert und ausgeglichen bis auf kleine Beträge von 2—3%. **Der Gesamtverlust an Wärmeausnutzung wird also selbst bei sehr schlecht leitendem Steinbelage 5% nicht übersteigen.**

Zahlentafel 86.

Wärmedurchgang bei Strahlung und Berührungsübertragung längs der ganzen Kesselheizfläche bei reiner Heizfläche und bei Steinbelag.

$\dfrac{1}{\alpha_2}$ Wand/Kesselstein $= 0$, $\lambda = 5{,}5$ mm, $\delta = 2{,}96$, oder $\delta = 1{,}9$ mm, $\lambda = 1{,}0$,

$t_2 = $ Wassertemperatur $= 180°$; $\alpha = 20$; Heizgasmenge $= 4000$ kg/st.

Bestrichene Heizfläche	Temperatur der Heizgase am Ende des Abschnittes t_1		Wärmedurchgangszahl k am Ende des Heizflächenabschnittes		Q_1 Heizflächenbeanspruchung am Ende des Heizflächenabschnittes		Erhöhung des Temperaturunterschiedes $\dfrac{\vartheta' - \vartheta}{\vartheta} \cdot 100$	Verlust an Wärmeausnutzung
	reine Heizfl.	Steinbelag II	reine Heizfl.	Steinbelag II	reine Heizfläche	Steinbelag II		
m²	°C	°C	WE/m²/st/1° C		WE/m²/st		%	%
0	1000	1000	—	—	—	—	—	—
0,5	951	956	126	114	97 000	88 600	0,6	9,6
5	677	696	78	75	38 850	38 800	4,0	5,6
10	533	551	60	58	21 200	21 480	4,9	3,9
15	448	464	51	49	13 700	14 100	5,6	2,9
20	392	406	46	44	9 580	9 930	6,5	2,4
30	318	330	40	38	5 550	5 700	8,0	1,7
40	275	285	36	35	3 450	3 620	9,6	1,3
50	246	254	35	33	2 320	2 470	10,5	1,0

Beispiel 45. Es sei die Kesselwandtemperatur ϑ_1 an der von den Gasen bestrichenen Seite berechnet für die vierte Reihe der Zahlentafel 86, für eine Kesselwand von $\delta_1 = 20$ mm, $\lambda_1 = 56$ mit einem Steinbelage von $\delta_2 = 5{,}5$ mm, $\lambda_2 = 2{,}96$ und einer Wassertemperatur von $t_2 = 180°$; dabei trete Wärmedurchgang infolge Strahlung und Berührung ein (vgl. Abb. 50).

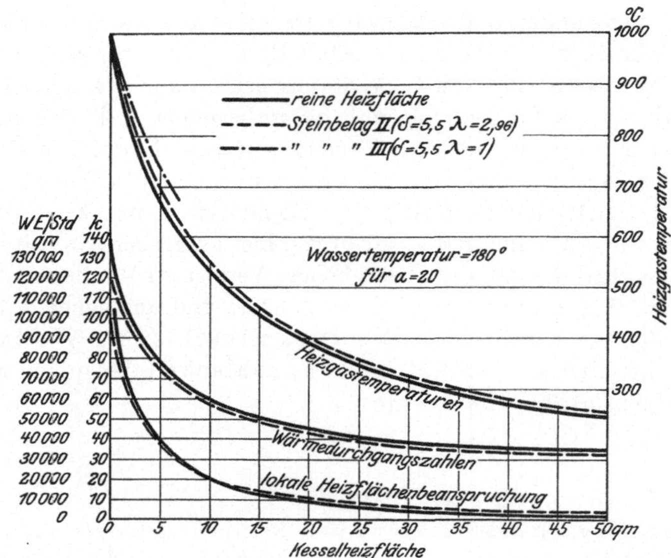

Abb. 49. Wärmedurchgang bei Strahlungs- und Berührungsübertragung längs der ganzen Heizfläche.

Nach Formel 35, S. 60 ist die Wandtemperatur

$$\vartheta_1 = t_2 + Q_1\left(\frac{\delta_1}{\lambda_1} + \frac{\delta_2}{\lambda_2} + \frac{1}{\alpha_w}\right),$$

$$\vartheta_1 = 180 + 21480\left(\frac{0{,}020}{56} + \frac{0{,}0055}{2{,}96} + \frac{1}{1154}\right) = 246°,$$

dabei besteht zwischen Q_1 und k die Beziehung (S. 60):

$$Q_1 = k\,(t_1 - t_2) \text{ in WE/m}^2/\text{st},$$

also in unserem Falle:

$$21\,480 = k\,(551 - 180); \quad k = 58,$$

wie auch in der Zahlentafel 86 angegeben.

Wäre die Heizfläche frei von Kesselstein, so wäre in der Formel der Wert $\dfrac{\delta_2}{\lambda_2} = 0$ zu setzen; es ergibt sich also unter Verwendung der entsprechenden Zahlen

$$\vartheta_1 = 180 + 21\,200\left(\frac{0{,}020}{56} + \frac{1}{1154}\right)$$
$$= 180 + 21\,200 \cdot 0{,}001\,226 = 206°.$$

Der anhaftende Kesselstein erhöht also die Temperatur der den Heizgasen ausgesetzten Kesselwandseite um 40°.

Zahlentafel 87.

Art der Feuerung	Außenfeuerung (Unterfeuerung)				Innenfeuerung								
Heizflächenbeanspruchung . . kg/m²/st	15		16		12			14,5			19,6		
Zustand der Heizfläche	rein	belegt $\lambda=1$ $\delta=1,9$	rein	belegt $\lambda=1,0$ $\delta=1,9$	rein	belegt $\lambda=1$ $\delta=1,9$	belegt $\lambda=1$ $\delta=5,5$	rein	belegt $\lambda=1$ $\delta=1,9$	belegt $\lambda=1$ $\delta=5,5$	rein	belegt $\lambda=1,0$ $\delta=1,9$	belegt $\lambda=1$ $\delta=5,5$
Gesamte Heizfläche . m²	80				1000						70		
Bestrahlte Heizfläche m²	20				8						5		
Heizgastemperatur am Beginn . . . . °C	1000		1100		1000			1100			1200		
Wärmeinhalt d. Gase für 1 °C $= c_p \cdot G$ WE	1000		1100		1000			1100			1000		
Temp. am Ende der bestrahlten Heizfl. °C	392	406	419	434	600	617	671	625	642	700	738	762	830
Abgastemperatur am Kesselende . . . . °C	246	253	263	271	250	257	277	267	276	299	337	351	387
Wärmeausnutzungsverlust ($c_p =$ konstant) %	—	1,0	—	1,05	—	1,0	3,7	—	1,1	3,9	—	1,7	6,0

Wärmeübertragung an Dampfkesseln durch Strahlung und Berührung am ersten Teile der Heizfläche, später durch Berührung allein; Einfluß der steigenden Kesselbeanspruchung.

f) Strahlungsübertragung nur am ersten Teil der Kesselheizfläche wirksam, am anderen Teil nur Berührungsübertragung.

$t_1 =$ Temperatur der heizenden Gase, veränderlich.
$t_2 =$ Temperatur der beheizten Flüssigkeit, unveränderlich.

Bei allen Dampfkesseln wird nur der erste Teil der Heizfläche von Wärme bestrahlt, bei Unterfeuerungen ein größerer Teil, bei Innenfeuerungen dagegen hört der Bestrahlungseinfluß bald hinter der Feuerbrücke auf, und es wird weiterhin die Wärme an die Heizfläche nur noch durch Berührung übertragen. Bei größeren bestrahlten Flächen, wie Unterfeuerungen bei Wasserrohrkesseln usw., wird der anfänglich hohe Wärmeausnutzungsverlust (vgl. Zahlentafel 86, S. 285) rascher ausgeglichen als bei der weniger wirksamen Berührungsübertragung; der Verlust wird hierbei selbst in ungünstigen Fällen 5% nicht überschreiten, im Mittel 2—4% betragen; bei Innenfeuerungen sind die Verhältnisse ein wenig ungünstiger, da die Strahlung meist schon nach etwa 7 m² Heizfläche unwirksam wird; ein Stein von 5,5 mm Stärke und $\lambda = 2{,}96$ hat eine Verminderung der Wärmeausnutzung um etwa 3%, ein solcher von etwa 5,5 mm Stärke und $\lambda = 1{,}0$ eine Verminderung von etwa 6% zur Folge. Dabei ist noch zu berücksichtigen, daß die Kesselsteinablagerung hauptsächlich an den Stellen ruhigerer Verdampfung eintritt, so daß der wirksamste Teil der Heizfläche die verhältnismäßig schwächste Steinablagerung besitzt.

Stärkere Beanspruchung der Kessel wird durch Verbrennen einer erhöhten Brennstoffmenge auf dem Roste unter Anwendung schärferen Zuges erzielt; dabei steigt die Anfangstemperatur und die Gasmenge, somit auch in erster Linie die Wärmeübertragung, durch Bestrahlung. Der Verlust an Wärmeausnutzung, also der Mehrverbrauch an Kohle zur Erzielung gleicher Dampfmengen, kann in solchen Fällen bei 2 mm Stein ($\lambda = 1$) den Betrag von 4%, bei 5,5 mm Stein ($\lambda = 1$) schon etwa 8% erreichen, vorausgesetzt allerdings der ungünstige Fall, daß der Kesselstein sich auf der Gesamtheizfläche in gleicher Stärke abgelagert hat.

Vorstehende Zahlentafel 87 bietet eine Übersicht über verschiedene Verhältnisse bei $G = 4000$ kg Gasen in 1 st.

30. Erhöhung der Kesselblechtemperaturen durch Kesselsteinbelag und Ölschichten sowie dadurch bedingte Abnahme der Blechfestigkeit.

Ölablagerungen verursachen eine sehr starke Abnahme der Wärmedurchgangszahlen; Schichten von 0,2—0,3 mm Stärke eines Teeranstriches bewirken bereits höhere Wärmeverluste als Kesselsteine von 5,5 mm Stärke mit $\lambda = 1$; Öl und Fettablagerungen, die aus ungereinigt verspeisten Maschinenkondensaten entstammen, wirken ganz ähnlich. Mineralöl z. B. besitzt eine Leitfähigkeit von $\lambda = 0{,}1$, so daß eine Ölschicht von $^1/_2$ mm Stärke bereits ebenso schädlich ist wie der starke Kesselstein von 5,5 mm Dicke mit $\lambda = 1{,}0$. Bach[1]) machte zuerst auf diese schädlichen Einflüsse aufmerksam.

Nach obigen Ausführungen ergibt sich die Wandinnentemperatur des Kesselbleches auf der Wasserseite bei verunreinigtem Bleche zu:

$$\vartheta_2 = t_2 + Q\left(\frac{\delta_2}{\lambda_2} + \frac{1}{\alpha_3}\right) \quad\dots\dots\dots\ 105)$$

δ_2, λ_2 gilt für den Steinbelag.

$\alpha_3 = $ Wärmeübergangszahl von Kesselstein an Wasser.

Es steigt also die Blechinnentemperatur mit der übergangenen Wärmemenge, mit der Schichtstärke δ_2 des Kesselsteines und mit der Abnahme der Leitfähigkeit λ_2 der Verunreinigung. Ölschichten sowie Teeranstriche ergeben also höhere Temperaturen als gleichstarke Steinschichten. Es wird nämlich bei Verunreinigung der Heizflächen die vom Gase abgegebene Wärmemenge so lange zur Erhöhung der Blechtemperatur verwendet, bis die Temperatursteigerung genügt, um den Leitungswiderstand der Verunreinigung zu überwinden. Örtliche Überhitzungen der Bleche, die schädlich sein können, sowie Entstehen von Zusatzspannungen können die Folge sein an Stellen, die besonders scharfem Feuer ausgesetzt sind. Tatsächlich sind durch Messungen an Kesseln, die durch Öl verunreinigt waren,

mittels Schmelzpfropfen Temperaturen der Blechinnenseiten von 350°, ja bis etwa 570°, festgestellt worden.

Die nebenstehende Abb. 51[2]) bietet einen Einblick in diese Verhältnisse; es ist auf der Senkrechten der Unterschied

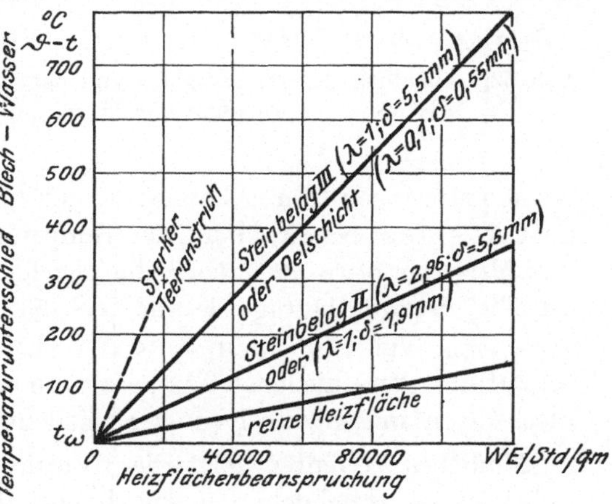

Abb. 51. Erhitzung des Kesselbleches bei Verunreinigung durch Kesselstein.

von Blechaußentemperatur und Wassertemperatur ($\vartheta - t$) aufgetragen, auf der Wagerechten der Wärmedurchgang in Wärmeeinheiten durch 1 m² Heizfläche und Stunde, wie solcher in dem ersten Teile eines

---

[1]) Z. d. V. d. I. 1887, S. 458, 526; 1894, S. 1420; 1910, S. 1018.
[2]) Abb. 51—53 nach Reutlinger, Ztschr. d. V. D. I. 1910, S. 545 ff.

Kessels bei Wärmeübertragung durch Berührung und Strahlung erfolgt. Die verschiedenen Strahlen zeigen, wie mit zunehmender Belagstärke bei gleichem Wärmeübergang die Blechaußentemperatur anwächst, am meisten bei einer Ölschicht und bei Teeranstrich.

Bei örtlichen Ölablagerungen usw. treten also Temperaturunterschiede gegen die Nachbarteile des Kessels auf, die besonders an Stellen geringer Nachgiebigkeit zu beträchtlichen Zug- oder Druckspannungen führen können; bei Flußeisen beträgt diese Zusatzspannung bei 1° Temperaturunterschied schon etwa 25 kg/cm². Folgen davon können Undichtigkeiten an Rohrbefestigungen, Nietnähten usw. sein, auch Einbeulungen und Risse an Heizplatten usw., die leicht zu unangenehmen

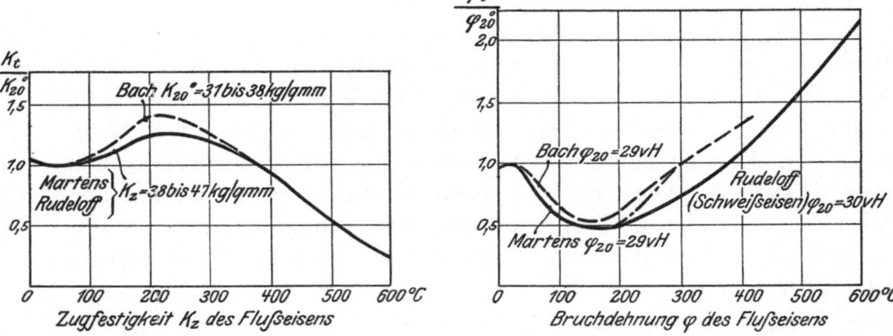

Abb. 52. Abnahme der Zugfestigkeit und der Bruchdehnung von Flußeisen bei zunehmender Erwärmung.

Betriebsstörungen führen können. Auch nimmt die Blechzugfestigkeit K_z selbst bei Erhöhung der Temperatur ab; sie ist z. B. für Flußeisenblech bis etwa 400° noch die gleiche wie bei Zimmertemperatur, bei 500° dagegen beträgt sie nur noch 55% davon, bei 600° sogar nur noch 25%. Vgl. Abb. 52, in der das Verhältnis von K und φ bei $t°$ und bei 20° über verschiedenen Temperaturen aufgetragen ist. Die einzelnen Blechsorten weisen dabei ein verschiedenes Verhalten[1] auf.

Ähnliches Verhalten zeigt die Bruchdehnung φ des Flußeisens, wobei unter Bruchdehnung die Längenänderung im Verhältnis zur ursprünglichen Stablänge verstanden ist, die beim Bruche des zerrissenen Stabes eintritt. Dieselbe ist bereits bei etwa 400° nach Versuchen von Bach nahezu 1,5 mal so groß als bei kaltem Zustande.

Das Eisen ist am sprödesten bei etwa 300°. Versuche von Olry und Bonet haben erwiesen, daß Formänderungen von Blechteilen,

---

[1] Näheres über den Stand der Frage siehe R. Baumann: „Die Festigkeitseigenschaften der Metalle in Wärme und Kälte.‘‘

die bei etwa 300° (Blauwärme) eintreten, dauernde Sprödigkeit zur Folge haben können.

Die Dehnungszahl α des Eisens steigt ebenfalls mit der Temperatur an bis etwa 600° langsam, dann sehr rasch; sie ist bei 600° etwa das 1,5 fache so groß als bei kaltem Zustande. Wächst die Dehnungszahl, so bedeutet dies, daß eine Formänderung bei höheren Temperaturen durch eine geringere Beanspruchung bereits verursacht wird wie bei kaltem Zustande.

Die Festigkeitseigenschaften des Kupfers nehmen mit wachsender Temperatur noch rascher ab als die von Eisen (vgl. Abb. 54).

Bronze zeigt auch ein ähnliches, aber stark von der Zusammen-

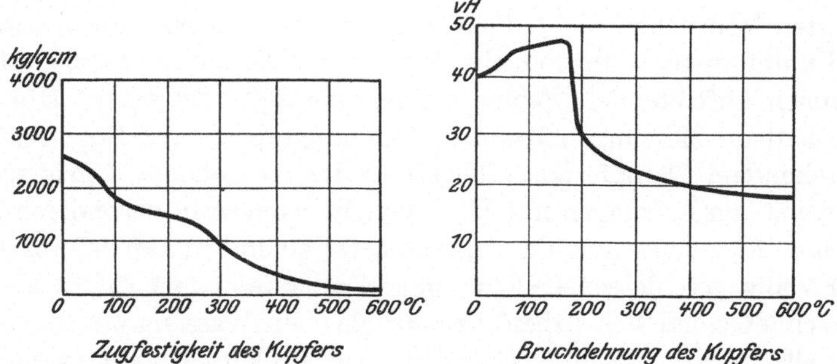

Abb. 53. Abnahme der Zugfestigkeit K_z und der Bruchdehnung φ von Kupfer bei zunehmender Temperatur (nach Stribeck).

setzung beeinflußtes Verhalten. So untersuchte Bach 1901 eine Bronze mit folgender Zusammensetzung: Kupfer 85,95 bis 87%; Zinn 9,75 bis 8,88%; Zink 3,64 bis 4,3%; Blei 0,35 bis 0,498%; Eisen 0,036 bis 0,09%; Phosphor 0,015 bis 0,40%. Arsen, Antimon, Schwefel waren nur in Spuren vorhanden. Es ergab sich:

Temperatur . . . . . °C	20	100	200	300	350	400	500
Zugfestigkeit K_z . kg/cm²	2491	2477	2381	1610	1158	1113	693
Bruchdehnung φ . . . %	17,4	20,1	17,9	6,8	2,0	1,5	0,3
Querschnittsvermin- derung ψ . . . . . %	22,5	20,0	19,1	8,8	1,5	1,0	—

Alles in allem also verlieren die Kesselbaustoffe an Festigkeit und Widerstandsfähigkeit in jeder Beziehung bei Erhitzung, und die Betriebssicherheit nimmt durch Verunreinigungen der Heizfläche wesentlich ab; es ist daher Sache des Betriebes, durch sorgfältige Wartung und Fernhaltung schädlicher Einflüsse die Betriebssicherheit der Kessel hochzuhalten.

XI. Betriebsüberwachung.
31. Winke für die Vornahme von Messungen.
a) Messung des Niederschlagwassers.

Im Betriebe werden die Abkühlungsverluste an Rohrleitungen, durch welche Dampf strömt, der Dampfverbrauch von Rohrsystemen, Heizapparaten u. dgl. meistens mit Hilfe von Kondenstöpfen bestimmt, welche das in gewisser Zeit in einem Leitungsstrange niedergeschlagene Kondensat abgeben. Sind die Zuleitungsröhrchen von der Dampfleitung nach den Kondenstöpfen und diese selbst nicht umhüllt, so wird in beiden Wasser abgeschieden, und die gemessene Menge ist zu groß; meistens sind aber die durch den Schwimmer der Kondenstöpfe betätigten Ventilchen nicht dicht, so daß mit dem Niederschlagwasser noch Dampf austritt, um so mehr, je höher der Druck ist; die bei solchen Messungen auftretenden Fehler können bis 20% betragen. Eberle[1]) hat deshalb die Messungen über die Abkühlungsverluste an Rohrleitungen mit stehendem Dampfe ausgeführt und das entstehende Niederschlagwasser aus den Leitungen mit Hilfe von Bohrungen in besonderen Meßflanschen, in welche auch die Thermometer zu stehen kamen, abgeführt in ein völlig geschlossenes Gefäß mit Wasserstand und einem kleinen, dicht schließenden Ventilchen, das auf gleichen Wasserstand im Gefäße eingestellt wurde. Dampfverluste werden hierdurch ganz vermieden.

In einfacher und für praktische Zwecke hinreichender Weise kann man den Dampfverbrauch durch Auffangen der Kondensate in offenen Behältern messen; da die Kondensate meist ungleichmäßig, oft stoßweise, entströmen, müssen diese Messungen über mehrere Stunden hindurch ausgeführt werden. Um Verluste durch ausblasende Dämpfe zu vermeiden, empfiehlt es sich, die Kondensatablaufrohre bis unter die Oberfläche des im Meßgefäße sich ansammelnden Wassers einzuführen. Werden die Kondensate heftig ausgestoßen, so hilft gegen Verspritzen oft ein Aufblasenlassen auf Reisigbesen oder Bedecken der Wasserspiegelfläche mit Holzwolle oder dgl.

Ähnliches gilt von den Wasserabscheidern, Apparaten, die meist aus einem in die Rohrleitung eingeschalteten Topfe mit Blecheinbauten oder Scheidewänden bestehen, an denen der durchströmende Dampf beim Anstoßen bzw. Richtungswechsel das in ihm enthaltene Wasser abgeben soll; dies geschieht auch bis zu einem gewissen Grade, aber nie vollkommen; die Abscheidung wird um so geringer, je rascher der Dampf strömt, weil er dann eben zu wenig Zeit findet, das Wasser abzugeben; bei einer Dampfgeschwindigkeit von 38 m liefert ein gewöhnlicher Wasserabscheider bereits 32% zu wenig Niederschlagswasser. Es

---

[1]) Ztschr. d. V. D. I. 1908, S. 485.

ist deshalb notwendig, Versuche über Wärmeverluste mit gesättigtem Dampfe bei in der Leitung ruhendem Dampfe unter großer Sorgfalt in der Beobachtung der verwendeten Einrichtung vorzunehmen. Viele in der Praxis ausgeführten, einander stark widerstreitenden Versuche beweisen, wie notwendig Vorsicht ist. Der Dampf hinter Wasserabscheidern hat nach vorgenommenen Untersuchungen[1]) meist weniger Nässe als 1%.

b) Messung der Dampftemperaturen[2]).

Bei vielen Versuchen ist die Dampftemperatur sehr wichtig; deshalb muß bei der Messung derselben besonders vorsichtig verfahren werden, weil gerade hier wieder sehr leicht Fehler begangen werden durch falsche Verwendung der Instrumente. Bei gesättigtem Dampfe zeigen Gasthermometer, die in Hülsen getaucht werden, welche möglichst bis in die Mitte der Rohrleitung reichen und mit Öl gefüllt sind, durchaus zuverlässig an, in gleicher Weise wie Thermoelemente; die Temperatur ist bei gesättigtem Dampfe am Rande der Leitung nur etwa bis 1° geringer als in der Mitte.

Bei überhitztem Dampfe zeigen Glasthermometer nur dann einigermaßen zuverlässig an, wenn sie bis in die Mitte der Leitung geführt werden, am besten in Hülsen, die mit Öl gefüllt sind. Reichen die Einsatzröhrchen nicht weit genug in die Rohrleitung hinein, so wird durch dieselben mehr Wärme nach außen abgeführt, wie der überhitzte Dampf abgibt; die Temperaturen werden also zu niedrig gemessen; bei 150 mm Rohrleitungen zeigten[3]) sich bei 6 at Dampfdruck und Eintauchtiefen von 70 und 20 mm Temperaturunterschiede von 35° (gemessen wurden 290 und 255°).

Für genaue Messungen sollten nur Thermoelemente verwendet werden, deren Drähte noch ein Stück (etwa 500 mm) im Rohre entlang geführt sind in der Tiefenlage, in welcher man die Messung vornehmen will, ehe sie aus dem Rohre herausgeführt werden, weil dann eine Wärmeabführung durch Fortleitung an den Drähten ausgeschlossen ist. Solche Messungen ergaben dann bei 75 und 10 mm Eintauchtiefe bei 12 at Druck nur noch Temperaturunterschiede von etwa 2,5°; womit der Beweis erbracht ist, daß auch bei überhitztem Dampfe nach außen zu in der Rohrleitung nur ein geringer Temperaturabfall stattfindet, so daß derselbe für praktische Messungen vernachlässigt werden kann, wenn nur die Mitteltemperatur sorgfältig festgestellt ist.

Ehe man Messungen des Temperaturabfalles zwischen zwei Stellen einer Dampfleitung vornimmt, tut man gut, die verwendeten Glas-

---

[1]) Wamsler, Forschungshefte 98.

[2]) Weitere Angaben vgl. Hencky, Gesundheitsing. 1918, S. 88; Nusselt, Z. d. V. D. I. 1909, S. 1750; Poensgen, Forschungsheft 191.

[3]) Eberle, Ztschr. d. V. D. I. 1908, S. 448 ff.

thermometer, etwa 7 mm starke Thermometer mit aufgeätzter Teilung, miteinander zu vergleichen, und zwar bei der betreffenden Temperatur. Man kann dazu die Eintauchhülsen benutzen, z. B. am Überhitzer oder in der Rohrleitung, in welche die Thermometer zusammen eingetaucht werden, nachdem man die Hülse vorher mit hochsiedendem Zylinderöle, das bei den betreffenden Temperaturen noch nicht ins Kochen gerät, gefüllt hat. Alle Thermometer müssen so aufgehängt werden, daß gerade nur die abzulesende Kuppe der Quecksilbersäule aus dem Ölbade hervorragt. Zieht man ein Thermometer weiter heraus, so wird man beobachten, daß sofort ein wesentlicher Temperaturabfall durch Abkühlung eintritt; da bei gut umhüllten Leitungen auf etwa 6—12 m nur 1° Temperaturabfall zu rechnen ist (vgl. S. 265), so ist eine sorgfältige Ablesung unbedingt erforderlich, wenn man sich keinen Täuschungen hingeben will. Es ist auch zweckmäßig, an einer Stelle der Dampfleitung zwei Stutzen dicht hintereinander von $1^1/_2''$ bis $2''$ l. $\varnothing$ aufzuschweißen, weil man dann die Betriebsthermometer, die oft recht falsch zeigen, in dem einen Stutzen mit einem richtig zeigenden Glasthermometer im anderen Stutzen vergleichen kann.

c) Messung der Oberflächentemperaturen.

Anhalten von Thermometern an Rohroberflächen oder an eine Wand, deren Temperatur man feststellen will, gibt keine zuverlässigen Werte; die Temperatur wird zu niedrig angezeigt. Denn das angelegte Thermometer führt durch Leitung und Strahlung Wärme von der berührten Körperoberfläche ab und erniedrigt die Temperatur der Meßstelle; sodann berührt auch das Thermometer den heißen Körper nur an kleiner Fläche, befindet sich selbst in einer Umgebung niedrigerer Temperatur, zeigt also zu wenig an; während es eben nur richtige Angaben machen kann, wenn es in seiner ganzen Masse die zu messende Oberflächentemperatur annimmt. Umhüllt man das Thermometer mit Putzwolle, so zeigt es richtiger an als bei bloßer Berührung. Wesentlich besser z. B. ist es bei Messung einer Mauerwerkstemperatur, das Thermometer in eine kleine Fuge oder Vertiefung zu bringen und mit etwas Kitt oder Lehm abzudichten. Auch fest an die Wand gedrückte halbkreisförmige Gefäße, die mit Öl gefüllt sind und in die man das Glasthermometer tief eintaucht, geben ziemlich richtige Werte. Eine Störung des Oberflächentemperaturverlaufes des strahlenden Körpers wird indes stets hervorgerufen.

Am zuverlässigsten aber sind Messungen mit Thermoelementen, die z. B. an die Rohroberfläche angelötet sind oder die mittels eines etwa 5 mm breiten, sehr dünnen und etwa 10 mm langen Metallblättchens durch zwei Schräubchen von 2—3 mm Stärke angepreßt werden; das Metallblättchen wird dann mit einer dünnen Schicht Kitt umhüllt.

Dabei ist dann wieder wichtig, daß der Thermoelementdraht eine Strecke lang auf der zu messenden Oberfläche entlang geführt wird; eine Wärmeabführung durch die Drähte tritt zwar auch so noch ein, aber die Wärme wird durch dieses entlang geführte Drahtstück von der Umgebung der Meßstelle entnommen und nicht von dieser Meßstelle selbst.

Ein neues Oberflächenmeßverfahren hat Hencky[1]) ausgearbeitet. Auf ein rundes Kupferblättchen von 30 mm ⌀ und 1 mm Dicke wird der Thermoelementdraht von 0,6 mm aus Kupferkonstantan in der Mitte der Unterseite eingelötet, dann in einer spiralförmigen, eingefrästen Nut von etwa zwei Umgängen und 10 cm Länge mit Kitt eingebettet und über die Oberfläche fortgeführt. Das Plättchen wird mit Holzgriff oder besser noch mit einer Hartgummispitze an die Oberfläche (Rohr, Isolierstoffe usf.) angedrückt, so daß es dieselbe lückenlos berührt. Bei Metalloberflächen genügen etwa 2 Minuten, bei Isolierstoffen sind etwa 15 Minuten erforderlich, bis die richtige Temperatur erreicht ist.

d) Messung von Gastemperaturen.

Voraussetzung jeder Messung ist natürlich ein richtig anzeigendes Thermometer, das dem Verwendungszwecke entsprechend geeicht sein muß. Am zweckmäßigsten und dankbarsten sind heute die zu großer Vollendung (1% Genauigkeit) gebrachten Thermoelemente, die für Temperaturen bis 800° aus Eisenkonstantandraht hergestellt werden, für höhere Temperaturen bis 1200° aus Pyrkon, und aus Platin- und Platinrhodiumdrähten bis 1600°. Da diese Instrumente nur Temperaturunterschiede anzeigen zwischen der Lötstelle, die im Gasstrome liegt, und den Klemmen am Thermoelementkopfe (bzw. bei Verwendung von Kompensationslitze, die eine Verlängerung des Elementes bis zum Galvanometer darstellt, zwischen Lötstelle und Klemmen des Galvanometers), so ist der Zeiger des Galvanometers auf die Lufttemperatur am Elementkopfe einzustellen, die man durch ein besonderes Thermometer mißt.

Weniger zuverlässig, auch empfindlicher im Gebrauch sind Glasthermometer bis etwa 600° mit Kohlensäurefüllung. Diese Instrumente zeigen nicht immer bei allen Temperaturen richtig an und sind deshalb am besten vor dem Versuche mit einem daneben in gleicher Tiefe eingesenkten Thermoelemente zu vergleichen; sie sollen auch nicht zu rasch abgekühlt sowie erhitzt werden, weil sich dabei leicht infolge von Formänderungen der Kapillare die Anzeige dauernd ändert. Wichtig ist die richtige Eichung der Glasthermometer; die Anzeige der Temperatur wird nämlich durch die Abkühlung des aus dem Mauerwerke herausragenden Quecksilberfadens nicht unwesentlich beeinflußt (bis etwa 30° bei etwa 0,8 m Länge). Da nun die bei Kesselanlagen benutzten

---

[1]) Näheres hierüber Hencky, Gesundheitsing. 1918, S. 91, und Z. d. V. D. I. 1920, S. 217, Knoblauch u. Hencky.

1—2 m langen Thermometer ziemlich weit herausragen, und ein Teil des Thermometers das wesentlich kühlere Mauerwerk durchdringt, während nur das unterste Ende im Gasstrome steckt, so muß das Thermometer gleich bei der Herstellung unter ähnlichen Verhältnissen unter Berücksichtigung dieser Umstände geeicht sein, wenn es richtige Anzeigen liefern soll.

Bei Vornahme von Messungen ist ferner stets zu beachten, daß das Thermometer weit genug in den zu messenden Raum hineinragt, und daß es auch wirklich im Gasstrome steckt und nicht in einer toten Ecke, die von den Gasen nicht bespült wird; man muß also, falls man z. B. die Abgastemperatur hinter Schiebern mißt, durch welche die Gase geströmt sind, auch so tief mit dem Thermometer hineingehen, daß man wirklich den Gasstrom erreicht, also bis unter die wirkliche Öffnungsstelle des Schiebers; das gleiche gilt für die Stellen, an denen Richtungswechsel der strömenden Gase stattfinden. Oftmals wird gegen diese Grundregeln der Meßtechnik verstoßen, und viele widerstreitende Ergebnisse werden hierdurch erklärt.

Benutzt man bei einem Versuche mehrere Thermometer, so vergleicht man dieselben am besten in heißem Wasser, sodann an einer Stelle gleichbleibender Temperatur des Gasstromes, in den man sie alle bis auf gleiche Tiefe herabführt; dabei muß man sie lange genug beobachten, weil je nach der zu erwärmenden Masse der Thermometer dieselben verschieden rasch die Temperatur bzw. deren Schwankung annehmen. Will man die Temperaturabkühlung zwischen zwei aufeinanderfolgenden Stellen des Gasstromes feststellen, so muß man gleichzeitig bzw. kurz hintereinander ablesen. Nur bei Beachtung dieser Vorsichtsmaßregeln kann man auf zuverlässige Ergebnisse rechnen.

e) Zugmessung.

Gewöhnlich werden für Zugmessungen einfache U-förmig gebogene Röhren verwendet, deren Schenkel der bequemeren Ablesung halber dicht aneinander gebogen sind. Man hat stets die untere Kuppe bei Wasserfüllung, die obere Kuppe bei Quecksilberfüllung abzulesen. Das Auge ist dabei, um Fehler zu vermeiden, genau auf die Höhe der Kuppe zu bringen. Fetthaltiges Wasser, oder durch Öl oder Fett verschmutzte Röhren, sind nicht brauchbar, weil das Wasser am Rande des Glases anhängt und keine benutzbare Kuppe bildet. Verwendet man längere Schläuche zwischen Meßrohr und Meßstelle, so ist sorgfältig darauf zu achten, daß in den Schlauch kein Wasser hineinkommt, weil dasselbe sofort durch Blasenbildung eine fehlerhafte Einstellung der Wasserspiegel ergibt; man erkennt Wasser im Schlauche am raschesten daran, daß sich beim Heben und Senken des Meßröhrchens die Höhe des Einspielens der Wasserkuppen ändert.

Bei Vornahme von Zugmessungen braucht man, im Gegensatze zu den Temperaturmessungen, nicht bis in den Gasstrom hineinzugehen, weil sich der Unterdruck überallhin fortpflanzt, dagegen ist die Öffnung, durch welche man das Meßrohr in den Zug hineinführt, durch Verstopfen mit Putzwolle oder Lehm gegen die Außenluft zu schließen, weil sonst die einströmende Luft die Anzeige beeinflußt. Den Unterdruck am Schornsteinfuße mißt man am besten, wenn der Hauptschieber geschlossen ist, da man dann nur den wahren, nicht durch Strömung beeinflußten Unterdruck erhält; sobald der Schieber geöffnet wird, sinkt der Zug um die zur Erzeugung der Strömungsgeschwindigkeit verwendete Druckhöhe (vgl. Abschnitt 23); deshalb muß bei Zugmessungen zwischen Feuerung und Fuchsschieber stets die Stellung des letzteren beobachtet werden. Über Gasmengenmessungen mit der Stauscheibe s. S. 229.

f) Gasuntersuchung.

Die Rauchgasbestimmungen werden meist auf CO_2 und O_2 ausgeführt, bisweilen auch noch auf CO. Kennt man die Kohlensorte, die verbrannt wird, in ihrer Zusammensetzung einigermaßen genau, so kann man sich zur Bestimmung der unverbrannten Gase ebenfalls mit der Untersuchung auf Kohlensäure und Sauerstoff begnügen und CO aus den Schaubildern 17, 19, 20 (vgl. auch S. 129) ermitteln. Für rasche Übersicht über den Betriebszustand genügen sogar nur CO_2-Untersuchungen; man stellt die Feuerung zweckmäßig so ein, daß z. B. bei Flammrohrkesseln hinter den Flammrohren, bei Wasserrohrkesseln innerhalb der ersten Rohrreihen, das heißt also hinter der Feuerung an Stellen, wo noch nicht Luft durch Spalten und Risse im Mauerwerke eingetreten sein kann, noch ein CO_2-Gehalt von $12-15\%$ vorhanden ist. Sind mehr als 15% gefunden, so kann man mit Bestimmtheit auf Bildung von Kohlenoxyd schließen, vgl. S. 126ff.

Benutzt wird für die Gasuntersuchungen im Betriebe und für Versuche meist der sogenannte Orsatapparat oder ein ähnlich gebauter nach Fischer oder Hempel.

Will man sichere, fehlerfreie Angaben erhalten, so hat man einige Vorsichtsmaßregeln zu beobachten. Vor allem muß das Gasentnahmerohr auch tief genug in den Gasstrom hineinragen, also durch das Kesselmauerwerk hindurchreichen, damit nicht Gas aus toten Ecken entnommen wird. Sodann muß lange genug gepumpt werden mit der Gummiballpumpe oder der Wasserflasche, damit auch wirklich das Gas sich im Apparat befindet; man erkennt das Gas am sichersten an dem scharfen, meist schwefligen Geruch beim Ausströmen aus der Pumpe; da die Pumpenventile selten gut arbeiten, so hält man während der Ansaugeperiode am besten das Schlauchende der Pumpe an der Ausblaseseite zu, damit nicht durch diese Seite Luft in die Leitung gesaugt wird. Ebenso tut man gut,

vor endgültigem Ansaugen des Gases in das Meßgefäß einmal Gas anzusaugen durch Herabsenken des Wasserspiegels und den Apparat auszuspülen. Da der Apparat gewöhnlich während des ganzen Versuches
an der Gasleitung hängt, so wird man beobachten, daß der Schornsteinzug rückwärts durch die Pumpe hindurch Luft hineinsaugt und Apparat
und Leitung mit Luft füllt; es ist daher zweckmäßig, einen Quetschhahn
vor dem Apparat einzuschalten.

Zum Entnahmerohr für die Gase eignen sich am besten hochwertige
Glas-, Porzellan- oder Tonrohre, die die höchsten Temperaturen vertragen und gegen Gase chemisch unwirksam sind. Da sie leicht zerbrechlich und unbequem zu tragen sind, so begnügt man sich meist mit Eisenrohren oder Messing- bzw. Kupferrohren; doch sollte man dieselben nur
bis zu den Temperaturen verwenden, die unter ihrer Rotglut liegen, also
bis etwa 450°, weil bei glühenden Rohren Reduktionen der Gase eintreten und die Analysen sodann falsch werden.

Wasser hat die Eigentümlichkeit, Kohlensäure aufzunehmen, deshalb
ist es zweckmäßig, das Sperrwasser in dem Meßgefäße mit Gasen stark
zu sättigen oder am besten 50% Glyzerin zu verwenden, das überhaupt keine Gase aufnimmt. Versuche zeigen, daß selbst bei stark gesättigtem Wasser noch bis 1% zu geringe Kohlensäuremengen gemessen
werden.

Da die Feuerungen nie ganz gleichmäßig brennen, so sind die Gasprüfungen so rasch hintereinander vorzunehmen wie möglich, am besten
in Abständen von 3 Minuten. In größeren Pausen von $^1/_4$ Stunde, wie oft
üblich, genommene Proben ergeben keinen richtigen Durchschnittswert
über einen Versuch. Die sichersten und genauesten Durchschnittswerte
erhält man, wenn während der ganzen Versuchszeit Gase über Glyzerin
in einer Flasche angesammelt werden. Zur Ermittlung der Abwärmeverluste ist die genaue Durchschnittsprobe des Kohlensäuregehaltes
wichtiger als die Wahl der Berechnungsweise, vgl. S. 129; für die Beobachtung und rasche Einstellung der Feuerung und des Verbrennungsvorganges leistet dagegen die schnell erhältliche Gasprüfung auf CO_2
bzw. noch auf O_2 unschätzbare Dienste.

Vorschrift für Ansetzen der Aufsaugeflüssigkeiten des Orsatapparates:

1. **Kalilauge** anzusetzen aus chem. reinem Ätzkali mit Wasser im
   Verhältnis von 1 : 3 für die Bestimmung von CO_2.
2. **Pyrogallolsaure Kalilauge** für die Bestimmung von O_2 anzusetzen aus 3 Teilen Kalilauge 1 : 3 und 1 Teil Pyrogallussäurelösung 1 : 5.
3. **Gesättigte Lösung von Kupferchlorür** in gesättigter Salzsäure für
   Bestimmung von CO.

g) Die Entnahme der Kohlenprobe.

Für die Ermittlung der Ergebnisse eines Heizversuches und ·die Untersuchung der Kohle im Laboratorium ist eine sachgemäß genommene Durchschnittsprobe von größter Wichtigkeit, weil die einzelnen Kohlenstücke verschiedene Beimengungen enthalten, die den Heizwert beeinflussen. Man verfährt deshalb bei der Entnahme einer Kohlenprobe nach folgender bewährten Regel. Von jeder zur Ablagerung auf einen Haufen oder, bei einem Heizversuch, zur Verfeuerung gelangenden Karre Kohle wirft man eine Schaufel voll beiseite auf einen sauberen, trockenen Platz; je grobstückiger der Brennstoff ist, desto mehr muß man beiseite tun. Von einem bereits abgeladenen größeren Haufen muß man die Probekohle an den verschiedensten Stellen, also auch von innen und unten entnehmen. Dieser größere Haufen wird dann zu einer runden Schicht ausgebreitet, die größeren Stücke werden bis auf etwa Walnußgröße zerkleinert und gut gemischt. Dann zerlegt man die Kreisfläche durch zwei sich rechtwinklig kreuzende Striche in vier Teile, nimmt zwei einander gegenüberliegende heraus und verfährt mit dem übriggebliebenen Teile in gleicher Weise so lange, bis nur noch einige Kilo vorhanden sind, die nun eine dem Durchschnittswerte der Kohle genau entsprechende Probe darstellen. Diese Probe wird sofort in eine Blechbüchse verpackt, verlötet und an eine Versuchsstation eingesandt. Holzkisten sollen nicht benutzt werden, weil dieselben die in der Kohle enthaltene Feuchtigkeit aufsaugen und somit den Heizwert der Kohle verändern. Überhaupt ist alles zu vermeiden, was auf den Zustand der zu untersuchenden Kohle Einfluß haben könnte. So darf sie z. B. nicht im Sonnenschein oder im Regen gelagert werden, auch nicht offen in warmen Räumen stehen usw.

Die Untersuchung der Kohle wird dann im Laboratorium vorgenommen auf den Wassergehalt, Aschengehalt und Heizwert.

h) Über die Verwertung der Meßergebnisse.

Wie besprochen, können während der Vornahme von Versuchen allerlei Fehler vorkommen; man tut deshalb gut, während eines Versuches schon möglichst die Hauptergebnisse zu ermitteln, so lange noch alle Instrumente und Vorrichtungen in Tätigkeit sind. Zwischenabschlüsse in kürzeren Zeitabschnitten, auf Grund deren man z. B. die Verdampfung der Kessel auf 1 m² Heizfläche und Stunde sowie die von 1 kg Brennstoff verdampfte Wassermenge, den Wirkungsgrad unter Zugrundelegung eines angenäherten Kohlenheizwertes usw. feststellt, sind sichere Mittel der Prüfung. Von großem Werte für ein Urteil über die Belastungsschwankungen im Betriebe der untersuchten Anlage ist es auch, stündliche Abschlüsse der verdampften Wassermenge im Kessel vorzunehmen;

man achtet dabei auf annähernd gleichen Druck und liest am Wasserstandsglase den Wasserstand ab. Dann errechnet man aus dem Unterschiede dieses Wasserstandes gegen den bei Versuchsbeginn die fehlende oder zu viel eingespeiste Wassermenge aus der Größe der Wasseroberfläche. Hat sich ebenfalls ein wesentlicher Druckunterschied gezeigt, so muß auch hierfür eine Korrektur vorgenommen werden (vgl. S. 301). Es ist nämlich stets sehr peinlich, wenn nach vollständiger Beendung der mit viel Mühe, Zeit- sowie Kostenaufwand durchgeführten Versuche sich unmögliche Ergebnisse herausstellen, z. B. ein Wirkungsgrad der Anlage von 90% und mehr; oder Abgangstemperaturen, die mit der Kesselbeanspruchung nicht zusammenstimmen können. Schaubild 8 und 24 geben stets guten Anhalt. Besonders muß man darauf achten, daß Anfangs- und Endablesung angenähert dieselben Werte ergeben, nicht etwa darf man z. B. mit 8,0 at anfangen und mit 9,0 at einen Versuch enden, oder Endfuchstemperaturen von 100 und mehr Grad Unterschied gegen den Anfang zulassen; der Versuch ist in solchen Fällen so lange fortzusetzen, bis die Anfangswerte angenähert wiederkehren. Außergewöhnlich hohe Abgangstemperaturen deuten, falls keine übermäßige Beanspruchung der Anlage vorliegt, darauf hin, daß ein Teil der Gase durch eine undichte Stelle der Zugmauerung auf kürzerem Wege abzieht, wie die Gasführung vorschreibt. Umgekehrt kann eine rasche Abnahme der Gastemperatur in Kanälen zwischen Fuchsschieber und Schornstein auf Hereinziehen kalter Luft hinweisen, die durch undichte Schieber, Risse, nicht schließende Einsteigöffnungen oder auch durch die Züge und schlechtschließenden Schieber und Klappen zur Reinigung offenstehender Kessel Eingang findet; in diesem Falle gibt die gleichzeitige Untersuchung der Gase auf CO_2 und ihre Temperatur an den beiden fraglichen Stellen darüber Aufschluß; denn wenn CO_2 stark abnimmt, ist viel kalte Luft beigemengt worden. Auch kann eine zu starke Abkühlung der Gase durch schlechtes dünnes Mauerwerk, das viel Wärme abführt, schuld sein an raschem Temperaturabfall; bisweilen, und öfters als man glaubt, tritt auch der Fall ein, daß aus dem nassen Erdreich, durch hohen Grundwasserspiegel, undichte Wasserrohre usf. Wasser in das Kanalmauerwerk einzieht, ja auch oft Wasser im Kanale steht; ein Teil der Gaswärme wird dann naturgemäß zum Trocknen des Mauerwerks verbraucht. Schädlich sind solche Verhältnisse stets, weil die Zugkraft des Schornsteins durch die Temperaturverluste geschwächt wird, oder weil bei Rauchgasvorwärmern die Wirkung dieses Apparates beeinträchtigt wird. Bei einem gut geleiteten Versuche dürfen also die Meßergebnisse nicht nur einfach hingenommen werden, sondern es muß dabei die Nachprüfung der Messungen auf ihre Möglichkeit hin erfolgen. Die Literatur der Versuche bietet genügend Beispiele solcher falschen Messungen.

Beispiel 46. Folgender Versuch an einem Rauchgasvorwärmer kann mit Rücksicht auf die Berechnungen auf S. 200 auf seine Richtigkeit hin beurteilt werden.

Speisewassertemperatur bei Eintritt in den Rauchgasvorwärmer . . . . 12,5° C

Speisewassertemperatur bei Austritt aus dem Rauchgasvorwärmer . . . . 82,0°

Gastemperatur beim Eintritt in den Rauchgasvorwärmer 217°

Gastemperatur beim Austritt aus dem Rauchgasvorwärmer 103°

CO_2-Gehalt beim Eintritt 12,8%

Dampferzeugung in 1 st . . . . 2694 kg

Dampferzeugung auf 1 m² Heizfläche und st . . . . . . 22,4 kg

Heizfläche des Rauchgasvorwärmers . . . . 120 m²

Kohlenverbrauch in 1 Stunde . . . . 336 kg

Kohlenheizwert . . . . 6436 WE.

Nach Diagramm 8 enthalten die Rauchgase von 1 kg Kohle bei 6436 WE und 12,8% CO_2 rund 3,4 WE bei Abkühlung um 1° C; es standen also dem Vorwärmer zur Verfügung

$$336 \cdot 3,4 \cdot (217 - 103) = 130\,230 \text{ WE}$$

in 1 st, einschließlich Deckung der Abkühlungsverluste. Der Rauchgasvorwärmer hat aber 2694 kg Wasser um 69,5° erwärmt, also 187 630 WE aufgenommen, somit ca. 25% mehr Wärme, wie ihm zur Verfügung stand. Es kann also nur ein Meßfehler vorgelegen haben, und zwar scheint offenbar die Gaseintrittstemperatur zu niedrig gemessen zu sein (vgl. Abb. 24), sie muß bei 22,4 kg Beanspruchung entschieden höher liegen als bei 217°, und zwar um etwa 100°.

Bei oberflächlicher Prüfung des Versuches an Hand der Abb. 8 und 24 konnte der Fehler beizeiten gemerkt werden.

Verbesserung der Versuchsergebnisse auf Druck und Wasserstand.

Der Gang der Berechnung wird am besten an Hand eines Versuches gezeigt.

Beispiel 47. An einem Zweiflammrohrkessel von 68,9 m² mit 7400 mm Länge und $d = 2100$ mm Durchmesser, der zur Verwertung der Abhitze über einem Glühofen aufgestellt ist, liegt der niedrigste Wasserstand $a = 543$ mm über Kesselmitte; der Wasserstand stand zu Kesselbeginn 110 mm über der Oberkante der unteren Mutter des Wasserstandsglases, also 56 mm über N.-W. Der Anfangsdruck betrug 8,2 at Überdruck, der Enddruck 6,5 at. Die während der gesamten Versuchsdauer von 7,03 st verspeiste Wassermenge von 30° belief sich auf 4308 kg, die im Ofen verfeuerte Koks- und Steinkohlenmenge zusammen auf 1182 kg. Der Wasserstand war zu Anfang und Ende gleich hoch.

Druckkorrektur. Der gesamte Wasserinhalt des Kessels ermittelte sich zu 14,2 m³, also bei dem spez. Gew. von 0,891 (vgl. Zahlentafel 12) zu 12 700 kg. Die Wasserspiegelbreite errechnet sich als Sehne des Kreises aus

$$\sqrt{d^2 - (2\,a)^2}\,,$$

wenn man, von dem Schnittpunkt der Wasserstandslinie mit dem Querschnittskreise des Kessels ausgehend, einen Durchmesser zieht, zu

$$\sqrt{2,1 - 1,086} = 1,8\,\mathrm{m}.$$

Die Wasseroberfläche beläuft sich demnach auf $1,8 \cdot 7,4 = 13,35$ m² und 1 mm Wasserstandshöhe zu $13,35 \cdot 0,891 = 11,9$ kg. Hiernach also wäre z. B. der Abzug bei höherem Wasserstande zu Versuchsende auszuführen. Nun steht der Kesselinhalt zu Anfang und Ende unter verschiedenen Drücken; der Unterschied beträgt 1,7 at; demnach ist auch das spez. Gew. des Wassers verschieden.

Der Unterschied im Gewichte eines m³ bei 175 und 167° ermittelt sich aus Zahlentafel 12 zu 9,0 kg; demnach ergibt sich das Mehrgewicht des Wassers im Kessel zu $9,0 \cdot 14,2 = 128$ kg, das von dem gemessenen abzuziehen ist; die wahre verdampfte Wassermenge beträgt also

$$4308 - 128 = 4180\,\mathrm{kg}.$$

Kohlenkorrektur. Es mußten also 128 kg Wasser zu viel im Kessel auf 6,5 at erwärmt werden; die zu viel aufgewendete Flüssigkeitswärme ergibt sich demnach zu

$$128 \cdot (169 - 30) = 17800\,\mathrm{WE},$$

wenn das Wasser mit 30° verspeist wurde. Aus dem gesamten Kesselinhalte und dem Unterschiede der Flüssigkeitswärme ermittelt sich die am Schluß im Kessel fehlende Wärmemenge zu

$$12700\,(178 - 169) = 114000\,\mathrm{WE}.$$

Es ist also eine dem Unterschiede von

$$114000 - 17800 = 96200\,\mathrm{WE}$$

entsprechende Menge Kohlen noch aufzuwenden, um diese Wärmemenge aufzubringen bzw. zu verdampfen. Da die Verdampfungswärme eines kg Wassers bei 8,2 at sich auf $664 - 30 = 634$ WE stellt, so wären also noch $\dfrac{96000}{634} = 151$ kg Dampf (D_1) zu entwickeln gewesen.

Nun sind während des Versuchs mit $B = 1182$ kg Koks wirklich $D = 4180$ kg Dampf erzeugt worden, bei einer Verdampfung von 3,44. Demnach ergibt sich eine wahre Verdampfung von

$$d = \frac{D - D_1}{B} = \frac{4180 - 151}{1182} = 3,41;$$ und die korrigierte Brennstoffmenge B' errechnet sich zu $B' = B \cdot \dfrac{D}{D - D_1} = \dfrac{D}{d} = \dfrac{4180}{3,41} = 1226$ kg.

Oder der Kohlenzuschlag beträgt $\dfrac{151}{3,41} = 44\,\text{kg}$; damit ergibt sich ebenfalls die wirkliche Kohlenmenge zu $1182 + 44 = 1226\,\text{kg}$.

Es stellen sich also die wirklichen Versuchswerte auf 4180 kg Wasser (statt 4308), auf 1226 kg Kohle (statt 1182) und die wirkliche Verdampfung auf 3,41 (statt 3,64).

Die Verbesserung infolge des erheblichen Druckunterschiedes von 1,7 at zu Versuchsanfang und Ende durfte also nicht vernachlässigt werden.

32. Die Überwachung des Betriebes.

Je nach den Verhältnissen und nach der Größe der Anlage kann man die Betriebsüberwachung mehr oder weniger weit ausdehnen; schon eine geringe Prüfung ist von Wert und wird die aufgewendete Mühe reichlich bezahlt machen. Die Überwachung kann sich erstrecken 1. auf die verbrauchten Stoffe, wie Kohle und Wasser oder Dampf, und 2. auf die technischen Verhältnisse des Betriebes, wie Druck, Zug, Temperaturen, Zusammensetzung der Verbrennungsgase usw.

Für sehr viele Verhältnisse wird bereits eine dauernde Messung der Kohlen- und Wasser- oder Dampfmengen ausreichen; aus dem Verhältnis von verbrauchtem Wasser zu verbrauchter Kohlenmenge erhält man die sogenannte rohe Verdampfungsziffer, welche angibt, wieviel Kilogramm Wasser von 1 kg Kohle unter den bestehenden Betriebsverhältnissen verdampft wurde. Zu genauen Vergleichen, auch mit anderen Betrieben, muß diese Zahl auf Verdampfung von Wasser von $0°$ zu Dampf von $100°$ umgerechnet werden. Sind jedoch während des Betriebes der Kesseldruck, die Speisewassertemperatur, die Überhitzungstemperatur und der Kohlenheizwert annähernd gleich, so genügt auch die rohe Verdampfungsziffer. Ändert sich diese Zahl innerhalb des Zeitabschnittes, in welchem man sie festgestellt (Tag, Woche, Monat), nicht wesentlich, so ist auch der wirtschaftliche Gütegrad der Anlage ungefähr der gleiche, vorausgesetzt, die verbrauchte Kohle hat ihren Heizwert nicht geändert. Wesentliche Fehler, die gemacht werden, schlechtere Kohlenlieferung, Schäden, die an der Anlage auftreten, wie etwa Einfallen von Mauern in den Zügen, sich bildende Risse im Kesselmauerwerk, Eintreten von Wasser in die Kanäle, zunehmende Verschmutzung des Kessels innen und außen usw., machen sich dann durch Abnehmen der Verdampfungsziffer bemerkbar, so daß man rechtzeitig auf Übelstände aufmerksam gemacht wird, die vielleicht sonst monatelang der Kenntnis verborgen bleiben, und für Abhilfe sorgen kann. Die dauernde Feststellung der verfeuerten Kohlenmengen kann man, falls eine mechanische Bekohlungsanlage vorhanden ist, durch eingeschaltete automatische Wagen vornehmen, durch Gleiswagen, welche die mittels Kippwagen eingebrachten Kohlenmengen selbsttätig verwiegen, durch Zählen der

hereingeförderten Wagen, deren Inhalt vorher festgestellt ist usw. Zur
Feststellung des Wassers können Messungen in geeichten Behältern
dienen, aufzeichnende Kippwassermesser oder andere zuverlässig arbeitende Wassermesser, wie etwa die auf dem Kolbensystem beruhen-
den, oder Rotationswassermesser usw.; neuerdings werden Dampfmesser viel benutzt, welche den Vorteil besitzen, daß man einzelne
Abnahmestellen prüfen kann.

Weiter sind einige Instrumente im Kesselhause von Wert, wie das
Manometer, Thermometer für die Dampf- und Wassertemperaturen
an verschiedenen Stellen und ein Differenzzugmesser, den man in

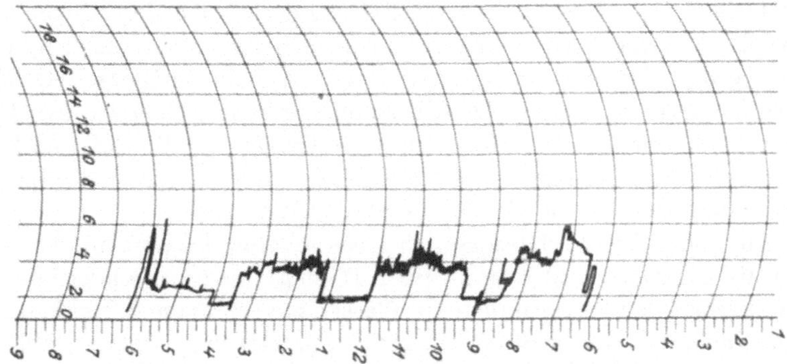

Abb. 54. Aufzeichnung eines Differenzzugmessers.

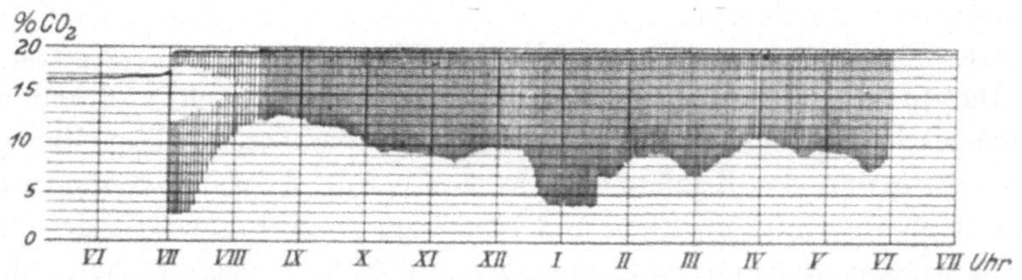

Abb. 55. Kohlensäuregehalt hinter dem Flammrohr bei Verfeuerung
von Braunkohlenbriketten auf Stufenrosten (gehörig zu Abb. 54.)

der Form benutzt, daß der Heizer stets die höchste Leistung und den
höchsten Druck mit dem geringst möglichen Zugunterschiede erzeugt;
auch kann man einen selbsttätig aufzeichnenden Differenzzugmesser
benutzen; er bietet dann zugleich einen Einblick in die Bedienungsweise
des Feuers, da z. B. bei Handfeuerung das jedesmalige Öffnen der
Feuertür sowie das Kohlenaufwerfen sich durch einen Strich auf dem
Papierstreifen kenntlich macht.

Abb. 54 zeigt ein solches, mit einem Differenzzugmesser zwischen
Fuchs und Flammrohr aufgenommenes Schaubild, das vom selben Tage
stammt, wie das darunter abgebildete Kohlensäurediagramm des Öcono-
graphen Abb. 55, das den CO_2-Gehalt der aus dem Flammrohr abziehenden Gase aufgezeichnet hat.

Bemerkenswert ist, wie sich die Pausen gegen 9 Uhr, von $12-1^1/_2$ und gegen $3^3/_4$ Uhr durch einen sehr geringen Zugunterschied in mm Wassersäule ausdrücken. Es wurden Braunkohlenbrikette auf einer Topfschen Stufenrostfeuerung unter einem Einflammrohrkessel von 21 m² verbrannt.

Der Kesseldruck soll zweckmäßig stets so dicht an der höchsten zulässigen Dampfspannung gehalten werden wie möglich, weil der Wärmeaufwand mit der Druckzunahme nur sehr wenig ansteigt, dagegen die Dampfmaschine für die gleiche Leistung bei höherem Drucke bedeutend weniger Dampf braucht. Auf den Wirkungsgrad der Kesselanlage selbst sind dagegen Druckschwankungen von $1-2$ at ohne wesentlichen Einfluß.

Die Überhitzungstemperatur ist so hoch zu halten, daß an der Dampfmaschine gemessen mindestens noch schwach überhitzter Dampf ankommt; ist höhere Überhitzung zulässig, dann um so besser, weil mit zunehmender Dampftemperatur an der Maschine auch die Ersparnisse ansteigen. Im Mittel wird man bei guten Ventilmaschinen auf etwa $300-350°$ C gehen können.

Für die feuertechnische Prüfung selbst kommt hauptsächlich die Messung der Temperaturen und die Bestimmung des Kohlensäuregehaltes der Verbrennungsgase in Frage. Über den Zusammenhang dieser Werte und über den Einfluß auf die Verluste im Kesselbetriebe siehe S. 142 und folgende sowie Abb. 21, 23, 24 usw. Die Temperaturmessungen ergeben in Verbindung mit der Ermittlung des Kohlensäuregehaltes rasch die Größe des Abgasverlustes (Abb. 21).

Man sollte deshalb gleich bei Neuanlagen eine hinreichende Zahl von Temperaturmeßstutzen in der Rohrleitung vorsehen; das sind unten geschlossene, oben offene, mit Gewinde versehene Hülsen, die in die Rohrleitung eingeschraubt werden, so daß sie bis über die Mitte der Leitung hineinragen. Man füllt sie mit hochwertigem Öle und steckt ein Thermometer hinein, falls man nicht vorzieht, von vornherein Thermometer einzuschrauben. Geeignete Plätze sind hinter dem Überhitzer, vor der Dampfmaschine, vor Heizapparaten; bei langen Leitungen vor Austritt aus dem Kesselhause usf. Je länger und verzweigter die Dampfleitung ist, desto wertvoller sind diese Messungen, die dem Betriebsingenieur durch einen raschen Blick eine Einsicht in die Arbeitsverhältnisse der Anlage und den Zustand der Rohrumhüllung geben. Dasselbe gilt für die Warmwasserleitungen.

Im dauernden Betriebe werden sich Temperaturen einstellen, die den in den Schaubildern 23, 24 angegebenen Mittelwerten entsprechen; Schwankungen in den Fuchstemperaturen von $50-80°$ haben keine wesentlichen Bedeutungen, solange sie vorübergehend sind. Stellt sich dagegen eine dauernde Temperaturerhöhung ein, die man nicht auf zunehmende Verschmutzung des Kessels oder gestiegene Dampferzeugung zurückführen kann, so muß den Gründen der auffälligen Erscheinung nachgeforscht werden. Läßt sich die Fuchstemperatur einer Anlage nicht erniedrigen und bleibt sie dauernd über etwa 300° C, so ist stets zu erwägen, ob sich vielleicht die Abgase durch Einbau eines Rauchgasvorwärmers oder dgl. besser ausnutzen lassen.

Hier sei noch der aufzeichnenden Thermometer Erwähnung getan, die für viele Zwecke, wie Messung von Gastemperaturen vor und hinter Rauchgasvorwärmern usw., der Wassertemperaturen vor und hinter Speisewasservorwärmern, der Dampftemperaturen bei Austritt aus dem Kesselhaus und vor Eintritt in die Betriebsmaschine usw., wertvolle Dienste leisten. Man erhält ein fortlaufendes Schaubild, das Aufschluß über Tag- und Nachtbetrieb und seine Störungen bietet.

Den tiefsten Einblick in die Verbrennungsvorgänge gibt die Kenntnis der Zusammensetzung der Verbrennungsgase. Die Höhe des Kohlensäuregehaltes gewährt nämlich einen wichtigen Anhalt für den Betrieb. Für Stichproben benutzt man den bekannten Orsatapparat, welcher ermöglicht, eine Untersuchung in 2—3 Minuten auszuführen. Wünscht man eine dauernde Prüfung der Gaszusammensetzung, so empfiehlt es sich, einen Aspirator aufzustellen, welcher den ganzen Tag über Gase aufsaugt und sammelt. Eine Analyse mittels eines Orsatapparates bietet dann einen Mittelwert über die Verbrennung des ganzen Tages. Saugt man die Gase hinter dem Flammrohr beim Flammrohrkessel oder in den ersten Rohrreihen beim Wasserrohrkessel ab, so bekommt man ein einwandfreies Bild über die Güte der Verbrennung, da bis zu diesen Entnahmestellen hin noch keine Luft von außen eingezogen ist, welche die Verbrennungsgase verdünnte; hier sollen etwa $12—15\% \ CO_2$ vorhanden sein. Entnimmt man die Gase dagegen beim Austritt aus den Kesselzügen vor dem Schieber, hinter den Wasservorwärmern oder am Schornsteinfuße, so werden an diesen Stellen sich weniger Prozent Kohlensäure vorfinden, als weiter nach der Feuerung hin, weil durch die unvermeidlichen Undichtigkeiten des Mauerwerkes, der Schieber, Kratzerketten usf. Luft von außen eingetreten ist. Bei guten Einmauerungen soll der Unterschied an Kohlensäure zwischen Flammrohrende und Fuchs nicht mehr als $2—3\%$ betragen; ist sie größer, so weist dies auf unzulässige Risse und Undichtigkeiten im Mauerwerk hin, was auch durch Auftreten eines erheblichen Temperaturabfalles festgestellt werden kann. Das beste Bild über die Verbrennungsvorgänge und eine Prüfung derselben gewinnt man durch Apparate, welche dauernde Aufzeichnungen des Kohlensäuregehaltes ausführen. Sie arbeiten entweder so, daß sie bestimmte Gasmengen abmessen und in ein Gefäß mit Lauge drücken, worin die Kohlensäure aufgenommen wird — der Antrieb geschieht in diesem Falle durch Wasser —, oder sie

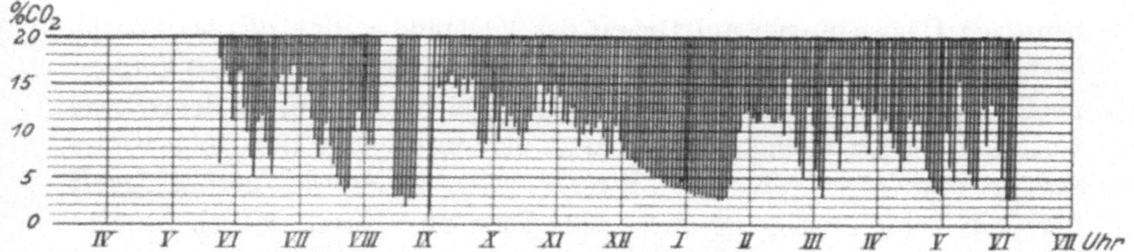

Abb. 56.　Braunkohle und Braunkohlenbrikette auf Planrost.

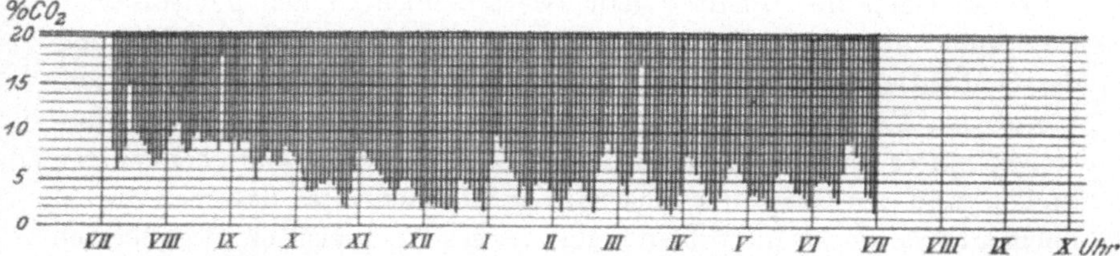

Abb. 57.　Braunkohlenbrikette auf Halbgas-Schrägrost; zeitweise Beschickung. Rost zu groß.

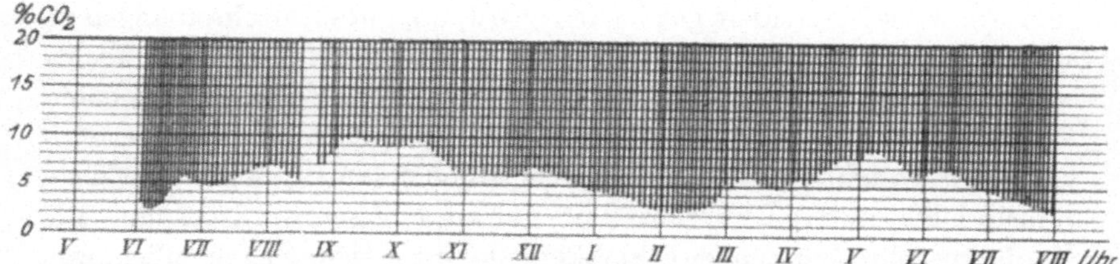

Abb. 58.　Braunkohlen und Braunkohlenbrikette auf Stufenrost. Rost zu groß.

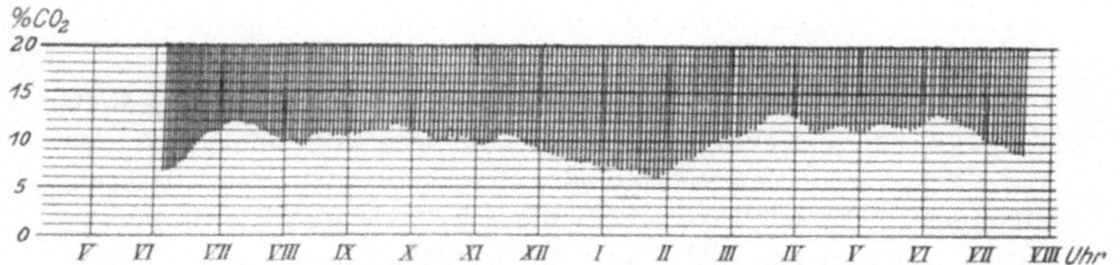

Abb. 59.　Braunkohle und Braunkohlenbrikette auf Stufenrostfeuerung. Rost besitzt richtige Größe.

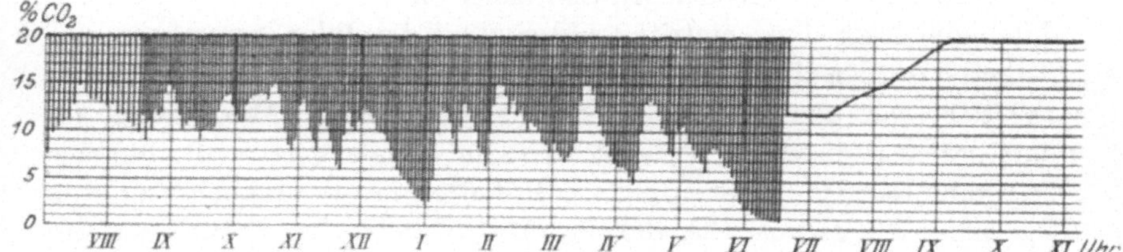

Abb. 60.　Mischung von Steinkohlenschlamm, Braunkohlen und Braunkohlenbrikette auf Stufenrostfeuerung.

Abb. 56 bis 60.　Schaubilder des Kohlensäuregehaltes hinter dem Flammrohre eines Einflammrohrkessels.

benutzen Gaswägungen auf Grund des Umstandes, daß das spezifische Gewicht der Verbrennungsgase sich mit dem Kohlensäuregehalt ändert; neuerdings sind auch Apparate in den Handel gekommen, bei denen zwei Gasuhren die Gasmenge vor und nach der Aufsaugung der Kohlensäure messen, und andere, welche die Eigenschaften der Schwere und Zähigkeit der Gase beim Durchgang durch eine Düse und Kapillare sich zunutze machen.

Diese Gasprüfer schaltet man zweckdienlich in den gemeinsamen Gaskanal hinter den Wasservorwärmer ein, um auch die Wirkung der Undichtigkeiten desselben mit zu erhalten. Vorteilhaft ist es auch, hinter den Kesseln entlang eine Gasleitung zu legen mit Entnahmestellen hinter jedem einzelnen Kessel oder an sonst wünschenswerten Stellen, und den Gasprüfer umschaltbar zu machen, so daß man an beliebiger Stelle wechselnd prüfen kann. Dieses Wechselstück ist am besten verschließbar und verdeckt zu gestalten, damit die jeweilige Probestelle dem Wärterpersonale unbekannt bleibt, und nicht gerade nur der jeweils geprüfte Kessel besonders gut bedient wird, um gute Aufschreibungen zu erhalten. Die Gasleitung selbst soll an jeder Abzweigung, jeder rechtwinkligen Umbiegung und an den Enden mit leicht herausschraubbaren Verschlußstücken (Doppel-T-Stücken usf.) versehen sein, damit der sich leicht ansetzende Staub, der mit dem Kondenswasser sonst eine feste Kruste bildet und die Rohre zusetzt, gut ausgeblasen werden kann. Die Entnahmerohre legt man zweckmäßig mit einer Neigung nach außen, weil bei umgekehrter Neigung das sich bildende Kondenswaser verdampft und mit dem Flugstaube zusammen bald die Rohre sich mit einer Kruste vollsetzen.

In Abb. 56—60 sind eine Anzahl solcher Schaubilder dargestellt, die an gut und schlecht eingestellten Feuerungen aufgenommen wurden. Man erkennt an dem ersten Schaubilde 56 ,welches einer Planrostfeuerung entstammt, jedes Kohlenaufwerfen, das sich durch eine Spitze bemerkbar macht. Die anderen Bilder sind an Schüttfeuerungen aufgezeichnet. Schaubild 57 entspricht einer Halbgasfeuerung, auf der Brikette verarbeitet wurden; da dieselben rasch abbrennen und schnell Lücken bilden, durch die kalte Luft eintritt, sind Spitzen im Bilde bemerkbar; die Brikette wurden durch eine Absperrklappe immer zeitweise aufgefüllt. Der Rost war zu groß, daher der niedrige CO_2-Gehalt. Abb. 58 zeigt an, daß der verwendete Stufenrost, der für minderwertige Braunkohle bestimmt war, für Verfeuerung von Briketten mit Braunkohlen zu groß ist, daher der geringe CO_2-Gehalt. Abb. 59 zeigt den Betriebszustand auf derselben Feuerung, nachdem der Rost für Brikette entsprechend verkleinert wurde. Abb. 60 veranschaulicht die Verbrennungsvorgänge auf demselben Stufenroste bei Verfeuerung von Steinkohlenschlamm in Mischung mit Briketten und Braunkohle. Abb. 61 die Vorgänge auf einem Muldenroste für Braunkohle von 2700 WE (vgl. Abb. 3 und 4). Kennzeichnend für die Schaubilder an Schüttfeuerungen und Muldenrosten ist das gleichmäßig verlaufende Bild, das nur leichte wellenförmige Schwankungen enthält infolge der gleichmäßigen selbsttätigen Beschickung. Gibt man indes von Zeit zu Zeit größere Mengen auf, oder wird ein Brennstoff verarbeitet, der zum Festhängen und Festbacken neigt, so werden die Bilder spitzer, wenn auch immer noch in viel längeren Pausen als bei Handfeuerungen. Mittagspausen, unzulässiges Abbrennen oder zu hohes Auffüllen des Rostes usw. machen sich in solchen Schaubildern stets bemerkbar.

Man kann diese Aufzeichnungen benutzen, um mit dem Heizer eine Prämie zu vereinbaren für gute Bedienung der Feuerung. Die Berechnung derselben kann so vorgenommen werden, daß man einen mittleren Kohlensäure. gehalt, am gemeinsamen Fuchse gemessen, zugrunde legt, der im Mittel des Tages nicht unterschritten werden darf, z. B. 10%. Bleibt das Tagesmittel darunter, so erhält der Heizer nichts; bleibt es darüber, so erhält er eine gewisse Prämie, die für 1 st zwischen 10 und 11% CO_2 z. B. 10—12 Pf. beträgt und mit höheren Mittelwerten ansteigt bis zum Höchstwerte bei 13% CO_2 mit etwa 30—40 Pf.

Höhere Werte zuzulassen empfiehlt sich nicht, da dann leicht Kohlenoxyd sich in den Gasen findet (vgl. S. 126), weil die Heizer, durch die Prämie angereizt, gern einzelne Kessel mit Luftmangel arbeiten lassen, um ein hohes Ergebnis zu erzielen.

Man kann auch die über einen gewissen mittleren Betriebszustand hinaus erzielte Kohlenersparnis zur Grundlage der Prämie machen, indem man den Heizer z. B. mit 2—4% am Gewinne teilnehmen läßt. Der Hamburger Verein für Feuerungsbetrieb und Rauchbekämpfung verwendet einen Rauchgassauger, der die ganze Betriebszeit hindurch eine Durchschnittsprobe ansaugt, die dann mit dem Orsatapparat auf

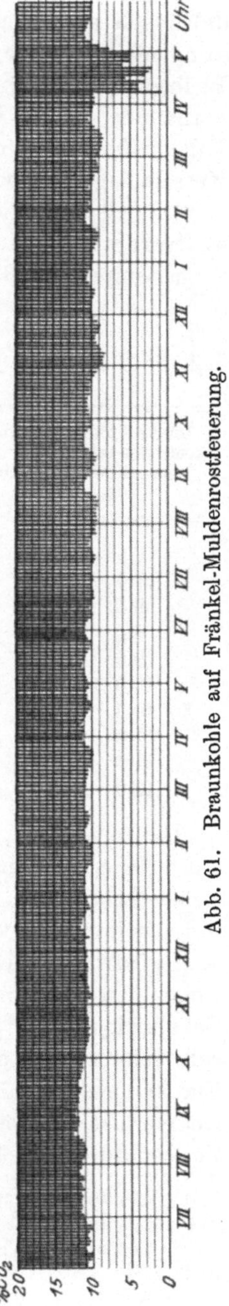

Abb. 61. Braunkohle auf Fränkel-Muldenrostfeuerung.

CO_2 und $CO_2 + O_2$ untersucht wird. Mit steigendem CO_2-Gehalt wächst die Kohlenersparnis, also auch die Prämie, an bis zu einem Höchstwerte; dabei soll aber der Höchstwert an $CO_2 + O_2$ entsprechend der Zusammensetzung der Kohle (vgl. Abschnitt 10, S. 104 ff.) erreicht werden. Bleibt $CO_2 + O_2$ unter dem jeweiligen $(k_s)_m$, so sind unverbrannte Gase vorhanden, die die Kohlenersparnis herabsetzen. Es ist dann für diesen Fall ein Abzug von der Prämie zu machen. Diese Zahlentafel ist für jede Kesselanlage gesondert zu ermitteln.

Als Beispiel[1]) seien Zahlentafel 88 und 89 hergesetzt für einen Brennstoffverbrauch von etwa 7000 kg in 12 st, Preis für 1000 kg 420 M., Abgastemperatur 315—290°.

Zahlentafel 88.

1. Prämie nach dem CO_2 - Gehalt der Abgase bzw. nach der Größe des Abwärmeverlustes.

Durchschnitts-kohlensäuregehalt der Abgase	Unterschied in der Ausnutzung	Brennstoff-Weniger-Verbrauch		Gewinn in der Schicht	Prämie 1 bis 2% d. Gewinnes
%	%	%	kg	M.	M.
7,5	—	—	—	—	—
8,0	1,9	3,0	210	78	1,0
8,5	3,7	5,7	399	167	2,0
9,0	5,2	7,8	546	230	2,5
9,5	6,6	9,7	679	285	3,0
10,0	7,8	11,2	784	329	3,5
10,5	8,9	12,6	882	370	4,0
11,0	9,9	13,8	966	405	4,5
11,5	10,8	14,9	1043	438	5,0
12,0	11,7	16,0	1120	471	6,0

Die Aufstellung der zweiten Zahlentafel 89 wird in den Betrieben oft auf Schwierigkeiten stoßen, weil die Summe von $CO_2 + O_2$ sich nur dann sicher bestimmen läßt, wenn die verwendeten Lösungen einwandfrei arbeiten, und weil die selbsttätigen Apparate nur CO_2 aufzeichnen. Man wird sich daher mit der ersten Zahlenreihe meist begnügen können, wenn man die Vorsicht gebraucht, daß über einen bestimmten CO_2-Gehalt hinaus, der je nach Kohle und Anlage etwa 12—13,5% betragen soll, gemessen im gemeinsamen Fuchs, nicht gearbeitet werden darf[2]). Ein anderes Verfahren[3]) gründet die Heizerprämie auf den Schornsteinverlust (Abwärme und unverbrannte Gase) und bestimmt den Verlust durch die Rauchgasanalyse im Schornsteine.

---

[1]) Ztschr. f. Dampfk. u. M. 1908, S. 169. Preise nach heutigen Werten eingesetzt; Prämien auf 1—2% vermindert.

[2]) Ein zweites Verfahren siehe Redenbacher, Ztschr. d. Bayer. Rev.-V. 1913, S. 1.

[3]) Hamburger Verein für Feuerungsbetrieb und Rauchbekämpfung.

Zahlentafel 89.

2. Abzug nach dem Gehalt der Abgase an $CO_2 + O_2$ bzw. nach der ungefähren Größe der Verluste durch unvollkommene Verbrennung bei
einem mittleren CO_2-Gehalte von 10%.

Mittlerer Gehalt an Kohlensäure und Sauerstoff	Rückgang in der Ausnutzung	Brennstoff-mehrverbrauch		Verlust in der Schicht	Abzug von der Prämie etwa 1—2% des Verlustes
%	%	%	kg	M.	M.
19,0	1,2	1,8	126	53	0,5
18,8	2,4	3,6	252	106	1,0
18,6	3,6	5,5	385	120	1,5
18,4	4,8	7,5	525	220	2,5
18,2	6,0	9,5	665	279	3,5
18,0	7,2	11,8	826	345	4,0

Für die Messung der Dampfmenge selbst werden Dampfmesser[1]) benutzt, die darauf beruhen, daß der Druckabfall vor und
hinter einem in die Dampfleitung eingebauten Drosselflansche ($p - p_1$)
ermittelt und daraus die durch die Öffnung der Drosselstelle f strömende
Dampfmenge D errechnet wird aus:

$$D = k \cdot f \cdot \sqrt{(p - p_1) \cdot \gamma} \quad \ldots \ldots \ldots 106)$$

Darin ist γ das spez. Gewicht des Dampfes und k eine Erfahrungszahl.
Die Apparate geben je nach der Eichung die sekundlich oder stündlich
durchströmende Dampfmenge an, zeichnen sie fortlaufend auf oder zählen, als Dampfuhr eingerichtet, die verbrauchten Kilogramm Dampf.
Man kann mit ihnen also den Dampfbedarf jedes beliebigen Leitungs-
stranges feststellen.

Die Prüfung auf unverbrannte Gase wird mit Hilfe der Abb. 17,
18 und 20 nach dem auf S. 111 angegebenen Verfahren am leichtesten
auszuführen sein. Unverbrannte Gase in Mengen über 1% dürfen im
wirtschaftlichen Betriebe bei Handfeuerung nur kurz nach dem Aufwerfen von frischer Kohle auftreten und dann auch nur ganz kurze Zeit;
entsprechende Einführung von Zusatzluft beschränkt ihre Bildung auf
das geringste Maß. Durch eine zu dicke Brennschicht wird stets die Kohlenoxydbildung begünstigt; sie ist so gut wie sicher vorhanden, wenn,
vom Kesselende aus betrachtet, sich eine dicke, schwere, mit dunklen
Wolken durchsetzte Flamme durch das Flammrohr wälzt, oder wenn
der Kohlensäuregehalt, hinter dem Flammrohre gemessen, höher als
15% ist. Eine richtige kohlenoxydfreie Flamme, die auch keinen Anlaß
zum Rauchen gibt, soll nicht ganz weiß sein, sondern rot bis gelb; sie
muß, abgesehen von den Fällen bei ganz mageren Kohlen und Koks,
lang und voll sein und wirbelnde Bewegungen machen. Ein kurzes, ab-

---

[1]) Weiteres siehe: Einiges über Dampfmesser. Claaßen, Z. d. V. D. I. 1918,
S. 521. Röver, Z. d. V. D. I. 1919, S. 100.

gerissenes, flatterndes Aussehen der Flamme, die den Querschnitt des Flammrohres nicht füllt, deutet stets auf eine zu dünne Kohlenschicht und Luftüberschuß hin; dabei tritt eine Rauchbildung allerdings nicht ein, jedoch auf Kosten der Wirtschaftlichkeit.

Doch genügt die Beobachtung der Flamme, der man vom Kesselende entgegensieht, obwohl sie für den Sachkundigen einen guten Anhalt bietet, allein nicht für die richtige Prüfung des Feuers, ein sicheres Mittel gibt erst die Gasuntersuchung.

Naturgemäß sollte allen diesen Beobachtungen ein Heizversuch vorausgehen und eine zuverlässige Bestimmung des Heizwertes der verwendeten Kohlen, um für die Kesselanlage die mittleren erreichbaren Wirkungsgrade und die unvermeidlichen Verluste kennenzulernen. Man bildet dann aus den ermittelten Werten den Preis für 1000 kg Dampf (Formel 37) und besitzt an dieser Zahl einen Wertmesser für die Güte der Anlage. Zweckmäßig ist es auch, von Zeit zu Zeit den Heizwert der Kohlen bestimmen zu lassen zwecks Prüfung gleichmäßiger Kohlenlieferungen und die Wärmepreise (vgl. Formel 36) der verschiedenen in Wahl stehenden Brennstoffe zu berechnen.

Diese Heizversuche indessen sollten möglichst unter den gleichen Bedingungen, wie sonst auch der Betrieb geführt wird, vorgenommen werden und nicht unter besonders vorteilhaften, eigens hergestellten Belastungsverhältnissen. Man bekäme sonst ein schiefes, zu günstig gefärbtes Bild der Arbeitsweise. Selbstverständlich ist während der Versuche durch sorgfältiges Beobachten der Einzelwerte eine vorteilhafte Bedienung einzustellen, sollen doch auch diese Versuche dazu dienen, das Heizpersonal auf wirtschaftlichste Betriebsführung einzulernen.

Der gleiche Grundsatz gilt für die nach Fertigstellung einer Neuanlage oder Erweiterung vorzunehmenden Abnahme- und Garantieversuche. Ein sogenannter Paradeversuch, unter möglichst hochgeschraubten Bedingungen für den Lieferer, dient gewöhnlich nur zur Selbsttäuschung, da ja diese mit allen Kunstgriffen und von besonderem Personal unter günstigsten, im Betriebe sonst kaum eintretenden Bedingungen ausgeführten Versuche kein wahres Bild der Betriebsmöglichkeit ergeben. Und das soll ja gerade ein Heizversuch anstreben. Auch überscharfe Garantiebedingungen, die zu Sonderbauarten führen, haben, unter diesem Gesichtspunkte betrachtet, keinen praktischen Wert.

Im Auge ist bei all diesen Maßnahmen zu behalten, daß sich die Prüfung in erster Linie auf das Gesamtergebnis zu richten hat, also auf die Endwerte, da diese den Gesamtwirkungsgrad im Jahresdurchschnitt (den Wirkungsfaktor vgl. S. 141) hauptsächlich bedingen. Die Einzelmessungen sollen die jeweilige Betriebseinstellung ermöglichen und Anhalt geben zur Auffindung und rechtzeitigen Abstellung eingeschlichener Übelstände.

Jedenfalls wird es sich stets im Betriebe lohnen, je nach den verfügbaren Kräften, das eine oder das andere obiger Prüfverfahren auf die
Dauer einzurichten, denn wie bei allen verwickelten technischen Vorgängen, kann man nur durch dauernde Beobachtungen Einblick in die
Arbeitsweise der Anlage gewinnen und den Kesselbetrieb nach wirtschaftlichen Grundsätzen führen.

33. Winke für Kohlenersparnis.

Trotzdem an allen geeigneten Stellen bereits auf zweckmäßige Maßnahmen zur Führung eines wirtschaftlichen Betriebes hingewiesen ist,
so sei hier nochmals kurz darüber im Zusammenhange gesprochen.
Vorausgesetzt sei eine bereits gut ausgestattete Anlage.

1. Man schenke der Feuerbedienung besondere Aufmerksamkeit
und sorge für einen gewissenhaften Heizer. Der Rost muß stets genügend
mit Brennstoff bedeckt sein, auch hinten, wo er schneller abbrennt und
wo Asche und Schlacke liegt. Je stärker der Zug ist, desto höhere
Kohlenschicht ist erforderlich, und je feiner das Korn ist, desto niedrigere.
Man wirft am besten wenig und oft Kohle auf; wird auf einmal viel
Brennstoff aufgegeben, so braucht er längere Zeit zur Entzündung,
schwelt, raucht und bildet Ruß. Die Feuertür öffne man so selten und
kurz als möglich. Ist der Rost für zeitweilige Belastung zu groß, so kann
man sich bei Planrosten durch reichliches Bedecken des hinteren Teiles
mit Asche und Schlacke helfen oder durch Abmauern mit Schamottesteinen. Minderwertige, staubförmige oder Gruskohle verfeuert man am
besten mit Ventilatorunterwind, falls der erforderliche hohe Schornsteinzug nicht vorhanden ist; das ist gewöhnlich billiger, als wenn die gesamten Gase abgesaugt werden. Starker Wind treibt aber leicht viel unverbrannten Flugkoks in die Züge, was einen erheblichen Verlust bedeuten kann. Dampfgebläse für Unterwinderzeugung verbrauchen
viel Dampf (bis 9%), verursachen außerdem störendes Geräusch. Stark
backende oder fließende Kohle, die den Rost leicht mit zäher, flüssiger
Schlacke verlegt und Luftmangel hervorruft, kann leichter verfeuert
werden, wenn man durch ein Rohr mit Zweigrohren von etwa $^1/_2''$, die
mit feinen Löchern ausgestattet sind, etwas Dampf unter den Rost leitet;
der Dampf kühlt den Rost, hindert die Schlacke am Verschmelzen, hält das
Feuer locker, erleichtert das Abschlacken und trägt zur Schonung des
Rostes bei. Auch wassergekühlte Hohlroste verfolgen denselben Zweck.

Die Herdrückstände enthalten oft 30—40% und mehr brennbare
Bestandteile, weil die Rostspalten zu weit sind oder Asche und Schlacke
zu früh herausgeholt oder, z. B. bei Wanderrosten, zu rasch abgestoßen
werden. Bei Schrägrosten ist oft eine falsche Einstellung der Rostneigung daran schuld, daß zu viel unverbrannte Kohle auf den Schlackenrost kommt und von diesem heruntergezogen wird. Man sorge für Ab-

hilfe; sonst hat man dauernde Verluste. Die Rückstände kann man durch ein Sieb werfen und das Unverbrannte nochmals verfeuern, am besten auf Unterwindrosten. Bei großen Schlackenhalden und großen Kesselanlagen lohnt sich unter Umständen eine Aufbereitung der Schlacken auf nassem oder trockenem Wege.

2. Der Dampfverbrauch der Maschinen ist so niedrig als möglich zu halten. Man arbeite deshalb stets mit dem höchsten Kesseldruck und hoher Überhitzung, dann laufen die Maschinen am sparsamsten; durch Indizieren der Maschinen von Zeit zu Zeit überzeuge man sich vom Zustande der Steuerung, von der Dichtigkeit des Dampfkolbens usf. und stelle gefundene Fehler rasch ab. Kleine Dampfmaschinen für Hebezeuge, Pumpen usf., sogenannte Dampffresser, ersetze man durch elektrischen Antrieb. Überhaupt achte man in den Werkstätten darauf, daß unnötiges Leerlaufen von Maschinen, Wellensträngen u. dgl. vermieden, kein Dampf oder heißes Wasser verschwendet wird u. dgl. mehr.

3. Man vermeide peinlichst alle Dampf- und Wärmeverluste, ebenso alle Gas-, Luft-, Zug- und Wasserverluste, auch da, wo sie nur unwesentlich erscheinen. Die Verluststellen können unzählige sein, z. B. undichte Flanschen, Stopfbüchsen, Packungen, Kondenstöpfe, Hähne, Ventile, Fehlen von Reduzierventilen, so daß der Dampf höher gespannt als notwendig in die Leitungen eintritt, Ventile oder Hähne am Schlusse von Heizungen (an Stelle von Kondenstöpfen), die offengehalten werden, „damit es besser heizt" und die Kondensate ablaufen können, fehlende Isolierung und anderes mehr; das sind Verlustquellen, durch deren Summierung sehr große Werte verloren gehen.

Bei reichlichem Kondensatanfall stellt man eine Rückspeiseanlage auf. Austretender Dampf näßt unter den Verpackungen, verdirbt dieselben und kühlt ab. Abblasen der Sicherheitsventile und Offenhalten der Hähne an den Dampfmaschinen und Pumpen ist zu vermeiden. Alles rissige Mauerwerk ist am besten durch Ableuchten mit einer Kerze auf Luftdurchtritt zu untersuchen und abzudichten; ebenso undichte Schieber. Gern werden auch die Durchdringungsstellen des Kessels durch das Mauerwerk, die Austrittsstellen der Überhitzerschlangen und der Vorwärmerrohre schadhaft und lassen kalte Luft in die Züge hinein. Diese wirkt abkühlend, verringert dadurch die Wärmeabgabe am Kessel, Überhitzer und Vorwärmer, belastet unnütz die Kanäle und vermindert den Zug. Außerdem erfahren dadurch während der Pausen und des Nachts das Kesselmauerwerk und der Kesselinhalt eine Abkühlung, der Dampfdruck sinkt unnötig viel und der Kohlenverbrauch zum Anheizen und für Leerlauf steigt; Leerlaufverluste werden verhältnismäßig um so kleiner, je länger die Arbeitszeit und voller die Beschäftigung ist. Eine durchlaufende Arbeitszeit, die bei achtstündiger Arbeitsschicht leicht möglich ist, verringert die Leerlaufverluste und erspart die Wärmeabgabe für Heizung in den Pausen sowie Kraft für Lichtstrom in den gewonnenen Abendstunden.

4. **Restlose Ausnutzung aller Abdämpfe, Abwärme und Abgase** ist anzustreben; heiße Abwässer, sofern sie rein sind, sollen wieder verspeist werden, am besten unter Druck; unreine Abwässer können in Rohrschlangen zur Wassererwärmung dienen, ebenso überschüssige Abdämpfe. Mittel dafür sind unter Abschnitt V angegeben, auch zur Verwertung des Auspuffdampfes, Zwischendampfes und der Abhitze.

5. **Alle Heizflächen** müssen innen und außen **sauber gehalten werden.** Belag von Asche, Schlamm, Kesselstein und Glanzruß behindert den Wärmedurchgang (vgl. Abschnitt 29); deshalb sind die Kessel rechtzeitig zu reinigen, sowie Wasserrohre, Überhitzer und Vorwärmer öfters abzublasen. Die Wasserreinigungsanlage muß unter scharfer Aufsicht gehalten werden, damit hier schon die Schlammabsonderung vor sich geht und nicht erst im Kessel; aus diesem ist die Entfernung teuer, und viel Bodenschlamm erfordert öfteres Öffnen der Schlammablaßventile, was wieder einem vermehrten Wärmeverluste gleichkommt.

6. **Gleichmäßige Kesselbelastung** muß, soweit angängig, durch geeignete Verteilung der Arbeiten und der Dampfabgabe angestrebt werden; starker, schneller Wechsel in der Belastung wirkt sehr ungünstig auf den Kohlenverbrauch ein, besonders wenn die Feuerung nicht so rasch folgen kann; bei plötzlicher Abnahme der Belastung ist der Rost noch unter starkem Feuer, der Kesseldruck steigt dann, die Ventile blasen ab, und der Heizer öffnet die Feuertüren und reißt die Glut herunter, um die Dampfspannung zum Sinken zu bringen. Unter Umständen sind zum Ausgleich Dampfspeicher am Platze.

7. **Das Speisen der Kessel** soll möglichst **gleichmäßig** erfolgen. Überspeisen ist zu vermeiden, weil bei zu hohem Wasserstande leicht Wasser und Schlamm in die Leitungen gerissen wird (vgl. Abschnitt 15 c).

8. **Der Brennstoff ist trocken zu lagern.** Schnee und Nässe bewirken Zerfall des Brennstoffes, verschlechtern das Anbrennen, da ja das Wasser erst verdampft werden muß, und begünstigen Rauch- und Rußbildung.

9. Es sollte in jeder Anlage eine ihren Verhältnissen und ihrer Größe angepaßte laufende Kesselhausüberwachung mit Meßapparaten eingerichtet werden.

34. Unkostenaufstellung des Kesselhausbetriebes.

Zum Schluß sei noch auf den Wert laufender Kostenaufstellungen hingewiesen, welche den gesamten Kesselhausbetrieb nebst allen zugehörigen Kosten umfassen; diese Aufstellungen verursachen, einmal eingerichtet, nur wenig Mühe; man wählt je nach dem Bedürfnis die Form

täglicher, wöchentlicher oder monatlicher Betriebsnachweise, die halb-
jährlich oder jährlich durch Aufstellung der gesamten, außerhalb des
Kesselbetriebes liegenden allgemeinen Unkosten ergänzt werden. Das
Kesselhaus ist wie jede andere Abteilung eines größeren Werkes gewissermaßen als ein gesondertes Unternehmen zu betrachten, dessen einzige
Aufgabe darin besteht, den erforderlichen Dampf völlig sicher und so
billig als möglich zu liefern. Den einzig richtigen Maßstab dafür bietet
der Preis für 1000 kg Dampf, wie er aus dem Kesselhause abgegeben
wird; ob die Dampfanlage groß oder klein ist, bleibt für diese Betrachtung gleichgültig; der Wert der Kostenaufstellungen wächst naturgemäß
mit der Größe und Zahl der Kesselanlagen; diese Unkostenberechnungen
erst bieten einen genauen Einblick in die Arbeitsweise und zeigen den Wert
der auf die Kesselanlage verwendeten Mühe des Ingenieurs. Man gewinnt
durch sie eine rasche Übersicht über die Unregelmäßigkeiten, die sich ein-
schleichen, man beobachtet den Erfolg oder Schaden getroffener Maßnahmen, kann die Zusagen der liefernden Firmen prüfen und ermessen, wie
weit die durch einen sachgemäß ausgeführten Heizversuch festgestellten
günstigsten Arbeitsverhältnisse im Dauerbetriebe eingehalten werden.

Es lassen sich die Unkosten folgendermaßen anordnen:

1. **Löhne** für Heizer, Pumpenwärter, Kesselreinigung, Kohlen-
transporte, Aschenabfuhr, Wasserreinigung usw.

2. **Verbrauchsstoffe**, wie Wasser, Kohle, Packungen, Chemika-
lien für Kesselreinigung, Gas, Öl, elektrischer Strom für Kraft und Be-
leuchtungszwecke, kleinere Ersatzstücke usw.

3. **Allgemeine Verteilungskosten**, wie Gehaltsanteile der Beamten, Feuerversicherung, Revisionskosten, Anteil der Generalunkosten
des ganzen Unternehmens usw.

4. **Besitzkosten**, bestehend aus Abschreibung und Verzinsung des
Grund und Bodens sowie sämtlicher zum Kesselhausbetriebe gehöriger
Gebäude, Maschinen, Apparate, Kessel, Vorwärmer und sonstiger Ein-
richtungen.

Man kann nun je nach Belieben und Bedarf die einzelnen Hauptgruppen mehr oder weniger auseinander- oder zusammenziehen. Gruppe 1
und 2 bezeichnet man für gewöhnlich mit „Betriebskosten" und begnügt
sich mit deren Feststellung, was durchaus ungenügend ist. Wenn man
sich der Mühe unterzieht, einmal die unter 3 und 4 aufgeführten Unkosten zusammenzustellen, so wird man über die Höhe des Anteiles derselben an den Gesamtkosten gewöhnlich recht erstaunt sein. Gruppe 4
pflegt etwa 15—30% der Betriebskosten auszumachen. Die beiden
letzten Gruppen umfassen die sogenannten „festen Kosten", die sich
dauernd in gleicher Höhe bewegen, mag die Anlage voll oder wenig
beansprucht sein, einen hohen oder schlechten Wirkungsgrad, eine lange
oder kurze Betriebsdauer besitzen.

Es ist einleuchtend und soll an Hand des nachstehend besprochenen Beispieles gezeigt werden, daß die Betriebskostenfrage in weitestem Maße abhängig von der Betriebsdauer und den Belastungsverhältnissen der Anlage ist. Man hat in bezug auf die Betriebsdauer zu unterscheiden:

1. Betriebe, die Tag und Nacht durcharbeiten,
2. Tagesbetrieb,
3. zeitweiligen Betrieb.

Außerdem in Hinsicht auf die Belastung:

a) gleichmäßige Belastung,
b) schwankende Belastung,
c) Pendelbelastung.

Ferner ist von Bedeutung die im Betriebe vorkommende kleinste und höchste Belastung sowie die wirtschaftliche Durchschnittsbelastung. Die verschiedensten Beziehungen ergeben sich hieraus.

Am günstigsten arbeitet eine Anlage, die Tag und Nacht in Betrieb (1) und gleichmäßig belastet ist (a), wie etwa bei Bergwerksbetrieben, Mühlen u. dgl. In solchen Fällen ist man in der Höhe der Anlagekosten am unbeschränktesten, und Unkosten Gruppe 3 und 4 haben gegenüber den Gesamtkosten nur einen geringen Anteil. Mit fallender Betriebsdauer steigt indes dieser Betrag.

Bei Tagesbetrieb (2) und gleichmäßiger normaler Belastung (a) fallen demnach die Baukosten, dementsprechend auch die Besitzkosten, sowie die Generalunkosten schon wesentlich mehr ins Gewicht. Dieser verteuernde Einfluß steigt noch weiter, je mehr ungünstige Umstände hinzutreten, wie schwankende Belastung, Pendelbelastung, unterbrochener Betrieb oder dauernde Unterbelastung des Betriebes, wie ihn z. B. eine auf Zuwachs gebaute Anlage besitzt. An Hand der Abb. 62 kann man diese Verhältnisse sich verdeutlichen. Auch das Kohlenkonto aller durch Nacht- und Mittagspausen unterbrochenen Betriebe ist naturgemäß höher als bei sonst gleichartigen Dauerbetrieben. In den Pausen geht ein Teil der im Kessel und Mauerwerk aufgespeicherten Wärme verloren und muß durch erneutes Anheizen wieder ersetzt werden. Der Wirkungsfaktor aller stark wechselnden oder durch lange Pausen unterbrochenen Betriebe wird daher durch diese Umstände ungünstig beeinflußt.

Bei gemischten Betrieben, z. B. wenn die Hauptkraft des Werkes von gekaufter Elektrizität geliefert wird und das Kesselhaus nur noch als Ausgleich und Aushilfe dient, kann es sogar vorkommen, daß die Unkosten von Gruppe 4 höher sind als von Gruppe 2.

In beigefügter Aufstellung 90 sind die Kesselhausselbstkosten möglichst vollständig angeführt; jeder kann daraus für seinen Bedarf die betreffenden Posten entnehmen oder beliebige, für den jeweiligen Betrieb wichtige Posten einfügen.

Die Verhältnisse sollen auf Grund einer Betriebsuntersuchung an einem Beispiele erläutert werden.

Beispiel 48. In einer kleineren Spezialfabrik steht in Betrieb eine Einzylinderdampfmaschine von etwa 50 PS für Kraft- und elektrischen

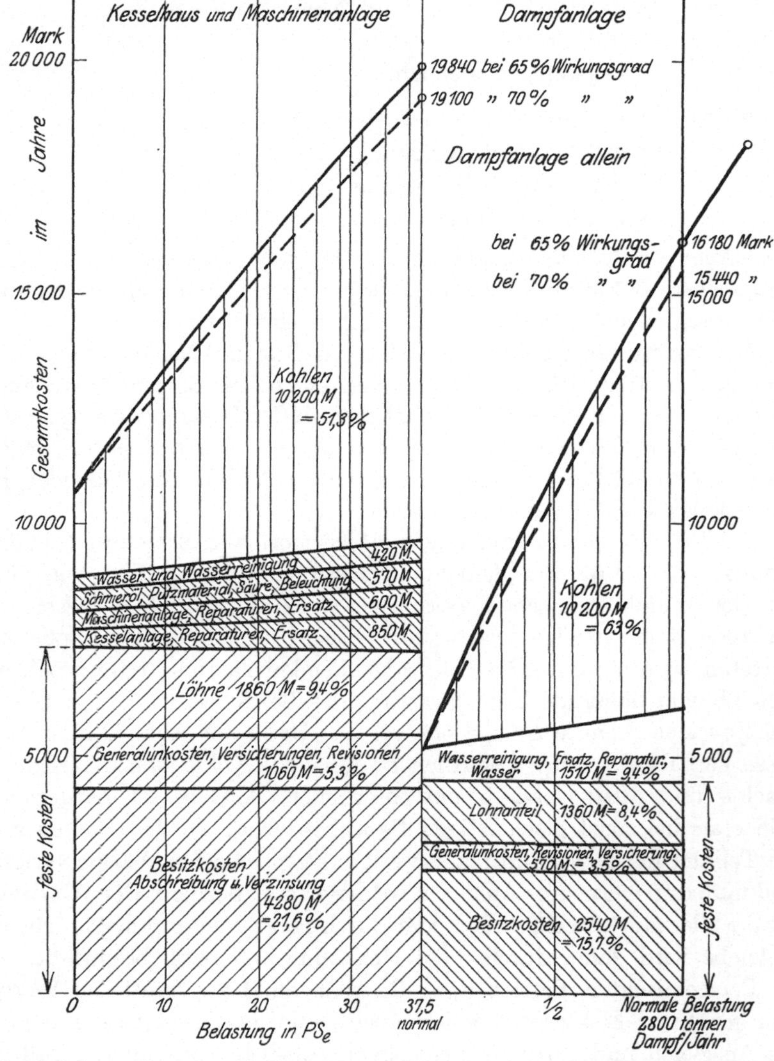

Abb. 62. Jahresunkostenaufstellung. (Preise gelten nicht mehr, indes die Prozentsätze.)

Lichtbetrieb, der aus einer Dynamo von 20 kW mit Schaltanlage und einer Batterie besteht.

Der Maschinendampf wird in einem Einflammrohrkessel mit Quersieder und Tenbrinkfeuerung von 60 m² Heizfläche und 8 at Druck

Zahlentafel 90.
Kesselhausbetriebsunkosten.

Löhne

Sonstige Löhne	M.
Außerordentliche Unterhaltungsarbeiten	M.
Unterhaltung der Pumpen und Wasserreinigung	M.
Züge und Flugaschenreinigung	M.
Kesselreinigung bzw. Anstrich	M.
Speisepumpen und Wasserreinigung	M.
Aschefahrer	M.
Kesselwärter	M.

Allgemeine Angaben aus dem Kesselbetriebe

Kohlenverbrauch	kg
Erzeugte Dampfmenge	t
Überhitzertemperatur	°C
Abgastemperatur (gemeinsame)	°C
Speisewassertemperatur	°C
Wirkungsgrad	%
Kohlenheizwert	WE
Kesselbetriebsstunden (Kessel in Betrieb mal Betriebsstunden)	
Dampfüberdruck	at
dav. im Betrieb — Insgesamt Heizfläche	m²
dav. im Betrieb — Kessel	
vorhandene — Insgesamt Heizfläche	m²
vorhandene — Kessel	

Kesselhaus

Leistung des Betriebes

an elektrischem Strom	100 kW/st
Hierher kommt eventuelle Produktion	
Monat/Jahr .... Betrieb	

Durchschnittliche Gesamtkosten für 1 t Dampf — M.

Gesamtsumme — M.

Besitzkosten, Verzinsung u. Abschreibg. (n. Bilanz)

Durchschn. Besitzkosten für 1 t Dampf	M.
Grundstück, Gebäude, Schornstein, Kessel-, Bekohlungs-, Speise-, Vorwärm-, Aschefängeranlage mit den dazugehörigen Rohrleitungen	M.

Allgemeine Kosten

Durchschn. allgemeine Kosten für 1 t Dampf	M.
Summe	M.
Sonstiges	M.
Generalunkosten, Haupt- u. Betriebsbureau	M.
Gehaltsanteile der Beamten	M.
Versicherung der Arbeiter und Beamten, Unfall, Invalidität, Haftpflicht	M.
Feuerversicherung	M.
Reparaturen und Versuche	M.
Revisionskosten	M.

Durchschnittliche Betriebskosten (Löhne und Materialien) für 1 t Dampf. — M.

Durchschnittl. Materialkosten für 1 t Dampf — M.

Summe — M.

Verbrauchsmaterialien

Größere Ersatzteile	M.
Kraftstrom	M.
Beleuchtung	M.
Apparate, Geräte, Handwerkszeug	M.
Kesselanstrich (innerer)	M.
Speisewasserreinigung	M.
Schmier- und Liderungsmaterial	M.
Eisen, Holz, Mauersteine (lfd.)	M.
Wasser, 1 m³ = Pf.	M.
Kohle, 1 t = M. frei Kesselhaus	M.

Durchschnittliche Löhne für 1 t Dampf — M.

Summe — M.

erzeugt. Etwas Frischdampf wird für Fabrikationszwecke entnommen.
Der Abdampf wird zur Speise- und Gebrauchswassererwärmung und Hei-
zung benutzt. Das Zubehör besteht aus Speisewasservorwärmer,
Speisepumpe, Wasserreiniger und Kondensatrückspeiseanlage. Der
Schornstein ist 29 m hoch bei 0,74 m oberer lichter Weite.

Wert[1]) der Dampfkesselanlage nebst Schornstein, Gebäude,
  Grundstück . . . . 25 300 M.
Wert der Maschinenanlage nebst Gebäude und Grundstück 10 200 ,,
Wert der elektrischen Anlage . . . . 8 000 ,,
Wert der Gesamtanlage . . . . .43 500 M.

Der Wirkungsgrad der Dampfanlage beträgt im Mittel 65%. 1 t
Kohle frei Kesselhaus kostet 26,5 M. (heute 450).

Erzeugt werden im Jahre an Dampf:

Direkter Dampf für

Färben, Kochen usf.   210 t, entspr. 760 M. Kohl. (heute 12 900 M.)
Heizdampf, Zusatzdampf 140 t,   ,,   510 ,,   ,, (,,   8 200 ,,)
Maschinendampf . . . 2450 t,   ,,   8 930 ,,   ,, (,,   151 500 ,,)
                      2800 t, entspr. 10 200 M. Kohl. (heute 172 600 M.)

Die Maschinenleistung beträgt 120 000 PS_e/st/Jahr.

Die Jahresbetriebskosten insgesamt verteilen sich wie folgt:

  Dampfanlage . . . . 16 180 M. = 81,5%
  Dampfmaschinenanlage . . . . . . 2 640 ,, = 13,3%
  Elektrische Betriebsanlage . . . . 1 020 ,, = 5,2%
  Gesamtbetriebkosten . . . . 19 840 M.

Es kosten:

1000 kg Dampf an Kohle allein . . . $\dfrac{10\,200}{2\,800} = 3{,}64$ M. (heute 61,8 M.

1000 kg insgesamt ab Kesselhaus . . $\dfrac{16\,180}{2\,800} = 5{,}78$,,

1 PS_e/st an Kohlen allein . . . . . . $\dfrac{8\,930}{120\,000} = 7{,}5$ Pf. (heute 125 Pf.

1 PS_e/st insgesamt nach Abzug des zur direkten
  Heizung usf. verwandten Dampfes

$$\frac{2450 \cdot 5{,}78 + 3660\ \text{(Maschinenhauskosten)}}{120\,000} = 14{,}9\ \text{Pf.}$$

Auf Grund der Einzelermittlungen wurde das Schaubild 62 gezeichnet. Der linke Teil stellt die Kostenverhältnisse für die Gesamtkraft-
anlage dar, aufgetragen über der Belastung der Dampfmaschine, der
rechte Teil zeigt die entsprechenden Verhältnisse für das Kesselhaus
allein in Beziehung zur Gesamtdampferzeugung. Die Ausgaben für

---

[1]) Alle Preise sind Friedenspreise 1913, die nicht mehr gelten; indes bleiben
die prozentualen Anteile bestehen. Da die Preise sich fortgesetzt ändern (sie sind
zur Zeit das 12- bis 20fache der obigen), so konnte das Beispiel der Anschauung
wegen erhalten bleiben.

Löhne, Verwaltung sowie die Besitzkosten (Abschreibungen nebst Verzinsung) bleiben bei allen Belastungsstufen die gleichen; sie sind also durch wagerechte Linien dargestellt und stets in Rechnung zu setzen. Bei normaler Belastung betragen sie für den Gesamtkraftbetrieb im einzelnen: Löhne 9,4%, Generalunkosten 5,3%, Besitzkosten 21,6%, zusammen also bereits 36,3%; für die Kesselanlage stellen sie sich für Löhne auf 8,4%, für Generalunkosten auf 3,5%, für Besitzkosten auf 15,7%, zusammen also auf 27,6%. Man sieht, wie stark diese drei Posten bereits ins Gewicht fallen bei gewöhnlicher Beanspruchung der Anlage.

Mit Abnahme der Belastung nehmen nur die Kosten für Verbrauchsstoffe, wie Kohlen, Öl, Ersatzstoffe, Ausbesserungen usf., ab, wie durch die schrägen Linien angedeutet ist, so daß bei halber Belastung der Anlage die Gesamtkosten nur von 19 840 M. auf 15 700 M. fallen, also noch 79% betragen. Die erwähnten drei Posten stellen sich jetzt schon auf rund 46%. Der Betrag für Kohlen allein hatte bei voller Belastung 51,3% betragen, bei halber Belastung stellt er sich noch auf 40%; er sinkt also im Verhältnis wenig, zumal ja auch der Wirkungsgrad der Dampfanlage bei Unterbelastung abnimmt. Entsprechend ändern sich die Verhältnisse für das Kesselhaus allein. Es ist aus dieser Darstellung deutlich ersichtlich, daß eine Unkostenaufstellung, in welcher die Beträge für Besitz, Verwaltung, Versicherung u. dgl. fehlen, nur ein ganz unvollständiges und schiefes Bild ergeben kann, das um so mehr von der Wirklichkeit abweicht, je geringer die Anlage auf Zuwachs eingerichtet ist und je mehr in Bereitschaft steht. Die zeichnerische Darstellung gibt einen anschaulichen Einblick in die Verhältnisse und zeigt, eine wie hohe, dauernde Unkostenbelastung eine zu groß oder zu teuer angelegte Dampfanlage für das Unternehmen bedeuten kann. Daran kann dann eine Erhöhung des Wirkungsgrades der Dampfanlage nicht mehr viel ändern, da bei einer nicht ganz schlecht bedienten oder ausgeführten Anlage die Verbesserung meist nur wenige Hundertstel betragen kann und auch meist wieder neue Geldmittel erfordert. In der Abb. 62 ist dies dargestellt, und zwar ist eine Verbesserung des Wirkungsgrades im Jahresdurchschnitt von 65% auf 70% angenommen, d. h. eine Verkleinerung des Kohlenverbrauches auf

$$10\,200 \cdot \frac{65}{70} = 9460 \text{ M.}, \text{ also um } \frac{70-65}{70} \cdot 100 = 7,2\%, \text{ eingetreten. Die}$$

punktierte Linie ganz oben gibt an, um wieviel sich die Gesamtkosten erniedrigen; sie fallen bei der Dampfanlage von 16180 M auf 15440 M., also um 740 M. Ersparnis an Kohlen, ein an sich erfreuliches Ergebnis, das aber gegenüber den Gesamtkosten nur wenig mitspricht. Der Kohlenverbrauch fällt bei der Dampfanlage um 7,2%; die Gesamtkosten erniedrigen sich aber nur um 4,6%. Ganz anders ausschlaggebend wäre es, wenn man aus der Anlage unter sonst gleichen Umständen mehr Leistung herausziehen könnte. Würde z. B. die Belastung um $^1/_4$ vergrößert, also eine Dampfleistung von

3500 t aus der Anlage herausgezogen, so stiegen die Gesamtkosten der Dampfkesselanlage auf etwa 18300 M., also nur um 13%; im wesentlichen wäre diese Erhöhung der Unkosten durch Kohlenmehrverbrauch bedingt. Die Kosten für 1000 kg Dampf fielen aber von 5,78 M. auf 5,22 M., also um 9,7%, in ähnlicher Weise ebenfalls die Kosten für 1 PS_e/st.

Ausschlaggebend für die Wirtschaftlichkeit der Gesamt-anlage ist also in erster Linie die Belastung und die Dauer der Betriebszeit. Die Höhe der Anlagekosten wird um so wichtiger, je geringer eine Anlage beansprucht ist. Selbstverständlich ist, daß bei Errichtung und im Betrieb einer Dampfanlage von vornherein auf möglichst hohen Wirkungsgrad gesehen wird.

34. Elektrisierung von Dampfanlagen.

Oft wird der Ingenieur vor die Frage gestellt, ob er im Falle eines Neubaues eine eigene Kraftanlage errichten, ob er bei Vergrößerung des Werkes die vorhandene Dampfanlage ebenfalls erweitern oder Anschluß an ein benachbartes Elektrizitätswerk suchen soll. Auch die Möglichkeit der gänzlichen Stillegung der eigenen Kraftanlage, besonders wenn solche schon älter ist und notwendige Verbesserungen, die mit mehr oder weniger großen Kosten verknüpft sind, bedingt, wird vielfach zu über-legen sein, wenn günstige Tarife für Elektrizitätsbelieferung in Aussicht stehen. Die Fälle können sehr vielseitig sein. Immer ist die notwendige Vorarbeit für jede Entscheidung die sorgfältige Kostenaufstellung nach Zahlentafel 90, am besten unter Zuhilfenahme des Schaubildes 62 auf Grund genauer kaufmännischer und technischer Ermittlungen aus dem Betriebe. Der Preisvergleich beider Betriebsarten ist vorzunehmen an Hand der ermittelten Gesamtkosten einer selbsterzeugten PS_e-Stunde oder kW-Stunde und der vom Elektrizitätswerke zu liefernden, unter Hinzurechnung aller Neukosten. Es müssen also hinzugeschlagen werden die laufenden Besitzkosten für Neuanschaffungen von Leitungen, Schalt-anlagen, Umformern u. dgl., für bauliche Änderungen oder Vergrößerun-gen; ferner die laufenden Mehrkosten für Versicherungen, Prüfungen, War-tung, Ersatzstoffe, Betriebsstoffe usf. entsprechend der Aufstellung 90.

Mit diesem einfachen Preisvergleiche ist indes die Frage der Elektri-sierung meist lange noch nicht genügend geklärt. Es spielen gewöhnlich noch andere Umstände mit, wie vor allem die schwerwiegende Be-schaffung der Heizung für die Fabrik- und Bureauräume, von Fabri-kationsdampf und Heißwasser für Betriebe, wie z. B. Färbereien, Brauereien, Wäschereien, Trikot- und Lederfabriken, usf.

Kurz es handelt sich dabei um die Frage der **Verwertung der aus dem Kraftbetriebe anfallenden Abwärme** aller Art in Form von Zwischendampf, wenn die benötigte Dampfmenge für Heizzwecke geringer ist als die von der Dampfmaschine selbst aufgenommene, und ein höherer Druck verlangt wird; oder um gänzliche Ausschaltung der Kondensationsanlage und Verwertung des Auspuffdampfes (also um ein Abgehen von der bisher fast allein betriebenen technischen Entwicklung, welche die Dampfmaschine einseitig nur als Kraftquelle aufgefaßt hat). Das ist selbst in solchen Fällen oft noch die günstigste Lösung, wenn im Sommer nicht der gesamte Auspuffdampf verwendet werden könnte, sondern noch ein Teil über Dach puffen müßte. Auch kommt die Lieferung von Wärme an Nachbarfabriken und sonstige Anlieger und Verbraucher, selbst 1—2 km entfernte, in Frage, eine bisher sehr wenig gepflegte, oft sehr vorteilhafte Lösung, die aber meist am Mangel an Eingehen auf soziale Erfordernisse und am mangelnden Willen gescheitert ist, mit anderen in einer Weise in Verbindung zu treten, die eine gegenseitige gewisse Abhängigkeit bedingt.

Wie ersichtlich, taucht eine Fülle von Fragen auf. Viele völlig verfehlten Kraftanschlüsse an Elektrizitätswerke erweisen indes, daß obige Überlegungen oft leider außer acht gelassen wurden.

Bisweilen liegt die günstige Möglichkeit vor, bei notwendiger Erweiterung die vorhandene Anlage in erster Linie für den Wärmebetrieb und die Beilieferung von Kraft zu benutzen, und den Neubedarf an Kraft und Licht elektrisch anzuschließen.

Für diesen Neubedarf wäre dann nur ein geringes Kapital festzulegen. Unter Umständen kann man auch vorteilhaft bei vergrößertem Bedarfe an Kraft einzelne Maschinengruppen, insonderheit solche, die nur stundenweise laufen, für die aber bei eigenem Kraftbetriebe dauernd ein Wellenstrang arbeiten müßte, elektrisch anschließen. Im allgemeinen wird man sagen können, daß bei kleineren Anlagen ein elektrischer Anschluß günstiger ist als bei großen. Doch spielen Sonderfragen des einzelnen Betriebes, wie auch die Tarifbestimmungen des liefernden Elektrizitätswerkes, stark mit. Unter besonders günstigen Umständen, wenn der Fabrik eine Wasserkraftanlage zur Verfügung steht, ergibt sich auch die Möglichkeit, alle Betriebsteile derart zu kombinieren, daß sogar aus der parallel laufenden Dampfmaschine, wenn sich völlig ihre Abwärme nutzbringend verwenden läßt, noch Strom in das Landeselektrizitätsnetz während der Arbeitszeit zurückgespeist werden kann. Die Wasserturbine selbst sollte dies außerhalb der Betriebszeit stets tun. Es können hier nur allgemeine Gesichtspunkte für die Beurteilung angedeutet werden; in jedem Einzelfalle muß dann auf Grund sorgfältiger Ermittlungen die jeweilig passendste Lösung gefunden werden.

Aus allen Ausführungen erweist sich, daß die Wärmewirtschaft in einschneidendster Weise in die gesamte Betriebsführung, ja sogar in die allgemeine Volkswirtschaft, eingreift, viel tiefer als gewöhnlich vermutet wird, und daß zur richtigen Durchführung ihrer Maßnahmen nicht nur reiche technische Kenntnisse, sondern ein erhebliches Maß sozialen Verständnisses und sozialen Verantwortungsgefühles gehören.

Betriebsüberwachung.

Zahlentafel 91[1]).
Dampftafeln in 4 Tafeln.
Tafel I.

1.	2.	3.	4.	5.	6.	7.	8.
Druck at (kg/cm²) (absolut)	Absolute Temperatur	Rauminhalt von 1 kg Dampf m³	Gewicht von 1 m³ Dampf kg	Entropie der Flüssigkeit	des Dampfes	$s'' - s' =$	Spezifische Wärme an der Grenzkurve
p	T	v''	γ''	s'	s''	r/T	c_p''
0,02	290,3	68,126	0,01468	0,0616	2,0783	2,0167	0,478
0,04	301,8	35,387	0,02826	0,1004	2,0202	1,9198	0,479
0,06	309,0	24,140	0,04142	0,1240	1,9868	1,8628	0,480
0,08	314,3	18,408	0,05432	0,1411	1,9631	1,8220	0,481
0,10	318,6	14,920	0,06703	0,1546	1,9449	1,7903	0,481
0,12	322,2	12,568	0,07956	0,1659	1,9300	1,7641	0,482
0,15	326,7	10,190	0,09814	0,1799	1,9121	1,7322	0,483
0,20	332,8	7,777	0,12858	0,1984	1,8890	1,6906	0,484
0,25	337,6	6,307	0,1586	0,2129	1,8711	1,6582	0,486
0,30	341,7	5,316	0,1881	0,2252	1,8566	1,6314	0,487
0,35	345,3	4,600	0,2174	0,2356	1,8444	1,6088	0,488
0,40	348,5	4,060	0,2463	0,2448	1,8336	1,5888	0,490
0,50	353,9	3,2940	0,3036	0,2604	1,8159	1,5555	0,492
0,60	358,5	2,7770	0,3601	0,2734	1,8015	1,5281	0,494
0,70	362,5	2,4040	0,4160	0,2846	1,7895	1,5049	0,496
0,80	366,0	2,1216	0,4713	0,2944	1,7789	1,4845	0,498
0,90	369,2	1,9003	0,5262	0,3032	1,7698	1,4666	0,499
1,0	372,1	1,7220	0,5807	0,3111	1,7615	1,4504	0,501
1,1	374,8	1,5751	0,6349	0,3183	1,7541	1,4358	0,503
1,2	377,2	1,4521	0,6887	0,3250	1,7473	1,4223	0,504
1,4	381,7	1,2571	0,7955	0,3370	1,7352	1,3982	0,507
1,6	385,7	1,1096	0,9013	0,3475	1,7248	1,3773	0,510
1,8	389,3	0,9939	1,0062	0,3569	1,7156	1,3587	0,513
2,0	392,6	0,9006	1,1104	0,3655	1,7077	1,3420	0,516
2,5	399,7	0,7310	1,3680	0,3839	1,6903	1,3064	0,521
3,0	405,8	0,6163	1,6224	0,3993	1,6760	1,2767	0,526
3,5	411,1	0,5335	1,8743	0,4125	1,6640	1,2515	0,531
4,0	415,8	0,4708	2,1239	0,4242	1,6537	1,2295	0,536
4,5	420,1	0,4217	2,3716	0,4347	1,6445	1,2098	0,541
5,0	424,0	0,3820	2,6177	0,4442	1,6363	1,1921	0,546
5,5	427,6	0,3494	2,8624	0,4529	1,6290	1,1761	0,550
6,0	430,9	0,3220	3,1058	0,4609	1,6221	1,1612	0,554
6,5	434,1	0,2987	3,3481	0,4683	1,6158	1,1475	0,558
7,0	437,0	0,2786	3,5891	0,4753	1,6101	1,1348	0,561
7,5	439,8	0,2611	3,8294	0,4819	1,6048	1,1229	0,565
8,0	442,5	0,2458	4,0683	0,4881	1,5997	1,1116	0,568
8,5	445,0	0,2322	4,3072	0,4939	1,5949	1,1010	0,572
9,0	447,4	0,2200	4,5448	0,4995	1,5905	1,0910	0,575
9,5	449,7	0,2091	4,7819	0,5048	1,5863	1,0815	0,578

[1]) Nach Mollier, Neue Tabellen u. Diagramme für Wasserdampf, Springer 1906.

1.	2.	3.	4.	5.	6.	7.	8.
Druck at (kg/cm²) (absolut)	Absolute Temperatur	Rauminhalt von 1 kg Dampf m³	Gewicht von 1 m³ Dampf kg	Entropie der Flüssigkeit	des Dampfes	$s'' - s' =$	Spezifische Wärme an der Grenzkurve
p	T	v''	γ''	s'	s''	r/T	c_p''
10,0	451,9	0,1993	5,018	0,5099	1,5822	1,0723	0,581
11,0	456,1	0,1822	5,489	0,5194	1,5748	1,0554	0,588
12,0	459,9	0,1678	5,960	0,5282	1,5678	1,0396	0,593
13,0	463,6	0,15565	6,425	0,5364	1,5616	1,0252	0,598
14,0	467,0	0,14515	6,889	0,5440	1,5557	1,0117	0,603
15,0	470,2	0,13601	7,352	0,5513	1,5504	0,9991	0,608
16,0	473,3	0,12797	7,814	0,5581	1,5452	0,9871	0,614
18,0	479,1	0,11450	8,734	0,5707	1,5359	0,9652	0,623
20,0	484,3	0,10365	9,648	0,5821	1,5274	0,9453	0,632

Tafel II.

1.	2.	3.	4.	5.	6.	7.	8.
Druck at (kg/cm²)	Temperatur	Wärmeinhalt der Flüssigkeit	des Dampfes	Energie des Dampfes	Verdampfungswärme $i'' - i' =$	$u'' - u' =$	$AP \cdot (v'' - v') =$
p	t	i'	i''	u''	r	ϱ	ψ
0,02	17,3	17,3	602,9	571,0	585,5	553,6	31,91
0,02	28,8	28,8	608,3	575,1	579,4	546,3	33,15
0,06	36,0	36,0	611,6	577,7	575,6	541,7	33,92
0,08	41,3	41,4	614,1	579,6	572,7	538,2	34,49
0,10	45,6	45,7	616,0	581,1	570,4	535,4	34,94
0,12	49,2	49,3	617,7	582,3	568,4	533,1	35,32
0,15	53,7	53,8	619,7	583,9	565,9	530,1	35,79
0,20	59,8	59,9	622,4	586,0	562,6	526,1	36,42
0,25	64,6	64,8	624,6	587,7	559,8	522,9	36,92
0,30	68,7	68,9	626,4	589,1	557,5	520,2	37,34
0,35	72,3	72,5	628,0	590,3	555,5	517,8	37,70
0,40	75,5	75,7	629,4	591,4	553,7	515,6	38,02
0,50	80,9	81,2	631,7	593,1	550,5	512,0	38,56
0,60	85,5	85,8	633,7	594,6	547,8	508,8	31,01
0,70	89,5	89,9	635,3	595,9	545,5	506,1	39,39
0,80	93,0	93,5	636,8	597,0	543,3	503,6	39,73
0,90	96,2	96,7	638,1	598,1	541,4	501,4	40,03
1,0	99,1	99,6	639,3	599,0	539,7	499,4	40,30
1,1	101,8	102,3	640,7	599,8	538,4	497,5	40,55
1,2	104,2	104,8	641,3	600,5	536,5	495,7	40,78
1,4	108,7	109,4	643,1	601,9	533,7	492,6	41,18
1,6	112,7	113,4	644,7	603,0	531,2	489,7	41,54
1,8	116,3	117,1	646,0	604,1	528,9	487,1	41,85

1.	2.	3.	4.	5.	6.	7.	8.
		Wärmeinhalt		Energie	Verdamp-fungs-wärme	$u'' - u' =$	$AP \cdot (v'' - v') =$
Druck at (kg/cm²)	Tem-peratur	der Flüssig-keit	des Dampfes	des Dampfes	$i'' - i' =$		
p	t	i'	i''	u''	r	ϱ	ψ
2,0	119,6	120,4	647,2	605,1	526,8	484,7	42,14
2,5	126,7	127,7	649,9	607,1	522,2	479,4	42,74
3,0	132,8	133,9	652,0	608,7	518,1	474,9	43,23
3,5	138,1	139,4	653,8	610,1	514,5	470,8	43,65
4,0	142,8	144,2	655,4	611,3	511,2	467,2	44,01
4,5	147,1	148,6	656,8	612,4	508,2	463,9	44,33
5,0	151,0	152,6	658,1	613,3	505,5	460,8	44,61
5,5	154,6	156,3	659,2	614,2	502,9	458,0	44,87
6,0	157,9	159,8	660,2	615,0	500,4	455,3	45,10
6,5	161,1	163,0	661,1	615,7	498,1	452,8	45,32
7,0	164,0	166,1	662,0	616,3	495,9	450,4	45,51
7,5	166,8	168,9	662,8	616,9	493,9	448,2	45,67
8,0	169,5	171,7	663,5	617,5	491,8	446,0	45,86
8,5	172,0	174,3	664,2	618,0	489,9	443,9	46,02
9,0	174,4	176,8	664,9	618,5	488,1	441,9	46,17
9,5	176,7	179,2	665,5	619,0	486,3	440,0	46,30
10,0	178,9	181,5	666,1	619,4	484,6	438,2	46,43
11,0	183,1	185,8	667,1	620,2	481,3	434,6	46,67
12,0	186,9	189,9	668,1	620,9	478,2	431,3	46,88
13,0	190,6	193,7	668,9	621,6	475,3	428,2	47,08
14,0	194,0	197,3	669,7	622,2	472,5	425,2	47,26
15,0	197,2	200,7	670,5	622,7	469,8	422,4	47,43
16,0	200,3	203,9	671,2	623,2	467,3	419,7	47,58
18,0	206,1	210,0	672,4	624,1	462,4	414,6	47,85
20,0	211,3	215,5	673,4	624,9	457,9	409,8	48,08

Tafel III.

1.	2.	3.	4.	5.	6.	7.	8.
			Rauminhalt	Gewicht	Entropie		$s'' - s'$
Tempe-ratur	Druck at (kg/cm²)	Druck mm Hg	von 1 kg Dampf m³	von 1 m³ Dampf kg	der Flüs-sigkeit	des Dampfes	$=$
t	p	von 0°	v''	γ''	s'	s''	r/T
0	0,0063	4,60	204,97	0,00488	0,0000	2,1783	2,1783
5	0,0089	6,53	146,93	0,00681	0,0182	2,1479	2,1297
10	0,0125	9,17	106,62	0,00938	0,0360	2,1188	2,0828
15	0,0173	12,70	78;23	0,01278	0,0535	2,0909	2,0374
20	0,0236	17,40	58,15	0,01720	0,0707	2,0643	1,9936
25	0,0320	23,6	43,667	0,02290	0,0877	2,0389	1,9512
30	0,0429	31,5	33,132	0,03018	0,1044	2,0146	1,9102
35	0,0569	41,8	25,393	0,03938	0,1208	1,9912	1,8704
40	0,0747	54,9	19,650	0,05089	0,1369	1,9688	1,8319
45	0,0971	71,4	15,346	0,06516	0,1528	1,9474	1,7946

1.	2.	3.	4.	5.	6.	7.	8.
Tempe-ratur	Druck at (kg/cm²)	Druck mm Hg	Rauminhalt von 1 kg Dampf m³	Gewicht von 1 m³ Dampf kg	Entropie der Flüssigkeit	des Dampfes	$s'' - s' =$
t	p	von 0°	v''	γ''	s'	s''	r/T
50	0,125	92,0	12,091	0,08271	0,1685	1,9268	1,7583
55	0,160	117,5	9,607	0,10409	0,1839	1,9070	1,7231
60	0,202	148,8	7,695	0,12995	0,1991	1,8880	1,6889
65	0,254	186,9	6,211	0,16100	0,2141	1,8697	1,6556
70	0,317	233,1	5,050	0,19800	0,2289	1,8522	1,6233
75	0,392	288,5	4,1353	0,2418	0,2435	1,8352	1,5917
80	0,482	354,6	3,4085	0,2934	0,2579	1,8189	1,5610
85	0,589	433,0	2,8272	0,3537	0,2721	1,8031	1,5310
90	0,714	525,4	2,3592	0,4239	0,2861	1,7879	1,5018
95	0,862	633,7	1,9797	0,5051	0,2999	1,7731	1,4732
100	1,033	760	1,6702	0,5987	0,3136	1,7589	1,4453
105	1,232	906	1,4166	0,7059	0,3271	1,7452	1,4181
110	1,462	1 075	1,2073	0,8283	0,3404	1,7319	1,3915
115	1,726	1 269	1,0338	0,9673	0,3536	1,7190	1,3654
120	2,027	1 491	0,8894	1,1243	0,3666	1,7064	·1,3398
125	2,371	1 744	0,7681	1,3018	0,3795	1,6943	1,3148
130	2,760	2 030	0,6664	1,5005	0,3922	1,6824	1,2902
135	3,200	2 354	0,5800	1,7241	0,4048	1,6710	1,2662
140	3,695	2 718	0,5071	1,9719	0,4173	1,6599	1,2426
145	4,248	3 125	0,4450	2,2471	0,4296	1,6490	1,2194
150	4,868	3 581	0,3917	2,553	0,4418	1,6384	1,1966
155	5,557	4 088	0,3460	2,890	0,4538	1,6280	1,1742
160	6,323	4 651	0,3065	3,262	0,4658	1,6181	1,1523
165	7,170	5 274	0,2724	3,671	0,4776	1,6082	1,1306
170	8,104	5 961	0,2429	4,117	0,4893	1,5986	1,1093
175	9,131	6 717	0,2171	4,607	0,5009	1,5893	1,0884
180	10,258	7 546	0,1945	5,140	0,5124	1,5802	1,0678
185	11,491	8 453	0,1748	5,720	0,5238	1,5713	1,0475
190	12,835	9 442	0,1575	6,348	0,5351	1,5626	1,0275
195	14,300	10 519	0,1423	7,028	0,5463	1,5541	1,0078
200	15,890	11 688	0,1288	7,763	0,5574	1,5458	0,9884

Tafel IV.

1.	2.	3.	4.	5.	6.	7.	8.
Tempe-ratur	Wärmeinhalt der Flüssigkeit	des Dampfes	Unterschied	$i'' - \psi$ Energie des Dampfes	Verdampfungs-wärme $(i'' - i') =$	$(u'' - u') =$	$\dfrac{AP \cdot}{(v'' - v')} =$
t	i'	i''		u''	r	ϱ	ψ
0	0	594,7		564,7	594,7	564,7	30,02
5	5,0	597,1		566,5	592,1	561,5	30,56
10	10,0	599,4	4,74	568,3	589,4	558,3	31,11
15	15,0	601,8		570,1	586,8	555,1	31,65
20	20,0	604,1	4,71	571,9	584,1	551,9	32,19

1.	2.	3.	4.	5.	6.	7.	8.
	Wärmeinhalt			$i'' - \psi$	Verdampfungs-	$(u'' - u') =$	$\dfrac{AP \cdot}{(v'' - v')} =$
Tempe-ratur	der Flüssigkeit	des Dampfes	Unterschied	Energie des Dampfes	wärme $(i'' - i') =$		
t	i'	i''		u''	r	ϱ	ψ
25	25,0	606,5		573,7	581,5	548,7	32,74
30	30,0	608,8	4,67	575,5	578,8	545,5	33,28
35	35,0	611,1		577,3	576,1	542,3	33,81
40	40,1	613,5	4,63	579,1	573,4	539,1	34,34
45	45,1	615,8		580,9	570,7	535,8	34,88
50	50,1	618,0	4,58	582,6	567,9	532,5	35,41
55	55,1	620,3		584,4	565,2	529,3	35,93
60	60,1	622,6	4,52	586,1	562,4	526,0	36,45
65	65,2	624,8		587,8	559,6	522,7	36,96
70	70,2	627,0	4,44	589,5	556,8	519,3	37,47
75	75,3	629,2		591,2	553,9	516,0	37,97
80	80,3	631,3	4,34	592,8	551,0	512,6	38,47
85	85,3	633,5		594,5	548,1	509,3	38,96
90	90,4	635,6	4,23	596,1	545,2	505,7	39,45
95	95,5	637,6		597,7	542,2	502,2	39,92
100	100,5	639,7	4,09	599,2	539,1	498,7	40,39
105	105,6	641,7		600,8	536,1	495,2	40,85
110	110,7	643,6	3,95	602,3	532,9	491,6	41,30
115	115,8	645,5		603,8	529,8	488,0	41,74
120	120,9	647,4	3,79	605,2	526,6	484,4	42,17
125	126,0	649,2		606,6	523,3	480,7	42,59
130	131,1	651,0	3,63	608,0	520,0	477,0	43,00
135	136,2	652,8		609,3	516,6	473,2	43,41
140	141,3	654,5	3,45	610,6	513,2	469,4	43,80
145	146,4	656,1		611,9	509,7	465,5	44,18
150	151,6	657,8	3,27	613,1	506,2	461,6	44,55
155	156,7	659,3		614,3	502,6	457,7	44,90
160	161,9	660,8	3,07	615,4	498,9	453,7	45,25
165	167,1	662,3		616,5	495,2	449,6	45,58
170	172,2	663,7	2,86	617,6	491,4	445,5	45,90
175	177,4	665,0		618,6	487,6	441,4	46,20
180	182,6	666,3	2,66	619,6	483,7	437,2	46,49
185	187,9	667,6		620,6	479,8	433,0	46,78
190	193,1	668,8	2,48	621,5	475,7	428,7	47,05
195	198,3	670,0		622,3	471,7	424,4	47,31
200	203,6	671,1	2,27	623,2	467,5	420,0	47,56

Alphabetisches Sachverzeichnis.

Druck der Spamerschen Buchdruckerei in Leipzig.

Kohlenstaubfeuerungen für ortsfeste Dampfkessel. Eine kritische Untersuchung über Bau, Betrieb und Eignung. Von Dr.-Ing. **Friedrich Münzinger.** Mit 61 Textfiguren. 1921. Preis M. 24.—

Der gegenwärtige Stand der Kohlenstaubfeuerungen, ihr Wesen und ihre Anwendungen. Von Oberingenieur **Hermann Bleibtreu,** Leiter der Wärmezweigstelle Saar des Vereins deutscher Eisenhüttenleute. Mit etwa 60 Textabbildungen. Unter der Presse

Dampfkesselfeuerungen zur Erzielung einer möglichst rauchfreien Verbrennung. Von **F. Haier.** Zweite Auflage, im Auftrage des Vereins deutscher Ingenieure bearbeitet vom Verein für Feuerungsbetrieb und Rauchbekämpfung in Hamburg. Mit 375 Textfiguren, 29 Zahlentafeln und 10 lithographierten Tafeln. 1910. Gebunden Preis M. 20.—

Die Ölfeuerungstechnik. Von Dr.-Ing. **O. A. Essich.** Zweite, vermehrte und verbesserte Auflage. Mit 209 Textfiguren. 1921. Preis M. 20.—

Die flüssigen Brennstoffe, ihre Gewinnung, Eigenschaften und Untersuchung. Von Dr. **L. Schmitz.** Zweite, erweiterte Auflage. Mit 56 Textabbildungen. 1919. Gebunden Preis M. 10.—

Ölfeuerung für Lokomotiven mit besonderer Berücksichtigung der Versuche mit Teerölzusatzfeuerung bei den preußischen Staatsbahnen. Von Reg.-Baumeister **L. Sußmann.** Zweite Auflage. In Vorbereitung.

Die Grundgesetze der Wärmestrahlung und ihre Anwendung auf Dampfkessel mit Innenfeuerung. Von Ing. **M. Gerbel.** Mit 26 Textfiguren. 1917. Preis M. 2.40

Die Grundgesetze der Wärmeleitung und des Wärmeüberganges. Ein Lehrbuch für Praxis und technische Forschung. Von Oberingenieur Dr.-Ing. **Heinrich Gröber.** Mit 78 Textfiguren. 1921. Preis M. 46.—; gebunden M. 53.—

Taschenbuch für den Maschinenbau. Unter Mitwirkung bewährter Fachleute herausgegeben von Prof. **Heinrich Dubbel,** Ing. in Berlin. Dritte, erweiterte und verbesserte Auflage. Mit 2620 Textfiguren und 4 Tafeln. In zwei Teilen. In Ganzleinen. 1921. In einem Band gebunden Preis M. 90.—; in zwei Bänden gebunden Preis M. 110.—

Hilfsbuch für den Maschinenbau. Für Maschinentechniker sowie für den Unterricht an technischen Lehranstalten. Unter Mitwirkung von bewährten Fachleuten herausgegeben von Oberbaurat **Fr. Freytag,** Professor i. R. Sechste, erweiterte und verbesserte Auflage. Mit 1288 in den Text gedruckten Figuren, 1 farbigen Tafel, 9 Konstruktionstafeln. 1920. In Ganzleinen gebunden Preis M. 60.—

Zu den angegebenen Preisen der angezeigten älteren Bücher treten Verlagsteuerungszuschläge, über die die Buchhandlungen und der Verlag gern Auskunft erteilen.

Die Dampfkessel. Lehr- und Handbuch für Studierende technischer Hochschulen, Schüler höherer Maschinenbauschulen und Techniken, sowie für Ingenieure und Techniker. Von Prof. **F. Tetzner †.** Sechste, umgearbeitete Auflage von **O. Heinrich,** Oberlehrer an der Beuthschule zu Berlin. Mit 451 Textabbildungen und 20 Tafeln. 1921. Gebunden Preis M. 62.—

Hochleistungskessel. Studien und Versuche über Wärmeübergang, Zugbedarf und die wirtschaftlichen und praktischen Grenzen einer Leistungssteigerung bei Großdampfkesseln nebst einem Überblick über Betriebserfahrungen. Von Dr.-Ing. **Hans Thoma,** München. Mit 65 Textfiguren. 1921.
Preis M. 33.—; gebunden M. 39.—

Die Dampfkessel und ihr Betrieb. Allgemeinverständlich dargestellt von Geheimem Regierungsrat **K. E. Th. Schlippe.** Vierte, verbesserte und vermehrte Auflage. Mit 114 Abbildungen. 1913. Gebunden Preis M. 5.—

Regelung der Kraftmaschinen. Berechnung und Konstruktion der Schwungräder, des Massenausgleichs und der Kraftmaschinenregler in elementarer Behandlung. Von Hofrat Prof. Dr.-Ing. **M. Tolle** in Karlsruhe. Dritte, verbesserte und vermehrte Auflage. Mit 532 Textfiguren und 24 Tafeln. 1921. Gebunden Preis M. 240.—

Verbrennungslehre und Feuerungstechnik. Von Studienrat Oberingenieur **F. Seufert,** Stettin. Mit 19 Abbildungen, 15 Zahlentafeln und vielen Berechnungsbeispielen. 1921. Preis M. 15.—

Technische Wärmelehre der Gase und Dämpfe. Eine Einführung für Ingenieure und Studierende. Von Studienrat Oberingenieur **F. Seufert,** Stettin. Zweite, verbesserte Auflage. Mit 26 Textabbildungen und 5 Zahlentafeln. 1921. Preis M. 11.—

Anleitung zur Durchführung von Versuchen an Dampfmaschinen, Dampfkesseln, Dampfturbinen und Verbrennungskraftmaschinen. Zugleich Hilfsbuch für den Unterricht in Maschinenlaboratorien technischer Lehranstalten. Von Studienrat Obering. **Fr. Seufert** in Stettin. Sechste, erweiterte Auflage. Mit 52 Abbildungen. 1921. Preis M. 14.—

Die Heizerschule. Vorträge über die Bedienung und die Einrichtung von Dampfkesselanlagen mit einem Anhang über Niederdruckkessel für Heizungsanlagen. Von Regierungsgewerberat **F. O. Morgner,** Leiter der Heizer- und Maschinistenkurse in Chemnitz. Dritte umgearbeitete und vervollständigte Auflage. Mit 158 Textfiguren. 1921. Preis M. 20.—

Die Maschinistenschule. Vorträge über die Bedienung von Dampfmaschinen und Dampfturbinen zur Ablegung der Maschinistenprüfung. Von Gewerberat **F. O. Morgner,** Leiter der Heizer- und Maschinistenkurse in Chemnitz. Mit 119 Textfiguren. 1920. Preis M. 8.—

Verdampfen, Kondensieren und Kühlen. Erklärungen, Formeln und Tabellen für den praktischen Gebrauch. Von Baurat **E. Hausbrand.** Sechste, vermehrte Auflage. Mit 59 Figuren im Text und 113 Tabellen. Unveränderter Neudruck. 1920. Gebunden Preis M. 60.—